优质苜蓿

干草生产利用关键技术研究

尹 强 武海霞 贾玉山 / 著

中国农业科学技术出版社

图书在版编目（CIP）数据

优质苜蓿干草生产利用关键技术研究 / 尹强，武海霞，贾玉山著 .— 北京：中国农业科学技术出版社，2019.8
ISBN 978-7-5116-2928-9

Ⅰ . ①优… Ⅱ . ①尹… ②武… ③贾… Ⅲ . ①紫花苜蓿—干草—调制技术②紫花苜蓿—干草—饲喂技术 Ⅳ . ① S816.5

中国版本图书馆 CIP 数据核字（2016）第 322051 号

责任编辑 李冠桥
责任校对 马广洋

出 版 者 中国农业科学技术出版社
北京市中关村南大街 12 号 邮编：100081
电　　话（010）82109705（编辑室）（010）82109702（发行部）
（010）82109709（读者服务部）
传　　真（010）82106625
网　　址 http://www.castp.cn
经 销 者 各地新华书店
印 刷 者 北京建宏印刷有限公司
开　　本 850mm × 1 168mm 1 /32
印　　张 6.375
字　　数 143 千字
版　　次 2019 年 8 月第 1 版 2019 年 8 月第 1 次印刷
定　　价 40.00 元

《优质苜蓿干草生产利用关键技术研究》
著者名单

主　著　尹　强　武海霞　贾玉山

参　著　（按姓氏笔画排序）

丁　霞　于　洁　王　伟　王　慧　王志军
王坤龙　王育青　白健慧　冯骁骋　刘　燕
刘丽英　刘桂香　刘慧娟　刘鹰昊　闫志坚
孙　林　孙世贤　运向军　李　峰　肖燕子
吴艳玲　余奕东　张晓庆　张颖超　张福顺
纳　钦　孟元发　降晓伟　赵云华　荣　磊
段俊杰　侯向阳　侯美玲　秦　艳　格根图
高　静　唐宽燕　陶　雅　常　春　渠　晖

资助项目

1.“十三五”国家重点研发计划课题（2016YFC0500605）

2. 国家牧草产业技术体系鄂尔多斯综合试验站（CARS - 34）

3. 农业农村部“饲草栽培、加工与高效利用重点实验室”

4. 农业农村部鄂尔多斯沙地草原生态环境重点野外科学观测试验站

5.“十二五”国家科技支撑计划课题（2012BAD13B07）

6. 中国农业科学院科技创新工程草原非生物灾害防灾减灾团队（CAAS - ASTIP - IGR2015 - 04）

7. 国家重点基础研究发展计划（973）计划项目专题：放牧对草原土壤关键要素的影响（2014CB138801）

8. 公益性行业（农业）科研专项（201403048 - 7）

9. 内蒙古自治区自然科学基金项目（2015BS0306）

10. 中央级公益性科研院所基本科研业务费专项资金（中国农业科学院草原研究所，1610332015006，1610332016001）

前言

苜蓿作为全球性的饲料作物，它的发展在一定程度上反映着一个国家或地区畜牧业发展的总体水平和质量。优质的苜蓿产品营养丰富，可取代部分粮食，能为人和动物提供粗蛋白质库。苜蓿能建植地下氮肥厂，为农牧业可持续发展奠定基础。与其他饲料作物相比，苜蓿具有特殊的植物学及生物学特性，主要体现在生物产量、营养价值和适口性等诸多方面，其突出的优点是：一是生命力和抗逆性较强。苜蓿根系发达，能在多种类型的气候环境下生长，抗寒、抗热、抗旱、抗病性均很强。苜蓿抗寒性和抗热性极强，成株能在–40℃以下的低温中生存，有的品种或生态型能在高于50℃的温度下存活。此外，苜蓿具有发达的根系，抗旱性强，适宜的年降水量环境为300~800mm，年降水量在300mm以下的地区，若有灌溉条件也可获得高产。二是生产能力强，产草量高。苜蓿的产草量受生长年限和生长环境条件的影响，种植2~5年的苜蓿鲜产草量一般在2 000~4 000kg/亩（1亩约为667m^2，全书同），干产草量500~1 000kg/亩。三是持久性好，可利用年限长。苜蓿寿命长达30年之久，一般可利用7~10年，但在高产期之后，苜蓿产量随其年龄的增长而逐渐下降。四是再生能力强，再生速度快。苜蓿的再生性很强，刈割后能很快恢复，北方地区一年可刈割 2~5 次，南方地区可刈割 5~7 次。五是适口性好，家畜较为喜食。苜蓿茎叶柔嫩鲜美，家畜对其较为喜食，是家畜饲养的首选牧草。六是营养丰富，消化率高。苜蓿茎叶中含有丰富的粗蛋白质、维生素和矿物质等营养物质，特别是叶片中含量更高。七是能发挥重要的生态作用。苜蓿本身能够进行生物固氮，可以用于改良土壤，防风固沙，净化空气，美化环境等。因此，苜蓿被认为是三元种植结构的首选牧草，不仅为现代畜牧业的发展提供了优质饲草，而且在农牧业生产和生态环境保护方面也发挥着巨大的作用。

近年来，随着畜牧业的不断发展，特别是舍饲养殖业的兴起，牲畜饲养规模逐年扩大，同时由于生态环境的恶化，牧草急剧减少，草畜矛盾开始凸显，成为制约我国畜牧业可持续发展的瓶颈。草畜矛盾主要表现为两个方面，一是饲草供应能力不足，二是供应的年际间、地区间和季节间的不均衡性。因此，如何解决草畜矛盾，保证饲草的充足均衡供应，提高饲草料利用率，成为当前困扰畜牧业健康、有序、稳定、可持续发展的关键。国内外畜牧业发展成功的经验证明，干草是现代畜牧业发展不可替代的重要饲料形式。而要想长期保证饲草的安全和均衡供应，解决冬春季节的饲草短缺问题，主要的途径就是对牧草进行干草的调制和贮藏。通过干草调制和贮藏技术的应用，把饲草从旺季保存到淡季，可有效解决丰年大量饲草霉烂、歉年饲草缺乏和冬春季饲草供应不足的问题。因此，应用现代化的科技手段，积极探索和研究饲草产品的生产、加工和贮藏技术，合理利用饲草资源，尽快解决草畜矛盾，逐步实现饲草的丰歉年和四季均衡供给，其理论意义和实践意义非常重大。

随着人们生活水平的不断提高，膳食结构中动物性蛋白摄取量随之增加，这就需要有发达的畜牧业为基础，直接促进了家畜养殖业的大发展。因此，大力发展人工牧草产业，建植人工草地，调制优质干草成为现代畜牧业发展中不可或缺的一部分，而苜蓿作为“牧草之王”是进行人工草地种植的首选牧草。苜蓿是蛋白含量较高的牧草之一，近年来对其需求量显著增多，促使苜蓿产业化规模发展进一步加快，苜蓿的种植面积也逐步扩大。苜蓿干草调制和取用方便，是草食家畜在冬春季节最重要的饲草之一，被认为是奶牛的高标准优质饲草，可以替代部分精饲料，其不仅能提高乳脂率，增加产奶量，而且可提高一次受胎率，减少四肢病发病率，减少胎衣滞留的情况发生。2012 年原农业部和财政部启动实施了“振兴奶业苜蓿发展行动”，通过在苜蓿优势产区和奶牛主产区建设高产优质苜蓿示范片区，组织苜蓿标准化生产加工、强化科技支撑、突出产品质量、转变传统饲草生产加工等方式实现苜蓿增产提质，逐步建立健全我国新型的苜蓿饲草产业体系，提高我国奶业生产和质量安全水平，促进我国现代奶业又好又快发展。因此，苜蓿产业被誉为新世纪的朝阳产业，是富国强民的新产业。为此，国内许多学者对中国苜蓿产业化的发展及其在畜牧业、农业、绿色饲料产业等可持续发展方面的地位、战略意义、实施途径以及限制因素等方面进行了不同角度的论证，结果表明，苜蓿产业具有十分广阔的发展前景。

目前，我国的苜蓿产业正处于快速发展阶段，全国已建立了许多苜蓿产品加工企业，但由于目前我国苜蓿种植、收获、加工及贮藏利用等技术仍比较落后，苜蓿产品的加工机械设备陈旧，人们对苜蓿产品的认可程度还不够，导致我国苜蓿产品的生产能力和经济效益低下，苜蓿产品质量还无法与国际市场上的同类产品比较，苜蓿的经济价值大大下降，在一定程度上制约着我国苜蓿产业和畜牧业的健康发展。此外，“三聚氰胺事件”发生之后，人们对动物产品的质量安全问题更加关注，而保证饲草饲料的安全性和加工环节的规范性是解决这一问题的关键。在家畜日粮中，添加优质的苜蓿干草是获得安全健康产品的前提，而苜蓿干草在生产和贮藏过程中常因技术问题导致其品质下降，甚至使干草发霉变质，严重危害人畜健康及其产品的质量安全。苜蓿干草的收获、调制及贮藏是苜蓿产业链中最为重要的环节，是能否获得优质苜蓿干草的关键。因此，迫切需要开展优质苜蓿干草生产利用关键技术的研究工作，并加快各项技术的推广和应用，以提高苜蓿干草的产量和品质，进而为促进苜蓿产业的快速、稳定发展奠定基础，造福广大农牧民。

针对我国西北地区和黄淮海地区两大苜蓿主产区苜蓿干草生产利用中存在的技术难题，本书从苜蓿适时收获、干草优化调制、草捆安全贮藏及干草饲喂利用等方面介绍了相关技术的研究，探索适合当地的优质苜蓿干草生产利用关键技术，为指导农牧民的生产实践提供一定的理论依据和技术支持，对促进我国优质苜蓿产品生产、提高苜蓿产品品牌价值和市场占有率，带动草产业和畜牧业可持续发展具有重要的意义。

著　者

2016 年 12 月

目 录

第一章　国内外苜蓿干草产业发展现状及发展前景

苜蓿为豆科苜蓿属（*Medicago* L.）植物的通称，全世界共有 65 种，分布很广，多数为野生种，少数为栽培种；多数为草本，少数为半灌木和灌木，多数为一年生，少数为多年生。其中，紫花苜蓿（*Medicago sativa* L.）是世界上栽培历史最悠久、分布最广泛、种植面积最大、产业化水平最高、经济价值最高的牧草，素有"牧草之王"的美誉，在现代草业的可持续发展中具有突出的地位。

第一节　国外苜蓿干草产业发展现状

苜蓿作为世界上种植面积最大、应用价值最高的豆科牧草，广泛分布于世界各地，主要分布在温暖地区，在北半球大致呈带状分布，美国、加拿大、意大利、法国及中国等是主产区，在南半球只有某些国家和地区有较大规模的栽培，如阿根廷、智利、澳大利亚、新西兰等国家，其中美国是世界上种植面积最大的国家。目前全世界种植苜蓿约 3 300 万 hm^2，其中美国种植约 1 100 万 hm^2，占世界第一位，年产值近 100 亿美元。

世界上畜牧业发达的国家，都非常重视苜蓿产品的生产，尤其是近几十年来，由于采用先进的生产技术措施，使得苜蓿的产量和质量都得到了显著提高，苜蓿产业得到了空前的发展。国外苜蓿干草的生产大致经历了以下几个阶段：

一、20 世纪 30 年代

英国发展完善了“褐色干草”工艺。即使在苜蓿刈割时期遇到阴雨天气，可将牧草平铺，待其含水量降至 50% 左右时将其逐层堆垛至 4~5m，同时在每层添加食盐，添加量为青草质量的 0.5%~1.0%。由于应用该技术调制出的干草颜色为棕褐色，因此被称为“褐色干草”。“褐色干草”适口性好，家畜的采食率高，但是其营养成分损失严重。

二、20 世纪 60 年代

处于干草生产平稳时期，如美国干草总量达 11 300 万 t，其中苜蓿或苜蓿和其他禾本科牧草混合的干草达 6 612 万 t。同时干草调制机械也有了明显改进。在一些地区，传统的打草机、搂草机、压扁机等单独作业的机械逐渐被割草—压扁—拢成草拢的联合作业机械取代。

三、20 世纪 80 年代

由于青贮技术的使用，干草生产逐渐减少。如美国苜蓿打捆制备干草的比例已由 1970 年的 81% 降至 1980 年的 70%，而半干贮在同期则由 7.2% 增为 14%；前苏联，1985 年计划制备干草 8 000 万 t，半干贮饲料就达到 7 700 万 t。

四、20 世纪 90 年代

国外苜蓿干产草量逐渐回升，其主要原因是由于在干草生产技术上的突破，特别是刈割机、干燥机械的使用及干草干燥助剂的应用，即使在人工条件下，苜蓿干草田间干燥时间也可以明显缩短，并且有效地减少了营养成分损失。近些年来，随着世界生态环境的不断恶化，世界绿色革命逐渐兴起，国际市场对于苜蓿干草的需求量不断增加，尤其是在日本、韩国、新加坡等东南亚市场尤为突出。在世界苜蓿产业化进程中，美国、俄罗斯一直处于领先地位，加拿大、法国紧随其后。美国、加拿大等国家是世界上比较大的苜蓿干草出口市场，其中以美国最为突出，在美国每年生产的干草中，苜蓿干草约占 58%，有关资料表明，美国苜蓿干草年均产量由 0.21 吨 / 亩（1 亩 ≈667m^2。全书同）到 0.84 吨 / 亩不等。目前，亚洲已成为世界上最大的苜蓿产品进口市场，韩国、新加坡等国家和中国香港与中国台湾地区对苜蓿产品的进口规模不断扩大，其中约 70% 来自美国，20% 来自加拿大，其余的主要来自新西兰和澳大利亚。因此，国外畜牧业发达国家，由于苜蓿干草生产技术十分先进，使得干草的经济利用价值得到大幅度提高。

第二节　国内苜蓿干草产业发展现状

我国苜蓿栽培已有两千多年的历史，早在汉朝时期，张骞出使西域从伊犁河地区带回苜蓿种子，从此苜蓿便引入我国，被种植推广。20 世纪 50 年代以前，由于受到社会、历史等各方面条件限制，我国几乎没有专业的干草调制机械，苜蓿干草生产技术和调制方式都相当落后，使得苜蓿干草营养成分损失巨大。新中国成立以后，从中央到地方各级政府对畜牧业生产都十分重视，使得我国苜蓿干草的生产有了较大的发展。首先在牧草收割方面，由原来的手工割草逐渐向牲畜拉车割草的半机械化作业转变。其次在牧草贮藏方面，一些地区已开始建立打草场用来贮备干草，作为家畜冬春季节的补充饲料。为了将调制好的干草长期的贮藏下来，人们将拢起的草堆再堆成大的草垛，以便长期的贮藏和运输。改革开放以后，在党中央“种草种树，发展畜牧”的号召下，各方面政策的实施，我国的畜牧业得到持续较快发展，像打草机、搂草机、打捆机等部分干草加工机械被运用到生产实践中，干草在牲畜饲草中的比重逐渐增加，据有关资料统计，已达到饲草比重的 1/5。20 世纪 90 年代以后，国家产业结构逐渐从二元种植结构向三元结构转变，并规划在 5~10 年内饲料作物种植 2 670 万 hm^2，其中苜蓿 668 万 hm^2，同时国家将苜蓿产业列为“九五”科技攻关项目。目前，我国的苜蓿产业正处于快速发展阶段，苜蓿种植面积不断增加，全国已建立了许多苜蓿产品加工企业。然而，近年来，我国苜蓿干草的出口量逐年下降，进口量迅速上升，主要原因是国内畜牧业的蓬勃发展致使生产的苜蓿干草供不应求，进而导致出口量逐年下降，进口量不断增加。我国苜蓿草贸易产品主要是苜蓿干草、苜蓿草粉及颗粒，进口量远远大于出口量，其中苜蓿干草占进口总量的 80% 以上，草粉及颗粒占出口总量的 50% 左右。2011 年，我国苜蓿商品产草量约为

30 万 t，全年干草出口量仅为 0.44 万 t，出口国主要集中在邻近的日本、韩国、东南亚等国家，进口量为 28.85 万 t，进口国主要是美国。

虽然我国苜蓿产业逐渐兴起，苜蓿种植面积大幅度增加，但是在苜蓿有效利用方面与国外相比还存在较大差距，尤其在专门化的苜蓿干草生产技术方面。目前，我国苜蓿产业的现状是生产技术落后，加工苜蓿的机械设备简陋，干草的调制、加工工艺水平还较低，在许多环节上还没有实现机械化作业，产品质量差、商品率低、竞争力差。苜蓿产品在品种、质量和数量上均不能满足国内外市场需求，无法与国际市场上同类产品比较，苜蓿的经济价值大大下降。

此外，“三聚氰胺事件”发生之后，人们对动物产品的质量安全问题更加关注，而保证饲草饲料的安全性和加工环节的规范性是解决这一问题的关键。在家畜日粮中，优质的苜蓿干草是获得安全健康产品的前提，而苜蓿干草在收获、调制或贮藏过程中常因技术问题导致其品质下降，甚至使干草发生发霉变质，严重危害人畜健康及其产品的质量安全。苜蓿干草的收获、调制或贮藏是苜蓿产业链中最为重要的环节，是能否获得优质苜蓿干草的关键。因此，迫切需要开展此方面的研究工作，并加快各项技术的推广和应用，以提高苜蓿干草的产量和品质，进而为苜蓿产业的快速、稳定发展奠定基础，造福广大农牧民。

第三节　苜蓿干草产业发展前景

苜蓿作为全球性的饲料作物，它的发展在一定程度上反映着一个国家或地区畜牧业发展的水平和质量。优质的苜蓿产品营养丰富，可取代粮食，能为人和动物提供粗蛋白质库。苜蓿能形成地下氮肥厂，为农业可持续发展奠定基础。与其他饲料作物相比，苜蓿具有特殊的植物学及生物学特性，主要体现在生物产量、营养价值和适口性等诸多方面，其突出的优点是：生命力和抗逆性较强；生产能力强，产草量高；持久性好，可利用年限长；再生能力强，再生速度快；适口性好，家畜较为喜食；营养丰富，消化率高；能发挥重要的生态作用，可以用于改良土壤，防风固沙，净化空气，美化环境等。因此，苜蓿被认为是三元种植结构的首选牧草，不仅为现代畜牧业的发展提供了优质饲草，而且在农牧业生产和生态环境保护方面也发挥着巨大的作用。

我国苜蓿产业的发展现状表明，虽然我国目前的产业化水平较低，生产技术水平还非常落后，各项生产技术还不够完善，但仍具有较大的提升空间。随着优质蛋白饲料的日益紧缺和人们对安全、绿色、健康的动物产品的需求，优质的苜蓿干草产品必将成为畜牧业健康发展的重要保证。此外，当前国内市场的苜蓿干草需求量在 100 万 t 以上，并随着畜牧业质量要求的提升，苜蓿产业的市场需求会继续扩大，巨大的苜蓿干草缺口使得我国苜蓿产业在未来的发展前景将非常广阔。

第二章　苜蓿适时收获技术研究

第一节　苜蓿收获技术研究进展

苜蓿的刈割期、刈割次数和刈割留茬高度对苜蓿产量、品质及再生性影响很大，掌握适时的收获技术，才能获得高产质优的苜蓿干草。选择适宜的刈割期、刈割次数和刈割留茬高度，一般要根据其产量、茎叶比、总可消化营养物质含量、对再生草的影响及单位面积获得的总的营养物质产量而定。

一、苜蓿的刈割期

产草量和营养价值是苜蓿生产中的重要指标，而刈割期对苜蓿产草量、品质及再生性均会产生较大影响，因而确定苜蓿适宜的刈割期是苜蓿生产中的非常重要的环节。苜蓿的产草量与其营养物质含量呈明显的负相关，在苜蓿生长前期，产草量低而营养价值高，在生长后期，产草量增高而营养价值降低。苜蓿的形态发育和刈割制度是决定其产量和品质的重要因素，所以人们常常根据苜蓿的形态来协调其产量和品质的关系。苜蓿的各生育期中，在盛花期刈割时产草量最高，植株寿命也最长，主要原因是盛花期刈割，植株体内的干物质积累最多，产草量也相应最高，而且能使根内贮存大量的碳水化合物来保持植株旺盛的生活力，增加了植株的寿命；从初花期到盛花期，虽然苜蓿的产草量仍在增加，但期间主要增加的是纤维素成分，而其他营养成分含量相对下降，因而苜蓿在初花期刈割时单位面积的营养物质产量高于盛花期刈割；在现蕾期刈割时单位面积的营养物质产量仅次于初花期刈割，而在现蕾期之前刈割时，虽然营养物质含量较高且能割多茬，但总的产草量却明显较低，单位面积的营养物质产量也较低，其主要原因是冬季受损的根还未完全恢复或根中碳水化合物含量较低，影响了苜蓿的再生产量。

国内外学者一直对苜蓿刈割期的研究较为重视，主要集中于其对苜蓿产量、品质及再生性的影响。刘振宇（2001）提出确定适宜刈割时期应考虑三方面的因素，即：有利于苜蓿生长发育和提高产量、保持苜蓿含有较高的营养价值、有利于产量的持久性及收割后根系营养物质的积累。杨恩忠（1986）研究表明，从营养期到盛花期（或结荚期），产量逐渐增加，在盛花期（或结荚期）产量达到最大，然后开始下降。Llovera（1998）通过 3 年的研究发现，盛花期刈割苜蓿干物质产量与现蕾期刈割相比增加 18%，但其粗蛋白（CP）、可消化物（IVDMD）则分别下降 7.5% 和 5.4%。Brown（1979）经过 8 年时间的试验发现盛开花期收割，可以获得最高牧产草量，并能保持品种较持久的利用年限，而在 1/10 开花时刈割蛋白产量最高。Jefferson（1992）也得出类似结果，即苜蓿 50% 开花刈割的干物质产量比现蕾期刈割增加 17%，但品质也随之下降。姬永连（2003）研究得出，紫花苜蓿最佳刈割时期是初花期（10% 植株开花），此时刈割可以获得较高的鲜产草量。Jefferson（1992）表明，苜蓿 50% 开花刈割的干物质产量比现蕾期刈割增加 17%，但品质随之下降。此外，由于苜蓿的营养价值较高，多年来一直受到人们的重视，因而对苜蓿营养价值随生育阶段变化的研究报道比较多。Morrison（1991）报道，苜蓿粗蛋白质的含量随生育阶段的推移而下降，由营养生长阶段的 26.1% 降低到花后的 12.3%。Anderson（1988）研究发现，苜蓿粗蛋白质含量随生育阶段推移而下降的趋势不受品种的影响，苜蓿由 50% 开花期到全部开花期，每天每千克干物质粗蛋白质（CP）下降 2g。许令妊等（1982）研究指出，苜蓿粗蛋白质在生育期内的变化有两个高峰，一是返青到分枝期，二是开花期到基部结荚乳熟期。总结国内外研究情况，认为苜蓿适宜的刈割期为初花期（10% 植株开花），此时刈割可以获取较高的饲产草量和营养物质产量，并能够使苜蓿保持较高的生产能力和持久性。

秋季最后一次刈割的时间对苜蓿干物质产量、品质和再生性影响也较大，主要是由于初霜后苜蓿基部的大部分叶子脱落造成的。初霜前比初霜后刈割的苜蓿具有较多的干物质产量和较佳的品质，因初霜后苜蓿大部分叶片脱落，从而导致干物质产量减少以及品质变差。苜蓿最后一次刈割时间对苜蓿越冬性影响较大，由于植物要安全越冬，必须防止器官细胞间隙结冰而引起的失水，气温越低，胞间冰块越大，细胞失水越严重，达到一定程度后细胞由于失水过多，胞间冰块挤压，撕碎原生质膜等原因而死亡，因而要掌握好最后一次的刈割时间。秋天最后一次刈割时期还影响第二年春季第一茬苜蓿的产量，原因在于初霜后刈割的苜蓿，根内贮藏的碳水化合物比初霜前刈割的为多，初霜前刈割的苜蓿第二年干物质产量较初霜后刈割约低 21.05%，前者贮存的碳水化合物能充分满足次年苜蓿早春再生利用。因此，最后一次刈割应该保证以后发枝的良好生长，促进营养物质，特别是糖类在根中的积累与贮存，促进基部和根上越冬芽的成熟。一般认为应在霜冻前 4~6 周进行，这样有利于根颈内碳水化合物的累积，由于在越冬器官（根、根颈）的细胞里含有大量的糖类，液泡溶液的浓度高，细胞不易失水，因而不易被冻死，苜蓿生长持久性增强。

因此，国内一般选择苜蓿的“现蕾期—初花期”进行刈割，此时可获得较高的产量高、品质优的苜蓿干草，而最后一次刈割一般在霜冻前 30d 左右刈割，如果刈割过晚，就会降低根和根颈中碳水化合物的贮存量，因而不利于越冬和翌年春季的再生。然而，由于我国苜蓿主产区苜蓿收获期与雨季同期，具体刈割时间还要根据当地的天气状况，适当地进行调整。

二、苜蓿的刈割次数

刈割次数对苜蓿产草量、品质和再生性的影响也很大，合理地增加刈割次数能促进苜蓿的分蘖和再生，降低苜蓿的茎叶比，从而提高其产量和品质，但过度刈割会使光合产物制造减少，不利于根中营养物质的积累，导致产量的下降，刈割次数过少会使植株下部成熟的叶片脱落而减产。樊江文（2001）发现，随刈割次数增加，植株高度、单株重、分枝数均减少，导致产量下降。Hageman（1983）发现，苜蓿在现蕾中期刈割，此后每隔 21~25d 和 33~35d 刈割一次，前者比后者减产约 33%。王建勋（2007）指出，刈割次数对苜蓿产草量、品质和再生性的影响很大，合理的刈割次数能促进苜蓿的分蘖和再生，降低苜蓿的茎叶比，从而提高其产量和品质。刈割次数过少会使植株下部成熟的叶片脱落而减产，刈割次数太多会使苜蓿生长发育受到限制，根系变短、根量减少，根内贮存的碳水化合物含量减少，缺乏营养更新与复壮的机会，因而影响苜蓿越冬和翌年的再生，降低苜蓿根颈的生活力。孙德智（2005）在内蒙古辽河地区的试验研究表明，随着刈割次数的增加，返青率下降幅度加大，根干重 3 次刈割最大，5 次刈割最小；根部总糖含量在 2 次、4 次刈割最高，在 5 次刈割时最低；鲜干产草量在 3 次、4 次刈割较高，在 2 次、5 次刈割较低，并在 3 次、4 次、5 次刈割时使翌年产草量分别下降 10.6%、9.7% 和 20.2%。于辉（2007）认为，随着刈割次数的增加，苜蓿的质量有可能提高。在多次刈割下，苜蓿的粗蛋白、粗灰分含量不断增加，无氮浸出物和粗纤维含量降低，同时还可大大提高各种营养物质的消化率。Fecess 等（1968）研究表明，就苜蓿产量而言，在初花期刈割 3 茬比在盛花期刈割 2 茬提高 17%，主要原因是苜蓿盛花期产气量高，刈割叶片损失较多，净光合作用降低，导致产量出现差异。郭正刚（2004）发现，刈割抑制紫花苜蓿主根的纵向生长，而促进主根横向生长，随着刈割次数的增加，侧根集中分布在土壤表层的比例也增加，使根系生物量和体积总量减少，刈割次数越多，减少趋势越明显。

总之，苜蓿饲草的刈割次数与不同地区的积温、降雨量、生长季长短及灌溉条件等因素均有关系，气候温暖、生长季较长、降水量较多或有灌溉条件的地区，苜蓿刈割次数相对较多，不同地区具体适宜的刈割次数应根据植株生长发育阶段、品种特性等来确定。陈宝书（2001）认为，我国北方寒冷干旱地区，春播苜蓿当年可刈割1次，夏播苜蓿当年不收获，第二年以后可收2~3次；在内蒙古自治区（全书简称内蒙古）、新疆维吾尔自治区（全书简称新疆）、宁夏回族自治区（全书简称宁夏）、甘肃等地无灌溉条件的干旱地区，每年收1~3次，有灌溉条件或降水量较多的地区一年可收3~4次。但无论如何，苜蓿的最后一次刈割应在停止生长前30~40d结束，否则将影响苜蓿越冬和翌年返青。

三、苜蓿的刈割留茬高度

苜蓿的刈割留茬高度也会在一定程度上影响苜蓿的生产性能和品质。苜蓿刈割时留茬高度要适宜，留茬过高会造成苜蓿基部大量的茎叶损失，产草量下降；而留茬过低，虽当茬产草量增加，但会影响苜蓿根部糖分的积累，使再生能力和新生枝条的生活力降低，进而影响苜蓿再生草的产草量和成活率，连续低茬刈割会引起苜蓿草地的急剧衰退。Smith等（1967）认为，在刈割频率不高时，最低的留茬高度可以获取最大的产草量。孙明（1991）研究表明，不同留茬高度对分枝数、再生强度和产草量影响较大，而对株高影响较小。齐地刈割比常规留茬及高留茬的分枝数分别高6.8个/株和3.3个/株，再生强度分别高32.17%和39.43%，产草量分别高12.73%和17.53%。梁祖铎（1983）研究表明，在刈割初始期，刈割次数相同时，齐地刈割产量高于留茬5cm，并对苜蓿下一年的产量、品质和再生性能影响较小。时永杰（2001）报道，入冬前齐地刈割对苜蓿根冠保护不利，致使在冬季温度变化剧烈时，大量的根冠失去再生能力，较高的留茬利于维持根冠来年返青。

因此，从留茬高度影响产草量和植株存活情况来看，苜蓿刈割适宜的留茬高度为5~6cm，留茬过低则伤及根系，分蘖能力下降，留茬过高则残秆足以妨碍新茎的生长和下次的刈割。越冬前最后一次刈割留茬应高些，为7~8cm，这样能保持根部营养和有利于积雪，减轻冻害，在冬季寒冷地区对苜蓿越冬很有好处。然而，在实际生产当中，不同地区的苜蓿刈割适宜的留茬高度也不同。耿华珠（1995）认为，山西、河北等气候较温暖的地区留茬高度约为5cm，而在陕西关中和甘肃东部地区，齐地刈割较为常见，以促进根颈枝条的萌发。

第二节 苜蓿适时收获技术研究

一、苜蓿适宜刈割期和刈割次数研究

试验地位于我国西北地区和黄淮海地区，试验点分别选择在宁夏回族自治区银川市西夏区境内的贺兰山农牧场苜蓿基地（以下简称“银川试验点”）和山东省青岛市胶州市胶莱镇青岛农业大学试验基地（以下简称“青岛试验点”）。以“金皇后”紫花苜蓿为试验原料，采取小区试验研究，每个小区面积为20m^2（2m × 10m）。分别按照苜蓿不同生育期进行刈割，生育期设6个梯度，分别为：分枝期、现蕾前期（10%植株现蕾）、现蕾期（50%植株现蕾）、初花期（10%植株开花）、盛花期（50%植株开花）、结荚期；采取人工刈割，留茬高度为5~6cm。银川试验点最后一次刈割在9月底，青岛试验点最后一次刈割在10月初。刈割次数是根据刈割期来确定的。

1. 刈割期和刈割次数对苜蓿株高和产草量的影响

（1）刈割期和刈割次数对单茬苜蓿株高和产草量的影响。苜蓿的株高是反映其产草量高低的重要性状。苜蓿在生长过程中，随着生育期的延长，苜蓿株高不断增加，由于“分枝期—现蕾前期”为苜蓿的营养生长阶段，植株吸收的养分主要用于苜蓿的营养生长，株高增加较快；而从现蕾前期开始为苜蓿的生殖生长阶段，植株吸收的养分主要用于苜蓿的生殖生长，株高增加趋缓，到盛花期苜蓿株高几乎达到最大值；盛花期之后苜蓿株高略有降低。随着生育期的延长，由于苜蓿植株的光合产物不断积累，植株体内的干物质含量逐渐增加，产草量逐渐增加，其中结荚期的鲜产草量和干产草量均最高。由于植株体内的水分含量逐渐降低，鲜草转化为干草的效率提高，鲜干比逐渐降低。银川和青岛两个试验点第一茬苜蓿不同生育期苜蓿株高和产草量测定结果如图 2–1、图 2–2 所示。

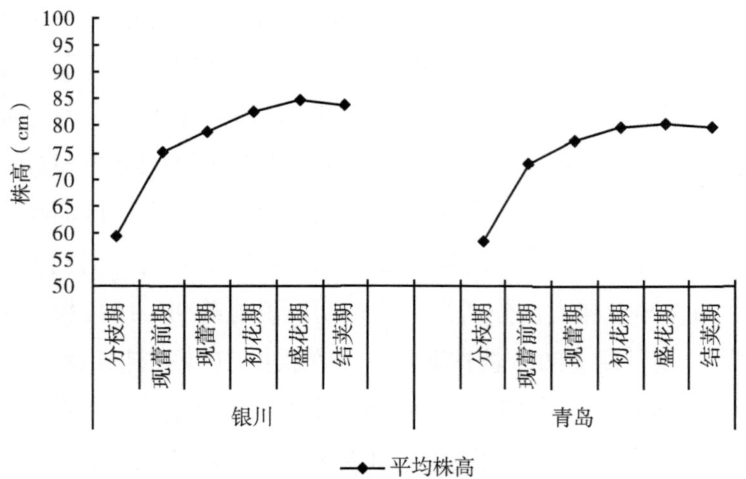

图 2–1　不同生育期苜蓿株高的变化曲线

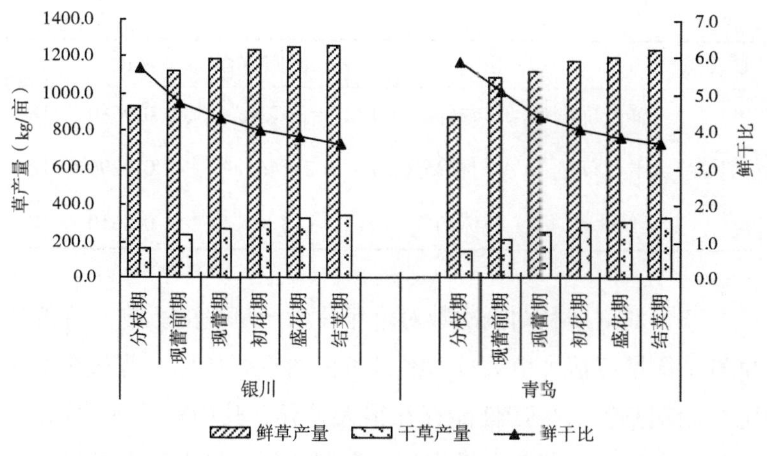

图 2–2　不同刈割期对单茬苜蓿产草量的影响

苜蓿株高可反映产量的大小，在一定程度上可作为确定苜蓿适宜刈割期的判断指标。研究表明，苜蓿的鲜产草量、干产草量及鲜干比与株高呈指数关系，其中鲜产草量和干产草量与株高呈显著正相关（$P<0.05$），鲜干比与株高呈显著的负相关（$P<0.05$）。银川与青岛两个试验点苜蓿鲜产草量、干产草量及鲜干比与株高的相关性进行分析结果见表 2–1。

表 2–1　苜蓿鲜产草量、干产草量及鲜干比与株高的相关性

试验点	关 系	回归方程	R^2	n
银川	鲜产草量（y）与株高（x）	$y=461.770e^{0.0119x}$	0.9946	18
	干产草量（y）与株高（x）	$y=30.256e^{0.0281x}$	0.9658	18
	鲜干比（y）与株高（x）	$y=15.262e^{-0.0163x}$	0.9505	18

（续表）

试验点	关 系	回归方程	R^2	n
青岛	鲜产草量（y）与株高（x）	$y=367.9e^{0.0148x}$	0.9680	18
	干产草量（y）与株高（x）	$y=19.465e^{0.0342x}$	0.9290	18
	鲜干比（y）与株高（x）	$y=18.9e^{-0.0194x}$	0.8610	18

（2）刈割期和刈割次数对全年苜蓿产草量的影响。苜蓿产草量是衡量苜蓿种植效益和经济价值的重要指标。苜蓿在不同生育期刈割，其生产性能存在很大差异，其中苜蓿平均株高、鲜草总产量和干草总产量均随生育期的延长呈先升高后降低的变化趋势，而苜蓿鲜干比则随生育期的延长逐渐降低。各生育期苜蓿株高大小顺序依次为：盛花期＞结荚期＞初花期＞现蕾期＞现蕾前期＞分枝期，苜蓿株高的最大值出现在盛花期，此时刈割可获得较大的单茬产量，银川试验点盛花期苜蓿的平均株高为 84.5cm，青岛试验点为 80.3cm。在银川试验点，不同生育期刈割苜蓿全年干草总产量的大小顺序依次为：初花期＞现蕾期＞盛花期＞现蕾前期＞结荚期＞分枝期。苜蓿在初花期刈割全年干草总产量最高，为 828.1kg/ 亩，在分枝期刈割全年干草总产量最低，为 564.9kg/ 亩，极差为 263.2kg/ 亩；在青岛试验点，不同生育期刈割苜蓿全年干草总产量的大小顺序依次为：初花期＞现蕾期＞盛花期＞结荚期＞现蕾前期＞分枝期。苜蓿在初花期刈割全年干草总产量最高，为 853.0kg/ 亩，在分枝期刈割全年干草总产量最低，为 568.9kg/ 亩，极差为 284.1kg/ 亩；两个试验点苜蓿的鲜干比均随生育期的延长而逐渐降低，即：分枝期＞现蕾前期＞现蕾期＞初花期＞盛花期＞

结荚期。因此，从两个试验点全年干产草量来看，苜蓿在初花期刈割可获得较大的干产草量。因此，若仅考虑苜蓿株高和产量，应选择初花期刈割比较好，若在此时刈割，银川试验点和青岛试验点苜蓿的刈割次数分别为 4 次和 5 次。银川与青岛两个试验点不同刈割期苜蓿全年各茬次株高和产量的测定如表 2–2 所示。

表 2–2　不同刈割期和刈割次数对全年苜蓿株高和产草量的影响

试验地	刈割期	第 1 茬刈割日期	两茬间平均间隔时间（天）	刈割次数（次）	平均株高（cm）	全年鲜草产量（kg/亩）	全年干草产量（kg/亩）	鲜干比
银川	分枝期	4.25	22	7	58.7^{E}	3205.3^{C}	564.9^{D}	5.67^{A}
	现蕾前期	5.10	27	6	74.8^{D}	3355.8^{B}	703.8^{B}	4.77^{B}
	现蕾期	5.17	32	5	78.6^{C}	3440.0^{A}	791.4^{A}	4.35^{BC}
	初花期	5.25	40	4	82.3^{B}	3335.9^{B}	828.1^{A}	4.03^{CD}
	盛花期	6.6	53	3	84.5^{A}	2753.1^{D}	716.8^{B}	3.84^{DE}
	结荚期	6.25	75	2	83.9^{A}	2397.8^{E}	658.7^{C}	3.64^{E}
青岛	分枝期	4.20	20	8	56.5^{E}	3323.1^{D}	568.9^{E}	5.84^{A}
	现蕾前期	5.3	25	7	72.3^{D}	3646.8^{A}	716.9^{D}	5.09^{B}
	现蕾期	5.8	29	6	76.8^{C}	3581.4^{B}	846.7^{B}	4.23^{C}
	初花期	5.15	35	5	78.9^{B}	3446.1^{C}	853.0^{A}	4.04^{CD}
	盛花期	5.25	42	4	80.3^{A}	3260.0^{E}	844.8^{B}	3.86^{DE}
	结荚期	6.10	56	3	79.6^{A}	2856.6^{F}	772.3^{C}	3.70^{E}

2. 刈割期和刈割次数对苜蓿草营养成分的影响

（1）刈割期对单茬苜蓿草主要营养成分的影响。高产、优质是苜蓿干草生产的最终目标，其中 CP 含量、CF 含量、DM 含量和鲜茎叶比是评判苜蓿干草品质的重要指标。研究表明，随着生育期的延长，苜蓿茎秆、叶片及整株苜蓿的 CP 含量均呈缓慢下降趋势，其中分枝期最高，其次为现蕾前期、现蕾期、初花期和盛花期，结荚期最低，苜蓿叶片在各生育期的 CP 含量显著高于茎秆（$P<0.05$），不同生育期茎秆 CP 含量从 13.72% 下降到 11.02%，叶片 CP 含量从 33.45% 下降到 25.91%，整株苜蓿 CP 含量从 25.19% 下降到 17.30%（图 2–3）；而 CF 含量呈明显的上升趋势，其中分枝期最低，其次为现蕾前期、现蕾期、初花期和盛花期，结荚期最高，苜蓿茎秆在各生育期的 CF 含量显著高于叶片，不同生育期茎秆 CF 含量从 22.35% 上升到 50.33%，叶片 CF 含量从 13.52%

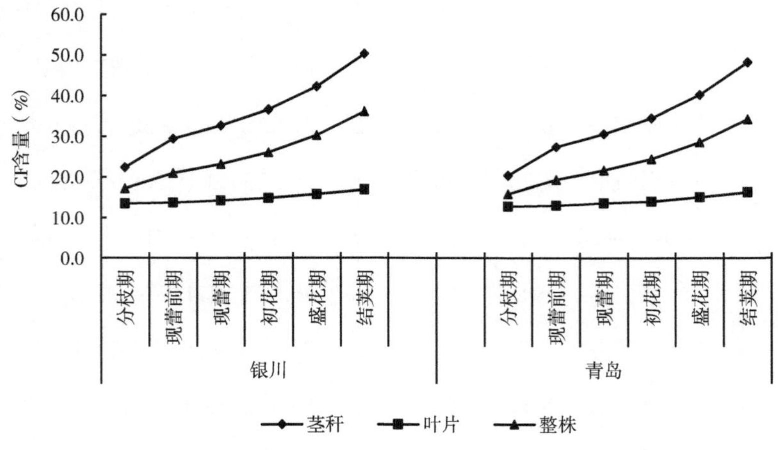

图 2–3　不同生育期苜蓿茎叶 CP 含量变化曲线

上升到 16.94%，整株苜蓿 CF 含量从 17.22% 上升到 36.24%（图 2-4）。

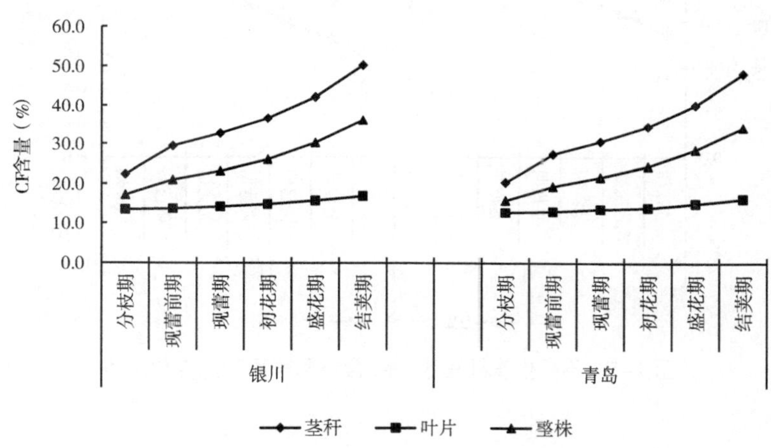

图 2-4 不同生育期苜蓿茎叶 CF 含量变化曲线

苜蓿 DM 含量是反映苜蓿产量的重要指标，而茎叶比直接关系到 CP 含量和 CF 含量，能在一定程度上反映苜蓿草的质量。研究表明，不同生育期苜蓿草的 DM 含量和鲜茎叶比存在较大差异，随着生育期的延长和光合产物的逐渐积累，苜蓿 DM 含量和鲜茎叶比均呈明显的增加趋势，其中分枝期最低，DM 含量和鲜茎叶比为 17.62% 和 0.72，其次为现蕾前期、现蕾期、初花期和盛花期，结荚期最高，DM 含量和鲜茎叶比为 27.47% 和 1.37。因而应该选择 DM 含量相对较高、茎叶比相对较低的生育期进行刈割（图 2-5）。

苜蓿草的 CP 含量、CF 含量和 DM 含量与其茎叶比均有较大的相关性。研究表明，苜蓿 CP 含量、CF 含量和 DM 含

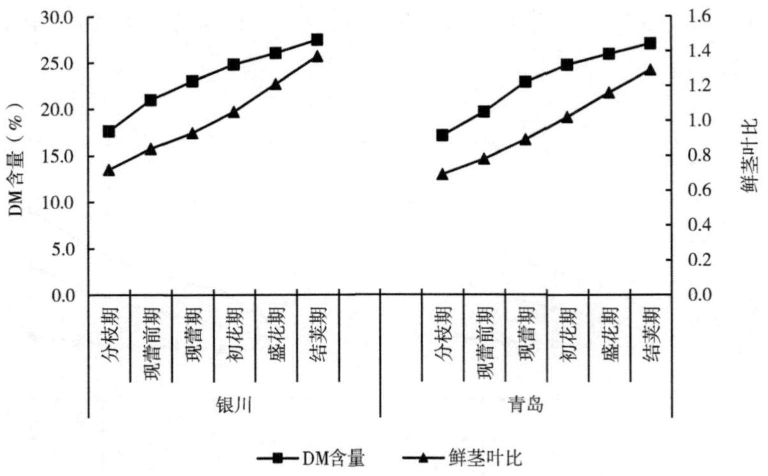

图 2-5　不同生育期苜蓿 DM 含量和鲜茎叶比变化曲线

量与茎叶比均呈对数关系，其中 CF 含量和 DM 含量与茎叶比呈显著的正相关（P<0.05），而 CP 含量与茎叶比呈显著的负相关（P<0.05）（表 2-3）。因此，茎叶比可作为确定苜蓿适宜刈割期和刈割次数的重要指标。

表 2-3　苜蓿草主要营养成分与茎叶比的相关性

试验地	关系	回归方程	R^2	n
银川	CP 含量（y）与茎叶比（x）	y=-11.767Ln（x）+20.839	0.9855	18
	CF 含量（y）与茎叶比（x）	y=28.492Ln（x）+25.750	0.9774	18
	DM 含量（y）与茎叶比（x）	y=14.933Ln（x）+23.375	0.9664	18
青岛	CP 含量（y）与茎叶比（x）	y=-12.159Ln（x）+20.964	0.9821	18
	CF 含量（y）与茎叶比（x）	y=27.422Ln（x）+25.503	0.9637	18
	DM 含量（y）与茎叶比（x）	y=15.816Ln（x）+23.716	0.9652	18

（2）刈割期和刈割次数对全年苜蓿草主要营养成分的影响。不同生育期刈割对苜蓿草营养成分的影响很大，由于苜蓿在生长前期 DM 积累较少，体内水分含量较多，茎叶比和 CF 含量较低，而 CP 含量相对较高，到后期正好相反。由于刈割期不同，苜蓿在全年的刈割次数也不一样，因而不同刈割期苜蓿全年的 CP 产量和 CF 产量差异较大，其中 CP 产量在“现蕾期—初花期”最高，在结荚期最低；CF 产量在结荚期最高，在分枝期最低。在银川试验点，苜蓿在初花期的 CP 产量最高，为 168.3kg/ 亩，其次为现蕾期的 168.1kg/ 亩，二者均显著高于其他生育期（$P<0.05$），分别比结荚期高 47.63% 和 47.46%，但二者之间差异不显著（$P>0.05$），不同生育期刈割苜蓿全年的 CP 产量的大小顺序为：初花期 > 现蕾期 > 现蕾前期 > 分枝期 > 盛花期 > 结荚期。在青岛试验点，苜蓿在现蕾期 CP 产量最高，为 182.5kg/ 亩，其次为初花期的 181.4kg/ 亩，二者均显著高于其他生育期（$P<0.05$），分别比结荚期高 33.70% 和 32.89%，但二者之间差异不显著（$P>0.05$），不同生育期刈割苜蓿全年的 CP 产量的大小顺序为：现蕾期 > 初花期 > 现蕾前期 > 盛花期 > 分枝期 > 结荚期。因此，单从苜蓿草品质方面考虑，苜蓿在“现蕾期—初花期”营养价值较高，若此时刈割，银川试验点和青岛试验点苜蓿的刈割次数分别为 4~5 次和 5~6 次。

3. 刈割期和刈割次数对越冬前苜蓿根系的影响

根系是苜蓿再生的物质基础，根的干重及营养物质含量直接影响到苜蓿的安全越冬和来年的再生生长。不同刈割期和刈割次数对越冬前苜蓿根的影响较大，初花期和盛花期刈割，根

表 2–4　不同刈割期和刈割次数对全年苜蓿草营养成分的影响

试验地	刈割期	第 1 茬刈割日期	两茬间平均间隔天数（d）	刈割次数（次）	鲜茎叶比	DM（%）	CP（%, DM）	CF（%, DM）	CP 产量（kg/ 亩）	CF 产量（kg/ 亩）
银川	分枝期	4.25	22	7	0.72^{E}	17.62^{E}	25.19^{A}	17.22^{F}	142.3^{C}	97.3^{E}
	现蕾前期	5.10	27	6	0.84^{Dd}	20.97^{D}	22.60^{B}	20.93^{E}	159.1^{B}	147.3^{D}
	现蕾期	5.17	32	5	0.93^{CD}	23.01^{C}	21.24^{BC}	$23.16D^{d}$	168.1^{A}	183.3^{C}
	初花期	5.25	40	4	1.05^{C}	24.82^{B}	20.20^{CD}	26.04^{C}	168.3^{A}	215.6^{B}
	盛花期	6.6	53	3	1.21^{B}	26.03^{AB}	18.74^{DE}	30.31^{B}	134.3^{D}	217.3^{B}
	结荚期	6.25	75	2	1.37^{A}	27.47^{A}	17.30^{E}	36.24^{A}	114.0^{E}	238.7^{A}
青岛	分枝期	4.20	20	8	0.69^{F}	17.12^{E}	25.93^{A}	15.89^{F}	147.5^{C}	90.4^{F}
	现蕾前期	5.30	25	7	0.78^{E}	19.66^{D}	23.50^{B}	19.38^{E}	168.5^{B}	138.9^{E}
	现蕾期	5.80	29	6	0.89^{D}	22.86^{C}	22.05^{BC}	21.69^{D}	182.5^{A}	177.6^{D}
	初花期	5.15	35	5	1.02^{C}	24.76^{B}	20.90^{CD}	24.47^{C}	181.4^{A}	213.6^{C}
	盛花期	5.25	42	4	1.16^{B}	25.92^{B}	19.54^{DE}	28.64^{B}	165.1^{B}	241.9^{B}
	结荚期	6.10	56	3	1.29^{A}	27.04^{A}	17.67^{E}	34.36^{A}	136.5^{D}	265.4^{A}

的干重、体积、CP 含量和总糖含量均较高。苜蓿生长后期植株发生倒伏，虽然冠层上部仍有新生分枝长出，但下部叶片大多枯黄脱落，根生长受到抑制，因而在结荚期刈割根的干重、体积较小，CP 含量和总糖含量较低；而由于在分枝期和现蕾前期根系的营养物质用于再生生长消耗较多，致使根体积小、干重轻，且根中 CP 含量和总糖含量显著偏低。研究表明，银川试验点苜蓿越冬前根的干重、体积、CP 含量和总糖含量均在初花期最高，分别为 165.23g、518.57cm^3、12.16% 和 53.44%；根的干重和体积在结荚期最低，分别为 124.34g 和 432.55cm^3，CP 含量和总糖含量在分枝期最低，分别为 10.68% 和 35.77%；青岛试验点苜蓿越冬前根的干重和体积在盛花期最高，分别为 171.22g、511.65cm^3，CP 含量和总糖含量在初花期最高，分别为 12.19% 和 54.28%；根的干重、体积、CP 含量和总糖含量均在分枝期最低，分别为 122.93g、426.35 cm^3、10.91% 和 35.53%。因此，苜蓿在“初花期—盛花期”刈割，根部营养物质积累相对较多，有利于根的越冬和再生，此时刈割银川试验点和青岛试验点苜蓿的刈割次数分别为 3~4 次和 4~5 次。

因此，综合考虑不同刈割期、刈割次数对苜蓿产量、营养成分及越冬前根的影响，认为银川平原地区苜蓿适宜的刈割期为初花期，刈割次数为 4 次；青岛地区苜蓿的适宜刈割期为现蕾期至初花期，刈割次数为 5 次。

二、苜蓿适宜刈割留茬高度研究

试验地为银川试验点，以“金皇后”紫花苜蓿为试验原

表 2–5　不同刈割期和刈割次数对越冬前苜蓿根的影响

试验地	刈割期	第 1 茬刈割日期	两茬间平均间隔天数（d）	刈割次数（次）	干重（g）	体积（cm^3）	CP（%, DM）	总糖（%）
银川	分枝期	4.25	22	7	125.23^{D}	438.68^{E}	10.68^{E}	35.77^{D}
	现蕾前期	5.10	27	6	133.66^{C}	446.14^{D}	11.12^{D}	42.32^{C}
	现蕾期	5.17	32	5	145.57^{B}	475.20^{C}	11.63^{C}	46.67^{B}
	初花期	5.25	40	4	16523^{A}	518.57^{A}	12.16^{A}	53.44^{A}
	盛花期	6.6	53	3	161.47^{A}	498.98^{B}	11.76^{B}	53.19^{A}
	结荚期	6.25	75	2	124.34^{D}	432.55^{E}	11.65C	46.65^{B}
青岛	分枝期	4.2	20	8	122.93^{E}	426.35^{F}	10.91^{E}	35.53^{C}
	现蕾前期	5.3	25	7	135.42^{D}	443.79^{E}	11.35^{D}	45.32^{B}
	现蕾期	5.8	29	6	143.35^{C}	482.83^{C}	11.96^{B}	53.67^{A}
	初花期	5.15	35	5	168.96^{B}	506.25^{B}	12.19^{A}	54.28^{A}
	盛花期	5.25	42	4	171.22^{A}	511.65^{A}	11.89^{B}	52.22^{A}
	结荚期	6.1	56	3	132.03^{D}	450.27^{D}	11.74^{C}	46.37^{B}

料，采取大田试验研究，分别在苜蓿试验田随机选取代表性样方，每个样方面积 16m^2（4m × 4m），在苜蓿初花期进行人工刈割，刈割留茬高度设 4 个梯度，分别为：3~4cm、5~6cm、7~8cm、9~10cm。

1. 刈割留茬高度对苜蓿产量的影响

苜蓿刈割留茬高度对苜蓿产量影响较大，刈割留茬较高时，含有大量干物质的植株下部未被收获而影响其当茬产草量，同时旧茬也会在一定程度上抑制再生草的生长，再生产草量会受到一定影响；当留茬过低时，虽然当茬产草量较高，但是由于刈割破坏了生长点，导致再生能力减弱，存活力下降，再生草的产量会受到影响，总产量也会明显下降。因此，适宜的刈割留茬高度才能真正保证苜蓿的高产。

研究表明，随着刈割留茬高度的增加，苜蓿当茬鲜产草量和干产草量逐渐降低，而再生草和全部茬次的鲜产草量和干产草量先升高后降低。此外，由于苜蓿茎秆下部叶片含量较少，水分含量较低，因而留茬高度越高，刈割苜蓿的干物质含量越低，鲜干比越高。由表 2–6 可看出，银川试验点苜蓿当茬产草量最高的留茬高度为 3~4cm，鲜草和干产草量分别为 1 151.5kg/ 亩和 411.4kg/ 亩；再生产草量最高的留茬高度为 7~8cm，鲜草和干产草量分别为 657.2kg/ 亩和 229.1kg/ 亩；全年草总产量最高的留茬高度为 5~6cm，鲜草和干产草量分别为 2 872.6/ 亩和 1 012.5kg/ 亩。青岛试验点苜蓿当茬产草量最高的留茬高度为 3~4cm，鲜草和干产草量分别为 946.5kg/ 亩和 326.4kg/ 亩；再生产草量最高的留茬高度为 7~8cm，鲜草和干产草量分别为 607.2kg/ 亩和 205.1kg/ 亩；

全年草总产量最高的留茬高度为5~6cm，鲜草和干产草量分别为2 992.5/亩和1 015.5kg/亩。因此，就苜蓿全年产草量而言，刈割留茬高度为5~6cm较为适宜，显著高于其他留茬高度的苜蓿产量（$P<0.05$）。

表 2–6　不同刈割留茬高度对苜蓿产量的影响

试验地	茬 次	留茬高度（cm）	平均株高（cm）	鲜产草量（kg/亩）	干产草量（kg/亩）	鲜干比
银川	当茬草（第1茬）	3~4	83.8	1151.5^{A}	411.4^{A}	2.80^{B}
		5~6	83.5	1132.6^{B}	403.6^{B}	2.81^{B}
		7~8	83.6	1048.2^{C}	371.9^{C}	2.82^{AB}
		9~10	83.3	1035.5^{D}	364.7^{D}	2.84^{A}
	再生草（第2茬）	3~4	79.1	621.5^{C}	217.9^{B}	2.85^{B}
		5~6	79.5	650.6^{B}	227.5^{A}	2.86^{B}
		7~8	80.2	657.2^{AB}	229.1^{A}	2.87^{AB}
		9~10	79.7	660.5^{A}	228.7^{A}	2.89^{A}
	全部茬次（共4茬）	3~4	79.4	2761.5^{C}	979.9^{D}	2.82^{C}
		5~6	81.2	2872.6^{A}	1012.5^{A}	2.84^{bC}
		7~8	80.8	2867.2^{B}	1005.1^{B}	2.85^{AB}
		9~10	80.7	2860.5^{C}	996.7^{C}	2.87^{A}
青岛	当茬草（第1茬）	3~4	81.8	946.5^{A}	326.4^{A}	2.90^{C}
		5~6	82.5	925.6^{B}	316.6^{B}	2.92^{ABC}
		7~8	82.6	908.2^{C}	309.9^{C}	2.93^{AB}
		9~10	82.3	885.5^{D}	299.7^{D}	2.95^{A}
	再生草（第2茬）	3~4	75.8	576.5^{C}	196.9^{C}	2.93^{B}
		5~6	77.2	593.6^{B}	201.5^{AB}	2.95^{AB}
		7~8	77.5	607.2^{A}	205.1^{A}	2.96^{AB}
		9~10	76.7	590.5^{B}	198.7^{BC}	2.97^{A}
	全部茬次（共5茬）	3~4	78.8	2871.3^{D}	979.9^{D}	2.93^{B}
		5~6	79.85	2992.5^{A}	1015.5^{A}	2.95^{AB}
		7~8	80.05	2967.8^{B}	1006.7^{B}	2.95^{AB}
		9~10	79.5	2920.5^{C}	985.7^{C}	2.96^{A}

2. 刈割留茬高度对苜蓿营养成分的影响

不同刈割留茬高度对苜蓿营养成分的影响较大，当苜蓿刈割留茬较低时，植株下部茎秆所占比重较大，因而DM含量和CF含量较高，而CP含量较低；当苜蓿刈割留茬较高时，则相反。研究表明，银川试验点和青岛试验点的全部茬次苜蓿CP产量均以刈割留茬高度为5~6cm和7~8cm较高，显著高于其他留茬高度（$P<0.05$），但二者之间的差异不显著（$P>0.05$），不同留茬高度的全部茬次苜蓿CP产量的大小顺序依次为：5~6cm、7~8cm、9~10cm、3~4cm。因此，由不同留茬高度对苜蓿营养成分的影响来看，苜蓿刈割留茬高度为5~6cm较好，其次为7~8cm。

表2–7　不同刈割留茬高度对苜蓿主要营养成分的影响

试验地	茬次	留茬高度（cm）	鲜茎叶比	DM（%）	CP（%, DM）	CF（%, DM）	CP产量（kg/亩）	CF产量（kg/亩）
银川	当茬草（第1茬）	3~4	1.12^{A}	28.04^{A}	19.67^{B}	28.19^{A}	80.93^{A}	115.98^{A}
		5~6	1.08^{AB}	27.43^{B}	19.72^{AB}	26.85^{B}	79.59^{A}	108.35^{B}
		7~8	1.04^{BC}	27.13^{BC}	19.75^{A}	26.28^{B}	73.45^{B}	97.74^{C}
		9~10	0.99^{C}	26.85^{C}	19.81^{A}	25.78^{C}	72.25^{B}	94.03^{D}
	再生草（第2茬）	3~4	1.05^{A}	26.98^{A}	18.95^{B}	27.89^{A}	41.29^{C}	60.78^{A}
		5~6	1.01^{B}	26.33^{B}	19.97^{A}	26.47^{B}	45.43^{B}	60.21^{B}
		7~8	0.96^{C}	26.22^{BC}	20.04^{A}	26.31^{B}	45.91^{A}	60.28^{B}
		9~10	0.92^{D}	25.94^{C}	20.08^{A}	25.22^{C}	45.93^{A}	57.69^{C}
	全部茬次（共4茬）	3~4	1.09^{A}	27.51^{A}	19.31^{B}	28.04^{A}	189.22^{C}	274.77^{A}
		5~6	1.05^{B}	26.88^{B}	19.85^{A}	26.66^{B}	200.93^{A}	269.92^{B}
		7~8	1.00^{C}	26.68^{B}	19.90^{A}	26.30^{B}	199.97^{AB}	264.29^{C}
		9~10	0.96^{D}	26.40^{C}	19.95^{A}	25.50^{C}	198.80^{B}	254.17^{D}

（续表）

试验地	茬次	留茬高度（cm）	鲜茎叶比	DM（%）	CP（%, DM）	CF（%, DM）	CP 产量（kg/亩）	CF 产量（kg/亩）
青岛	当茬草（第 1 茬）	3~4	1.12[A]	27.89[A]	19.87[B]	27.19[A]	64.86[A]	92.02[A]
		5~6	1.07[B]	27.35[AB]	20.22[A]	24.85[B]	64.01[B]	85.00[B]
		7~8	1.01[C]	27.07[BC]	20.45[A]	24.25[BC]	63.38[C]	81.44[C]
		9~10	0.96[D]	26.91[C]	20.66[A]	23.78[C]	61.93[D]	77.27[D]
	再生草（第 2 茬）	3~4	1.08[A]	26.98[A]	18.95[B]	27.89[A]	37.32[D]	54.92[A]
		5~6	1.04[B]	26.33[B]	19.97[A]	26.47[B]	40.23[B]	53.33[B]
		7~8	0.99[C]	26.22[B]	20.04[A]	26.31[B]	41.10[A]	53.96[B]
		9~10	0.95[D]	25.94[C]	20.08[A]	25.22[C]	39.91[C]	50.12[C]
	全部茬次（共 5 茬）	3~4	1.10[A]	27.44[A]	19.41[B]	27.54[A]	190.20[C]	274.77[A]
		5~6	1.06[B]	26.84[B]	20.10[A]	25.66[B]	204.06[A]	270.72[B]
		7~8	1.00[C]	26.65[B]	20.25[A]	25.28[B]	203.80[A]	264.71[C]
		9~10	0.96[D]	26.43[C]	20.37[A]	24.50[C]	200.79[B]	251.36[D]

3. 末次刈割的留茬高度对越冬前苜蓿根的影响

末次刈割的留茬高度对苜蓿的越冬和再生极为重要，直接影响到第二年苜蓿的产量、品质及终生寿命。苜蓿留茬太低破坏了苜蓿植株的生长点和再生点，再生速度和存活率大大下降，根部干物质和营养成分的累积速度也相应降低，影响到苜蓿的正常越冬和来年的再生；留茬太高时旧茬也会影响到苜蓿的再生速度，致使其在越冬前没有累积足够的养分来供应越冬所需的能量和营养消耗，越冬率和返青率降低。研究表明，末次刈割的留茬高度对越冬前苜蓿根的干重、体积、CP 含量和总糖含量的影响均较大，其中在刈割留茬高度为 7~8cm 时苜蓿根的干重和体积最大，CP 含量和总糖含量也最高，其次为

5~6cm、9~10cm 和 3~4cm。因此，苜蓿在末次刈割时，留茬高度为 7~8cm 对其越冬和再生较为有利。

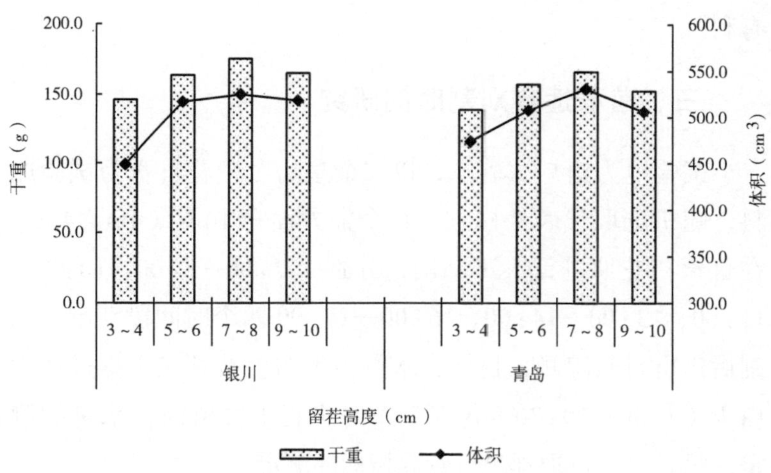

图 2-6　末次刈割的留茬高度对越冬前苜蓿根干重和体积的影响

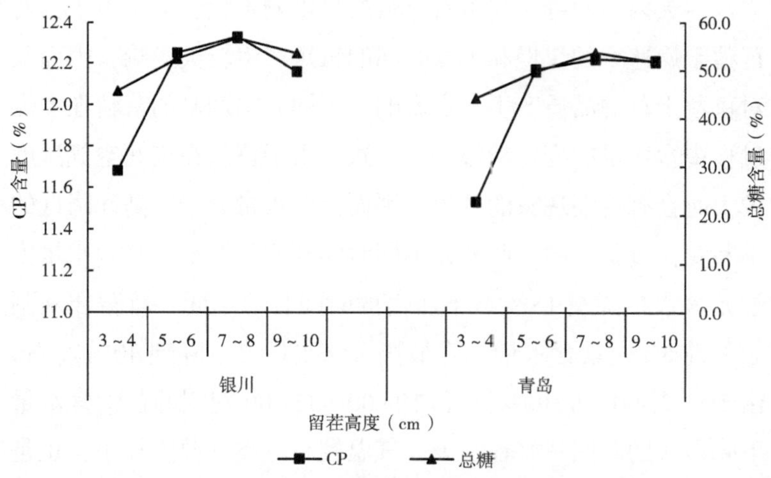

图 2-7　末次刈割的留茬高度对越冬前苜蓿根 CP 含量和总糖含量的影响

因此，综合考虑不同刈割留茬高度对苜蓿产量、营养成分及越冬前根的影响，认为苜蓿刈割适宜的留茬高度为 5~6cm，但在末次刈割时留茬高度为 7~8cm 时对其越冬和再生较为有利。

三、苜蓿适宜刈割时间研究

试验地为银川试验点，以“金皇后”紫花苜蓿为试验原料，随机选取代表性样方，每个样方面积 16m^2（4m × 4m），在苜蓿初花期进行人工刈割，分别于 7 : 00—8 : 00、10 :00—11 : 00、13 : 00—14 : 00、16 : 00—17 : 00 四个时间段刈割，刈割后进行自然晾晒，目标含水量为 15%。苜蓿在干燥过程中白天（7 : 30—19 : 30）每 3 个小时进行 1 次植株含水量的测定，每天 19 : 30 取样进行营养指标的测定。

1. 刈割时间对苜蓿产量的影响

一天内的刈割时间虽对苜蓿产量影响不大，但是由于其对苜蓿干燥速率的快慢和干燥时间的长短产生较大影响，因而其对苜蓿干草的品质产生一定影响。不同时间刈割的苜蓿在干燥过程中含水量的变化趋势基本一致，由于苜蓿在夜间空气湿度较大时会有返潮现象的发生，因而其含水量处于升高和降低的不断变化过程之中。此外，不同时间刈割的苜蓿，其含水量由初始含水量降至 15% 以下所需的时间长短不同。苜蓿在刈割后的前 8h 内其含水量下降最快，含水量可下降到 40% 左右，由于在 7 : 00—8 : 00 刈割和 10 : 00—11 : 00 刈割的苜蓿含水量下降最快的时间正好在白天，气温较高，空气湿度较小，正是苜蓿干燥最适宜的时间，苜蓿水分迅速散失，然而，由于在

7:00—8:00 刈割时苜蓿植株上露水较多，土壤表面含水量也较高，此时刈割也会在一定程度上降低苜蓿干燥速率。研究表明，上午 10:00—11:00 刈割的苜蓿干燥速率最快，干燥时间约为 81h，其次为上午 7:00—8:00 刈割的苜蓿，干燥时间约为 84h。然而，由于 13:00—14:00 刈割和 16:00—17:00 刈割的苜蓿干燥不到 8h 即到夜晚，气温较低，空气湿度较大，苜蓿含水量不降反升，因而其干燥时间延长，均需约 99h。因此，从苜蓿干燥时间来看，苜蓿在上午 10:00—11:00 刈割较为适宜。

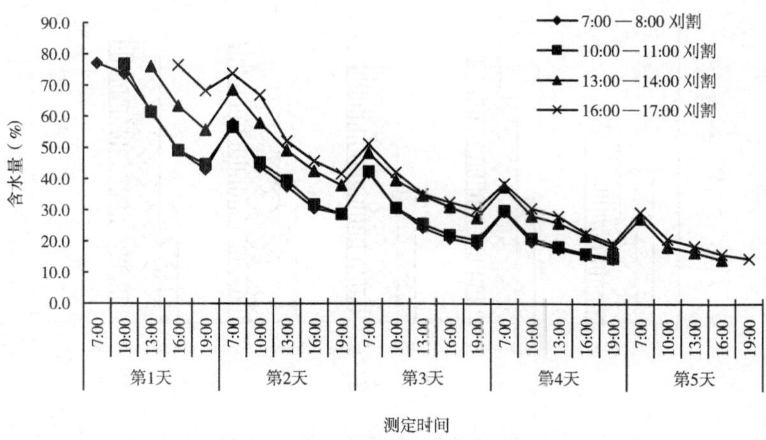

图 2–8　不同时间刈割的苜蓿在干燥过程中的含水量变化曲线

2. 刈割时间对苜蓿营养成分的影响

不同刈割时间对苜蓿营养成分的影响较大，对干燥后苜蓿的茎叶比、CP 含量和 CF 含量均有不同程度的影响。研究表明，10:00—11:00 刈割的苜蓿干燥时间相对较短，干燥过程中的呼吸损失、露水的淋溶损失及其他干燥损失相对较少，苜蓿 CP 含量最高，茎叶比和 CF 含量最低，营养物质保存较好；13∶00—14∶00 刈割和 16∶00—17∶00 刈割的苜蓿干燥时间均比 10∶00—11∶00 刈割的苜蓿长 18 个小时，在此过程中叶片大量脱落，营养成分大量流失，CP 含量大幅下降，CF 含量和茎叶比升高。因此，不同刈割时间对苜蓿干草品质的影响较大，从缩短苜蓿干燥时间、减少营养成分流失的角度来看，苜蓿在上午 10∶00—11∶00 刈割较为适宜，营养成分保存较好。

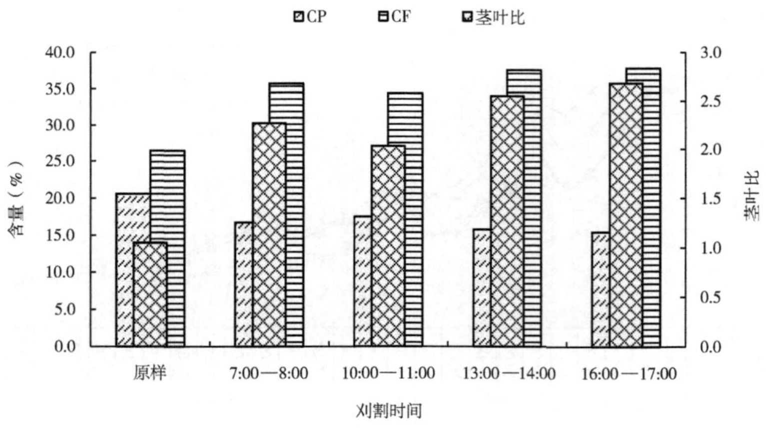

图 2-9　不同刈割时间对苜蓿主要营养成分的影响

第三章　优质苜蓿干草调制技术研究

第一节　苜蓿干草调制技术研究进展

青饲料含水量较高，细菌和霉菌容易滋生使青饲料霉烂腐败，通过自然干燥或人工干燥的方法使刈割后的新鲜饲草迅速处于生理干燥状态，细胞呼吸和酶的作用逐渐减弱直至停止，饲草的养分分解减少。饲草的这种干燥状态防止了有害微生物对其所含养分的分解而产生霉败变质，从而达到长期保存饲草的目的，此过程即为干草调制过程。优质的干草含水量应在18%以下，叶量丰富、颜色青绿、气味芳香，且营养成分损失较少。苜蓿干草容易调制，是食草家畜最重要、最普遍的冬季饲料，被认为是奶牛的高标准优质饲草，可以替代部分精饲料，可有效缓解冬春季饲草缺乏的难题。

一、苜蓿干草调制机理

1. 苜蓿刈割后的生理、生化过程

苜蓿干草调制的目标是将苜蓿含水量降至安全含水量以下，使干草得以安全贮藏，但苜蓿体内水分的散失过程中常伴随着营养物质的大量流失，因而干草调制时间越短越好。苜蓿的干草调制过程一般可分为两个阶段，即生理变化过程和生化变化过程（曹致中，2005），两个阶段的养分变化情况见

表 3–1。

表 3–1　牧草干燥过程中的养分变化

阶段	特点	养分变化		
		糖	粗蛋白质	胡萝卜素
生理变化过程	在活细胞中进行，以异化作用为主导的生理过程。	呼吸作用消耗单糖，使糖降低，将淀粉转化为单糖、双糖。	部分粗蛋白质转化为水溶性氨化物。	初期损失极少，在细胞死亡时大量破坏，总损失量为 50%。
生化变化过程	在死细胞中进行，在酶参与下分解为主导的生化过程。	单糖、双糖在酶的作用下变化很大。其损失随水分减少、酶活动减弱而减少；大分子的碳水化合物（淀粉、纤维素）几乎不变。	短期干燥时不发生显著变化；长期干燥时酶活性加剧使氨基酸分解为有机酸进而形成氨，尤其当水分较高时（50%~55%），延长干燥时间会加大粗蛋白质损失。	牧草干燥后损失逐渐减少；干草被雨淋氧化加强，损失增大；干草发热时其含量明显下降。

（1）生理变化过程。生理变化过程是苜蓿从刈割到水分降至 40% 左右时的阶段，杨永林（2005）等认为苜蓿在这一阶段植物细胞尚未死亡，且在一定时间内处于活性状态，一些生理活动仍在进行，此时异化作用大于同化作用，大量的营养物质被分解，同时旺盛的呼吸作用导致牧草温度上升，更加剧了养分的分解，因此必须采取措施使苜蓿含水量迅速降至 40%

以下，促进植物细胞的死亡，在此过程中养分的损失量一般为5%~10%。陈辉（2002）指出，苜蓿生理生化过程水分散失的主要途径是维管系统、细胞间隙和气孔，散失的主要是游离于细胞间隙的自由水，散失速度较快，此时水分散失的速度主要取决于大气含水量和空气流动速度，所以干燥、晴朗有微风的条件能促使水分的快速散失，在晴朗的条件下，该阶段一般需要5~8h。

（2）生化变化过程。生化变化过程是苜蓿含水量从40%降至18%以下时的阶段，张国芳等（2003）认为，苜蓿在这一阶段多数植物细胞已经死亡，细胞的蒸腾作用和呼吸作用相继停止，但酶促生化反应加强，养分受细胞内酶的作用而被分解，维生素和可溶性营养物质损失较多，应采取措施加快水分的散失，使酶类活动尽快停止，同时要尽量减少日光暴晒、露水浸湿和防止叶片、嫩枝脱落而造成的营养损失。该阶段苜蓿水分以角质层散失为主，角质层中的蜡质阻碍了水分的散失，因而水分散失速度减慢，苜蓿干燥时间的长短主要取决于该阶段，通常需要1~2昼夜甚至更长时间。

2. 苜蓿干草调制过程中的营养损失

（1）植物呼吸作用引起的损失。苜蓿刈割以后，干燥初期植物细胞并未死亡，其蒸腾作用与呼吸作用继续进行，水分通过蒸腾作用逐渐减少，植物体内贮藏的部分无氮浸出物作为能源被水解成单糖，少量粗蛋白质也被分解为肽、氨基酸等小分子物质。当水分降低到40%~50%时，细胞逐渐死亡，呼吸作用停止。呼吸损失的大小由干燥条件决定，苜蓿经历生理变化过程的时间越短，呼吸损失越少。Roybal（1995）认为，牧草在田间的干燥时间与饲喂价值的损失成正比，牧草每天田间损失高达4%，晾晒时间越长，植物中的胡萝卜素、叶绿素、维生素C等成分就损失越大，大部分被分解破坏，其中胡萝卜素损失则高达90%。张国胜（2003）研究表明，在干燥条件良好状态下，呼吸作用造成干物质的损失为2%~8%；而恶劣干燥条件下，这种损失可高达16%。

（2）机械作用引起的损失。干草在晾晒和贮藏过程中，由于受搂草、翻草、搬草、堆垛等一系列机械操作影响，不可避免地会造成部分细枝嫩叶破碎脱落。据吴良鸿（2008）报道，一般叶片损失为20%~30%，嫩叶损失为6%~10%。鉴于植物叶片和嫩枝所含可消化养分多，因此机械损失不仅使干产草量下降，而且使干草品质降低。为了减少机械损失，按调制需要，当牧草水分降至40%~50%时，应马上将草堆成小堆或拢成长垄进行干燥，并注意减少翻草、搬运时叶片的破碎脱落。

（3）阳光的照射与漂白作用的损失。晾晒干草时主要是利用阳光和风力使青草水分降至足以安全贮藏的程度，但阳光直接照射会使植物体内所含胡萝卜素、叶绿素遭到破坏，维生素C几乎全部损失。叶绿素、胡萝卜素破坏的结果，使叶色变浅，且光照愈强，暴晒时间愈长，漂白作用造成的损失愈大。据测定，干草暴露田间1昼夜，胡萝卜素损失75%，若放置1周，96%的胡萝卜素即遭破坏。为了减少阳光对胡萝卜素及维生素C等营养物质的破坏，应尽量减少暴晒时间，即在牧草水分达40%~50%时拢成小堆，这样不仅减少机械损失，也减少了阳光漂白作用。

（4）微生物作用引起的热害和霉变损失。微生物在青干草上繁殖取决于青干草的含水量、气温和大气湿度，一般当植物体内含水量为25%~40%、气温25~30℃时就会滋生微生物，当空气湿度达到85%~90%时，微生物活动更为活跃，将导致干草的发霉变质，营养成分下降，甚至完全丧失饲用价值。Arinze等（2008）认为，干草在贮藏过程中持续产热能降低干草的粗蛋白质和能量的消化率，可溶性碳水化合物和含氮物质的损失较多，纤维素的消化率也随之下降。陈越等（2003）指出，粗蛋白质的破坏程度是通过测定酸性洗涤不溶性氮（ADIN）得知的。在正常情况下，ADIN不应该超过5%，过多的热害能使ADIN超过10%。在牧草干燥时，一般情况下，总营养价值损失20%~30%，饲料单位损失30%~40%，可消化粗蛋白质损失30%左右。Roze等（1998）研究表明，干草在贮藏过程中干物质的损失与发热程度成正比，当草捆的含水量大于15%时，其含水量每增加1%，干物质的损失就为最初干物质重量的1%。由此可见，热害会造成苜蓿干草营养物质的大量损失，在草捆贮藏过程中，应尽量避免热害现象的发生。

（5）雨淋造成的损失。当苜蓿含水量在40%以上时，细胞尚未死亡，阴雨会延长苜蓿的干燥时间，植物的呼吸损失增加；当苜蓿含水量在40%以下时，细胞已经死亡，原生质的渗透性增加，雨淋会造成可溶性营养物质的流失。同时，雨淋还会为微生物的繁殖创造条件而产生热害或霉变，引起苜蓿营养成分更大的损失，若阴雨连绵会导致苜蓿发热霉变，营养物质损失甚至可达50%以上。

3. 影响苜蓿干燥速率的因素

苜蓿在自然干燥过程中，环境因子、苜蓿体表水分散失速度及苜蓿体内水分迁移阻力均会影响其干燥速率，其中环境因素起主要作用，包括气候条件和土壤情况。

苜蓿干燥过程中，气候条件对干燥速率产生决定性影响，主要是太阳辐射强度、气温、空气湿度和风速影响苜蓿干燥速率，其中太阳辐射与干燥速率的相关性较高。曹致中（2005）认为，太阳辐射为苜蓿干燥提供能量，刚刈割的新鲜苜蓿能吸收太阳辐射能的 80%，大部分能量被表层的草所吸收，在表层 2cm 以下的苜蓿能量吸收量仅为表层草的 1/2，吸收的太阳能主要用于水分的蒸发和加热苜蓿草。由于太阳辐射强度的增加可直接导致气温的升高和空气湿度的降低，因而与干燥速率相关性较高；而风速的增加会使空气对流能力加大，空气湿度下降，进而对苜蓿干燥速率产生影响。此外，土壤水分情况也会影响苜蓿干燥速度。侯武英（2003）指出，苜蓿刈割前应保持上层 0.6~0.7cm 的土壤是干的，土壤过湿会使割倒的苜蓿粘上过多泥土影响干草质量，同时会影响收割机具的工作状态。不同环境因素与饲草干燥速率的相关性，见表 3–2。

表 3–2　不同环境因素与饲草干燥速率的相关性

与干燥有关的因素	与干燥速度的相关性
太阳辐射	0.61
饲草表层温度	0.45
空气温度	0.35
蒸汽压力差	0.34

（续表）

与干燥有关的因素	与干燥速度的相关性
饲草水分含量	0.22
相对湿度	0.21
草行密度	0.18
土壤水分含量	–0.15
风速	0.11

苜蓿的干燥速率，还取决于植物体表水分散发的速度和水分从细胞内部向体表移动的速度，苜蓿的不同器官水分散失速度也不一样。在生产上，常用压扁机压扁茎秆或喷洒化学干燥剂等方法，在一定程度上减轻了水分移动的阻力，使苜蓿含水量迅速降至 40% 以下，干燥速度大大加快，也尽可能使苜蓿茎、叶干燥保持一致性，以减少营养物质的流失。

二、苜蓿的干燥方法

苜蓿的干燥方法大致分为两大类，即自然干燥法和人工干燥法，每大类又分为若干小类。干燥方法不同，苜蓿的干燥速度则不同，营养物质损失程度也不一样。

1. 自然干燥法

自然干燥法是借助太阳的辐射热或自然界的风力，使苜蓿植株中的水分气化而达到除去水分的目的。该方法简单方便，不需进行人工加热和排出干燥介质，但干燥的时间较长，其干燥过程和干燥程度都较难控制。主要包括地面干燥法、草架干燥法和发酵干燥法等，具体采用何种干燥方式可根据实际生产条件、规模以及要求来决定。

（1）地面干燥法。地面干燥法是目前苜蓿干草生产中应用最广泛、最简单的方法，整个调制过程都是在田间完成。将刈割后的苜蓿草铺成10~15cm厚的草层进行就地干燥，晾晒6~7h后翻晒1~2次，待含水量降至50%左右时用搂草机搂成松散式草行，当含水量降至35%~40%时进行并垄，继续干燥一段时间，当含水量达到18%以下时进行打捆贮藏。在干草调制过程中，为了减少叶片的损失，应选择早上或傍晚有露水的时候进行机械作业。

地面干燥法是国内外最为传统的干燥方法，其优点是成本低，干燥过程简单方便，因此被广大干旱少雨地区普遍采用。但其缺点也较为明显，首先是该方法对气候条件的依赖性较高，苜蓿干燥的速度和时间取决于该地区的气候条件；其次由于叶片与茎秆的干燥速度不同步，在自然干燥过程中，叶片很容易脱落，尤其是在轻微的翻动或在搬运的过程中，叶片和花蕾会纷纷脱落，大大降低了苜蓿干草的粗蛋白质含量；此外，在暴晒的过程中，苜蓿所含的胡萝卜素、叶绿素等营养物质会大量损失；长时间的露天晾晒，也容易导致苜蓿腐败变质，从而降低了苜蓿干草的营养价值和商业价值。

国内外学者对地面干燥法的研究较多。如Cobic（1997）对阳光下晒制与凉棚下调制苜蓿干草进行了对比研究认为，两种调制方法苜蓿干草CP损失分别为6.04%和5.36%，净能损失分别是15.63 kJ/kg DM和13.25kJ/kg DM，胡萝卜素含量损失分别为9~25mg/kg及18~34mg/kg。Bleeds（1992）对不同翻晒次数的苜蓿干草晒制后进行了营养价值评比，结果表明，翻晒次数越少，干草营养价值越高。王钦（1995）认为，苜蓿的茎和叶含蛋白量差别很大，叶是茎的2倍，自然干燥过程中，干燥速度叶比茎快得多，当叶已达到安全水分时，茎的含水量还很高，只要轻微移动就会造成严重的落叶损失，这也是苜蓿自然干燥造成粗蛋白质含量急剧减少的原因之一。刘兴元（2001）通过试验得出，紫花苜蓿叶子开始脱落的时间是在叶子含水量为26%~28%时，整株含水量则在35%~40%之间晾晒一天后，水分达40%时，利用晚间、早晨翻晒一次，此时叶片坚韧，干物质损失少，既能加速苜蓿干燥速度，又使苜蓿鲜泽、留叶率高，含水量在20%以下时，即可打捆作业。高彩霞（1997）认为，苜蓿叶片中富含粗蛋白质、维生素和矿物质元素等，叶片脱落是造成干草营养物质损失的主要原因，因此，最大限度保存叶片是减少苜蓿干草损失的重要环节，据此可采取高水分打捆。

因此，在苜蓿干草调制过程中，为最大限度减少营养物质的损失，必须加快干燥速度，使分解营养物质的酶尽早失去活性，但要注意机械作业带来的营养损失，避免日光暴晒以减少胡萝卜素损失。

（2）草架干燥法。侯百枝（2006）认为，在多雨潮湿地区，采用地面干燥法调制干草一般不易成功，在生产实践中常采用草架干燥法进行调制干草，可以大大地提高牧草的干燥速度，保证干草的品质。干草架主要有三角架、独木架、铁丝长架等形式。苜蓿刈割后首先进行地面干燥，待含水量降至45%~50%时，扎成小捆或直接运往草架干燥。架上的青草根部向上，堆成圆形或屋脊形，厚度不超过70~80cm。草架干燥虽需要部分设备和人工费用，成本略高，但此法通风较好，可明显加快干燥速度，获得优质青干草。孙京魁（1999）进行薄层摊晒、小捆晒制和草架晒制的比较试验认为，在阴湿地区搭架晒制干草可明显加快干燥过程并且有效地防止叶片脱落。

（3）发酵干燥法。在一些收获季节多阴雨天气的地区，不宜采取地面干燥法和草架干燥法调制干草，可采用发酵干燥法调制成棕色干草。苜蓿在刈割后直接堆成草堆，每层都踩紧压实，使鲜草在草堆中发酵，经 48~60h 或当堆内温度升高到 60~70℃时挑开，借助通风将苜蓿水分散发而达到干燥的目的。张文灿等（2003）认为，将收获后的苜蓿先进行发酵干燥，利用发酵过程使水分受热风蒸发，调制成棕色苜蓿干草，可在一定程度上加速苜蓿干燥，但此法调制的干草营养物质损失较大，仅适合在连续阴雨天气地区的干草调制。

2. 人工干燥法

在苜蓿干草调制过程中，自然干燥法受天气的影响很大，常会伴随着微生物和雨淋的危害，使干草营养物质大量流失，因而干草品质较低。使用人工干燥法可大大提高干燥速度，减少营养物质的损失，但会相应提高干燥成本，且能源消耗较大，目前在国外发达国家应用较多。人工干燥法主要包括常温鼓风干燥法、高温快速干燥法和太阳能干燥法。

（1）常温鼓风干燥法。常温鼓风干燥是借助电风扇、吹风机、送风器等机械设备对含水量为 40%~50% 的苜蓿进行的不加温干燥，在室外露天堆贮场或在干草棚中均可进行。具体方法是苜蓿刈割后在田间进行自然干燥，当含水量降至 40%~50% 时进行搂草堆或打捆作业，在贮草棚内安装通风设备和设置通风道，借助送风的方式进行干燥。该方法可有效减少苜蓿叶片、嫩枝的损失和暴晒对胡萝卜素的破坏，一般在收获时期的早上或晚间，相对湿度低于 75%，温度高于 15℃时进行鼓风干燥。

（2）高温快速干燥法。高温快速干燥法是将切碎的苜蓿置于饲草烘干机中，通过高温空气使苜蓿迅速干燥，一般只需几小时甚至几分钟，使苜蓿含水量从 80% 左右迅速降至 15% 以下，具体干燥时间的长短取决于烘干机的种类、型号及工作状态。该方法的优点是干燥速度快、营养损失少、产品质量高，但机组设备昂贵、运行成本较高，更适合在降水多、空气湿度大的地区使用。该法目前在国外发达国家应用较多，主要燃料为石油，干燥成本较高，我国目前除引进部分国外的设备和技术外，也相继研制出一些简易、低能耗的人工干燥机械和设备。

（3）太阳能干燥法。太阳能干燥的原理是将苜蓿刈割后在田间进行自然干燥，当苜蓿含水量降至 45% 左右时进行收集，采用太阳能工厂化干燥，按照一定高度、一定密度将散干草或草捆堆放在太阳能干燥仓内，把用太阳能加热的空气从干燥仓底部吹入，利用加热的空气带走草捆水分而达到干燥的目的。该方法是一种低成本、高品质、干燥效果好的干燥方法。国际上对太阳能干燥的研究开发及实际应用一直都比较重视。张丽春等（2009）认为，饲草进行太阳能干燥时相继发生生理变化过程和生化变化过程，在过程一中，液体以蒸汽形式从饲草表面排除，此过程的速率取决于饲草温度，空气温度、湿度，空气流速，饲草表面积和压力等外部条件，所以此过程称外部条件控制过程。而在过程二中，饲草内部水分的迁移是饲草性质、温度和含水量的函数，所以此过程称内部条件控制过程。在整个干燥过程中，两个过程先后控制干燥速率。杜建强等（2010）通过苜蓿的干燥特性试验，得出了苜蓿的含水率、质量和苜蓿表面温度与干燥时间的变化关系，所建立的干燥方程模型能够较好地描述苜蓿干燥过程，在升温阶段含水率下降最快，当表面温度趋于平稳时含水率下降速度逐渐趋缓，随着时间的推移含水率下降越来越慢。20 世纪初开始，中国农机研究院呼和浩特分院开始对太阳能牧草干燥技术及成套设备展开了系统研究，一些科研成果已经进入生产应用阶段，主要有 9G–2.5 型交替供热式太阳能牧草干燥设备，其工艺路线如图 3–1 所示。

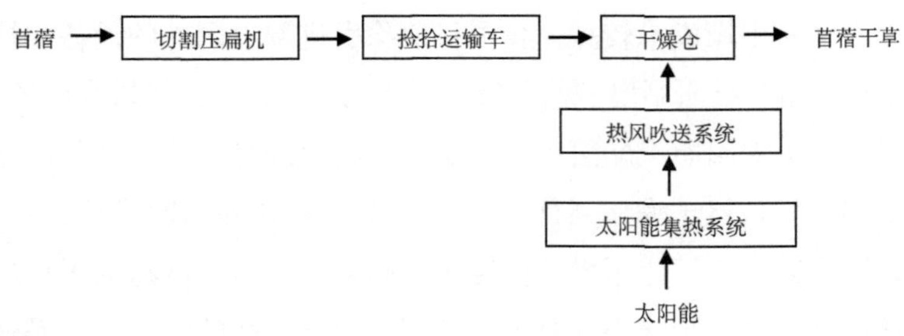

图 3–1　太阳能干燥工艺流程

3. 自然干燥的辅助方法

自然干燥是目前应用最广泛的苜蓿干燥方法，但由于其干燥速度缓慢、营养物质损失较多、对天气情况的依赖性较大，因而在生产实践中常与其他辅助方法结合进行，以缩短干燥时间，减少营养损失。这些辅助方法主要是通过为苜蓿创造干燥条件，以达到加快苜蓿干燥的目的，如改变温度、湿度、空气流动或减小植株内部水分扩散阻力等，主要包括压扁茎秆干燥、化学干燥剂干燥及塑料大棚干燥等。

（1）压扁茎秆干燥法。由于苜蓿叶片的干燥速度要比茎秆快得多，因而苜蓿干燥时间的长短实际上取决于其茎秆的干燥时间。余成群（2010）指出，通过机械作用使苜蓿茎秆压扁或压裂，可以破坏牧草茎秆的角质层、维管束和表皮，使茎秆的内部暴露于空气中，有助于消除茎秆角质层和纤维束对水分蒸发的阻碍，加快茎秆中水分蒸发的速度，实现茎秆和叶片的干燥速度尽可能同步，提高牧草整体的干燥速度，进而减少调制过程中的营养物质损失。

国内外学者对苜蓿压扁干燥的研究较多，Rohweder（1995）指出，未经压扁的干草一般需要 3~4d，才能达到安全贮藏的含水量标准，有效的机械压扁可以减少 2d 的干燥时间。张秀芬（1992）认为，压扁苜蓿茎秆可以加快其干燥速度，并且压扁苜蓿茎秆后，其茎、叶的干燥速度趋于一致，减少了叶及幼嫩部分的营养损失，同时重压扁干燥时间比轻压扁缩短 20~24h，但营养损失较多，综合评定结果是调制干草时轻度压扁效果较好。高彩霞（1997）研究发现，压扁使苜蓿茎叶干燥速度趋于一致，叶片损失少，干燥时间缩短，从而减少牧草的呼吸作用和光化学作用与酶的活动时间，也减少了牧草受到雨淋和露水浸湿的损失，提高了干草质量。海存秀（2001）等研究表明，苜蓿刈割后叶片所需干燥时间较短，其干燥速度比茎秆快 5~10 倍以上，苜蓿干燥时间的长短主要取决于茎秆干燥所需时间。刘兴元等（2001）研究认为，压裂茎秆干燥牧草的时间比不压裂干燥缩短 30%~50% 的时间，可减少呼吸作用、光化学作用和酶的活动时间，从而减少苜蓿营养损失，但压扁可以使细胞破裂而导致细胞液渗出最终致使营养损失。Rotz 等（1991）研究机械压扁对不同茬次刈割的苜蓿干燥速度影响，结果显示，机械方法压扁茎秆对初次刈割的苜蓿的干燥速度影响较大，而对于再次刈割的苜蓿的干燥速度影响不大。因此，通过机械压扁处理，苜蓿的干燥速率大大提高，但压扁程度需适宜，压扁较轻时干燥速率提高的不明显，压扁过重会造成苜蓿营养物质的大量流失。

（2）化学干燥剂干燥法。干燥剂干燥是将一些碱金属盐的溶液喷洒到苜蓿植株上，经过一定化学反应破坏植物体表面的蜡质结构，使其气孔张开，从而加快水分的散失，缩短干燥时间，减少营养物质的流失。常用的干燥剂有氯化钾、碳酸钾、碳酸钠和碳酸氢钠等。

国外学者对干燥剂的研究做了大量的工作，现已生产出专用的商品干燥剂，如 Fresh cut、Fieldfresh 和 ProPry 等。Grncarevic 等（2003）认为，在刈割的苜蓿草垄喷洒 2% 的碳酸钾液，其干燥速度比压扁茎快 43%，若在苜蓿压扁收割前对苜蓿喷洒 2% 的碳酸钾，可起到良好的干燥效果，可明显缩短 1~2d 干燥时间，降低产量总损失量的 14%~21%。Meredith（1993）研究认为，碱金属的碳酸盐如碳酸锂、碳酸钾等均可加快苜蓿干燥速度，而钾盐溶液中较为有效的是氢氧化钾和碳酸钾，并且确定碳酸钾的浓度为 0.16mol/L。国内其他的一些研究者也都发现喷 K_2CO_3 能加快紫花苜蓿的干燥过程，但 K_2CO_3 用于干草调制有一定的浓度限制，Rotz 等（1985）的研究结果表明，质量分数高于 2.8% 的 K_2CO_3 溶液对提高干燥速率效果不明显，胡耀高（1996）认为干草调制所用 K_2CO_3 溶液的质量分数以 2.0%~2.8% 为宜。化学干燥剂对干草营养价值的影响，目前仍尚无一致的结论，一般认为 K_2CO_3 可提高反刍家畜对牧草干物质、粗蛋白质、中性洗涤纤维和酸性洗涤纤维的消化率，而钾离子对家畜无不良影响。

（3）塑料大棚干燥法。由于塑料大棚对太阳短波辐射（可见光）的透过率高于长波辐射（热辐射），太阳光容易穿过塑料大棚，而热量不易散发出去，加上大棚密闭的环境阻断了大棚内外气体的交换，因而使太阳辐射能被截留在棚内，通过不断加热使棚内空气的温度不断上升、湿度不断下降。塑料大棚干燥是将苜蓿刈割后置于田间进行自然干燥，当含水量降至 40%~50% 时转移到塑料大棚内，利用大棚内的热空气通过饲草内部，使饲草逐渐干燥的一种方法，实际上就是利用太阳能进行干燥。塑料大棚内还可安装排风机，排风机能促进棚内空气的流动，使暖空气不断从草中通过，可显著提高苜蓿干燥速率，并防止干草发热变质。

塑料大棚干燥法具有以下特点：① 棚内气温较高，空气湿度很低，对苜蓿干燥极为有利，能够大大提高苜蓿干燥速率，缩短干燥时间，减少了苜蓿叶片的脱落和营养物质的损失，使干草质量得到较大的提高。② 塑料大棚能够防止苜蓿干草遭受雨水和露水的淋溶，不受天气的影响，可进一步减少营养物质的流失，提高干草品质。③ 由于棚内温度升高，使干燥空气不断流动，既可保持棚内水分平衡而达到干燥的目的，也可防止青草堆积引起的发酵。④ 大棚造价较低，使用鼓风干燥时需少量的电费，干燥成本低，干燥效果好。然而由于大棚容量有限，导致其调制干草的能力受到制约，不适合规模化的苜蓿干草生产，较适合于在多雨潮湿地区的小面积苜蓿生产中推广使用。

国内外关于利用塑料大棚进行苜蓿干燥的报道相对较少，过久郎（1983）针对日本西南温暖多雨地带区的干草生产，提出一种利用太阳能和低成本而随时调制干草的办法，即利用塑料大棚的干燥设备。杨洪才（1986）的试验结果表明，当秋季晴天气温为20℃ ±5℃时，塑料大棚内温度可上升12~22℃，热空气温度可达到27~47℃。崔日顺等（1986）利用塑料大棚调制苜蓿干草的试验研究得出，在干燥期间，塑料大棚内最高温度和湿度分别为52℃和69%，最低温度和湿度分别为21℃和21%。使用塑料大棚干燥可大大提高苜蓿干燥速率，进一步保存营养物质，与自然干燥相比，塑料大棚干燥的干草含叶较多，颜色绿，有芳香味，CP、TDN和胡萝卜素含量分别提高了14.97%、4.81%和2.56%，但CF含量仅下降了1.17%。

（4）打小捆干燥法。打小捆干燥是将苜蓿刈割后在田间晾晒一段时间，当含水量降到40%~50%时，将苜蓿干草捆成直径20~30cm的小捆，每3~4捆对头矗立进行后续干燥。它是通过增加干燥表面积来提高苜蓿干燥速率的，但更主要的是其减少了干燥过程中机械作业的强度和次数，最大限度地保存了叶片，减少了养分的流失。该方法的优点是减少了叶片的脱落，也在一定程度上加快了干燥速度，但在捆包时注意把握干草含水量，含水量过高时捆包会影响苜蓿干草的后续干燥，甚至可能引发霉变，含水量过低时捆包会增加叶片的损失量，进而导致营养物质的流失。孙京魁（2000）通过对比草架干燥、小捆干燥和薄层干燥三种方法得出，草架干燥不仅可加快干燥过程，而且能防止植物最有营养价值的叶片和花蕾脱落，但此法较费人力和物力，有条件的地区应尽可能地采用草架干燥，而无条件地区可采用小捆干燥法，也可以加快苜蓿干燥，减少营养物质损失，尽量避免使用传统的薄层摊晒法。由于打小捆干燥无法进行大面积机械作业，耗费劳动力，因而不适合在苜蓿干草产业化生产中应用，更适合于在无法使用机械作业的山区小农户的苜蓿干草生产中使用。

三、苜蓿干草的品质评定

苜蓿干草的品质直接影响家畜的采食量及其生产性能。何有华（2002）指出，苜蓿干草的品质评价有很多指标，但是最重要的指标是营养成分含量及其消化率，它对动物的生长、发育及畜产品的品质起着决定性的作用。但在生产实践中，常以苜蓿的刈割期、干草中叶的含量和杂草的比例、干草的颜色和气味以及干草的水分含量等感官特征，来评定干草的饲用价值。优质的苜蓿干草不仅具有良好的感官特征，而且具有较高的营养价值、采食量和消化率及较好的适口性，并含有丰富的可消化粗蛋白质、矿物质和维生素。苜蓿干草产品品质评定可以从感官和营养成分含量两个方面进行。

1. 感官特征

颜色、气味、叶片含量、含水量、杂草含量及被病虫害的感染情况等特征均是苜蓿干草品质评定的重要感官特征。一般来说，优质的苜蓿干草一般颜色较青绿，无发白、发黄迹象，无褐色斑点或白毛状物质；具有较浓郁的芳香味，无霉味、异味；干草的含水量适中，一般在15%~18%；叶片丰富，含量为30%~40%，茎秆质地柔软；杂草较少，无泥土等异物；无被病虫害感染的特征。根据我国农业部制定的农业行业标准（NY/T 1574–2007），不同等级豆科牧草干草质量的感官特征如表3–3所示。

表3–3　豆科牧草干草质量感官和物理指标分级

指标	等级			
	特级	1级	2级	3级
色泽	草绿	灰绿	黄绿	黄
气味	芳香味	草味	淡草味	无味
收获期	现蕾期	开花期	结实初期	结实期
叶量（%）	50~60	49~30	29~20	19~6
杂草（%）	<3.0	<5.0	<8.0	<12.0
含水量（%）	15~16	17~18	19~20	21~22
异物（%）	0	<0.2	<0.4	<0.6

苜蓿干草的感官评定要求：

（1）色泽。在自然光下视物最清楚的距离内目测。

（2）气味。常态下贴近鼻尖闻气味。

（3）收获期。现蕾期为苜蓿出现花蕾，但没有开花的阶段；开花期为10%的苜蓿植株开花的阶段；结实初期为10%的苜蓿植株开始结实的阶段；结实期为50%以上的苜蓿植株结实的阶段。

（4）如果使用添加剂，须对添加物质进行相应的说明，表明添加剂的名称、数量等。

2. 营养成分含量

Schonher 等（1996）认为，干草的品质应根据消化率及营养成分含量来评定，其中 CP、NDF、ADF 是青干草品质评价的重要指标，CP 含量是评价苜蓿干草品质最重要的标准之一。丁武蓉（2008）认为，CP、CF、NDF 和 ADF 等指标可用来表示牧草的营养物质含量、家畜的适口性及消化率。

评定干草的品质，许多国家都制定了统一的国家标准，并根据标准划分了干草等级。单对苜蓿干草品质评定，应首推美国关于市场紫花苜蓿干草评价的国家标准，主要以粗蛋白质（CP）、中性洗涤纤维（NDF）、酸性洗涤纤维（ADF）、可消化干物质（DDM）、干物质采食量（DMI）和相对饲用价值（RFV）等作为评定指标（表 3–4）。RFV 作为美国广泛使用的饲草品质评定指标，由美国国家牧草测试协会（NFTA）实验室发布，它是以盛花期苜蓿的 RFV 值为 100，当 RFV>100 时表示牧草质量较好，RFV 值的大小由 NDF 和 ADF 所决定。

表 3–4　豆科、豆科与禾本科混合干草质量标准

质量指标	等级					
	特级	1 级	2 级	3 级	4 级	5 级
CP（%）	>19	17~19	14~16	11~13	8~10	<8
NDF（%）	<40	40~46	47~53	54~60	61~65	>65
ADF（%）	<31	31~35	36~40	41~42	43~45	>45
DDM（%）	>65	62~65	58~61	56~57	53~55	<53
DMI（%）	>3.0	3.0~2.6	2.5~2.3	2.2~2.0	1.9~1.8	<1.8
RFV	>151	151~125	124~103	102~87	86~75	<75

注：DDM（%）=88.9–0.779ADF；DMI（%）=120/NDF；RFV=DDM × DMI ÷ 1.29

我国至今仍未出台牧草产品质量的国家标准，仅制定了农业行业标准（NY/T 1574–2007），主要是从感官特征和化学指标两方面对牧草干草质量进行评定，如表 3–3、表 3–5 所示。

表 3–5　豆科牧草干草质量化学指标及分级

质量指标	等级			
	特级	1 级	2 级	3 级
CP（%）	>19.0	>17.0	>14.0	>11.0
NDF（%）	<40.0	<46.0	<53.0	<60.0
ADF（%）	<31.0	<35.0	<40.0	<42.0
CA（%）	<12.5			
β – 胡萝卜素（mg/kg）	>100.0	>80.0	>50.0	>50.0

注：各项指标均以 85% 干物质为基础计算

豆科干草的质量等级评定分为三个层次，即综合判定、分类别判定和单项指标判定。

（1）综合判定。抽检样品的各项感官指标和理化指标均同时符合某一等级时，则判定所代表的该批次产品为该等级；当有任意一项指标低于该等级标准时，则按单项指标最低值所在等级定级；任意一项低于三级标准时，则判定所代表的该批次产品为等级外产品。

（2）分类别判定。豆科牧草干草质量按感官质量和理化质量单独判定等级，判定等级的方法与综合判定的方法相同。

（3）单项指标判定。豆科牧草干草按某一项（或几项）质量指标所在的质量等级，判定该产品在该项（或几项）指标的质量等级。

第二节　苜蓿干草调制技术研究

一、苜蓿在自然干燥过程中各项指标的变化规律

1. 试验设计

试验地为银川试验点，以“金皇后”紫花苜蓿为试验原料，随机选取生长状况良好的苜蓿植株作为试验材料，所取材料为第三年第一茬初花期苜蓿。采用压扁割草机（纽荷兰488型）进行苜蓿刈割，刈割留茬高度为5~6cm。刈割后苜蓿放置于苜蓿地进行自然干燥，草条厚度为15cm，宽度约为50cm，当苜蓿含水率达到40%左右时翻晒1次。苜蓿在干燥过程中，白天（6：00—20：00）每隔2h取样1次、夜间（20：00至翌日4：00）每隔4h取样1次进行苜蓿含水量的测定，每天从8：00至20：00每隔4h取样1次进行苜蓿营养成分的测定，苜蓿在刈割后的9h内，每小时测定1次刈割后苜蓿的生理指标。

2. 研究结果

（1）苜蓿在自然干燥过程中的水分散失规律。

① 刈割后苜蓿含水量的变化规律。苜蓿在自然干燥过程中，其含水量变化曲线呈起伏下降趋势，干燥速率则随昼夜变化上下波动（图3–2）。由于白天（6：00—18：00）太阳辐射强烈，气温较高，空气湿度较小，风速较大，苜蓿植株内部的水势大于大气水势，苜蓿植株体内水分向大气中扩散，含水量逐渐下降，苜蓿干燥速率为正值，即为苜蓿的干燥过程，

并在每天的 18:00 左右含水量达到这一天的最低值；而夜间（18:00 至翌日 6:00）由于没有太阳辐射，气温较低，空气湿度较大，风速较小，苜蓿植株内部的水势小于大气水势，大气水分向苜蓿体内迁移，苜蓿含水量逐渐上升，干燥速率为负值，即为苜蓿的吸潮过程，由于凌晨（6:00）左右气温最低，空气湿度最大，返潮最严重，因而苜蓿含水量达到这一天的最高值。

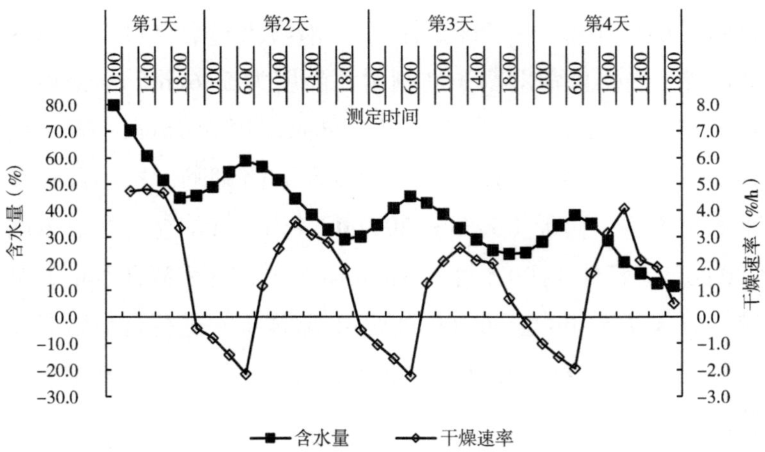

图 3–2　苜蓿在自然干燥过程中的含水量及干燥速率变化曲线

苜蓿在干燥前期散失的主要是细胞间隙的自由水，而植株体内自由水扩散到大气的速度取决于两者之间的水势差、气孔阻力和空气阻力，在干燥前期苜蓿植株与大气之间的水势差较大，气孔阻力也较小，干燥速率较快。苜蓿在自然干燥的过程中，前 8 个小时植株水分迅速散失，苜蓿含水量由 79.82% 下降到 44.75%，下降了 35.07 个百分点，而在干燥后期散失的是细胞内的结合水，而水分从细胞内进入细胞间隙时，细胞壁的阻力较大，因而水气通量减少，扩散阻力增加，干燥速率变慢。此外，苜蓿在干燥过程中返潮现象非常严重，含水量增加最大时可达近 20 个百分点，严重阻碍了苜蓿的干燥进程，但由返潮增加的水分存在于细胞间隙，散失速度相对较快，应该采取措施加快苜蓿干燥，减少返潮引起的营养损失。

② 环境因子对苜蓿干燥速率的影响。

a. 苜蓿干燥速率微分方程。由于刈割后苜蓿植株体内水势较高，与大气之间形成水势梯度，体内水分经气孔向大气扩散，苜蓿含水量逐渐降低，植株开始萎蔫，即为苜蓿的干燥过程。

按照吉布斯自由能原理，并依据气象站测定的气温和相对湿度，可利用下面的经验公式计算大气水势和植物水势：

对于苜蓿植株体外部，外界环境的水势（即大气水势）为：

$$\psi_{out} = \frac{RT}{V_W}\ln R_H = 4.6248\times10^5 T\ln R_H$$

式中，ψ_{out} 为大气水势，T 为空气绝对温度，R_H 为空气相对湿度。

对于苜蓿植株体内部，其植物水势为：

$$\psi_t = \ln\left(r_s\cdot\frac{M}{M_s}\right) = 4.6248\times10^5 T\ln\left(r_S\cdot\frac{M}{M_s}\right)$$

式中，M 为植株体内部的水分，M_s 为植株体内部的饱和水分；r_s 为植株体内部的水分活度系数。

令 $\psi_t - \psi_{in} - \psi_{out} - 4.6248\times10^5 T\ln\frac{M\cdot r_s}{M_s\cdot R_H}$

式中，ψ_t 为苜蓿植株与大气的水势差。当 $\psi_t>0$，植株内部水分向外迁移，是苜蓿的干燥过程；当 ψ_t=0，植株内外水分达到平衡，苜蓿内部的水分为平衡水分；当 ψ_t<0，外部水分向植株内部迁移，是苜蓿的吸潮过程。平衡水分的计算公式为：

$$M_s=\frac{M\cdot R_H}{r_s}$$

因此，可以认为苜蓿在自然干燥过程中的水分迁移率（dM/dt）取决于水分迁移势 ψ_t，即：$\frac{dM}{dt}=f(\psi_t)$

假设苜蓿植株体的水分迁移率（dM/dt）与水分迁移势 ψ_t 线性相关，则可得苜蓿植株体内部的水分迁移率的微分方程：

$$\frac{dM}{dt}=k\psi_t=k\cdot 4.6248\times 10^5\cdot T1\mathrm{n}\frac{M\cdot r_s}{M_s\cdot R_H}$$

式中，T 为空气绝对温度，R_H 为空气相对湿度，M 为植株体内部的水分，M_S 为植株体内部的饱和水分，r_S 为植株体内部的水分活度系数。

该公式可作为研究苜蓿在自然干燥过程中水分迁移规律的模型，水分迁移率即为干燥速率。从式中可以看出，苜蓿在自然干燥过程中的干燥速率（即单位时间内散失的水分）与空气绝对温度和苜蓿含水量呈正相关关系，与空气相对湿度呈负相关关系。苜蓿含水量越高，单位时间散失的水分越多；气温越高，空气湿度越低，干燥速率越快。

b. 苜蓿在干燥期间的主要气象参数。为了分析不同环境条件对苜蓿干燥速率的影响，对苜蓿在干燥期间的主要气象参数进行了监测，并通过经验公式计算得出大气水势（表 3–6、图 3–3）。监测结果表明，在进行苜蓿干燥试验期间，试验地天气状况较好，多为晴间多云天气，偶尔出现的阴天对试验结果影响不大。由于刚经历过连日降雨，因而天气凉爽，气温比平时略低，湿度偏大，太阳辐射强度和风速正常。同时，试验期间夜间气温较低，空气湿度和大气水势较高，在早上6:00左右气温达到最低，湿度和大气水势达到最高；而白天气温较高，空气湿度和大气水势较低，在16:00前后气温达到最高，湿度和大气水势达到最低。此外，太阳辐射在6:00—20:00期间为正值，主要集中于8:00—16:00，中午12:00左右辐射最强；而风速一般在午后较大，晚间风速较小。在试验期间，试验地的气温、空气相对湿度、太阳辐射强度、风速和大气水势的平均值分别为22.6℃、54.7%、120.4W/m^2、16.3km/h和–89.87MPa。由试验结果可得，每天的12:00—18:00太阳辐射较强烈，气温较高，空气湿度较小，风速较大，大气水势较低，是苜蓿进行自然干燥的最佳时间段。

表3–6　苜蓿干燥期间的主要气象参数变化情况

干燥天数	天气状况	测定时间	气温（℃）	空气相对湿度（%）	太阳辐射强度（W/m^2）	风速（km/h）	大气水势（MPa）
第1天	晴间多云	10:00	23.0	62	258	34	–65.47
		12:00	26.2	43	272	20	–116.84
		14:00	27.9	37	266	13	–138.43
		16:00	28.2	34	172	32	–150.35
		18:00	27.3	34	52	25	–149.90
		20:00	23.3	52	0	12	–89.65

（续表）

干燥天数	天气状况	测定时间	气温（℃）	空气相对湿度（%）	太阳辐射强度（W/m^2）	风速（km/h）	大气水势（MPa）
第 2 天	晴间多云转阴	0：00	19.9	70	0	11	–48.34
		4：00	18.5	72	0	6	–44.31
		6：00	17.5	74	3	25	–40.47
		8：00	20.3	66	107	14	–56.39
		10：00	22.5	60	253	25	–69.85
		12：00	25.4	49	324	45	–98.49
		14：00	28.1	36	87	24	–142.34
		16：00	25.9	36	14	15	–141.30
		18：00	26.0	38	69	16	–133.87
		20：00	21.2	50	0	19	–94.36
第 3 天	晴间多云	0：00	16.8	72	0	9	–44.05
		4：00	14.5	84	0	11	–23.19
		6：00	13.7	89	5	10	–15.46
		8：00	17.2	77	109	5	–35.10
		10：00	20.8	58	203	17	–74.05
		12：00	24.3	47	314	6	–103.86
		14：00	25.1	43	277	14	–116.41
		16：00	27.6	35	203	22	–146.02
		18：00	27.6	38	52	22	–134.58
		20：00	23.5	41	0	14	–122.32

（续表）

干燥天数	天气状况	测定时间	气温（℃）	空气相对湿度（%）	太阳辐射强度（W/m²）	风速（km/h）	大气水势（MPa）
第 4 天	晴间多云	0：00	18.4	70	0	8	−48.09
		4：00	16.7	73	0	1	−42.19
		6：00	14.4	87	4	0	−18.52
		8：00	17.7	77	114	6	−35.16
		10：00	22.7	49	238	10	−97.60
		12：00	25.7	47	295	19	−104.35
		14：00	27.6	40	283	25	−127.45
		16：00	27.8	36	191	10	−142.20
		18：00	27.1	38	49	26	−134.36

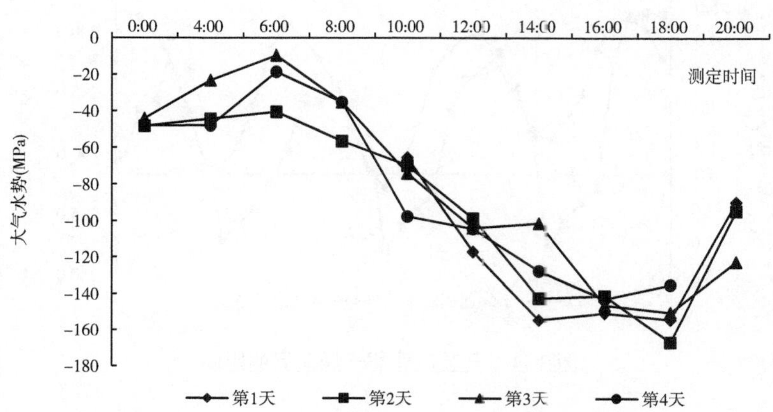

图 3-3　苜蓿干燥期间大气水势昼夜变化曲线

c. 不同影响因子对苜蓿干燥速率的影响。苜蓿在自然干燥过程中，影响其干燥速率的因子很多，其中环境因子对其影响较大，通过对其中的四个主要环境因子（空气绝对温度、空气相对湿度、太阳辐射强度、风速）和大气水势的监测（图3–4~图3–8），结果表明，随着干燥时间的延长，各环境因子及苜蓿干燥速率均在不断变化，其中苜蓿干燥速率的变化趋势与空气绝对温度、太阳辐射强度和风速的变化趋势基本相同，而与空气湿度和大气水势的变化趋势相反，说明苜蓿在自然干燥条件下，其干燥速率与太阳辐射强度、气温和风速存在一定的正相关性，而与空气相对湿度和大气水势存在一定的负相关性。此外，由图3–2也可以看出，苜蓿干燥速率也与其自身含水量存在一定的正相关性。

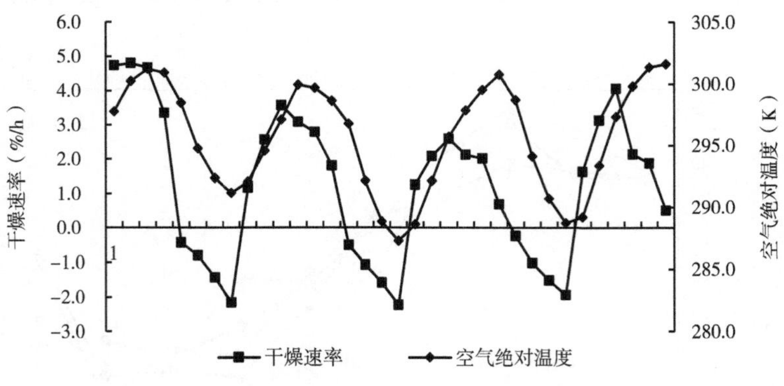

图3–4　气温对苜蓿干燥速率的影响

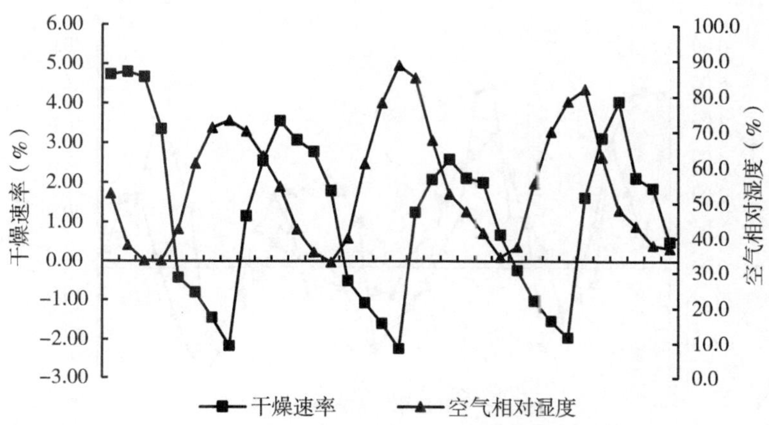

图 3–5　空气湿度对苜蓿干燥速率的影响

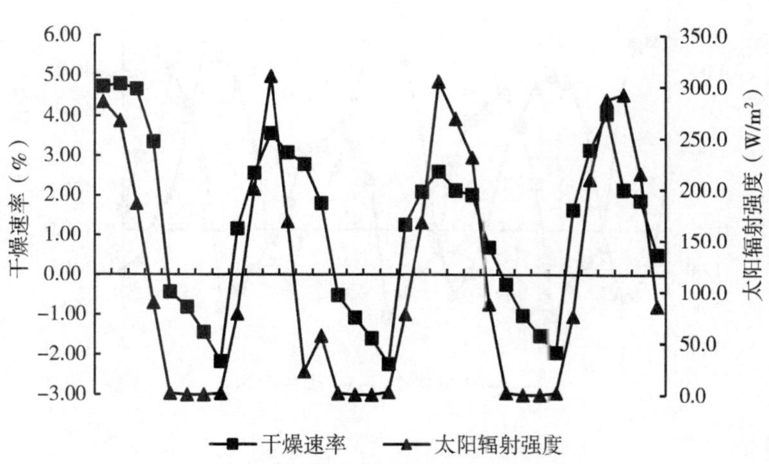

图 3–6　太阳辐射强度对苜蓿干燥速率的影响

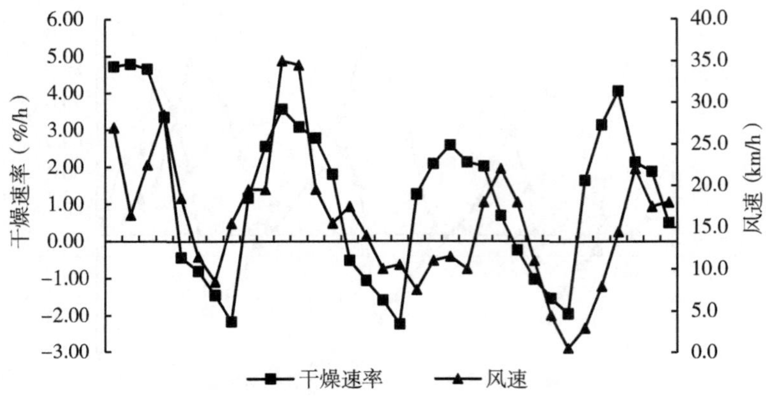

图 3-7　风速对苜蓿干燥速率的影响

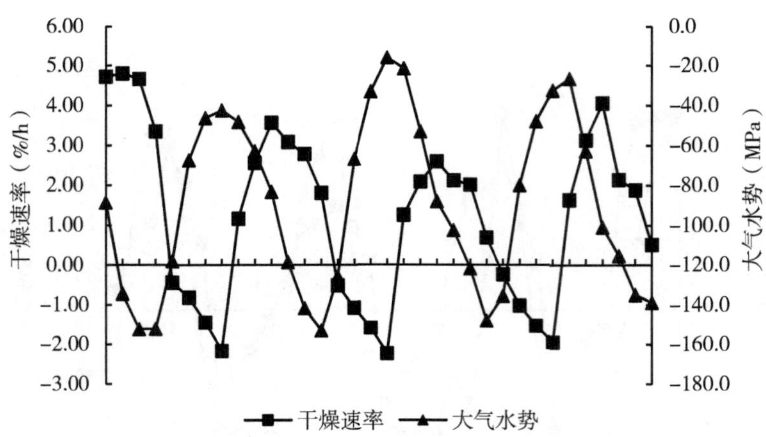

图 3-8　大气水势对苜蓿干燥速率的影响

为了进一步研究苜蓿干燥速率与各影响因子的相关性，对所得数据进行单因素相关性分析，结果表明：苜蓿在自然干燥过程中，其干燥速率与太阳辐射强度、空气绝对温度、风速有极显著的正相关性（$P<0.01$），而与苜蓿自身含水量正相关性不显著（$P>0.05$），同时与空气相对湿度、大气水势有极显著的负相关性（$P<0.01$），苜蓿干燥速率与各因子的相关系数大小顺序依次为：太阳辐射强度 > 气温 > 大气水势 > 空气湿度 > 风速 > 苜蓿含水量，相关系数分别为 0.7968、0.7263、–0.6632、–0.6591、0.5822 和 0.1929。因此，苜蓿在干燥过程中，环境因子对其干燥速率的影响较大，其中太阳辐射强度对干燥速率的影响最大（表 3–7）。

表 3–7　苜蓿干燥速率与不同影响因子的相关系数

参数 / 指标	空气绝对温度	空气相对湿度	太阳辐射强度	风速	苜蓿含水量	大气水势	干燥速率
空气绝对温度	—						
空气相对湿度	–0.9808**	—					
太阳辐射强度	0.5618**	–0.4718*	—				
风 速	0.6863**	–0.6201*	0.4636*	—			
苜蓿含水量	–0.1385	0.2298	0.1002	0.2506	—		
大气水势	–0.9743**	0.9927**	–0.4404*	–0.6070**	0.2407	—	
干燥速率	0.7263**	–0.6591**	0.7968**	0.5822**	0.1929	–0.6632**	—

注：“*” 表示相关性显著（$P<0.05$），“**” 表示相关性极显著（$P<0.01$）

（2）苜蓿在自然干燥过程中部分生理指标的变化规律。苜蓿在刈割后仍然进行蒸腾作用、呼吸作用和光合作用等生理活动，其中在刈割后的 2~3h 内，苜蓿的蒸腾速率和气孔导度迅速降低，之后下降的趋势变缓，在刈割后 8~9h 蒸腾作用逐渐停止；刈割后的 4h 内，苜蓿的表观光合 / 呼吸速率为正，光合速率大于呼吸速率，之后光合速率逐渐降低，呼吸作用逐渐占据主导，表观呼吸速率增加，在刈割后 8~9h 呼吸作用也逐渐停止；细胞间 CO_2 浓度的变化呈先升高后降低的趋势，这主要是由光合作用和呼吸作用的强弱决定的；叶片温度也呈先升高后降低的变化趋势（表 3–8、图 3–9、图 3–10）。出现以上趋势的主要原因是：苜蓿在刈割后，细胞在一定时间内处于活性状态，仍然可进行一定的生理活动，由于植株体内与大气存在较大的水势差，气孔处于打开的状态，植株水分不断通过蒸腾作用扩散到大气中，同时细胞也在进行光合作用和呼吸作用；随着水分的不断散失，由于水分和其他营养物质的供应中断，各种生理活动受到抑制，气孔导度减小，蒸腾速率和光合速率降低，细胞的生命活动只能依靠分解自身体内贮存的营养物质来进行，此时呼吸作用旺盛，呼吸速率大于光合速率，导致细胞间 CO_2 浓度逐渐增加，草行内苜蓿叶片温度升高；在刈割后 8~9h 时，苜蓿细胞间隙的自由水逐渐散失完全，苜蓿含水量下降到 40% 左右，细胞失去恢复膨压的能力以后，逐渐趋于死亡，生理活动逐渐停止，蒸腾速率、气孔导度和呼吸速率趋于 0，细胞间 CO_2 浓度小幅下降，苜蓿叶片温度趋于大气温度。

因此，苜蓿在干燥过程中，由呼吸作用引起的营养损失较大，而呼吸作用引起的高温更加剧了营养物质的分解，应采取措施加快苜蓿水分的散失，促进植物细胞迅速死亡，以尽可能减少营养物质的损失。

表 3–8　苜蓿在刈割后 9h 内部分生理指标的变化情况

测定时间	干燥时间（h）	E（$g/m^2 \cdot h$）	G［mmol/（$m^2 \cdot s$）］	A［μmol/（$m^2 \cdot h$）］	CI（μmol/mol）	T（℃）
10:00	0	7.35	3798.8	21.8	260.8	25.8
11:00	1	3.16	834.7	8.1	278.3	26.3
12:00	2	1.32	116.5	3.8	295.2	26.9
13:00	3	0.55	31.3	2.1	322.5	27.2
14:00	4	0.32	12.5	0.3	375.9	27.6
15:00	5	0.17	5.1	–1.3	421.6	27.5
16:00	6	0.12	2.7	–2.3	507.8	27.1
17:00	7	0.08	1.2	–1.5	484.9	26.4
18:00	8	0.03	0.7	–0.6	454.2	26.2
19:00	9	0.01	0.3	–0.2	419.6	25.9

注：A 值为正表示光合速率大于呼吸速率，为负表示呼吸速率大于光合速率

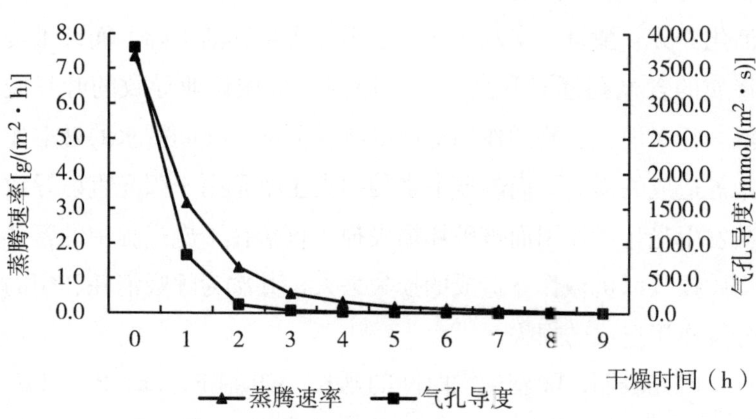

图 3–9　苜蓿在刈割后 9h 内蒸腾速率和气孔导度变化曲线

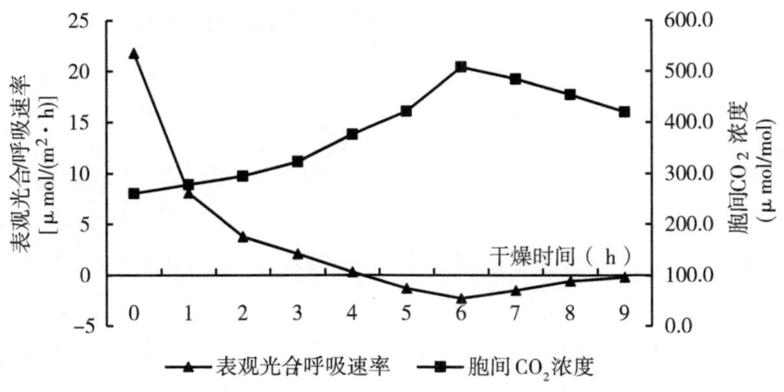

图 3-10 苜蓿在刈割后 9h 内表观光合 / 呼吸速率和绸胞间 CO_2 浓度变化曲线

（3）苜蓿在自然干燥过程中营养成分变化规律。苜蓿在自然干燥过程中，各营养成分均会出现不同程度的变化。总的来看，随着干燥时间的延长，苜蓿草的粗蛋白质、糖类物质、可消化养分、微量元素及胡萝卜素等的含量逐渐下降，而纤维类物质的含量则逐渐升高。主要原因是机械作业导致的叶片脱落、呼吸消耗、酶的作用造成的物质分解、夜间露水的淋溶作用等造成的损失，而胡萝卜素的损失主要是由于阳光直射导致其发生光化学作用而被破坏损失掉。苜蓿在干燥过程中的营养物质损失以机械作业造成的损失最大，其次为呼吸消耗和酶的分解作用造成的损失。

研究表明，随着干燥时间的延长，CP、EE、Ca、P、NFE、TDN 及胡萝卜素含量均出现不同程度的下降，而 CA、CF、NDF 和 ADF 含量则逐渐升高，各项指标在不同干燥时间点均有不同程度的差异，干燥 80h 后与干燥前差异显著

表 3–9　苜蓿在自然干燥过程中的营养成分变化情况

干燥时间	CP（%, DM）	CA（%, DM）	EE（%, DM）	CF（%, DM）	NDF（%, DM）	ADF（%, DM）	Ca（%, DM）	P（%, DM）	NFE（%, DM）	TDN（%, DM）	胡萝卜素（mg/kg）
0	20.18^{A}	8.19^{F}	5.27^{A}	25.96^{G}	46.89^{I}	34.19^{H}	1.043^{A}	0.211^{A}	40.40^{A}	70.70^{A}	154.43^{A}
4	19.63^{B}	8.16^{F}	5.19^{B}	27.07^{F}	48.13^{H}	37.23^{G}	1.005^{B}	0.202^{B}	39.95^{B}	68.87^{B}	142.55^{B}
8	19.34^{B}	8.32^{E}	5.25^{A}	28.32^{E}	49.98^{G}	39.44^{F}	0.987^{BC}	0.198^{B}	38.77^{EF}	67.06^{C}	130.29^{C}
12	18.92^{C}	8.45^{D}	5.03^{C}	28.99^{DE}	51.22^{F}	41.08^{E}	0.958^{CD}	0.187^{C}	38.61^{F}	65.96^{D}	122.2^{CD}
20	17.78^{D}	8.58^{C}	4.84^{D}	29.87^{D}	53.02^{E}	43.45^{D}	0.935^{D}	0.189^{C}	38.93^{DE}	64.70^{E}	115.87^{D}
32	16.11^{E}	8.53^{C}	4.58^{E}	31.25^{C}	55.34^{D}	44.89^{D}	0.895^{E}	0.176^{EF}	39.53^{C}	62.49^{F}	85.67^{E}
44	15.66^{F}	8.77^{B}	4.42^{F}	33.02^{B}	56.87^{C}	46.47^{C}	0.849^{G}	0.172^{F}	38.13^{G}	59.72^{G}	72.86^{F}
56	15.05^{G}	9.06^{A}	4.54^{E}	34.19^{A}	59.35^{B}	48.58^{B}	0.861^{F}	0.181^{Dd}	37.16^{H}	58.31^{H}	46.72^{G}
80	14.46^{H}	9.04^{A}	4.76^{D}	34.95^{A}	61.46^{A}	50.44^{A}	0.845^{G}	0.179^{DE}	36.79^{I}	57.37^{I}	25.67^{H}

（$P<0.05$）。苜蓿在干燥 80h 后，含水量降至 15% 以下，CP 含量由 20.18% 下降到 14.46%，下降了 28.34%；NFE 含量由 40.40% 下降到 36.79%，下降了 8.94%；TDN 含量由 70.70% 下降到 57.37%，下降了 18.85%；胡萝卜素含量由 154.43mg/kg 下降到 25.67mg/kg，下降了 81.65%；EE、Ca、P 分别下降了 9.68%、18.98% 和 15.17%。此外，CF 含量由 25.96% 增加到 34.95%，增加了 34.63%；CA、NDF 和 ADF 含量分别增加了 9.40%、23.71% 和 32.22%。

因此，苜蓿干燥时间的长短对苜蓿干草营养价值的影响很大，应尽可能缩短干燥时间，以减少营养物质的流失。

二、干燥目标含水量对苜蓿干产草量及营养价值的影响研究

1. 试验设计

试验地为银川试验点，以“金皇后”紫花苜蓿为试验原料，试验地每年进行两次黄河水灌溉，未施过任何肥料。

试验 1：在试验田中随机选取面积为 9m^2 的样方 5 个，在苜蓿初花期将样方内苜蓿进行人工刈割，留茬高度为 5~6cm。刈割后就地晾晒，使用牧草水分测定仪（SQ–SL）随时监测苜蓿水分变化情况，当含水量下降至 40% 左右时人工翻草 1 次，含水量下降至 30%、25%、22%、18%、15% 和 10% 左右时，分别进行干产草量测定，并取样约 500g 测定干物质含量和粗蛋白质含量，计算干物质产量和粗蛋白质产量。

试验 2：在苜蓿初花期，利用压扁割草机（纽荷兰 488

型）刈割试验地苜蓿，留茬高度为5~6cm。刈割后就地晾晒，当含水量下降至40%左右时使用搂草机翻草1次。苜蓿在晾晒过程中，使用牧草水分测定仪（SQ–SL）随时监测苜蓿植株水分变化情况，分别在晾晒前（鲜草）及含水量为30%、25%、22%、18%、15%和10%左右时取样，每次取样约500g进行苜蓿草茎叶比、叶片损失率及营养成分的测定。

2. 研究结果

（1）干燥目标含水量对苜蓿干产草量的影响。苜蓿在自然干燥过程中会伴随有干物质（DM）和粗蛋白质（CP）的损失，因而干燥目标含水量不同时，获得的干产草量、DM产量和CP产量也存在较大差异。研究表明，随着干燥目标含水量的降低，苜蓿第一茬的干产草量、DM产量及CP产量均有不同程度的下降趋势。当苜蓿干燥的目标含水量较高（含水量29.68%）时，干产草量、DM产量和CP产量均为最高，分别为4 809.0kg/hm^2、3 381.7kg/hm^{2}和694.3kg/hm^2，比常规干燥目标含水量（含水量14.93%）高41.55%、17.00%和47.10%。因此，与常规干燥目标含水量相比，高干燥目标含水量苜蓿干产草量提高1 411.5kg/hm^2，DM产量提高491.4kg/hm^2，CP产量提高222.3kg/hm^2。因此，苜蓿干草进行高水分打捆可以减少干物质和粗蛋白质损失，提高干产草量、DM产量及CP产量。

表 3–10 干燥目标含水量对第一茬苜蓿干产草量的影响

干燥目标含水量（%）	干产草量（kg/hm^2）	DM 产量（kg/hm^2）	CP（DM%）	CP 产量（kg/hm^2）
29.68	4809.0^{A}	3381.7^{A}	20.53	694.3^{A}
24.89	4427.0^{AB}	3325.1^{A}	19.82	659.0^{A}
22.15	4147.5^{BC}	3228.8^{B}	18.29	590.6^{B}
18.59	3852.0^{CD}	3135.9^{B}	17.16	538.1^{BC}
14.93	3397.5^{DE}	2890.3^{C}	16.33	472.0^{CD}
10.35	3168.0^{E}	2840.1^{C}	15.38	436.8^{D}

经相关性分析得出，第一茬苜蓿干产草量与干燥目标含水量存在显著的正相关性，见表 3–11。

表 3–11 第一茬苜蓿干产草量与干燥目标含水量的相关性

关系	方程	R^2	n
干产草量（y）与干燥目标含水量（x）	y=88.677x+2184.6	0.9905	21
DM 产量（y）与干燥目标含水量（x）	y=31.299x+2504.6	0.9422	21
CP 产量（y）与干燥目标含水量（x）	y=14.455x+274.6	0.9762	21

（2）干燥目标含水量对苜蓿茎叶比和叶片损失率的影响。茎叶比和叶片损失率是反映苜蓿干草叶片损失程度和营养成分损失情况的重要指标，由于苜蓿叶片干燥速度快于茎秆干燥速度，在使用机械进行搂翻作业过程中往往因叶片过干而大量脱落，导致叶片占整株比重下降，茎秆占整株比重相对

上升。研究表明，苜蓿干燥的目标含水量为 29.34% 时，茎叶比为 1.49，叶片损失率仅为 17.35%；目标含水量为 25.07% 时，茎叶比为 1.60，叶片损失率为 20.86%；而目标含水量为 10.24% 时，茎叶比为 2.69，叶片损失率达 44.30%，与目标含水量为 29.34% 时相差 26.95 个百分点。在生产上，苜蓿干草生产者一般在含水量为 15%~18% 打捆，研究表明，当苜蓿干燥的目标含水量为 14.82% 和 18.79% 时，苜蓿的茎叶比分别为 2.26 和 2.00，叶片损失率则分别达到了 36.93% 和 31.45%，叶片损失相当严重。因此，进行高水分（25%~29%）打捆是解决苜蓿叶片损失和营养物质流失的重要途径。

表 3–12　干燥目标含水量对苜蓿茎叶比和叶片损失率的影响

目标含水量（%）	茎秆占整株百分比（%）	叶片占整株百分比（%）	茎叶比	叶片损失率（%）
77.46	51.23	48.79	1.06E	—
29.34	59.69	40.33	1.49D	17.35D
25.07	61.40	38.62	1.60CD	20.86D
22.09	64.55	35.47	1.83CD	27.31C
18.79	66.57	33.45	2.00BC	31.45BC
14.82	69.24	30.78	2.26B	36.93B
10.24	72.84	27.18	2.69A	44.30A

经相关性分析得出，苜蓿干草的叶片损失率与干燥目标含水量存在显著的负相关性，其回归方程为：

$y=-1.442x+58.619$，$R^2=0.9915$，$n=21$

式中：y 为叶片损失率，x 为干燥目标含水量。

（3）干燥目标含水量对苜蓿干草营养价值的影响。苜蓿的叶片中含有丰富的营养物质，尤其是粗蛋白质含量非常丰富。苜蓿干燥的目标含水量不同时，由于叶片保存量不同，干草营养价值的差别较大。一般情况下，随着干燥时间的延长，苜蓿干草遭受暴晒、露水淋溶的次数和时间增加，呼吸作用消耗增大，再加上叶片过干导致脱落严重，因而其营养物质损失较大，营养价值不断降低。由于胡萝卜素含量的降低主要是由暴晒造成，因而干燥时间越长，胡萝卜素含量越低。研究表明，当干燥目标含水量为 29.34% 时，苜蓿干草的 CP、TDN 和胡萝卜素含量分别为 19.56%、64.89% 和 88.56mg/kg，分别比常规干燥目标含水量（约为 14.82%）高 21.87%、14.04% 和 203.97%；NDF 和 ADF 含量为 41.34% 和 29.80%，分别比常规干燥目标含水量低 19.65% 和 15.68%。因此，苜蓿干燥的目标含水量较高时更有利于营养物质的保存，进一步提高干草的营养价值。

表 3–13　干燥目标含水量对苜蓿干草营养价值的影响

目标含水量（%）	CP（%, DM）	NDF（%, DM）	ADF（%, DM）	TDN（%, DM）	胡萝卜素（mg/kg）
77.46	22.19^{A}	35.90^{F}	25.20^{F}	70.71^{A}	154.44^{A}
29.34	19.56^{B}	41.34^{E}	29.80^{E}	64.89^{B}	88.56^{B}
25.07	19.03^{BC}	42.27^{E}	30.49^{DE}	63.18^{BC}	77.28^{C}
22.09	18.22^{C}	45.80^{D}	31.88^{D}	61.95^{C}	63.45^{D}
18.79	17.19^{D}	48.29^{C}	33.57^{C}	59.44^{D}	43.22^{E}
14.82	16.05^{E}	51.45^{B}	35.34^{B}	56.90^{E}	29.20^{F}
10.24	14.26^{F}	53.35^{A}	38.40^{A}	52.58^{F}	20.39^{F}

经相关性分析得出，苜蓿干草的主要营养成分与干燥目标含水量存在显著的相关性，见表 3–14。

表 3–14　苜蓿干草主要营养成分与干燥目标含水量的相关性

关系	方程	R^2	n
CP 含量（y）与干燥目标含水量（x）	y=0.283x+11.717	0.9751	21
NDF 含量（y）与干燥目标含水量（x）	y=–0.689x+60.906	0.9726	21
ADF 含量（y）与干燥目标含水量（x）	y=–0.459x+42.454	0.9687	21
TDN 含量（y）与干燥目标含水量（x）	y=0.644x+46.907	0.9732	21
胡萝卜素含量（y）与干燥目标含水量（x）	y=3.862x–23.789	0.9748	21

综上所述，在不考虑霉变的情况下，苜蓿干产草量及营养价值与苜蓿干燥目标含水量成正比。试验一结果表明，在人工刈割条件下，苜蓿干燥的目标含水量为 29.68% 时比 14.93% 时的干产草量高 1411.5kg/hm^2，DM 产量高 491.4 kg/hm^2，CP 产量高 190.0 kg/hm^2。试验二结果表明，在机械作业条件下，苜蓿干燥的含水量为 29.34% 时比 14.82% 时的干草 CP 含量高 21.87%，NDF 含量和 ADF 含量低 19.65% 和 15.68%，胡萝卜素含量高 203.97%，叶片损失率降低 112.85%。因此，高水分打捆对提高苜蓿干产草量和品质效果显著，但必须配合相应的防霉措施才能实现高产优质，研究结果对苜蓿高水分打捆及安全贮藏技术的研究与应用提供了一定的理论依据。

三、银川地区苜蓿干草调制技术研究

1. 试验设计

试验原料选自银川试验点的"金皇后"紫花苜蓿，随机选取生长状况良好的苜蓿植株作为试验材料，所取材料为第三年第一茬初花期苜蓿。采用压扁割草机（纽荷兰 488 型）进行苜蓿刈割，通过调节割草机参数来调整压扁程度，刈割留茬高度为 5~6cm。干燥方式分为自然干燥和打小捆干燥 2 种，压扁程度设 3 个梯度：不压扁、中度压扁和重度压扁，自然干燥中的翻晒次数设 3 个梯度：0 次、1 次、2 次，打小捆干燥中的打捆含水量设 3 个梯度：30%、40%、50%。具体试验设计如表 3–15 所示。

刈割后苜蓿就地进行摊晒，待含水量降至 50% 左右时搂成草条，并按照试验设计进行翻晒，翻晒 1 次在含水量为 40% 左右时进行，翻晒 2 次分别在含水量为 45% 和 35% 左右时进行，翻晒后继续干燥，当含水量降至 30% 左右时并垄。苜蓿在干燥过程中，分别于每天 8:00—20:00 每隔 4h 取样 1 次进行含水量的测定，每天于 18:00 取样 1 次进行苜蓿营养成分的测定。

表 3–15　银川试验点苜蓿干草调制试验设计

试验号	干燥方式	压扁程度	翻晒次数 / 打捆含水量
A1	自然干燥	不压扁	0 次
A2	自然干燥	中度压扁	0 次
A3	自然干燥	重度压扁	0 次

（续表）

试验号	干燥方式	压扁程度	翻晒次数 / 打捆含水量
A4	自然干燥	不压扁	1 次
A5	自然干燥	中度压扁	1 次
A6	自然干燥	重度压扁	1 次
A7	自然干燥	不压扁	2 次
A8	自然干燥	中度压扁	2 次
A9	自然干燥	重度压扁	2 次
A10	打小捆干燥	不压扁	30%
A11	打小捆干燥	中度压扁	30%
A12	打小捆干燥	重度压扁	30%
A13	打小捆干燥	不压扁	40%
A14	打小捆干燥	中度压扁	40%
A15	打小捆干燥	重度压扁	40%
A16	打小捆干燥	不压扁	50%
A17	打小捆干燥	中度压扁	50%
A18	打小捆干燥	重度压扁	50%

注：打小捆干燥是将苜蓿刈割后晾晒一段时间，当含水量降到一定程度时，把苜蓿按每包直径 20~30cm 捆包，每 3~4 包对头矗立继续干燥

2. 研究结果

（1）不同干燥处理对干燥后苜蓿营养成分的影响。为减少苜蓿在干燥过程中的营养物质损失，常采用不同干燥方式或进行不同处理，以达到缩短干燥时间、提高干燥速率的目的。研究表明，如表 3–16 所示，经不同干燥处理苜蓿的含水量降至 15% 左右时，与原样相比，其营养成分指标均发生了显著的变化（$P<0.05$）。不同干燥处理组中，各营养指标也存在不同程度的差异，其中 A14 的 CP、P、NFE 和 TDN 含量最高，分

表 3–16　不同干燥处理对干燥后苜蓿营养成分的影响

处理	CP（%, DM）	CA（%, DM）	EE（%, DM）	CF（%, DM）	NDF（%D, M）	ADF（%, DM）	Ca（%, DM）	P（%, DM）	NFE（%, DM）	TDN（%, DM）	胡萝卜素（mg/kg）
原样	20.18^{A}	8.19^{K}	5.27^{A}	25.96^{M}	38.89^{N}	27.19^{L}	1.043^{A}	0.211^{A}	40.40^{A}	70.70^{A}	154.43^{A}
A1	14.46^{K}	9.04^{B}	5.16^{BC}	34.95^{A}	51.46^{B}	40.44^{B}	0.845^{H}	0.179^{IJ}	36.39^{M}	57.74^{J}	25.67^{O}
A2	15.67^{E}	8.67^{H}	5.18^{BC}	33.28^{CD}	49.02^{C}	38.28^{D}	0.819^{K}	0.182^{I}	37.20^{K}	59.91^{H}	28.46^{M}
A3	14.35^{L}	8.87^{D}	5.09^{DE}	35.16^{A}	53.05^{A}	43.09^{A}	0.837^{IJ}	0.185^{HI}	36.53^{LM}	57.19^{K}	32.29^{K}
A4	14.82^{J}	8.91^{C}	5.03^{FG}	33.38^{C}	49.27^{C}	37.33^{E}	0.882^{E}	0.175^{K}	37.86^{FGH}	60.03^{H}	28.08^{N}
A5	16.58^{C}	8.63^{I}	5.19^{B}	30.12^{K}	46.13^{K}	34.62^{HI}	0.912^{B}	0.192^{EF}	39.48^{B}	64.94^{C}	34.89^{H}
A6	15.59^{EF}	8.73^{G}	5.12^{CD}	32.56^{F}	46.80^{HI}	34.99^{GH}	0.832^{J}	0.182^{I}	38.00^{EFG}	61.13^{G}	38.57^{B}
A7	14.78^{J}	9.14^{A}	5.01^{GH}	33.46^{C}	51.11^{B}	37.65^{E}	0.840^{HI}	0.186^{GH}	37.61^{HIJ}	60.11^{H}	30.55^{L}
A8	15.49^{FG}	8.92^{C}	5.15^{C}	31.27^{I}	48.20^{DE}	35.22^{G}	0.879^{E}	0.191^{EF}	39.17^{C}	63.52^{E}	34.58^{I}
A9	15.21^{I}	9.05^{B}	5.08^{E}	32.15^{G}	47.79^{EF}	35.38^{G}	0.868^{F}	0.178^{JK}	38.51^{D}	62.17^{F}	36.26^{F}
A10	15.33^{H}	8.94^{C}	5.02^{FG}	33.88^{B}	51.02^{B}	38.91^{C}	0.859^{G}	0.190^{F}	36.83^{L}	59.10^{I}	32.09^{K}
A11	16.15^{D}	8.78^{F}	5.11^{DE}	31.79^{H}	47.67^{FG}	34.24^{I}	0.882^{E}	0.186^{GH}	38.17^{E}	62.32^{EF}	34.22^{J}
A12	15.24^{HI}	8.83^{E}	4.89^{I}	32.82^{EF}	48.39^{D}	35.13^{G}	0.877^{E}	0.198^{D}	38.22^{DE}	60.66^{G}	35.90^{G}
A13	15.69^{E}	8.73^{G}	5.05^{EF}	33.19^{CD}	46.68^{IJ}	36.02^{F}	0.881^{E}	0.185^{HI}	37.34^{JK}	59.99^{H}	34.19^{J}
A14	17.04^{B}	8.57^{J}	5.19^{B}	29.55^{L}	43.23^{M}	30.88^{K}	0.909^{B}	0.203^{B}	39.65^{B}	65.73^{B}	36.05^{FG}
A15	16.53^{C}	8.91^{C}	5.01^{GH}	31.78^{H}	44.19^{L}	32.11^{J}	0.901^{C}	0.202^{BC}	37.77^{GHI}	62.28^{F}	36.66^{D}
A16	16.18^{D}	8.87^{D}	4.77^{J}	33.01^{DE}	46.39^{JK}	33.23^{I}	0.888^{D}	0.199^{CD}	37.17^{K}	60.05^{H}	35.28^{H}
A17	16.49^{C}	8.66^{HI}	4.98^{H}	30.39^{J}	44.21^{L}	32.37^{J}	0.892^{D}	0.194^{E}	39.48^{B}	64.34^{D}	36.34^{EF}
A18	15.46^{G}	8.78^{F}	5.01^{GH}	33.22^{CD}	47.28^{GH}	33.15^{I}	0.845^{H}	0.189^{FG}	37.53^{IJ}	60.01^{H}	37.03^{C}

别为 17.04%、0.203%、39.65%、65.73% 和 36.05%；A5 的 EE 和 Ca 含量最高，分别为 5.19% 和 0.912%；A6 的胡萝卜素含量最高，为 38.57%；A14 的 CA、CF、NDF 和 ADF 含量均为最低，分别为 8.57%、29.55%、43.23% 和 30.88%。因此，A14 是所有处理中营养物质保存最好的组，与对照组 A1 相比，CP 和 TDN 含量分别提高了 17.84% 和 13.84%，其次为 A5，但两组之间的各项指标差异均不显著（$P>0.05$）。

不同的干燥处理方法对苜蓿干草 CP 含量的影响程度如表 3–17 所示。从极差值 R 可以看出，压扁程度对苜蓿 CP 含量的影响最大，其次为打捆含水量和翻晒次数，干燥方式对其影响最小。在不同压扁程度处理中，不压扁苜蓿干燥时间较长，在干燥过程中叶片损失较多，CP 含量较低，而重度压扁的苜蓿在压扁过程中挤出大量汁液，由于汁液中含有较多的粗蛋白质流失，致使其 CP 含量下降，因而苜蓿在中度压扁条件下干燥时 CP 的保存效果较好。在不同打捆含水量处理中，含水量为 30% 左右打小捆时，会造成苜蓿叶片的大量脱落，CP 含量降低，而在含水量为 50% 左右打小捆时，虽保存了较多叶片，但高水分使打捆后苜蓿干燥速率降低，CP 损失较多，同时有可能会发生热害和霉变，因而在含水量为 40% 左右打小捆干燥较好。在不同翻晒次数处理中，不翻晒会延长苜蓿干燥时间，营养损失较多，而翻晒次数为 2 次时，机械作用会造成叶片的大量脱落，因而翻晒 1 次相对较好。在不同干燥方式中，打小捆干燥由于减少了机械作业的次数，同时干燥速率也较高，因而其对苜蓿叶片的保存好于自然干燥，CP 含量较高。各干燥处理中，A14 对粗蛋白质的保存效果最好，其次为 A5、A15 和 A17，A1 对粗蛋白质的保存效果最差。

表 3–17 不同干燥处理对干燥后苜蓿 CP 含量的影响

处理	因素				CP（%，DM）
	干燥方式	压扁程度	翻晒次数	打捆含水量	
A1	自然干燥	不压扁	0 次	—	14.46
A2	自然干燥	中度压扁	0 次	—	15.67
A3	自然干燥	重度压扁	0 次	—	14.35
A4	自然干燥	不压扁	1 次	—	14.82
A5	自然干燥	中度压扁	1 次	—	16.58
A6	自然干燥	重度压扁	1 次	—	15.59
A7	自然干燥	不压扁	2 次	—	14.78
A8	自然干燥	中度压扁	2 次	—	15.49
A9	自然干燥	重度压扁	2 次	—	15.21
A10	打小捆干燥	不压扁	—	30%	15.33
A11	打小捆干燥	中度压扁	—	30%	16.15
A12	打小捆干燥	重度压扁	—	30%	15.24
A13	打小捆干燥	不压扁	—	40%	15.69
A14	打小捆干燥	中度压扁	—	40%	17.04
A15	打小捆干燥	重度压扁	—	40%	16.53
A16	打小捆干燥	不压扁	—	50%	16.18
A17	打小捆干燥	中度压扁	—	50%	16.49
A18	打小捆干燥	重度压扁	—	50%	15.46
K_1	15.22	15.21	14.83	15.57	
K_2	16.01	16.24	15.66	16.42	
K_3	—	15.40	15.16	16.04	
R	0.79^{C}	1.03^{A}	0.83^{B}	0.85^{B}	

注：K_1、K_2、K_3 所在行的数据分别为对应各因素同一梯度下的均值；R 值代表不同因素下的极差。同行数据肩注字母相同表示差异不显著，肩注不同字母表示差异显著。下同

不同干燥处理对苜蓿干草 TDN 含量的影响程度如表 3–18 所示。从极差值 R 可以看出，压扁程度和翻晒次数对 TDN 含量的影响最大，二者的差异不显著，其次为打捆含水量，干燥方式对其影响最小。从不同因素的 K_1、K_2、K_3 值来看，在各因素的不同处理中，中度压扁、翻晒 1 次和含水量在 40% 打小捆分别为最佳处理。各干燥处理中，A14 对 TDN 的保存效果最好，其次为 A5、A17 和 A8，A3 对 TDN 的保存效果最差。

表 3–18 不同干燥处理对干燥后苜蓿 TDN 含量的影响

处理	因素				TDN（%，DM）
	干燥方式	压扁程度	翻晒次数	打捆含水量	
A1	自然干燥	不压扁	0 次	—	57.74
A2	自然干燥	中度压扁	0 次	—	59.91
A3	自然干燥	重度压扁	0 次	—	57.19
A4	自然干燥	不压扁	1 次	—	60.03
A5	自然干燥	中度压扁	1 次	—	64.94
A6	自然干燥	重度压扁	1 次	—	61.13
A7	自然干燥	不压扁	2 次	—	60.11
A8	自然干燥	中度压扁	2 次	—	63.52
A9	自然干燥	重度压扁	2 次	—	62.17
A10	打小捆干燥	不压扁	—	30%	59.10
A11	打小捆干燥	中度压扁	—	30%	62.32
A12	打小捆干燥	重度压扁	—	30%	60.66
A13	打小捆干燥	不压扁	—	40%	59.99
A14	打小捆干燥	中度压扁	—	40%	65.73
A15	打小捆干燥	重度压扁	—	40%	62.28

（续表）

处理	因素				TDN（%，DM）
	干燥方式	压扁程度	翻晒次数	打捆含水量	
A16	打小捆干燥	不压扁	—	50%	60.05
A17	打小捆干燥	中度压扁	—	50%	64.34
A18	打小捆干燥	重度压扁	—	50%	60.01
K_1	60.75	59.50	58.28	60.69	
K_2	61.61	63.46	62.04	62.67	
K_3	—	60.57	61.93	61.47	
R	0.86^{b}	3.96^{Aa}	3.76^{Aa}	1.98^{Bb}	

不同干燥处理对苜蓿干草 CF 含量的影响程度如表 3–19 所示。从极差值 R 可以看出，压扁程度和翻晒次数对 CF 含量的影响最大，其次为打捆含水量，干燥方式对其影响最小。各干燥处理中，A14 处理 CF 含量最低，其次为 A5、A17 和 A8，A3 的 CF 含量最高。

表 3–19　不同干燥处理对干燥后苜蓿 CF 含量的影响

处理	因素				CF（%，DM）
	干燥方式	压扁程度	翻晒次数	打捆含水量	
A1	自然干燥	不压扁	0 次	—	34.95
A2	自然干燥	中度压扁	0 次	—	33.28
A3	自然干燥	重度压扁	0 次	—	35.16
A4	自然干燥	不压扁	1 次	—	33.38
A5	自然干燥	中度压扁	1 次	—	30.12
A6	自然干燥	重度压扁	1 次	—	32.56

（续表）

处理	因素				CF（%，DM）
	干燥方式	压扁程度	翻晒次数	打捆含水量	
A7	自然干燥	不压扁	2 次	—	33.46
A8	自然干燥	中度压扁	2 次	—	31.27
A9	自然干燥	重度压扁	2 次	—	32.15
A10	打小捆干燥	不压扁	—	30%	33.88
A11	打小捆干燥	中度压扁	—	30%	31.79
A12	打小捆干燥	重度压扁	—	30%	32.82
A13	打小捆干燥	不压扁	—	40%	33.19
A14	打小捆干燥	中度压扁	—	40%	29.55
A15	打小捆干燥	重度压扁	—	40%	31.78
A16	打小捆干燥	不压扁	—	50%	33.01
A17	打小捆干燥	中度压扁	—	50%	30.39
A18	打小捆干燥	重度压扁	—	50%	33.22
K_1	32.93	33.65	34.46	32.83	
K_2	32.18	31.07	32.02	31.51	
K_3	—	32.95	32.29	32.21	
R	0.75^{C}	2.58^{A}	2.44^{A}	1.32^{B}	

不同干燥处理对苜蓿干草胡萝卜素含量的影响程度如表 3–20 所示。从极差值 R 可以看出，压扁程度对胡萝卜素含量的影响最大，其次为翻晒次数和干燥方式，打捆含水量对其影响最小。在各因素的不同处理中，重度压扁、翻晒 1 次、打小捆干燥和含水量 50% 打小捆对保存胡萝卜素最为有利。因此，加快苜蓿干燥速度，尽可能缩短干燥时间，才能更好地保存胡萝卜素。各干燥处理中，A6 对胡萝卜素的保存效果最好，其次为 A18、A15 和 A17，A1 对胡萝卜素的保存效果最差。

表 3–20 不同干燥处理对干燥后苜蓿胡萝卜素含量的影响

处理	因素				胡萝卜素
	干燥方式	压扁程度	翻晒次数	打捆含水量	（%，DM）
A1	自然干燥	不压扁	0 次	—	25.67
A2	自然干燥	中度压扁	0 次	—	28.46
A3	自然干燥	重度压扁	0 次	—	32.29
A4	自然干燥	不压扁	1 次	—	28.08
A5	自然干燥	中度压扁	1 次	—	34.89
A6	自然干燥	重度压扁	1 次	—	38.57
A7	自然干燥	不压扁	2 次	—	30.55
A8	自然干燥	中度压扁	2 次	—	34.58
A9	自然干燥	重度压扁	2 次	—	36.26
A10	打小捆干燥	不压扁	—	30%	32.09
A11	打小捆干燥	中度压扁	—	30%	34.22
A12	打小捆干燥	重度压扁	—	30%	35.90
A13	打小捆干燥	不压扁	—	40%	34.19
A14	打小捆干燥	中度压扁	—	40%	36.05
A15	打小捆干燥	重度压扁	—	40%	36.66
A16	打小捆干燥	不压扁	—	50%	35.28
A17	打小捆干燥	中度压扁	—	50%	36.34
A18	打小捆干燥	重度压扁	—	50%	37.03
K_1	32.15	30.98	28.81	34.07	
K_2	35.31	34.09	33.85	35.63	
K_3	—	36.12	33.80	36.22	
R	3.16^{B}	5.14^{A}	5.04^{A}	2.15^{C}	

综合考虑各处理对干燥后苜蓿营养成分的影响，认为压扁处理对苜蓿营养成分的影响最大，其次为翻晒次数。各因素中，中度压扁、翻晒1次、打小捆干燥和含水量40%打捆对保存苜蓿营养成分较为有利；试验的各处理中以A14最好，其次为A5。

（2）不同干燥处理对苜蓿营养成分损失情况的影响。苜蓿在自然干燥过程中，常因机械作业、呼吸、露水淋溶、阳光直射等因素引起营养物质的大量流失。研究表明，如表3–21所示，苜蓿在干燥过程中的叶片和营养物质损失均较大，其DM、CP、TDN及胡萝卜素均会产生不同程度的损失。经不同干燥处理后，苜蓿的干燥速率、叶片和营养物质的损失率等会发生一定变化。由于苜蓿在夜间不仅不能正常干燥，反而会发生返潮，大大延长了干燥时间，降低了干燥速率，因而不同处理之间的苜蓿干燥时间和干燥速率差异较大。在所有干燥处理中，由于A9的压扁程度最大，翻晒次数最多，水分扩散的阻力最小，在气象条件较好的情况下苜蓿水分能够迅速散失，因而A9所需的干燥时间最短，平均干燥速率最快，比对照A1的干燥时间缩短近30h，其次为A12、A6和A11。

此外，由于不同干燥处理苜蓿的机械使用次数、使用强度及干燥时间的长短各不相同，苜蓿叶片脱落的程度也不一样，因而不同处理的苜蓿在干燥后叶片含量、茎叶比和叶片损失率等指标上均存在较大差异。各干燥处理中，A18的叶片含量最高，为37.74%，茎叶比和叶片损失率最低，分别为1.65和22.64%，其次为A15和A17。因此，与自然干燥相比，打小捆干燥可以更好地保存叶片，防止其大量脱落。

表 3–21　不同处理苜蓿在干燥后的营养成分损失情况

处理	总干燥时间（h）	最终含水量（%）	平均干燥速率（%/h）	茎叶比	叶片含量（%）	叶片损失率（%）	DM损失率（%）	CP损失率（%）	TDN损失率（%）	胡萝卜素损失率（%）
原样	—	77.45	—	1.05^{N}	48.78^{A}	—	—	—	—	—
A1	80	14.35	0.79^{IJ}	1.93^{D}	34.13^{K}	30.03^{D}	28.34^{F}	28.34^{A}	18.32^{B}	83.38^{A}
A2	76	15.01	0.82^{GHI}	1.86^{FG}	34.97^{HI}	28.32^{FG}	26.32^{H}	22.35^{G}	15.25^{D}	81.57^{B}
A3	72	14.76	0.87^{DE}	1.78^{HI}	35.97^{FG}	26.26^{H}	25.93^{HI}	28.89^{A}	19.10^{A}	79.09^{D}
A4	78	14.55	0.81^{HI}	2.01^{B}	33.22^{M}	31.89^{B}	31.12^{D}	26.56^{B}	15.09^{D}	81.82^{B}
A5	74	15.25	0.84^{FG}	1.93^{D}	34.13^{K}	30.03^{D}	29.53^{E}	17.84^{I}	8.14^{J}	77.41^{FG}
A6	58	14.87	1.08^{C}	1.87^{EF}	34.84^{IJ}	28.57^{EF}	29.43^{E}	22.75^{FG}	13.53^{F}	75.02^{K}
A7	76	14.59	0.83^{FGH}	2.08^{A}	32.47^{N}	33.44^{A}	34.45^{A}	26.76^{B}	14.98^{D}	80.22^{C}
A8	72	15.11	0.87^{DE}	2.02^{B}	33.11^{M}	32.12^{B}	32.65^{B}	23.24^{EF}	10.16^{H}	77.61^{EF}
A9	50	14.97	1.25^{A}	1.96^{C}	33.78^{L}	30.74^{C}	32.04^{C}	24.63^{C}	12.06^{G}	76.52^{HI}
A10	76	14.48	0.83^{FGH}	1.93^{D}	34.13^{K}	30.03^{D}	27.17^{G}	24.03^{D}	16.41^{C}	79.22^{D}
A11	58	14.6	1.08^{C}	1.84^{G}	35.21^{H}	27.82^{G}	26.18^{H}	19.97^{H}	11.85^{G}	77.84^{E}
A12	54	14.35	1.17^{B}	1.75^{J}	36.36^{E}	25.45^{J}	25.55^{I}	24.48^{CD}	14.20^{E}	76.75^{H}
A13	78	14.26	0.81^{HI}	1.89^{E}	34.60^{J}	29.07^{E}	21.53^{M}	22.25^{G}	15.14^{D}	77.86^{E}
A14	74	14.56	0.85^{EF}	1.76^{IJ}	36.23^{EF}	25.72^{I}	20.30^{N}	15.56^{J}	7.03^{K}	76.66^{H}
A15	70	14.87	0.89^{D}	1.69^{L}	37.17^{C}	23.79^{L}	19.58^{O}	18.09^{I}	11.91^{G}	76.26^{IJ}
A16	80	14.68	0.78^{J}	1.79^{H}	35.84^{G}	26.52^{H}	24.03^{J}	19.82^{H}	15.07^{D}	77.15^{Gf}
A17	76	15.15	0.82^{GHI}	1.72^{K}	36.76^{D}	24.63^{K}	23.23^{K}	18.29^{I}	8.99^{I}	76.47^{HI}
A18	72	15.03	0.87^{DE}	1.65^{M}	37.74^{B}	22.64^{M}	22.41^{L}	23.39^{E}	15.12^{D}	76.02^{J}

不同干燥处理对苜蓿 DM、CP、TDN 和胡萝卜素的损失率也会产生很大影响，这与苜蓿叶片的保存情况和干燥时间的长短有关。各处理中，DM 损失率最低的 3 个处理为 A15、A14 和 A13，分别为 19.58%、20.30% 和 21.53%；CP 损失率最低的 3 个处理为 A14、A5 和 A15，分别为 15.56%、17.84% 和 18.09%；TDN 损失率最低的 3 个处理为 A14、A5 和 A17，分别为 7.03%、8.14% 和 8.99%；胡萝卜素损失率最低的 3 个处理为 A6、A18 和 A15，分别为 75.02%、76.02% 和 76.26%。因此，A14、A5 和 A15 等处理对苜蓿营养成分的保存较好。

不同干燥处理对苜蓿干燥速率的影响程度如表 3–22 所示。由表中极差值 R 可以看出，压扁处理对苜蓿干燥速率的影响最大，其次为翻晒次数、打捆含水量和干燥方式，其主要原因是压扁处理破坏了苜蓿角质层膜和表皮，使水分扩散的阻力大大减小，干燥速率明显加快。在各因素的不同处理中，重度压扁、翻晒 2 次和含水量 30% 打小捆对加快苜蓿干燥最为有利。

不同干燥处理对苜蓿叶片损失率的影响程度如表 3–23 所示。由表中极差值 R 可以看出，干燥方式对苜蓿叶片损失率的影响最大，打小捆干燥能较好地保存叶片，其次为压扁程度、翻晒次数和打捆含水量。在各因素的不同处理中，打小捆干燥、重度压扁、翻晒 0 次和含水量 50% 打小捆对保存叶片最为有利，主要是通过减少机械作业次数、缩短干燥时间达到降低苜蓿叶片损失率的目的。

表 3–22　不同干燥处理对苜蓿干燥速率的影响

处理	因素				平均干燥速率（%/h）
	干燥方式	压扁程度	翻晒次数	打捆含水量	
A1	自然干燥	不压扁	0 次	—	0.79
A2	自然干燥	中度压扁	0 次	—	0.82
A3	自然干燥	重度压扁	0 次	—	0.87
A4	自然干燥	不压扁	1 次	—	0.81
A5	自然干燥	中度压扁	1 次	—	0.84
A6	自然干燥	重度压扁	1 次	—	1.08
A7	自然干燥	不压扁	2 次	—	0.83
A8	自然干燥	中度压扁	2 次	—	0.87
A9	自然干燥	重度压扁	2 次	—	1.25
A10	打小捆干燥	不压扁	—	30%	0.83
A11	打小捆干燥	中度压扁	—	30%	1.08
A12	打小捆干燥	重度压扁	—	30%	1.17
A13	打小捆干燥	不压扁	—	40%	0.81
A14	打小捆干燥	中度压扁	—	40%	0.85
A15	打小捆干燥	重度压扁	—	40%	0.89
A16	打小捆干燥	不压扁	—	50%	0.78
A17	打小捆干燥	中度压扁	—	50%	0.82
A18	打小捆干燥	重度压扁	—	50%	0.87
K_1	0.91	0.81	0.83	1.03	
K_2	0.90	0.88	0.91	0.85	
K_3	—	1.02	0.98	0.82	
R	0.01^{C}	0.21^{A}	0.15^{B}	0.21^{A}	

表 3–23　不同处理对干燥后苜蓿叶片损失率的影响

处理	因素				叶片损失率（%）
	干燥方式	压扁程度	翻晒次数	打捆含水量	
A1	自然干燥	不压扁	0 次	—	30.03
A2	自然干燥	中度压扁	0 次	—	28.32
A3	自然干燥	重度压扁	0 次	—	26.26
A4	自然干燥	不压扁	1 次	—	31.89
A5	自然干燥	中度压扁	1 次	—	30.03
A6	自然干燥	重度压扁	1 次	—	28.57
A7	自然干燥	不压扁	2 次	—	33.44
A8	自然干燥	中度压扁	2 次	—	32.12
A9	自然干燥	重度压扁	2 次	—	30.74
A10	打小捆干燥	不压扁	—	30%	30.03
A11	打小捆干燥	中度压扁	—	30%	27.82
A12	打小捆干燥	重度压扁	—	30%	25.45
A13	打小捆干燥	不压扁	—	40%	29.07
A14	打小捆干燥	中度压扁	—	40%	25.72
A15	打小捆干燥	重度压扁	—	40%	23.79
A16	打小捆干燥	不压扁	—	50%	26.52
A17	打小捆干燥	中度压扁	—	50%	24.63
A18	打小捆干燥	重度压扁	—	50%	22.64
K_1	30.16	30.16	28.20	27.77	
K_2	26.19	28.11	30.17	26.19	
K_3	—	26.24	32.10	24.60	
R	3.970^{A}	3.922^{AB}	3.896^{B}	3.170^{C}	

综合考虑不同干燥处理苜蓿的干燥速率、叶片和营养成分损失情况，认为在中度压扁、翻晒1次的情况下进行自然干燥或在中度压扁、打捆含水量为40%的情况下进行打小捆干燥较好，既可在一定程度上缩短干燥时间，提高干燥速率，也可尽量保存叶片，减少营养物质的损失。

四、青岛地区苜蓿干草调制技术研究

1. 试验设计

试验原料选自青岛试验点的“金皇后”紫花苜蓿，通过对试验地的调查和鉴定，随机选取生长状况良好的苜蓿植株作为试验材料，所取材料为第二年第一茬初花期苜蓿。采用压扁割草机（型号为FC202R）进行苜蓿刈割，通过调节割草机上的参数来调整压扁程度，刈割留茬高度5~6cm。试验中干燥方式分为自然干燥和塑料大棚干燥2种，压扁程度设3个梯度：不压扁、中度压扁和重度压扁，翻晒次数设3个梯度：0次、1次、2次。刈割后苜蓿分别置于田间和塑料大棚进行干燥，并按照试验设计进行翻晒，翻晒1次在含水量为40%左右时进行，翻晒2次分别在含水量为45%和35%左右时进行，由于本试验使用的是小型塑料大棚，无法使用机械进行翻晒处理，故两种干燥方式均采用人工模拟机械情况的方式进行翻晒处理。具体试验设计如表3–24所示。

试验所用的塑料大棚是规格为10m × 5m × 2m的简易塑料大棚。苜蓿在干燥过程中，分别于每天7:00—21:00每隔2h对塑料大棚内外的温湿度进行测定，每隔4h取样1次进行含水量的测定，每天于19:00取样1次进行苜蓿营养成分的测定。

表 3–24　青岛试验点苜蓿干草调制试验设计

试验号	干燥方式	压扁程度	翻晒次数
B1	自然干燥	不压扁	0 次
B2	自然干燥	中度压扁	0 次
B3	自然干燥	重度压扁	0 次
B4	自然干燥	不压扁	1 次
B5	自然干燥	中度压扁	1 次
B6	自然干燥	重度压扁	1 次
B7	自然干燥	不压扁	2 次
B8	自然干燥	中度压扁	2 次
B9	自然干燥	重度压扁	2 次
B10	塑料大棚干燥	不压扁	0 次
B11	塑料大棚干燥	中度压扁	0 次
B12	塑料大棚干燥	重度压扁	0 次
B13	塑料大棚干燥	不压扁	1 次
B14	塑料大棚干燥	中度压扁	1 次
B15	塑料大棚干燥	重度压扁	1 次
B16	塑料大棚干燥	不压扁	2 次
B17	塑料大棚干燥	中度压扁	2 次
B18	塑料大棚干燥	重度压扁	2 次

2. 研究结果

（1）塑料大棚内外的温湿度变化规律。在苜蓿干燥的过程中，试验地天气状况分别为：晴、晴转多云、多云转阴和多云转晴，塑料大棚内外温湿度变化曲线如图 3–11、图 3–12 所示。研究表明，苜蓿在干燥过程中，试验地的温湿度会随着昼夜的更替及天气的变化而变化，白天气温升高，湿度降低，夜间气温下降，湿度增加；由于第 3 天天气的原因，气温较低，湿度较大，同时昼夜的温湿度变化较小。由图 3–11 可得，苜蓿干燥期间塑料大棚内外的气温差异较大，大棚外气温的变化范围为 22~33℃，平均气温 26.6℃；而大棚内气温变化范围为 27~46℃，平均气温 34.5℃，明显高于大棚外气温，晴天时一般在 13:00 大棚内气温达到最高，在凌晨 5:00 达到最低。由图 3–12 可得，大棚外空气相对湿度的变化范围为 25%~76%，平均相对湿度 53.7%；而大棚内空气相对湿度变化范围为 16%~52%，平均相对湿度 37.8%，明显低于大棚外空气湿度，晴天时一般在 13:00 大棚内空气湿度达到最低，在凌晨 5:00 达到最高。因此，塑料大棚内气温比大棚外高 5~13℃，空气相对湿度比大棚外低 9%~24%。综上所述，塑料大棚内的气温较高，空气湿度较低，而且受昼夜变化和天气的影响较小，适合进行苜蓿干草调制，对苜蓿干燥和营养保存具有积极的促进作用。

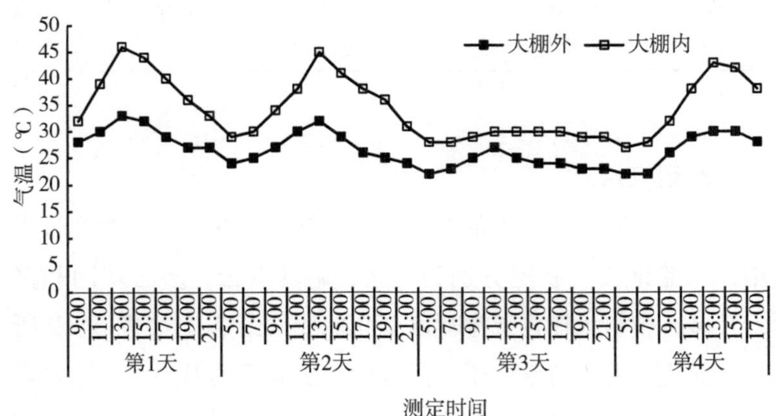

图 3–11　苜蓿在干燥过程中塑料大棚内外的温度变化曲线

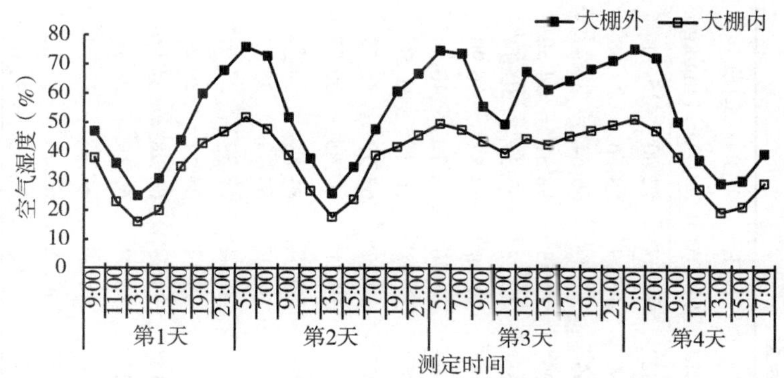

图 3–12　苜蓿在干燥过程中塑料大棚内外的空气湿度变化曲线

（2）不同干燥处理对干燥后苜蓿营养成分的影响。苜蓿在干燥过程中的营养成分含量变化很大，不同干燥处理苜蓿在干燥后的营养成分含量如表 3–25 至表 3–29 所示。研究表明，当苜蓿的含水量降至 14%~15% 时，与原样相比，CP、TDN 和胡萝卜素等营养成分含量显著降低（$P<0.05$），纤维类物质显著增加（$P<0.05$）。不同干燥处理中，B14 的 CP、EE、P 和 TDN 含量最高，分别为 18.64%、5.42%、0.214% 和 66.72%，而 CA、CF、NDF 和 ADF 均为最低，分别为 7.89%、28.32%、41.89% 和 29.65%。因此，B14 是所有处理中营养价值最高的组，与对照组 B1 相比，CP 和 TDN 含量分别提高了 23.94% 和 14.38%，其次为 B17，但两组之间的各项指标差异均不显著（$P>0.05$）。

不同干燥处理对苜蓿 CP 含量的影响程度如表 3–26 所示。从极差值 R 可以看出，干燥方式对 CP 含量的影响最大，其次为压扁程度和翻晒次数。在不同干燥方式中，塑料大棚干燥对

表 3-25 不同干燥处理苜蓿在干燥后的营养成分含量

处理	CP (%, DM)	CA (%, DM)	EE (%, DM)	CF (%, DM)	NDF (%, DM)	ADF (%, DM)	Ca (%, DM)	P (%, DM)	NFE (%, DM)	TDN (%, DM)	胡萝卜素 (mg/kg)
原样	21.18^{A}	7.79^{K}	5.50^{A}	24.46^{K}	37.55^{M}	24.96^{M}	1.156^{A}	0.222^{A}	41.07^{A}	72.80^{A}	156.44^{A}
B1	15.04^{K}	8.36^{B}	5.39^{CD}	34.12^{A}	50.12^{A}	39.21^{B}	0.958^{J}	0.190^{I}	37.09^{N}	58.56^{L}	27.68^{M}
B2	16.22^{I}	7.99^{H}	5.41^{BC}	32.51^{C}	47.68^{C}	37.05^{D}	0.932^{M}	0.193^{H}	37.87^{L}	60.64^{K}	30.47^{J}
B3	14.93^{K}	8.19^{D}	5.32^{FG}	34.13^{A}	51.71^{A}	41.86^{A}	0.950^{K}	0.196^{G}	37.43^{M}	58.35^{L}	34.30^{E}
B4	15.44^{J}	8.23^{C}	5.26^{HI}	32.85^{B}	47.93^{C}	36.10^{F}	0.995^{F}	0.186^{J}	38.22^{IJ}	60.34^{K}	30.09^{JK}
B5	17.36^{G}	7.95^{I}	5.42^{B}	29.79^{GH}	44.79^{J}	33.39^{HI}	1.025^{B}	0.203^{DE}	39.48^{DE}	64.88^{E}	36.90^{D}
B6	16.27^{I}	8.05^{G}	5.35^{E}	31.63^{D}	45.46^{HI}	33.76^{GH}	0.945^{L}	0.193^{H}	38.70^{H}	62.10^{J}	40.58^{B}
B7	15.39^{J}	8.46^{A}	5.24^{I}	32.93^{B}	48.77^{B}	36.42^{E}	0.953^{K}	0.197^{G}	37.98^{KL}	60.42^{K}	31.56^{GH}
B8	16.37^{I}	8.24^{C}	5.38^{D}	30.64^{E}	46.86^{EF}	33.99^{G}	0.992^{FG}	0.202^{EF}	39.37^{EF}	63.93^{G}	36.59^{D}
B9	15.69^{J}	8.37^{B}	5.31^{G}	31.42^{D}	46.45^{EFG}	34.15^{G}	0.981^{H}	0.189^{I}	39.21^{FG}	62.85^{I}	39.27^{C}
B10	16.74^{H}	8.26^{C}	5.25^{I}	31.65^{D}	48.68^{B}	37.68^{C}	0.972^{I}	0.201^{EF}	38.10^{JK}	62.06^{J}	23.10^{P}
B11	17.93^{DE}	8.10^{F}	5.34^{EF}	30.26^{F}	46.33^{FG}	33.01^{I}	0.995^{F}	0.197^{G}	38.37^{I}	64.03^{G}	25.23^{N}
B12	17.73^{EF}	8.15^{E}	5.12^{K}	30.59^{E}	47.05^{DE}	33.90^{G}	0.990^{G}	0.209^{C}	38.41^{I}	63.37^{H}	23.91^{O}
B13	17.57^{FG}	8.05^{G}	5.28^{H}	29.96^{FG}	45.34^{HIJ}	34.79^{F}	0.994^{F}	0.196^{G}	39.14^{G}	64.51^{F}	29.20^{L}
B14	18.64^{B}	7.89^{J}	5.42^{B}	28.32^{J}	41.89^{L}	29.65^{L}	1.022^{B}	0.214^{B}	39.73^{C}	66.98^{B}	31.06^{I}
B15	18.16^{CD}	8.23^{C}	5.24^{I}	29.55^{H}	42.85^{K}	30.88^{K}	1.014^{C}	0.213^{B}	38.82^{H}	65.19^{D}	29.67^{KL}
B16	17.73^{EF}	8.19^{D}	5.00^{L}	30.78^{E}	45.05^{IJ}	32.00^{J}	1.001^{E}	0.210^{C}	38.30^{IJ}	62.98^{I}	31.29^{HI}
B17	18.27^{C}	7.98^{HI}	5.21^{J}	28.46^{J}	42.87^{K}	31.14^{K}	1.005^{D}	0.205^{D}	40.08^{B}	66.72^{B}	33.35^{F}
B18	18.03^{CDE}	8.10^{F}	5.24^{I}	28.99^{I}	45.94^{GH}	31.92^{J}	0.958^{J}	0.200^{F}	39.64^{CD}	66.03^{C}	32.04^{G}

苜蓿叶片的保存明显好于自然干燥，不仅可以大大加快苜蓿的干燥速度，而且可以防止雨水和露水的淋溶，较好地解决了苜蓿干草调制受天气和土壤条件影响的难题，营养物质保存完好；在不同压扁程度处理中，中度压扁对苜蓿干草 CP 的保存好于不压扁和重度压扁；在不同翻晒次数处理中，翻晒 1 次比不翻晒和翻晒 2 次效果更好。各干燥处理中，B14 对粗蛋白质的保存效果最好，显著高于其他各组（$P<0.05$），其次为 B17、B15 和 B18，B3 和 B1 对粗蛋白质的保存效果较差。

表 3–26　不同干燥处理苜蓿在干燥后的 CP 含量

处理	因素			CP
	干燥方法	压扁程度	翻晒次数	（%, DM）
B1	自然干燥	不压扁	0 次	15.04
B2	自然干燥	中度压扁	0 次	16.22
B3	自然干燥	重度压扁	0 次	14.93
B4	自然干燥	不压扁	1 次	15.44
B5	自然干燥	中度压扁	1 次	17.36
B6	自然干燥	重度压扁	1 次	16.27
B7	自然干燥	不压扁	2 次	15.39
B8	自然干燥	中度压扁	2 次	16.37
B9	自然干燥	重度压扁	2 次	15.69
B10	塑料大棚干燥	不压扁	0 次	16.74
B11	塑料大棚干燥	中度压扁	0 次	17.93
B12	塑料大棚干燥	重度压扁	0 次	17.73
B13	塑料大棚干燥	不压扁	1 次	17.57
B14	塑料大棚干燥	中度压扁	1 次	18.64
B15	塑料大棚干燥	重度压扁	1 次	18.16
B16	塑料大棚干燥	不压扁	2 次	17.73
B17	塑料大棚干燥	中度压扁	2 次	18.27

（续表）

处理	因素			CP（%, DM）
	干燥方法	压扁程度	翻晒次数	
B18	塑料大棚干燥	重度压扁	2 次	18.03
K_1	15.86	16.32	16.43	
K_2	17.87	17.47	17.24	
K_3	—	16.80	16.91	
R	2.01^A	1.15^B	0.81^C	

不同干燥处理对苜蓿 TDN 含量的影响程度如表 3–27 所示。从极差值 R 可以看出，干燥方式对 TDN 含量的影响最大，其次为压扁程度和翻晒次数。由不同因素的 K_1、K_2、K_3 值来看，在各因素的不同处理中，塑料大棚干燥、中度压扁和翻晒 1 次分别为最佳处理。各干燥处理中，B14 对 TDN 的保存效果最好，显著高于其他各组（$P<0.05$），其次为 B17、B18 和 A15，B3 和 B1 对 TDN 的保存效果较差。

表 3–27　不同干燥处理苜蓿在干燥后的 TDN 含量

处理	因素			TDN（%, DM）
	干燥方法	压扁程度	翻晒次数	
B1	自然干燥	不压扁	0 次	58.56
B2	自然干燥	中度压扁	0 次	60.64
B3	自然干燥	重度压扁	0 次	58.35
B4	自然干燥	不压扁	1 次	60.34
B5	自然干燥	中度压扁	1 次	64.88
B6	自然干燥	重度压扁	1 次	62.10
B7	自然干燥	不压扁	2 次	60.42

（续表）

处理	因素			TDN（%, DM）
	干燥方法	压扁程度	翻晒次数	
B8	自然干燥	中度压扁	2次	63.93
B9	自然干燥	重度压扁	2次	62.85
B10	塑料大棚干燥	不压扁	0次	62.06
B11	塑料大棚干燥	中度压扁	0次	64.03
B12	塑料大棚干燥	重度压扁	0次	63.37
B13	塑料大棚干燥	不压扁	1次	64.51
B14	塑料大棚干燥	中度压扁	1次	66.98
B15	塑料大棚干燥	重度压扁	1次	65.19
B16	塑料大棚干燥	不压扁	2次	62.98
B17	塑料大棚干燥	中度压扁	2次	66.72
B18	塑料大棚干燥	重度压扁	2次	66.03
K_1	61.34	61.48	61.17	
K_2	64.65	64.53	64.00	
K_3	—	62.98	63.82	
R	3.31^A	3.05^B	2.83^C	

不同干燥处理对苜蓿CF含量的影响程度如表3–28所示。从极差值R可以看出，干燥方式对CF含量的影响最大，其次为压扁程度和翻晒次数。由不同因素的K_1、K_2、K_3值来看，在各因素的不同处理中，塑料大棚干燥、中度压扁和翻晒1次分别为最佳处理。各干燥处理中，B14处理CF含量最低，其次为B17、B18和B15，B3和B1的CF含量最高。

表 3–28　不同干燥处理苜蓿在干燥后的 CF 含量

处理	因　素			CF
	干燥方法	压扁程度	翻晒次数	（%, DM）
B1	自然干燥	不压扁	0 次	34.12
B2	自然干燥	中度压扁	0 次	32.51
B3	自然干燥	重度压扁	0 次	34.13
B4	自然干燥	不压扁	1 次	32.85
B5	自然干燥	中度压扁	1 次	29.79
B6	自然干燥	重度压扁	1 次	31.63
B7	自然干燥	不压扁	2 次	32.93
B8	自然干燥	中度压扁	2 次	30.64
B9	自然干燥	重度压扁	2 次	31.42
B10	塑料大棚干燥	不压扁	0 次	31.65
B11	塑料大棚干燥	中度压扁	0 次	30.26
B12	塑料大棚干燥	重度压扁	0 次	30.59
B13	塑料大棚干燥	不压扁	1 次	29.96
B14	塑料大棚干燥	中度压扁	1 次	28.32
B15	塑料大棚干燥	重度压扁	1 次	29.55
B16	塑料大棚干燥	不压扁	2 次	30.78
B17	塑料大棚干燥	中度压扁	2 次	28.46
B18	塑料大棚干燥	重度压扁	2 次	28.99
K_1	32.22	32.05	32.21	
K_2	29.84	30.00	30.35	
K_3	—	31.05	30.54	
R	2.385^{A}	2.052^{B}	1.860^{C}	

不同干燥处理对苜蓿胡萝卜素含量的影响程度如表 3–29 所示。从极差值 R 可以看出，干燥方式对胡萝卜素含量的影响最大，其次为压扁程度和翻晒次数。在各因素的不同处理

中，由于塑料大棚干燥促进了胡萝卜素的分解，因而自然干燥、重度压扁、翻晒 2 次对保存胡萝卜素相对较好。各干燥处理中，B6 对胡萝卜素的保存效果最好，其次为 B9、B5 和 B8，B10 和 B12 对胡萝卜素的保存效果最差。

表 3–29　不同干燥处理苜蓿在干燥后的胡萝卜素含量

处理	因素			胡萝卜素
	干燥方法	压扁程度	翻晒次数	（%, DM）
B1	自然干燥	不压扁	0 次	27.68
B2	自然干燥	中度压扁	0 次	30.47
B3	自然干燥	重度压扁	0 次	34.30
B4	自然干燥	不压扁	1 次	30.09
B5	自然干燥	中度压扁	1 次	36.90
B6	自然干燥	重度压扁	1 次	40.58
B7	自然干燥	不压扁	2 次	31.56
B8	自然干燥	中度压扁	2 次	36.59
B9	自然干燥	重度压扁	2 次	39.27
B10	塑料大棚干燥	不压扁	0 次	23.10
B11	塑料大棚干燥	中度压扁	0 次	25.23
B12	塑料大棚干燥	重度压扁	0 次	23.91
B13	塑料大棚干燥	不压扁	1 次	29.20
B14	塑料大棚干燥	中度压扁	1 次	31.06
B15	塑料大棚干燥	重度压扁	1 次	29.67
B16	塑料大棚干燥	不压扁	2 次	31.29
B17	塑料大棚干燥	中度压扁	2 次	33.35
B18	塑料大棚干燥	重度压扁	2 次	32.04
K_1	34.16	28.82	30.82	
K_2	28.76	32.27	35.86	
K_3	—	33.30	35.81	
R	5.40^{A}	4.48^{C}	4.99^{B}	

综合考虑各处理对青岛试验点苜蓿干草营养成分的影响，认为干燥方式对苜蓿营养成分的影响最大，其次为压扁程度和翻晒次数；同时，各因素中，塑料大棚干燥、中度压扁和翻晒1次对保存苜蓿营养成分较为有利，但塑料大棚干燥会在一定程度上加剧苜蓿干草胡萝卜素的分解；试验的各处理中以B14最好，其次为B17、B18。

（3）不同干燥处理对苜蓿营养成分损失情况的影响。苜蓿在干燥过程中的营养损失较多，青岛试验点不同干燥处理苜蓿在干燥过程中的营养成分损失情况如表3–30至表3–32所示。研究表明，苜蓿在干燥过程中的叶片和营养成分损失率较高，由于试验地夜间空气湿度较大，刈割后苜蓿的返潮现象严重，因而经不同处理的苜蓿的干燥速率、叶片和各营养成分的损失率等存在较大差异。

所有干燥处理中，由于B18采取的是塑料大棚干燥，不受露水返潮的影响，苜蓿植株体内的水势长时间大于大气水势，使苜蓿一直处于干燥状态，含水量不断下降；同时，由于B18的压扁程度最大，翻晒次数也最多，水分扩散的阻力最小，因而B18的干燥时间最短，比对照组B1干燥时间缩短近44h，干燥速率快54.86%，其次为B17、B15和B12，而B1和B4干燥时间最长。

由表3–30中还可以看出，由于不同干燥处理苜蓿叶片的脱落程度不同，因而各处理苜蓿的叶片含量、茎叶比和叶片损失率等指标均存在较大差异，其中B12的叶片含量最高，为36.90%，茎叶比和叶片损失率最低，分别为1.72和24.35%，其次为B15和B11，B7的叶片含量最低，茎叶比和叶片损失

表 3–30 不同干燥处理苜蓿在干燥后的营养成分损失情况

处理	总干燥时间（h）	最终含水量（%）	平均干燥速率（%/h）	茎叶比	叶片含量（%）	叶片损失率（%）	DM 损失率（%）	CP 损失率（%）	TDN 损失率（%）	胡萝卜素损失率（%）
原样	—	78.14	—	1.02^{M}	49.50^{A}	—	—	—	—	—
B1	80	14.59	0.79^{J}	1.91^{E}	34.36^{H}	29.55^{E}	28.89^{E}	28.99^{A}	19.55^{A}	82.31^{C}
B2	76	15.11	0.83^{I}	1.85^{GH}	35.09^{E}	28.07^{G}	26.87^{FG}	23.42^{D}	16.70^{B}	80.52^{EF}
B3	74	14.97	0.85^{HI}	1.81^{IJ}	35.59^{D}	27.05^{H}	27.48^{F}	29.51^{A}	19.85^{A}	78.07^{J}
B4	80	14.48	0.80^{J}	1.99^{C}	33.44^{J}	31.44^{C}	31.67^{C}	27.10^{B}	17.11^{B}	80.77^{DE}
B5	74	14.76	0.86^{H}	1.91^{E}	34.36^{H}	29.55^{E}	30.08^{D}	18.04^{F}	10.87^{G}	76.41^{K}
B6	58	14.55	1.10^{G}	1.86^{FGH}	34.97^{EF}	28.32^{FG}	30.98^{C}	23.18^{D}	14.70^{C}	74.06^{M}
B7	76	15.25	0.83^{I}	2.11^{A}	32.15^{L}	34.08^{A}	35.00^{A}	27.34^{B}	17.00^{B}	79.83^{GH}
B8	58	14.87	1.09^{G}	2.06^{B}	32.68^{K}	33.01^{B}	33.20^{B}	22.71^{D}	12.18^{F}	76.61^{K}
B9	54	14.60	1.18^{E}	1.89^{EF}	34.60^{GH}	29.07^{EF}	34.59^{A}	25.92^{C}	13.67^{D}	74.90^{L}
B10	74	14.35	1.06^{G}	1.77^{K}	36.10^{C}	25.99^{J}	26.80^{FG}	20.96^{E}	14.75^{C}	85.23^{A}
B11	56	14.26	1.14^{F}	1.76^{K}	36.23^{C}	25.72^{J}	25.81^{H}	15.34^{H}	12.04^{F}	83.87^{B}
B12	52	14.56	1.22^{D}	1.71^{L}	36.90^{B}	24.35^{L}	26.18^{GH}	16.29^{G}	12.96^{E}	84.72^{A}
B13	58	14.87	1.09^{G}	1.88^{EFG}	34.72^{FG}	28.82^{F}	21.16^{J}	17.04^{G}	11.38^{G}	81.33^{D}
B14	52	14.68	1.22^{D}	1.80^{J}	35.71^{D}	26.78^{HI}	19.93^{L}	11.99^{J}	8.00^{J}	80.15^{FG}
B15	50	15.15	1.26^{C}	1.74^{L}	36.50^{C}	25.18^{K}	20.21^{K}	14.26^{I}	10.45^{H}	81.03^{DE}
B16	54	15.03	1.17^{E}	1.90^{E}	34.48^{GH}	29.31^{EF}	23.66^{I}	16.29^{G}	13.49^{DE}	80.00^{FGH}
B17	48	14.35	1.33^{B}	1.84^{HI}	35.21^{E}	27.82^{G}	22.86^{I}	13.74^{I}	8.35^{J}	78.68^{I}
B18	36	15.01	1.75^{A}	1.79^{J}	35.84^{D}	26.52^{I}	23.04^{I}	14.87^{H}	9.30^{I}	79.52^{H}

率最高。由此可以看出，与自然干燥相比，塑料大棚干燥可以更好地保存叶片，减少叶片损失营养物质。

此外，不同干燥处理对苜蓿 DM、CP、TDN 和胡萝卜素等的损失率也会产生很大影响，各处理中，DM 损失率最低的 3 个处理为 B14、B15 和 B13，分别为 19.93%、20.21% 和 21.16%；CP 损失率最低的 3 个处理为 B14、B17 和 B15，分别为 11.99%、13.74% 和 14.26%；TDN 损失率最低的 3 个处理为 B14、B17 和 B18，分别为 8.00%、8.35% 和 9.30%；胡萝卜素损失率最低的 3 个处理为 B6、B9 和 B5，分别为 74.06%、74.90% 和 76.41%。由此可得，塑料大棚干燥对保存 DM、CP、TDN 等营养成分的效果较好，但不利于胡萝卜素的保存。各处理中，以 B14、B17 和 B15 等处理较好。

不同干燥处理对苜蓿干燥速率的影响程度如表 3–31 所示。由表中极差值 R 可以看出，干燥方式对苜蓿干燥速率的影响最大，其次为压扁处理和翻晒次数。在各因素的不同处理中，塑料大棚干燥、重度压扁和翻晒 2 次对加快提高苜蓿干燥速率最为有利。

表 3–31 不同处理对苜蓿干燥过程中平均干燥速率的影响

处理	因素			平均干燥速率（%/h）
	干燥方法	压扁程度	翻晒次数	
B1	自然干燥	不压扁	0 次	0.79
B2	自然干燥	中度压扁	0 次	0.83
B3	自然干燥	重度压扁	0 次	0.85
B4	自然干燥	不压扁	1 次	0.80

（续表）

处理	因素			平均干燥速率（%/h）
	干燥方法	压扁程度	翻晒次数	
B5	自然干燥	中度压扁	1 次	0.86
B6	自然干燥	重度压扁	1 次	1.10
B7	自然干燥	不压扁	2 次	0.83
B8	自然干燥	中度压扁	2 次	1.09
B9	自然干燥	重度压扁	2 次	1.18
B10	塑料大棚干燥	不压扁	0 次	1.06
B11	塑料大棚干燥	中度压扁	0 次	1.14
B12	塑料大棚干燥	重度压扁	0 次	1.22
B13	塑料大棚干燥	不压扁	1 次	1.09
B14	塑料大棚干燥	中度压扁	1 次	1.22
B15	塑料大棚干燥	重度压扁	1 次	1.26
B16	塑料大棚干燥	不压扁	2 次	1.17
B17	塑料大棚干燥	中度压扁	2 次	1.33
B18	塑料大棚干燥	重度压扁	2 次	1.75
K_1	0.92	0.96	0.98	
K_2	1.25	1.08	1.05	
K_3	—	1.23	1.22	
R	0.325^{A}	0.270^{B}	0.240^{C}	

不同干燥处理对苜蓿叶片损失率的影响程度如表 3–32 所示。由表中极差值 R 可以看出，干燥方式对苜蓿叶片损失率的影响最大，其次为翻晒次数和压扁程度。在各因素的不同处理中，塑料大棚干燥、翻晒 0 次和重度压扁对保存叶片最为有利，主要是通过加快苜蓿干燥、减少机械作业次数来降低苜蓿

叶片损失率。

表 3–32 不同干燥处理对苜蓿叶片损失率的影响

处理	因素			叶片损失率（%）
	干燥方法	压扁程度	翻晒次数	
B1	自然干燥	不压扁	0 次	29.55
B2	自然干燥	中度压扁	0 次	28.07
B3	自然干燥	重度压扁	0 次	27.05
B4	自然干燥	不压扁	1 次	31.44
B5	自然干燥	中度压扁	1 次	29.55
B6	自然干燥	重度压扁	1 次	28.32
B7	自然干燥	不压扁	2 次	34.08
B8	自然干燥	中度压扁	2 次	33.01
B9	自然干燥	重度压扁	2 次	29.07
B10	塑料大棚干燥	不压扁	0 次	25.99
B11	塑料大棚干燥	中度压扁	0 次	25.72
B12	塑料大棚干燥	重度压扁	0 次	24.35
B13	塑料大棚干燥	不压扁	1 次	28.82
B14	塑料大棚干燥	中度压扁	1 次	26.78
B15	塑料大棚干燥	重度压扁	1 次	25.18
B16	塑料大棚干燥	不压扁	2 次	29.31
B17	塑料大棚干燥	中度压扁	2 次	27.82
B18	塑料大棚干燥	重度压扁	2 次	26.52
K_1	30.01	29.87	26.79	
K_2	26.72	28.49	28.35	
K_3	—	26.75	29.97	
R	3.29^{A}	3.12^{C}	3.18^{B}	

综合考虑不同干燥处理对青岛试验点苜蓿干燥速率、叶片和营养成分损失率的影响，认为在中度压扁、翻晒1次的情况下进行塑料大棚干燥对生产优质苜蓿干草最为有利，既可大大缩短干燥时间，也可有效保存苜蓿叶片，减少营养物质的流失。

3. 研究结论

针对银川地区和青岛地区苜蓿干草调制过程中存在的难题，通过大田试验分析苜蓿在干燥过程中的含水量、营养成分变化情况及其影响因素，同时探讨了不同干燥处理对苜蓿干燥速率、干草营养成分及营养损失情况的影响，研究结果表明：

（1）苜蓿在自然干燥过程中，干燥速率呈先快后慢的变化趋势，且夜间返潮非常严重，干燥速率的大小与太阳辐射强度、气温和风速有极显著的正相关关系，同时与空气湿度和大气水势有极显著的负相关关系。

（2）苜蓿在自然干燥过程中，随着干燥时间的延长，植株的蒸腾速率、气孔导度逐渐降低，表观光合/呼吸速率先降低后升高，细胞间 CO_2 浓度先升高后降低；当干燥8~9h时随着细胞的死亡，前三项指标趋于0，细胞间 CO_2 浓度趋于空气中的 CO_2 浓度。

（3）苜蓿在自然干燥过程中，营养成分损失较大，随着干燥时间的延长，CP、EE、NFE、TDN、Ca、P、胡萝卜素等含量均显著下降，CA、CF、NDF和ADF等含量则显著上升。

（4）在宁夏北部平原地区适宜的干燥处理为：中度压扁+翻晒1次+自然干燥；南部山区适宜的干燥处理为：中度压扁+含水量为40%时打小捆干燥。

（5）青岛地区适宜的干燥处理为：中度压扁+翻晒1次+塑料大棚干燥。

第四章　苜蓿干草打捆贮藏技术研究

第一节　苜蓿干草打捆贮藏技术研究进展

草捆的安全贮藏是苜蓿产业化发展中非常重要的一环，通过将苜蓿干草打成草捆贮藏，把干草从旺季保存到淡季，可以有效解决饲草供应不均衡的难题，并在一定程度上缓解了当前日益严重的草畜矛盾，这在畜牧业生产基地远离饲草产地的地方尤为重要。因此，通过对苜蓿干草打捆、贮藏技术的研究、应用和推广，将极大地提高饲草的供应能力和供应范围，对整个畜牧业的健康、稳定、可持续发展具有极其重要的理论和实践意义。

一、苜蓿干草打捆技术

干草捆是目前应用最广泛的草产品，其他草产品基本上都是在草捆的基础上进一步加工而来的，干草捆主要是通过自然晾晒使牧草脱水干燥并打捆而得。与其他草产品相比，干草捆具有加工成本低、工艺简便、贮藏时间长、营养保存完好、饲喂时取用方便等优点。干草打捆后贮藏，草捆紧实，密度大，相对体积小，便于贮藏、运输和取用，是饲草产品商品化生产的一个重要环节。干草捆加工是牧草商品化生产的主导技术，在国外早已得到广泛应用。美国出口的草产品中 80% 以上都是干草捆。

目前国内外打捆机的种类较多，主要有捡拾打捆机和固定式高密度二次打捆机两种打捆机。捡拾打捆机在田间捡拾干草条，边捡拾边压制成草捆；固定式高密度二次打捆机是将中等密度的方捆或捡拾打捆机的成捆苜蓿进行更高密度的二次打捆，从而缩小了方捆的体积，减少了贮存空间，便于商品草捆的流通和运输成本的降低。在打捆过程中，苜蓿适宜的收割期、晾晒的程度、压缩压力、压缩密度、喂入量以及草捆的贮存等因素影响着草捆的质量。高质量的草捆具有较深的绿色，保留大量叶、嫩枝和花蕾，并具有特殊的芳香气味，没有或很少含有发褐色的叶片，没有其他杂质。曹致中（2005）认为，干草在打捆过程中应注意以下问题：一是利用捡拾打捆机打捆时，要求干草的含水量在 20% 以下，干燥均匀而无湿块、无乱团，将干草搂集成规则的草条以便打捆。二是应选择在早晚返潮或有露水时进行打捆，以减少苜蓿干草叶片及营养物质的损失。三是打捆时，打捆机的前进方向应与刈割和摊晒的方向一致，前进速度要适当，以便能将干草打净。四是打捆作业时，打捆缠线机调挡要准确，以防穿线针对孔不正和散捆故障的发生，同时牵引速度要匀速适当，以防打捆失败或断针。

苜蓿干草打捆时的安全含水量为 15%~18%，但在如此低的含水量下打捆很容易导致叶片的大量脱落，造成严重的田间晒制损失，而在高水分条件下（含水量 25% 以上）打捆虽然可减少机械损失，但在贮藏中极易发霉变质，致使营养成分损失极为严重。研究资料表明，在晾晒和打捆操作时，干草含水量低于 20%，苜蓿叶片损失达 20%，而干草在含水量在25%~30%的情况下打捆，干物质损失和质量变化不受化学或机械条件的影响。Friesen（1978）认为，当打捆含水量为35%和20%时，苜蓿叶片的损失分别为10%和20%。高彩霞（1997）研究表明，苜蓿在含水量为29%条件下打捆，比传统方法中含水量在15%左右条件下打捆，亩产草量高107kg，CP高12.7kg，NDF、ADF极显著低于后者，粗灰分（CA）差别不大，随着含水量下降，茎叶比增加，叶片损失率增大。一般情况下，当干草含水量降到20%以下时，可在早晚空气湿度大时打捆，以减少叶片损失及破碎。因此，苜蓿进行高水分打捆不仅可以减少干燥和打捆过程中的机械损失，最大限度地保存叶片，而且还可以缩短干燥时间，减少降水对干草品质的影响，这对解决北方地区苜蓿收获期与雨季重叠的矛盾具有现实意义。

草捆密度也在很大程度上影响草捆的安全贮藏，当干草在安全含水量下打捆时，打捆密度越高，草捆内部间隙就越小，微生物就越不容易繁殖，则营养成分保存越好。但在高水分条件下打捆，密度过大或过小都不利于草捆的安全贮藏。如果密度过大，草捆内部的水分很难散发出去，温度剧烈上升，将造成严重的热害损失；密度过小虽有利于水分的散失，但草捆内部空隙大，为霉菌和好氧性细菌等微生物的繁殖创造了有利的有氧环境，致使其发生严重的霉变，营养物质大量损失。

二、苜蓿草捆贮藏技术

苜蓿在收获贮藏过程中有2个环节容易发生霉变：一是在刈割后的晾晒过程中受到雨淋，苜蓿变黑发霉；二是在干草打捆时，将未干透的苜蓿打捆，在贮藏过程中返潮，造成草捆中间发热霉变。打好的苜蓿草捆，要进行合理的贮藏，如贮藏不当，不仅会造成营养物质的大量损失，还会引起草捆的发热、霉变，甚至引发火灾。因此，苜蓿草捆的安全贮藏问题不容忽视，应尽量采取有效措施加以解决。自古以来，露天贮藏一直是我国传统的干草贮藏方式，适用于干草数量多的大型养殖牧场，是一种经济、方便且较为普遍使用的方法。然而，玉柱等试验表明，干草露天堆藏，营养物质的损失在 20%~30% 之间，胡萝卜素损失达 50% 以上，而干草棚贮藏可减少营养物质的损失，干草棚内贮藏的干草，营养物质损失 1%~2%，胡萝卜素损失 18%~19%。

郑先哲（2004）研究指出，由于干草具有很强的吸湿性，在相对湿度 70%~90%、温度在 10~40℃的地方，48~72h 内，部分青干草可吸湿 12%，体积相应增加 15%~20%。含水量的增加很容易引起霉菌的生长，致使草捆发热霉变，使草捆的饲用价值大大降低。孟林等（2008）指出，在打捆后一周，草捆及呼吸作用产生的水分形成细菌和真菌生长的最适条件，引起好氧性细菌和真菌生长。如果氧气和温度条件适宜，微生物就会大量繁殖、产热，温度可高达 60℃。温度的升高会抑制大量微生物的生长从而引起草捆内部温度的下降。干草中化合物的氧化作用可以最终引起干草温度高达 230~275℃，在这种情况下，如果有足够的氧气，就会引起干草自燃。因此，干草捆贮藏时应注意：防止干草垛顶坍陷漏雨；防止干草垛地基受潮引起的草捆发热、霉变，甚至是自燃；堆垛时，草捆之间要有通风口，有利于草捆水分的蒸发。

尽管高水分打捆可以大大减少苜蓿的田间损失，但高的含水量也会给各种微生物的生长创造良好的条件，易发生热害、霉变，引起草捆的贮藏损失。苜蓿草捆在霉变后，霉菌等微生物在草捆中不断繁殖，将会导致草捆发生一系列变化，出现变色、变味、重量减轻、水分增加、酸度升高等品质劣变的现象。发生霉变的干草品质降低，适口性下降，并产生多种霉菌毒素，造成畜禽的生长速度缓慢，采食量下降，消化率降低，严重危害动物健康及其产品的安全，甚至还可能通过食物链影响人类健康。通过 Brandt 等（1997）研究发现，苜蓿在贮藏过程中的营养损失与微生物的活动有直接关系，当苜蓿干草在高水分条件下打捆贮藏时，如果不采取防霉措施，营养物质会在霉菌的作用下大量被分解，干草的营养价值和饲用价值将会大幅度降低。Kjelgaard 等（1983）表明，当含水量为 25% 的小方草捆的温度在打捆后 4d 就达到 50℃，以后的数周里逐渐降低，而中等含水量草捆的温度，在打捆后一周升至高峰。从 20 世纪 80 年代开始，国外研究者便开始研究通过添加防霉剂以及提高干草捆的密度，在较高含水量下打捆，以得到高品质的苜蓿草捆。目前，国内对高水分打捆技术的研究还不够成熟，尤其是在草捆防霉剂的应用方面，高水分打捆贮藏技术还未在生产实践中得到广泛应用，因而对该技术的研究、应用和推广任重而道远，开发天然有效的草捆防霉剂是未来我国草业工作者的研究重点。

三、苜蓿草捆防霉技术

苜蓿干草霉变后，营养物质被霉菌分解，适口性下降，并产生多种霉菌毒素，使畜禽采食量下降，消化率降低，机体免疫力下降，严重危害动物健康，甚至可通过食物链影响人类健康。因此，苜蓿在贮藏过程中的霉变问题以及引起的霉菌中毒症已经成为世界性难题，极大地阻碍了苜蓿产业的健康发展，并对养殖业产生了很大影响，解决这一难题刻不容缓。

饲草的防霉方法有多种，如控制贮藏条件、气调防霉、添加防霉剂等，其中添加防霉剂较为常见，不仅具有操作简便、成本低廉的优点，而且防霉效果显著，能有效抑制霉菌的生长繁殖。王晓杰（2010）认为，当草产品中含水量高于12.5%时，都应考虑在其中添加防霉剂。

干草防霉剂主要分为化学防霉剂和天然防霉剂两大类，不同类型的防霉剂，其防霉机理不同。在生产中常用的化学防霉剂主要是有机酸、有机酸盐及其酯和复合防霉剂三大类，其作用机理主要是以未电离分子的形式破坏微生物细胞及细胞膜或者细胞内的酶，使酶蛋白失去活性而不能参与催化，进而抑制微生物的增殖和毒素的产生，以减少饲草料贮藏期间的营养损失。天然防霉剂包括天然矿物质防霉剂和中草药防霉剂两大类，与化学防霉剂相比，具有成本低、来源广、毒副作用小等优点，常用的矿物质防霉剂和中草药防霉剂分别为氧化钙（CaO）和柑橘皮。氧化钙的防霉机理是在碱性条件下抑制有害微生物的生长，使一些引起霉变的菌类不能正常生长和繁殖，以达到防霉的目的。中草药防霉剂的作用机理是其中含有的挥发性物质能够对霉菌生长的酶起作用，同时也可产生碱性环境，起到抑制霉菌生长和繁殖的作用。因此，添加防霉剂的作用主要是抑制霉菌的生长和繁殖，并不能杀死霉菌或破坏霉菌毒素。

国内外学者对牧草贮藏方面的研究较多，主要集中于对防霉剂的研发和防霉剂防霉效果的研究。Brandt 等（1997）指出，进行高水分打捆贮藏时，添加有机酸类、尿素、胺类化合物以及生物防腐剂等均可有效抑制微生物的活动，减少营养物质的损失，防止干草在贮藏期间发霉变质，但这些防霉剂只能抑制真菌，并不能杀死真菌，因而只有在整个贮藏过程中保持足够浓度，才会有长效性。Knapp 等（2001）研究指出，干草在高水分打捆贮藏时，添加有机酸类物质可以抑制草捆内微生物的活动，有效地保证干草的品质，其作用效果主要取决于牧草的种类、干草的含水量以及有机酸有效成分的使用量。Thomas（1999）等研究表明，在干草捆中添加 1% 的氨可抑制霉菌的生长，同时有利于保存牧草的色泽，有效防止热害的发生。20 世纪 90 年代，美国先锋公司从高水分苜蓿干草上分离出来的天然抵抗发热和霉菌的短小芽孢杆菌，能够在有氧条件下与干草捆上的其他微生物竞争，因此可用作专用的苜蓿干草防腐剂来使用。尹强（2010）通过试验得出，苜蓿干草在含水量为 25%~28% 的高水分条件下打捆贮藏，以 CaO 和陈皮作为草捆防霉剂可以起到良好的防霉效果，CaO 的适宜添加量为 3%，陈皮的适宜添加量为 0.4%。张晓娜（2010）研究表明，苜蓿进行高水分打捆（含水量为 28%~30%）贮藏时，利用 1%CaO、0.3% 陈皮和 2% 沸石粉配制而成的复合型天然防霉剂可以起到很好的防霉效果，贮藏至 360d，CP 含量仍可达到 18.17%，其 RFV 和 DM 降解率分别为 105.7% 和 66.67%，可达到 II 级干草标准。因此，添加适量的防霉剂对高水分苜蓿草捆的安全贮藏具有非常重要的意义。

当前国内外日益重视草产品质量安全，一些防霉剂中因含有对人体及动物有害的物质已经或即将被禁用，因而未来防霉剂的研究和开发应朝着安全、优质、高效、低成本的方向发展。因此，开发天然防霉剂，提高防霉剂的使用效果，研制无毒副作用，无残留的绿色环保型防霉剂将成为今后研究和开发的热点。

第二节　苜蓿干草打捆贮藏技术研究

一、苜蓿草捆在贮藏过程中各项指标的变化规律

1. 试验设计

试验地为银川试验点，以“金皇后”紫花苜蓿为研究对象，在现蕾期至初花期进行压扁刈割，留茬 5~6cm，翻晒一次，待苜蓿含水量达到以下试验设计的含水量时进行打捆。

试验将苜蓿打捆含水量设 4 个梯度，即：13%~15%、18%~20%、23%~25% 和 28%~30%，分别记为 M1、M2、M3 和 M4，打捆密度为 100kg/m^3，不添加任何防霉剂。打捆后在贮草棚中贮藏，测定各项指标。

2. 研究结果

（1）苜蓿草捆在贮藏初期内部温度的变化规律。草捆内部温度的变化是由草捆内霉菌的繁殖引起的，温度的高低可在一定程度上反映草捆霉变的程度。霉菌在生长繁殖过程中的生命

活动会产生很多热量，这些热量还会刺激植物体内发生化学反应，从而产生更多热量，致使草捆温度不断上升，但同时高温也会抑制霉菌的生长繁殖，导致其数量下降，因而草捆温度达到一定值后会逐渐下降，下降到一定程度后又会促进霉菌的繁殖，如此反复，直至苜蓿含水量下降到安全水平。研究表明，不同打捆含水量苜蓿草捆内部的温度变化趋势大致相同，呈“升高—降低—再升高—再降低”的变化趋势，含水量越高，该变化趋势越明显。此外，气温对草捆温度也有一定的影响。此外，草捆内部的温度在贮藏 9d 时达到峰值，之后有所下降，在贮藏 17d 时会达到另一个峰值，其中第一个峰值温度更高。不同打捆含水量处理中，M4（在含水量为 28%~30% 打捆）温度升高得最快，达到的峰值最高，可达 53℃，产生的热量也最多，其次为 M3（在含水量为 23%~25% 打捆）和 M2（在含水量为 18%~20% 打捆），而 M1（在含水量为

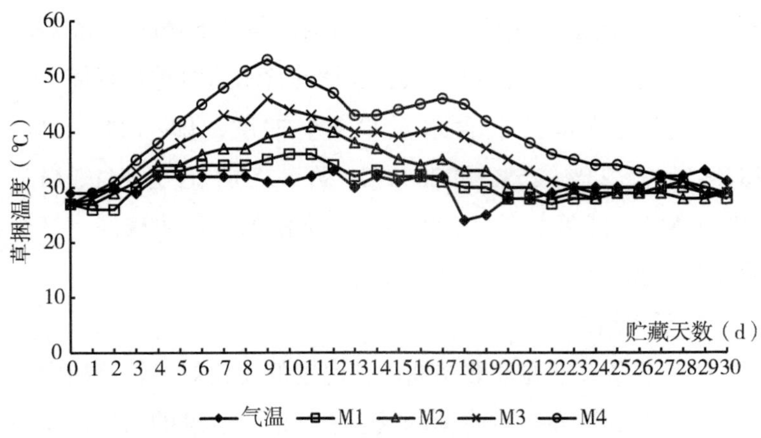

图 4-1　不同打捆含水量下苜蓿草捆在贮藏前 30d 内温度的变化曲线

13%~15% 打捆）产生热量较少，温度几乎与气温同步。因此，苜蓿在高水分打捆时会产生大量的热，如不采取一定的措施，将对草捆造成严重的热害。

（2）苜蓿草捆在贮藏过程中霉菌数量的变化规律。苜蓿在贮藏过程中，草捆水分为霉菌的生长和繁殖提供了有利的水分条件，再加上草捆内部的有氧环境，能促进好氧性霉菌的大量繁殖。研究表明，苜蓿草捆在贮藏过程中霉菌数量呈先急剧增加后缓慢减少的变化趋势，而且在贮藏 5~10d 时霉菌数量增长最快，以指数倍增长，贮藏 10d 以后霉菌数量逐渐减少。产生这一趋势的主要原因是苜蓿草捆在贮藏 0~5d 时，草捆内部温湿度为霉菌生长的适宜条件，霉菌数量开始以指数倍增长，但由于基数较少，因而霉菌数量增长相对较慢；当草捆贮藏 5~10d 时，霉菌数量进入快速增长阶段；由于霉菌的生命活动会产生大量的热，而高温又会抑制霉菌的繁殖，因而当草

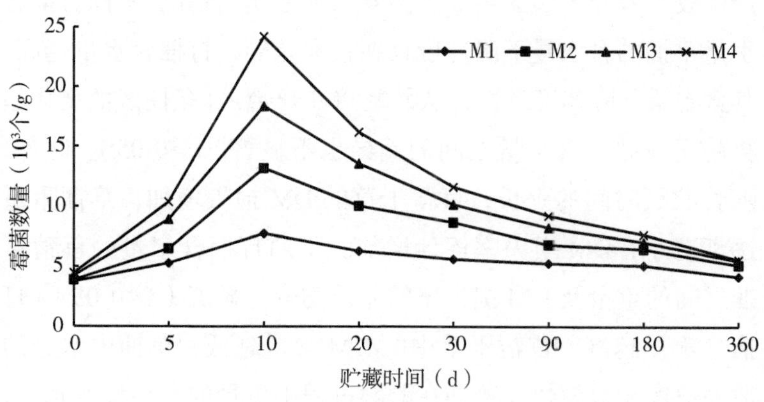

图 4–2　不同打捆含水量下苜蓿草捆在贮藏过程中的霉菌数量变化曲线

捆贮藏 10d 左右时，霉菌数量达到最大值，之后逐渐减少。此外，由于高水分会促进霉菌的生长繁殖，因而不同打捆含水量对草捆霉菌数量的影响很大，M4（含水量为 28%~30% 打捆的处理）在贮藏 10d 时霉菌数量为 24.18×10^3 个 /g，而 M1（含水量为 13%~15% 打捆的处理）在贮藏 10d 时霉菌数量仅为 7.73×10^3 个 /g，相差 3 倍多。因此，苜蓿进行高水分打捆会造成霉菌的大量繁殖，如不采取抑制措施，将会导致严重的霉变。

（3）苜蓿草捆在贮藏过程中的含水量及重量变化规律。苜蓿草捆在贮藏过程中，由于苜蓿植株体内与大气之间仍然存在一定的水势差，因而其含水量仍在不断下降，草捆处于贮藏后继续干燥阶段，在此过程中草捆干物质（DM）仍然在损失，DM 损失率逐渐增加。研究表明，不同打捆含水量的苜蓿草捆在贮藏前密度相同，重量也基本一致，然而由于其打捆含水量的差异导致贮藏过程中草捆含水量、重量及 DM 损失率变化产生较大差异（如图 4–3 至图 4–5 所示）。首先，不同打捆含水量草捆的含水量下降速度存在很大差异，打捆含水量越高，其含水量下降速度越快，从贮藏 90d 开始，4 条曲线的变化趋势趋于一致，含水量之间的差异也不显著（$P>0.05$）。此外，随着贮藏时间的延长，苜蓿干草的 DM 损失增加，草捆重量逐渐减小，DM 损失率逐渐增加。不同打捆含水量的苜蓿草捆之间的重量及 DM 损失率的差异均较为显著（$P<0.05$），打捆含水量越高，苜蓿干草中的 DM 含量越低，草捆中水分的散失速度相对较快，草捆在贮藏过程中重量的下降幅度越大，DM 损失率也越高，贮藏 360d 后，不同打捆含水量的草捆重

量之间存在显著性差异（$P<0.05$）。

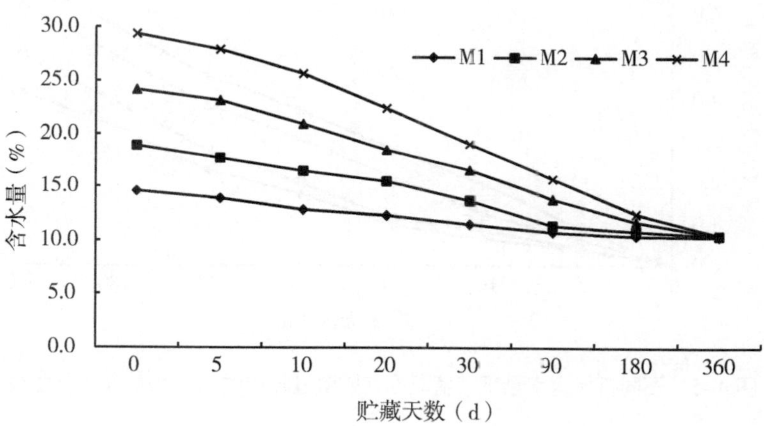

图 4–3　不同打捆含水量下苜蓿草捆在贮藏过程中的含水量变化曲线

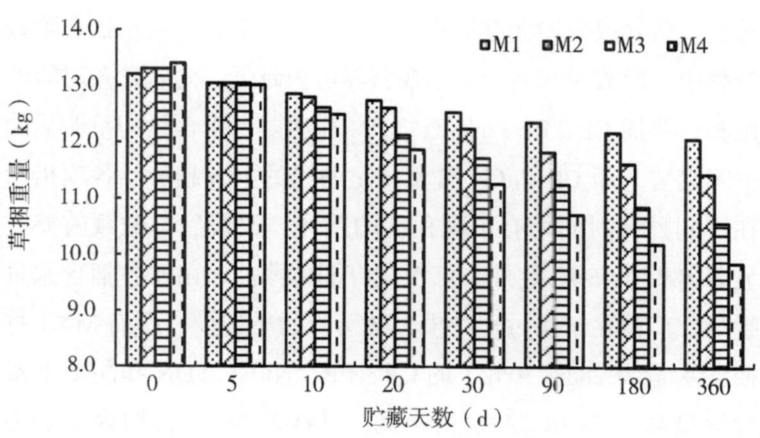

图 4–4　不同打捆含水量下苜蓿草捆在贮藏过程中的重量变化曲线

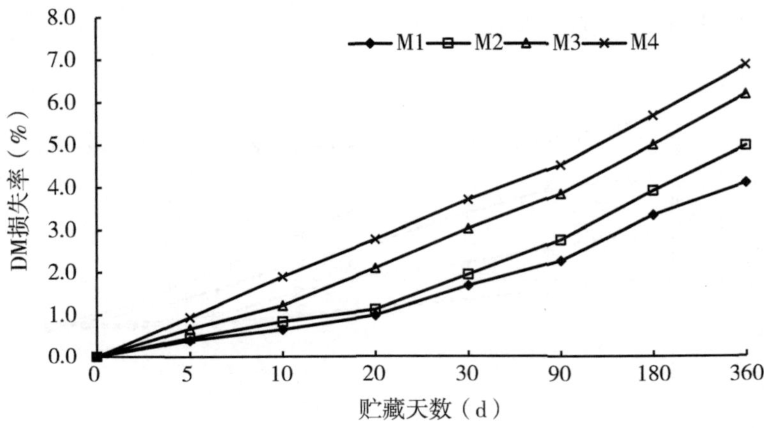

图 4–5　不同打捆含水量下苜蓿草捆在贮藏过程中的 DM 损失率变化曲线

（4）苜蓿草捆在贮藏过程中的营养成分变化规律。苜蓿草捆在贮藏过程中，不可避免地会损失掉部分营养物质，若在高水分条件下打捆，草捆还会滋生大量霉菌，导致严重的热害和霉变，营养成分还会进一步损失。研究表明，苜蓿草捆在贮藏过程中，贮藏时间越长，草捆营养价值越低。随着贮藏时间的延长，草捆 CP、EE、NFE、TDN 和胡萝卜素含量均呈明显的下降趋势，而 CF 和 CA 含量则呈明显的上升趋势，各项指标在不同贮藏时间均有不同程度的差异，贮藏后与贮藏前差异显著（$P<0.05$）。此外，苜蓿在打捆贮藏前，由于打捆含水量越高，苜蓿在干燥过程中损失的营养物质越少，因而 M4（打捆含水量为 28%~30%）的 CP、EE、NFE、TDN 和胡萝卜素含量最高，CF 和 CA 含量最低，其次为 M3（打捆含水量为 23%~25%）、M2（打捆含水量为 18%~20%）和 M1（打捆含水量为 13%~15%）。而草捆在贮藏 360d 后，由于高水分打捆

导致大量的霉菌滋生，还会引发严重的热害，大量的营养物质被分解而损失掉，打捆含水量越高，草捆的霉变程度越严重，因而 M4 的营养价值最低，M2 相对最好。

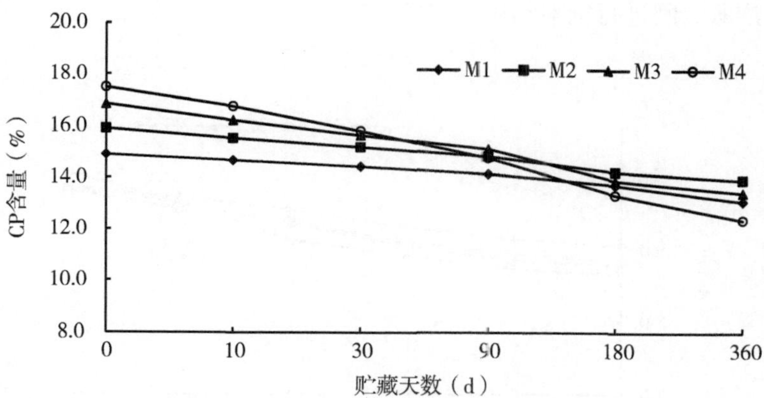

图 4-6　不同打捆含水量下苜蓿草捆在贮藏过程中 CP 含量的变化曲线

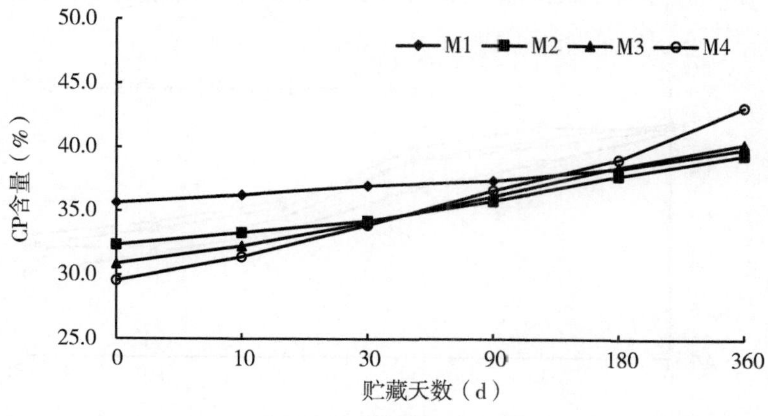

图 4-7　不同打捆含水量下苜蓿草捆在贮藏过程中 CF 含量的变化曲线

因此，苜蓿打捆应该选择适宜的打捆含水量，以减少草捆霉变导致的营养损失，若进行高水分打捆，则必须采取一定的防霉措施才能降低草捆的霉变程度和热害程度。同时，贮藏时间的长短也会对苜蓿草捆营养价值产生较大影响，应在适宜的贮藏时间进行饲喂利用。

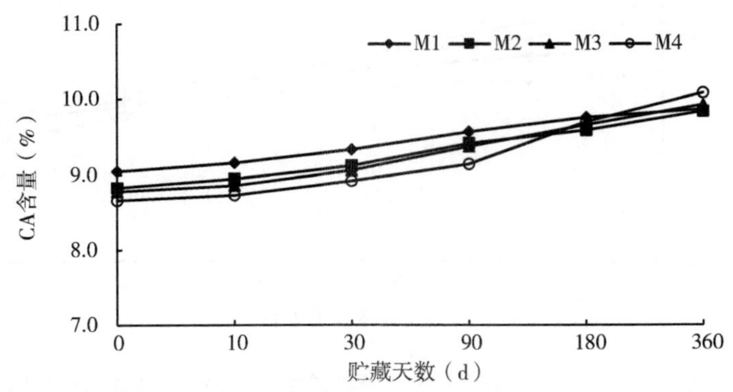

图 4–8　不同打捆含水量下苜蓿草捆在贮藏过程中 CA 含量的变化曲线

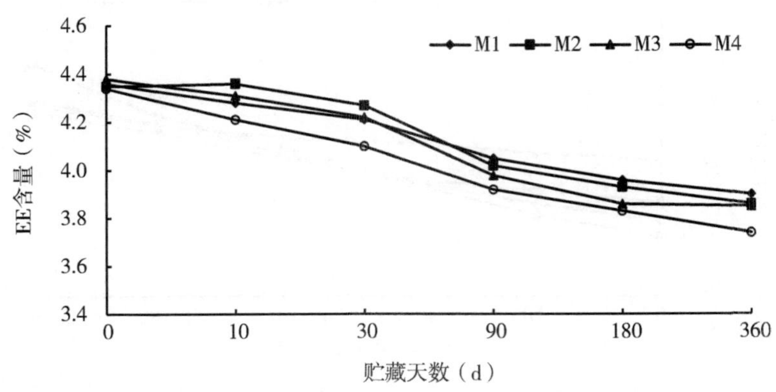

图 4–9　不同打捆含水量下苜蓿草捆在贮藏过程中 EE 含量的变化曲线

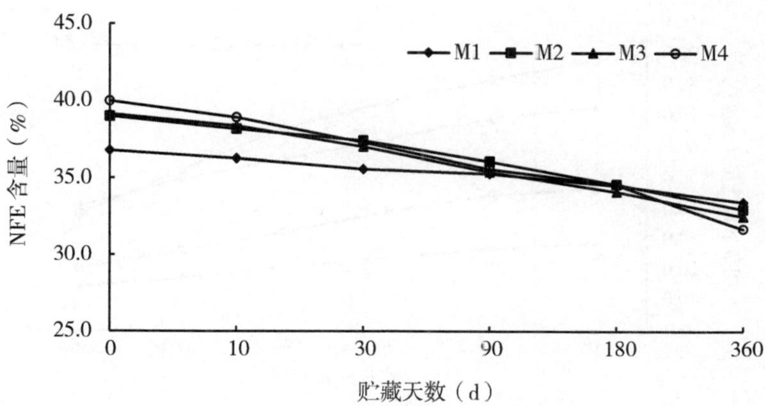

图 4–10　不同打捆含水量下苜蓿草捆在贮藏过程中 NFE 含量的变化曲线

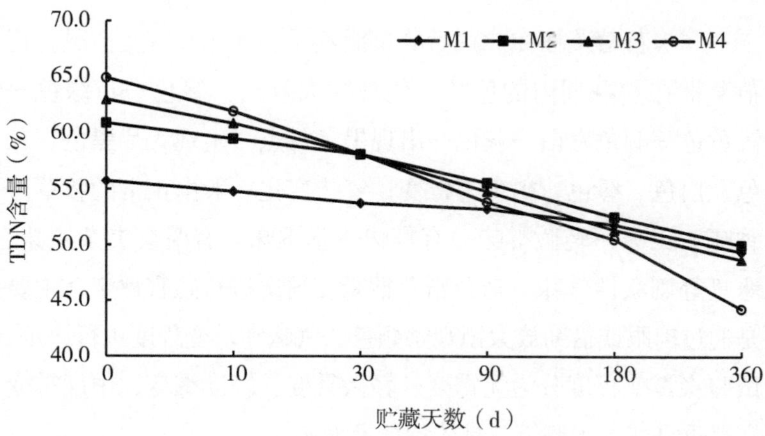

图 4–11　不同打捆含水量下苜蓿草捆在贮藏过程中 TDN 含量的变化曲线

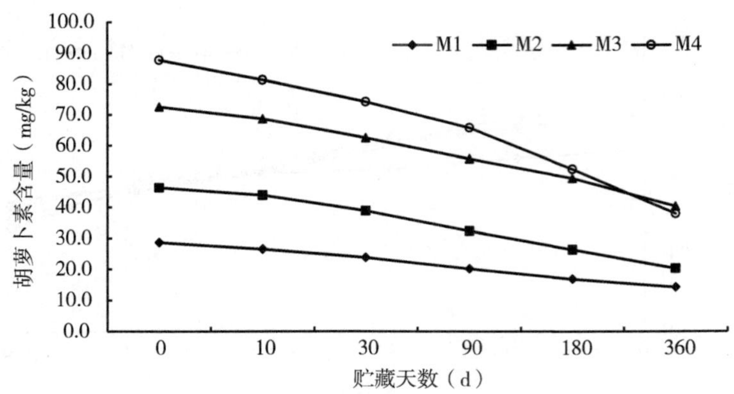

图 4–12 不同打捆含水量下苜蓿草捆在贮藏过程中胡萝卜素含量的变化曲线

（5）苜蓿草捆在贮藏后的草捆色泽、气味及霉变情况。苜蓿草捆在贮藏期内的色泽变化规律大致为：绿色→黄绿色→浅黄色→颜色发白→灰色→出现黑色霉点→出现大片黑色、灰色、白色、绿色、褐色等霉变；气味变化一般由正常的牧草清香味→无味→轻微霉味→有霉味→重霉味，有时会夹杂氨味、恶臭等刺激性气味。对苜蓿草捆霉变情况进行感官评定，主要是通过肉眼或借助放大镜观察颜色、气味和霉变程度进行评定。试验将霉变程度分为无霉变、轻微霉变、轻度霉变、中度霉变和严重霉变 5 个等级，具体特征见表 4–1。

表 4–1 五种不同程度的霉变及其特征

霉变等级	霉变程度	特 征
1	无霉变	草捆颜色为绿色，肉眼或借助放大镜观察可见其表面没有任何菌丝或霉菌，无霉味。

（续表）

霉变等级	霉变程度	特　征
2	轻微霉变	草捆颜色变为浅黄，肉眼或借助放大镜观察可见其表面有极少量的菌丝或霉菌，伴有轻微的霉味。
3	轻度霉变	肉眼可见草捆颜色发白、变灰，出现黑色霉点，表面有不同程度的霉变，有霉味。
4	中度霉变	草捆颜色变为灰色，黑色霉点较多，表面发生较大面积的霉变，霉味较重。
5	严重霉变	肉眼明显可见草捆颜色变为黑色、褐色，表面发生大面积霉变，有严重的霉味，有时会夹杂氨味、恶臭等刺激性气味。

苜蓿草捆的打捆含水量和贮藏时间均会对草捆霉变程度产生影响。根据表 4–1 霉变特征，对贮藏后的苜蓿草捆进行感官评定。研究表明，不同打捆含水量的苜蓿草捆在贮藏 180d 和 360d 时霉变程度不同，其中 M1 在贮藏 180d 时未发生霉变，草捆的色泽、气味正常，但在贮藏 360d 时发现草捆已发生轻微霉变，M2、M3 和 M4 在贮藏 180d 和 360d 均发生了不同程度的霉变，且在贮藏 360d 时霉变更严重，说明贮藏时间对苜蓿草捆霉变程度产生了较大影响。苜蓿草捆在发生轻度霉变后，草捆中已产生较多的菌丝和有毒有害物质，这样的干草已不能饲喂家畜，发生严重霉变的干草对家畜更会产生严重的毒害作用。此外，打捆含水量越高，苜蓿草捆的霉变程度越严重，当打捆含水量超过 25% 时贮藏，若不采取必要的防霉措施，草捆便会发生较严重的霉变。不同打捆含水量苜蓿草捆在贮藏 180d 和 360d 时的霉变程度的大小顺序均为：M4>M3>M2>M1。

表 4–2　不同打捆含水量苜蓿草捆在贮藏 180d 时草捆色泽、气味及霉变情况

打捆含水量处理	色　泽	气　味	霉变程度	霉变等级
M1	整体呈黄绿色，无菌丝	无霉味	无霉变	1
M2	整体为浅黄色，放大镜观察可见极少量菌丝	整体无味，中间部分有轻微霉味	轻微霉变	2
M3	整体呈灰白色，有少量白色、黑色菌丝和黑色霉点	有霉味	轻度霉变	3
M4	整体呈灰黑色，有较多白色、黑色或绿色菌丝，霉变面积较大	霉味较浓	中度霉变	4

表 4–3　不同打捆含水量苜蓿草捆在贮藏 360d 时草捆色泽、气味及霉变情况

打捆含水量处理	色 泽	气 味	霉变程度	霉变等级
M1	整体为浅黄色，放大镜观察可见极少量菌丝	整体无味，中间部分有轻微霉味	轻微霉变	2
M2	整体呈灰白色，有少量白色、黑色菌丝和黑色霉点	有霉味	轻度霉变	3
M3	整体呈灰黑色，有较多白色、黑色或绿色菌丝，霉变面积较大	霉味较浓	中度霉变	4
M4	整体呈黑色或褐色，有大量白色、绿色或灰色菌丝，草捆大面积霉变	有很浓的霉味，有时夹杂氨味、恶臭等刺激性气味	严重霉变	5

二、苜蓿干草安全贮藏适宜打捆条件的筛选研究

1. 试验设计

以银川试验点和青岛试验点为试验地，试验所用的防霉剂为天然矿物质防霉剂氧化钙（CaO）。试验采用正交试验设计，打捆含水量设 4 个梯度：13%~15%、18%~20%、23%~25%、28%~30%；打捆密度设 4 个梯度：60kg/m^3、100kg/m^3、140kg/m^3、180kg/m^3；CaO 的添加量设 4 个梯度：0%、1%、2%、3%。具体试验设计见表 4–4。

当苜蓿含水量降至试验设计的含水量时，采用打捆机（型号为 MARKANT55）进行打捆，草捆规格为 60cm × 45cm × 35cm。打捆时，通过调节打捆机参数调节打捆密度。打捆结束后，将草捆置于贮草棚内贮藏，贮草棚通风、防水性能良好，草捆采用梯形堆垛方式，草捆之间留有 25~30cm 空隙，以保证通风。贮藏 360d 后，对苜蓿草捆进行感官评定、霉菌数量检测、营养成分测定及饲用价值评价。

表 4–4　苜蓿干草捆贮藏试验设计

试验号	因　素		
	打捆含水量（%）	打捆密度（kg/m^3）	CaO 添加量（%）
C1/D1	13~15	60	0
C2/D2	13~15	100	1
C3/D3	13~15	140	2
C4/D4	13~15	180	3
C5/D5	18~20	60	1

（续表）

试验号	因素		
	打捆含水量（%）	打捆密度（kg/m^3）	CaO 添加量（%）
C6/D6	18~20	100	0
C7/D7	18~20	140	3
C8/D8	18~20	180	2
C9/D9	23~25	60	2
C10/D10	23~25	100	3
C11/D11	23~25	140	0
C12/D12	23~25	180	1
C13/D13	28~30	60	3
C14/D14	28~30	100	2
C15/D15	28~30	140	1
C16/D16	28~30	180	0

注：表中 C 组代表银川试验点各项处理，D 组代表青岛试验点各项处理

2. 研究结果

（1）打捆条件对贮藏后苜蓿草捆霉变情况的影响。根据表 4–1 中的霉变特征，对不同打捆条件处理苜蓿草捆贮藏后的霉变情况进行感官评定，如表 4–5 所示，不同打捆处理的苜蓿草捆在贮藏后的霉变程度不同，其中两个试验点均在打捆含水量为 13%~15% 时霉变程度最低，该水分是苜蓿草捆贮藏的安全水分，若按此水分打捆贮藏基本无需采取任何防霉措施，而高于该水分则需采取一定的防霉措施，该水分打捆的各处理中以 C3/D3 和 C4/D4 最好，其次为 C2/D2 和 C1/D1；当打捆含水量为 18%~20% 时，各处理中以 C7/D7 最好，其次为 C8/D8 和 C5/D5，由于 C6/D6 未添加 CaO，草捆发生

了较为严重的霉变；当打捆含水量为 23%~25% 时，各处理中以 C10/D10 最好，其次为 C12/D12 和 C9/D9，由于 C11/D11 未添加 CaO，草捆发生了严重的霉变；当打捆含水量为 28%~30% 时，此时为高水分打捆，各处理均发生了不同程度的霉变，其中 C14/D14 相对最好，其次为 C13/D13，而 C15/D15 和 C16/D16 均发生了很严重的霉变。因此，仅从苜蓿草捆的感官特征来看，打捆含水量越低、CaO 添加量越多，草捆的霉变程度越轻；对于低水分草捆来说，打捆密度越高，霉变程度越轻，而对于高水分草捆来说，打捆密度为中等密度时霉变程度较轻。

表 4–5　不同打捆条件下两个试验点苜蓿草捆在贮藏 360d 后的霉变情况

试验地	处理	霉变程度	霉变等级	处理	霉变程度	霉变等级
银川	C1	轻微霉变	2	C9	轻度霉变	3
	C2	不霉变	1	C10	轻微霉变	2
	C3	不霉变	1	C11	严重霉变	5
	C4	不霉变	1	C12	轻度霉变	3
	C5	轻微霉变	2	C13	轻度霉变	3
	C6	中度霉变	4	C14	轻微霉变	2
	C7	不霉变	1	C15	中度霉变	4
	C8	轻微霉变	2	C16	严重霉变	5
青岛	D1	轻度霉变	3	D9	中度霉变	4
	D2	轻微霉变	2	D10	轻微霉变	2
	D3	不霉变	1	D11	严重霉变	5
	D4	不霉变	1	D12	轻度霉变	3
	D5	轻度霉变	3	D13	中度霉变	4
	D6	严重霉变	5	D14	轻度霉变	3
	D7	轻微霉变	2	D15	严重霉变	5
	D8	轻微霉变	2	D16	严重霉变	5

（2）打捆条件对贮藏过程中苜蓿草捆霉菌数量的影响。草捆内部霉菌数量的多少可以反映草捆的霉变程度，一般情况下霉菌大量繁殖的阶段是草捆贮藏的第5~15天，不同打捆条件的苜蓿草捆的霉菌数量存在较大差异，不同因素对霉菌数量的影响程度也各不相同。研究表明，CaO的添加对霉菌的生长繁殖可起到较大的抑制作用，由表中极差值R的大小可以判断，CaO添加量对苜蓿草捆的霉菌数量的影响程度最大，与对照相比，添加CaO后霉菌数量大大减少；其次为打捆含水量，打捆密度对其影响较小。打捆含水量和打捆密度的大小决定霉菌生长的水分和氧气环境，对霉菌的生长繁殖均起到至关重要的作用，但由于在低水分条件下，高密度草捆中的氧气含量较低，空气水分也不易进入草捆，霉菌不易滋生，因而打捆密度越高越好，而在高水分条件下，过高的草捆密度不易使草捆中的水分散失，更容易导致草捆的腐烂霉变，因而中密度草捆较好，故得出的极差值相对较小。

表4–6 不同打捆条件对苜蓿草捆霉菌数量的影响（银川）

处理	因素			霉菌数量（10^3个/g）
	打捆含水量（%）	打捆密度（kg/m^3）	CaO添加量（%）	
C1	13~15	60	0	8.56^{F}
C2	13~15	100	1	6.87^{G}
C3	13~15	140	2	5.62^{H}
C4	13~15	180	3	5.23^{H}
C5	18~20	60	1	9.61^{E}
C6	18~20	100	0	15.49^{B}

（续表）

处理	因素			霉菌数量（10^3 个 /g）
	打捆含水量（%）	打捆密度（kg/m^3）	CaO 添加量（%）	
C7	18~20	140	3	5.59^{H}
C8	18~20	180	2	8.37^{F}
C9	23~25	60	2	10.76^{D}
C10	23~25	100	3	8.75^{F}
C11	23~25	140	0	15.39^{B}
C12	23~25	180	1	9.82^{E}
C13	28~30	60	3	11.35^{D}
C14	28~30	100	2	8.89^{F}
C15	28~30	140	1	13.36^{C}
C16	28~30	180	0	18.13^{A}
K_1	6.57	10.07	14.39	
K_2	9.77	10.00	9.92	
K_3	11.18	9.99	8.41	
K_4	12.93	10.39	7.73	
R	6.36^{A}	0.40^{B}	6.66^{A}	

表 4–7　不同打捆条件对苜蓿草捆霉菌数量的影响（青岛）

处理	因素			霉菌数量（10^3 个 /g）
	打捆含水量（%）	打捆密度（kg/m^3）	CaO 添加量（%）	
D1	13~15	60	0	9.22^{F}
D2	13~15	100	1	7.24^{H}
D3	13~15	140	2	7.24^{H}
D4	13~15	180	3	5.33^{I}

（续表）

处理	因素			霉菌数量（10^3 个 /g）
	打捆含水量（%）	打捆密度（kg/m^3）	CaO 添加量（%）	
D5	18~20	60	1	9.84^{EF}
D6	18~20	100	0	15.58^{B}
D7	18~20	140	3	6.89^{H}
D8	18~20	180	2	8.41^{G}
D9	23~25	60	2	11.08^{D}
D10	23~25	100	3	8.56^{G}
D11	23~25	140	0	15.62^{B}
D12	23~25	180	1	9.87^{E}
D13	28~30	60	3	11.64^{D}
D14	28~30	100	2	9.75^{EF}
D15	28~30	140	1	13.03^{C}
D16	28~30	180	0	17.66^{A}
K_1	6.76	10.45	14.52	
K_2	10.18	10.28	10.00	
K_3	11.28	10.20	8.63	
K_4	13.02	10.32	8.11	
R	6.258^{A}	0.245^{B}	6.415^{A}	

由图 4–13 可得，各因素不同梯度下苜蓿草捆的霉菌数量存在不同程度的差异，其中打捆含水量和 CaO 添加量的各梯度之间差异显著（$P<0.05$），打捆含水量越低，CaO 添加量越多，霉菌数量越少，草捆的霉变程度越轻，但 CaO 添加量为 2% 和 3% 之间差异不显著（$P>0.05$）；而打捆密度各梯度之间差异不显著（$P>0.05$）；对于低水分草捆来说，打捆密度越

高，霉变程度越低，而对于高水分草捆来说，打捆密度为中等密度时霉变程度较低。

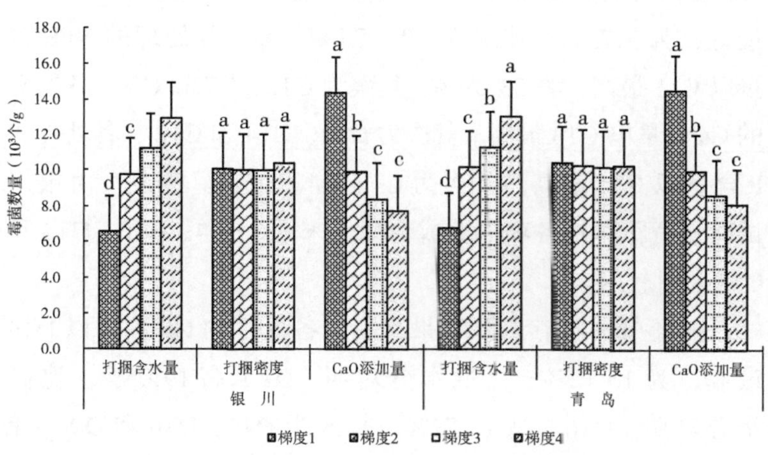

图 4–13　不同因素对苜蓿草捆霉菌数量的影响

（3）打捆条件对贮藏后苜蓿干草营养成分的影响。贮藏后苜蓿干草的营养成分是衡量干草品质及饲用价值的重要指标。研究表明，贮藏 360d 后，不同打捆条件对贮藏后苜蓿草捆的各项营养指标均产生了不同程度的影响。由银川试验点试验结果来看，各处理的 CP 含量以 C14 最高，为 15.19%，比低水分对照（C1）高 19.35%，比高水分对照（C16）高 18.04%，其次为 C10、C15 和 C9，CP 含量均在 14% 以上；各处理的 TDN 含量以 C14 最高，为 50.27%，比 C1 高 6.55%，比 C16 高 8.97%，其次为 C10、C12 和 C9；各处理的 CF 含量以 C10 最低，为 39.02%，比 C1 低 6.18%，比 C16 低 8.53%，其次为 C14、C12 和 C9；各处理的胡萝卜素含量以 C12 最高，为41.06%，比C1高61.10%，比C16高14.10%，其次为C11、C9和C14；各处理的EE含量以C16最高，为4.05%，其次为C13、C14和C15；各处理的CA含量以C10最低，为9.73%，其次为C9、C7和C8；各处理的NFE含量以C11最高，为33.39%，其次为C12、C7和C3；各处理的Ca含量以C13最高，其次为C10、C14和C12；各处理的P含量以C11最高，其次为C1、C4和C15。因此，由银川试验点苜蓿草捆各项营养成分指标来看，C14、C10、C12和C15相对较好。

由青岛试验点试验结果来看，各处理的CP含量以D14最高，为15.12%，比低水分对照（D1）高19.05%，比高水分对照（D16）高17.72%，其次为D15、D10和D9，CP含量均在14%以上；各处理的TDN含量以D14最高，为50.24%，比D1高8.37%，比D16高9.63%，其次为D12、D10和D11；各处理的CF含量以D10最低，为39.13%，比D1低7.03%，比D16低8.77%，其次为D14、D12和D8；各处理的胡萝卜素含量以D12最高，为40.12%，比D1高64.78%，比D16高11.91%，其次为D9、D11和D10；各处理的EE含量以D16最高，为4.01%，其次为D15、D13和D14；各处理的CA含量以D1最低，为9.67%，其次为D2、D10和D12；各处理的NFE含量以D12最高，为33.39%，其次为D11、D10和D8；各处理的Ca含量以D13最高，其次为D14、D10和D15；各处理的P含量以D11最高，其次为D14、D4和D13。由青岛试验点苜蓿草捆各项营养成分指标来看，D14、D12、D10和D15相对较好。

表 4–8　两个试验点不同打捆条件下苜蓿草捆在贮藏 360d 后的营养成分含量

地点	处理	CP（%, DM）	CF（%, DM）	EE（%, DM）	CA（%, DM）	Ca（%, DM）	P（%, DM）	NFE（%, DM）	TDN（%, DM）	胡萝卜素（mg/kg）
银川	C1	12.25^{H}	41.43^{B}	3.85^{D}	9.85^{FG}	0.852^{K}	0.189^{AB}	32.62^{E}	46.98^{F}	14.33^{K}
	C2	12.37^{H}	40.95^{C}	3.82^{DEF}	9.89^{D}	0.861^{J}	0.187^{BCD}	32.97^{BC}	47.76^{E}	15.48^{J}
	C3	12.89^{G}	40.32^{D}	3.78^{GH}	9.86^{EF}	0.868^{I}	0.186^{CDE}	33.15^{B}	48.63^{D}	16.52^{I}
	C4	13.03^{F}	40.31^{D}	3.76^{HI}	9.83^{GH}	0.879^{GH}	0.188^{BC}	33.00^{BC}	48.56^{D}	15.86^{IJ}
	C5	13.42^{E}	40.11^{DE}	3.79^{FGH}	9.82^{H}	0.865^{I}	0.178^{G}	32.86^{CD}	48.83^{D}	20.54^{H}
	C6	13.21^{F}	40.25^{D}	3.80^{EFG}	9.85^{FG}	0.861^{J}	0.182^{F}	32.89^{CD}	48.68^{D}	21.49^{H}
	C7	13.48^{DE}	39.85^{EF}	3.73^{I}	9.78^{J}	0.887^{DE}	0.177^{G}	33.16^{B}	49.15^{C}	22.77^{G}
	C8	13.67^{D}	39.82^{EF}	3.78^{GH}	9.79^{IJ}	0.879^{GH}	0.179^{G}	32.94^{BCD}	49.21^{C}	22.65^{G}
	C9	14.14^{C}	39.56^{FG}	3.81^{EFG}	9.75^{K}	0.885^{EF}	0.182^{F}	32.74^{DE}	49.53^{B}	38.79^{CD}
	C10	14.76^{A}	39.02^{I}	3.69^{J}	9.73^{K}	0.898^{B}	0.187^{BCD}	32.80^{CDE}	50.15^{A}	38.32^{D}
	C11	12.69^{G}	40.12^{DE}	3.92^{C}	9.88^{DE}	0.877^{H}	0.191^{A}	33.39^{A}	49.16^{C}	39.69^{BC}
	C12	13.63^{D}	39.36^{GH}	3.83^{DE}	9.81^{HI}	0.889^{CD}	0.186^{CDE}	33.37^{A}	50.06^{A}	41.06^{A}
	C13	13.58^{DE}	41.07^{C}	3.98^{B}	9.96^{B}	0.905^{A}	0.186^{CDE}	31.41^{G}	47.50^{E}	36.55^{E}
	C14	15.19^{A}	39.17^{HI}	3.97^{B}	9.95^{B}	0.891^{C}	0.185^{DE}	31.72^{F}	50.27^{A}	38.46^{D}
	C15	14.55^{B}	40.18^{D}	3.96^{B}	9.92^{C}	0.882^{FG}	0.188^{BC}	31.39^{G}	48.70^{D}	37.22^{E}
	C16	12.45^{H}	42.35^{A}	4.05^{A}	10.03^{A}	0.879^{GH}	0.184^{EF}	31.12^{H}	45.76^{G}	35.27^{F}

（续表）

地点	处理	CP（%, DM）	CF（%, DM）	EE（%, DM）	CA（%, DM）	Ca（%, DM）	P（%, DM）	NFE（%, DM）	TDN（%, DM）	胡萝卜素（mg/kg）
青岛	D1	12.24^{J}	41.88^{C}	3.77^{F}	9.67^{K}	0.863^{I}	0.186^{CDE}	32.44^{CD}	45.99^{H}	14.13^{J}
	D2	12.45^{I}	41.85^{C}	3.74^{GH}	9.73^{J}	0.865^{HI}	0.184^{E}	32.23^{E}	46.02^{H}	15.33^{IJ}
	D3	13.46^{F}	41.22^{D}	3.78^{EF}	9.80^{HI}	0.864^{HI}	0.187^{BCD}	31.74^{F}	46.94^{G}	16.41^{I}
	D4	13.81^{D}	40.41^{F}	3.78^{EF}	9.82^{GH}	0.872^{G}	0.188^{ABC}	32.18^{E}	48.23^{D}	15.77^{I}
	D5	13.03^{G}	41.11^{D}	3.74^{GH}	9.87^{D}	0.865^{HI}	0.173^{G}	32.25^{D}	47.25^{F}	20.51^{H}
	D6	12.45^{I}	42.25^{B}	3.76^{FG}	9.83^{FG}	0.866^{H}	0.180^{F}	31.71^{F}	45.47^{I}	21.44^{GH}
	D7	13.73^{DE}	40.25^{G}	3.74^{GH}	9.79^{I}	0.883^{CD}	0.179^{F}	32.49^{C}	48.44^{C}	22.73^{G}
	D8	13.71^{DE}	39.98^{H}	3.73^{H}	9.84^{EFG}	0.878^{E}	0.178^{F}	32.74^{B}	48.94^{B}	24.63^{F}
	D9	14.41^{C}	40.09^{GH}	3.80^{E}	9.82^{GH}	0.881^{D}	0.184^{E}	31.88^{F}	48.64^{C}	39.34^{AB}
	D10	14.58^{B}	39.13^{J}	3.72^{H}	9.74^{J}	0.895^{BC}	0.187^{BCD}	32.83^{B}	50.05^{A}	38.55^{BC}
	D11	12.81^{H}	40.09^{GH}	3.88^{C}	9.86^{DE}	0.874^{FG}	0.190^{A}	33.36^{A}	49.12^{B}	39.22^{AB}
	D12	13.65^{E}	39.34^{I}	3.84^{D}	9.78^{I}	0.881^{D}	0.187^{BCD}	33.39^{A}	47.77^{E}	40.12^{A}
	D13	13.50^{F}	40.87^{E}	3.94^{B}	9.91^{C}	0.902^{A}	0.188^{ABC}	31.78^{F}	47.77^{E}	36.67^{DE}
	D14	15.12^{A}	39.15^{IJ}	3.93^{B}	9.85^{DEF}	0.896^{B}	0.189^{AB}	31.95^{E}	50.19^{A}	38.26^{BC}
	D15	14.63^{B}	40.24^{G}	3.95^{B}	9.97^{B}	0.885^{BC}	0.186^{CDE}	31.21^{G}	48.62^{C}	37.25^{CD}
	D16	12.44^{I}	42.56^{A}	4.01^{A}	10.01^{A}	0.875^{F}	0.185^{DE}	30.98^{H}	45.36^{I}	35.34^{E}

表 4–9 反映的是不同打捆条件对贮藏后苜蓿草捆 CP 含量的影响程度，其中极差值 R 反映的是不同因素对 CP 含量的影响程度，而 K 值反映的是不同因素中各梯度对 CP 含量的影响程度。由表中 R 值可以得出，CaO 添加量对贮藏后苜蓿草捆的 CP 含量影响较大，其次为打捆含水量，打捆密度的影响相对较小。由表中 K 值可以看出，不同因素的不同梯度对苜蓿草捆的影响程度各不相同。银川试验点试验结果显示，“打捆含水量”因素中各梯度处理下 CP 含量的大小顺序为：28%~30%>23%~25%>18%~20%>13%~15%，“打捆密度”因素中各梯度处理下 CP 含量的大小顺序为：100kg/m^3>140kg/m^3>60kg/m^3>180kg/m^3，“CaO 添加量”因素中各梯度处理下 CP 含量的大小顺序为：2%>3%>1%>0%。青岛试验点试验结果显示，“打捆含水量”因素中各梯度处理下 CP 含量的大小顺序为：23%~25%>28%~30%>18%~20%>13%~15%，“打捆密度”因素中各梯度处理下 CP 含量的大小顺序为：140kg/m^3>100kg/m^3>180kg/m^3>60kg/m^3，“CaO 添加量”因素中各梯度处理下 CP 含量的大小顺序为：2%>3%>1%>0%。

表 4–10 反映的是不同打捆条件对贮藏后苜蓿草捆 CF 含量的影响程度，其中极差值 R 反映的是不同因素对 CF 含量的影响程度，而 K 值反映的是不同因素各梯度对 CF 含量的影响程度。由表中 R 值可以得出，打捆含水量和 CaO 添加量对贮藏后苜蓿草捆的 CF 含量影响较大，打捆密度的影响相对较小。银川试验点试验结果显示，三因素对草捆 CF 含量的影响程度大小顺序为：CaO 添加量 > 打捆含水量 > 打捆密度，而青岛试验点试验结果显示，三因素对草捆 CF 含量

表 4–9　不同打捆条件对贮藏后苜蓿草捆 CP 含量的影响

银川					青岛				
处理	打捆含水量（%）	打捆密度（kg/m^3）	CaO 添加量（%）	CP（%）	处理	打捆含水量（%）	打捆密度（kg/m^3）	CaO 添加量（%）	CP（%）
C1	13~15	60	0	12.25	D1	13~15	60	0	12.24
C2	13~15	100	1	12.37	D2	13~15	100	1	12.45
C3	13~15	140	2	12.89	D3	13~15	140	2	13.46
C4	13~15	180	3	13.03	D4	13~15	180	3	13.81
C5	18~20	60	1	13.42	D5	18~20	60	1	13.03
C6	18~20	100	0	13.21	D6	18~20	100	0	12.45
C7	18~20	140	3	13.48	D7	18~20	140	3	13.73
C8	18~20	180	2	13.67	D8	18~20	180	2	13.71
C9	23~25	60	2	14.14	D9	23~25	60	2	14.41
C10	23~25	100	3	14.76	D10	23~25	100	3	14.58
C11	23~25	140	0	12.69	D11	23~25	140	0	12.81
C12	23~25	180	1	13.63	D12	23~25	180	1	13.65
C13	28~30	60	3	13.58	D13	28~30	60	3	13.50
C14	28~30	100	2	15.19	D14	28~30	100	2	15.12
C15	28~30	140	1	14.55	D15	28~30	140	1	14.63
C16	28~30	180	0	12.45	D16	28~30	180	0	12.44
K_1	12.64	13.35	12.65		K_1	12.79	13.30	12.57	
K_2	13.45	13.88	13.49		K_2	13.23	13.65	13.42	
K_3	13.81	13.40	13.97		K_3	13.97	13.67	14.10	
K_4	13.94	13.20	13.71		K_4	13.92	13.30	13.83	
R	1.308^{A}	0.687^{B}	1.323^{A}		R	1.180^{B}	0.363^{C}	1.533^{A}	

表 4–10 不同打捆条件对贮藏后苜蓿草捆 CF 含量的影响

银川					青岛				
处理	打捆含水量（%）	打捆密度（kg/m^3）	CaO 添加量（%）	CF（%）	处理	打捆含水量（%）	打捆密度（kg/m^3）	CaO 添加量（%）	CF（%）
C1	13~15	60	0	41.43	D1	13~15	60	0	41.88
C2	13~15	100	1	40.95	D2	13~15	100	1	41.85
C3	13~15	140	2	40.32	D3	13~15	140	2	41.22
C4	13~15	180	3	40.31	D4	13~15	180	3	40.41
C5	18~20	60	1	40.11	D5	18~20	60	1	41.11
C6	18~20	100	0	40.25	D6	18~20	100	0	42.25
C7	18~20	140	3	39.85	D7	18~20	140	3	40.25
C8	18~20	180	2	39.82	D8	18~20	180	2	39.98
C9	23~25	60	2	39.56	D9	23~25	60	2	40.09
C10	23~25	100	3	39.02	D10	23~25	100	3	39.13
C11	23~25	140	0	40.12	D11	23~25	140	0	40.09
C12	23~25	180	1	39.36	D12	23~25	180	1	39.34
C13	28~30	60	3	41.07	D13	28~30	60	3	40.87
C14	28~30	100	2	39.17	D14	28~30	100	2	39.15
C15	28~30	140	1	40.18	D15	28~30	140	1	40.24
C16	28~30	180	0	42.35	D16	28~30	180	0	42.56
K_1	40.75	40.54	41.04		K_1	41.34	40.99	41.70	
K_2	40.01	39.85	40.15		K_2	40.90	40.60	40.64	
K_3	39.52	40.12	39.72		K_3	39.66	40.45	40.11	
K_4	40.69	40.46	40.06		K_4	40.71	40.57	40.17	
R	1.238^B	0.695^C	1.320^A		R	1.678^A	0.538^C	1.585^B	

的影响程度大小顺序为：打捆含水量>CaO添加量>打捆密度。由表中K值可以看出，不同因素的不同梯度对苜蓿草捆的影响程度各不相同。银川试验点结果显示，“打捆含水量”因素中各梯度处理下CF含量的大小顺序为：13%~15%>28%~30%>18%~20%>23%~25%，“打捆密度”因素中各梯度处理下CF含量的大小顺序为：60kg/m^3>180kg/m^3>140kg/m^3>100kg/m^3，“CaO添加量”因素中各梯度处理下CF含量的大小顺序为：0%>1%>3%>2%。青岛试验点结果显示，“打捆含水量”因素中各梯度处理下CF含量的大小顺序为：13%~15%>18%~20%>28%~30%>23%~25%，“打捆密度”因素中各梯度处理下CF含量的大小顺序为：60kg/m^3>100kg/m^3>180kg/m^3>140kg/m^3，“CaO添加量”因素中各梯度处理下CF含量的大小顺序为：0%>1%>3%>2%。

表4-11反映的是不同打捆条件对贮藏后苜蓿草捆TDN含量的影响程度，其中极差值R反映的是不同因素对TDN含量的影响程度，而K值反映的是不同因素中各梯度处理下对TDN含量的影响程度。由表中R值可以得出，打捆含水量和CaO添加量对贮藏后苜蓿草捆的TDN含量影响较大，打捆密度的影响相对较小。银川试验点试验结果显示，三因素对草捆TDN含量的影响程度大小顺序为：CaO添加量>打捆含水量>打捆密度，而青岛试验点试验结果显示，三因素对草捆TDN含量的影响程度大小顺序为：打捆含水量>CaO添加量>打捆密度出现这种情况的原因可能是青岛地区气候潮湿，雨水多湿度大，露水对草捆中可消化营养成分淋溶损失相对较多，因而TDN对打捆含水量较为

表 4–11　不同打捆条件对贮藏后苜蓿草捆 TDN 含量的影响

银川					青岛				
处理	打捆含水量（%）	打捆密度（kg/m^3）	CaO 添加量（%）	TDN（%）	处理	打捆含水量（%）	打捆密度（kg/m^3）	CaO 添加量（%）	TDN（%）
C1	13~15	60	0	46.98	D1	13~15	60	0	45.99
C2	13~15	100	1	47.76	D2	13~15	100	1	46.02
C3	13~15	140	2	48.63	D3	13~15	140	2	46.94
C4	13~15	180	3	48.56	D4	13~15	180	3	48.23
C5	18~20	60	1	48.83	D5	18~20	60	1	47.25
C6	18~20	100	0	48.68	D6	18~20	100	0	45.47
C7	18~20	140	3	49.15	D7	18~20	140	3	48.44
C8	18~20	180	2	49.21	D8	18~20	180	2	48.94
C9	23~25	60	2	49.53	D9	23~25	60	2	48.64
C10	23~25	100	3	50.15	D10	23~25	100	3	50.05
C11	23~25	140	0	49.16	D11	23~25	140	0	49.12
C12	23~25	180	1	50.06	D12	23~25	180	1	50.07
C13	28~30	60	3	47.50	D13	28~30	60	3	47.77
C14	28~30	100	2	50.27	D14	28~30	100	2	50.19
C15	28~30	140	1	48.70	D15	28~30	140	1	48.62
C16	28~30	180	0	45.76	D16	28~30	180	0	45.36
K_1	47.98	48.21	47.65		K_1	46.79	47.41	46.48	
K_2	48.97	49.22	48.84		K_2	47.52	47.93	47.99	
K_3	49.72	48.91	49.41		K_3	49.47	48.28	48.68	
K_4	48.06	48.40	48.84		K_4	47.98	48.15	48.62	
R	1.738^A	1.007^B	1.768^A		R	2.676^A	0.871^C	2.191^B	

敏感。由表中K值可以看出，不同因素的不同梯度处理对苜蓿草捆的影响程度各不相同。银川试验点结果显示，“打捆含水量”因素中各梯度处理下TDN含量的大小顺序为：23%~25%>18%~20%>28%~30%>13%~15%，“打捆密度”因素中各梯度处理下TDN含量的大小顺序为：100kg/m^3>140kg/m^3>180kg/m^3>60kg/m^3，“CaO添加量”因素中各梯度处理下TDN含量的大小顺序为：2%>1%=3%>0%。青岛试验点结果显示，“打捆含水量”因素中各梯度处理下TDN含量的大小顺序为：23%~25%>28%~30%>18%~20%>13%~15%，“打捆密度”因素中各梯度处理下TDN含量的大小顺序为：140kg/m^3>180kg/m^3>100kg/m^3>60kg/m^3，“CaO添加量”因素中各梯度处理下TDN含量的大小顺序为：2%>3%>1%>0%。

表4–12反映的是不同打捆条件对贮藏后苜蓿草捆胡萝卜素含量的影响程度，其中极差值R反映的是不同因素对胡萝卜素含量的影响程度，而K值反映的是不同因素中各梯度处理对胡萝卜素含量的影响程度。由表中R值可以得出，打捆含水量对贮藏后苜蓿草捆的胡萝卜素含量影响较大，打捆密度和CaO添加量的影响相对较小，其主要原因是打捆含水量不同，苜蓿干燥时间不同，受太阳直射的时间和强度也不同，而胡萝卜素的损失主要是通过太阳直射时的光化学作用造成的，因此打捆含水量为其主要影响因素。两个试验点试验结果显示，对草捆胡萝卜素含量的影响程度大小顺序均为：打捆含水量>CaO添加量>打捆密度。由表中K值可以看出，不同因素的不同梯度处理对苜蓿草捆的影响程度各不相同。银川试验点结果显示，“打捆含水量”因素中各梯度处理下胡萝卜素含量

表 4–12　不同打捆条件对贮藏后苜蓿草捆胡萝卜素含量的影响

银川					青岛				
处理	打捆含水量（%）	打捆密度（kg/m^3）	CaO 添加量（%）	胡萝卜素（%）	处理	打捆含水量（%）	打捆密度（kg/m^3）	CaO 添加量（%）	胡萝卜素（%）
C1	13~15	60	0	14.33	D1	13~15	60	0	14.13
C2	13~15	100	1	15.48	D2	13~15	100	1	15.33
C3	13~15	140	2	16.52	D3	13~15	140	2	16.41
C4	13~15	180	3	15.86	D4	13~15	180	3	15.77
C5	18~20	60	1	20.54	D5	18~20	60	1	20.51
C6	18~20	100	0	21.49	D6	18~20	100	0	21.44
C7	18~20	140	3	22.77	D7	18~20	140	3	22.73
C8	18~20	180	2	22.65	D8	18~20	180	2	24.63
C9	23~25	60	2	38.79	D9	23~25	60	2	39.34
C10	23~25	100	3	38.32	D10	23~25	100	3	38.55
C11	23~25	140	0	39.69	D11	23~25	140	0	39.22
C12	23~25	180	1	41.06	D12	23~25	180	1	40.12
C13	28~30	60	3	36.55	D13	28~30	60	3	36.67
C14	28~30	100	2	38.46	D14	28~30	100	2	38.26
C15	28~30	140	1	37.22	D15	28~30	140	1	37.25
C16	28~30	180	0	35.27	D16	28~30	180	0	35.34
K_1	15.55	27.55	27.70		K_1	15.41	27.66	27.53	
K_2	21.86	28.44	28.58		K_2	22.33	28.40	28.30	
K_3	39.47	29.05	29.11		K_3	39.31	28.90	29.66	
K_4	36.88	28.71	28.38		K_4	36.88	28.97	28.43	
R	23.918^A	1.498^B	1.410^B		R	23.898^A	1.240^C	2.128^B	

的大小顺序为：23%~25%>28%~30%>18%~20%>13%~15%，“打捆密度”因素中各梯度处理下胡萝卜素含量的大小顺序为：140kg/m^3>180kg/m^3>100kg/m^3>60kg/m^3，“CaO添加量”因素中各梯度处理下胡萝卜素含量的大小顺序为：2%>1%>3%>0%。青岛试验点结果显示，“打捆含水量”因素中各梯度处理下胡萝卜素含量的大小顺序为：23%~25%>28%~30%>18%~20%>13%~15%，“打捆密度”因素中各梯度处理下胡萝卜素含量的大小顺序为：180kg/m^3>140kg/m^3>100kg/m^3>60kg/m^3，“CaO添加量”因素中各梯度处理下胡萝卜素含量的大小顺序依次为：2%>3%>1%>0%。

（4）打捆条件对贮藏后苜蓿草捆饲用价值的影响。苜蓿草捆在贮藏过程中，随着草捆中各营养成分含量的变化，草捆的饲用价值逐渐下降，如表4–13所示，不同打捆条件对贮藏后苜蓿草捆的RFV有不同程度的影响。从银川试验点试验结果来看，各处理中以C14的RFV值最大，为101.68，比低水分对照C1高26.94，比高水分对照C16高31.54，其次为C10、C12和C9。从青岛试验点试验结果来看，各处理中以D14的RFV值最大，为101.32，比低水分对照D1高26.45，比高水分对照D16高31.03，其次为D10、D12和D9。

（5）打捆条件对贮藏后苜蓿干草体外消化特性的影响。苜蓿干草的消化特性反映干草在家畜体内的消化降解情况，也可以从侧面反映贮藏后苜蓿干草品质的优劣。本研究采用体外法，利用人工模拟瘤胃技术对山羊瘤胃微生物进行人工培养，并通过人工模拟瘤胃发酵情况研究经不同打捆处理的苜蓿草捆在贮藏360d后的体外消化特性，评价贮藏后干草的饲用价

表 4-13　不同打捆条件下苜蓿草捆贮藏 360d 后的相对饲用价值

试验地	处理	NDF（%, DM）	ADF（%, DM）	DDM（%, DM）	DMI（BW%）	RFV
银川	C1	60.98^{B}	51.23^{B}	48.99	2.53	74.74^{I}
	C2	58.89^{C}	49.11^{CD}	50.64	2.45	79.99^{GH}
	C3	58.26^{D}	48.37^{DE}	51.22	2.38	81.78^{G}
	C4	57.21^{E}	47.42^{EF}	51.96	2.37	84.49^{F}
	C5	55.95^{F}	46.14^{GH}	52.96	2.34	88.05^{E}
	C6	56.98^{E}	47.15^{F}	52.17	2.31	85.17^{F}
	C7	54.64^{GH}	44.83^{IJ}	53.98	2.30	91.90^{D}
	C8	54.48^{H}	44.58^{J}	54.17	2.27	92.50^{D}
	C9	53.17^{I}	43.36^{K}	55.12	2.26	96.44^{C}
	C10	51.82^{J}	41.98^{LM}	56.20	2.25	100.88^{A}
	C11	55.55F^{G}	45.64^{HI}	53.35	2.22	89.33^{E}
	C12	52.74^{IJ}	42.38^{KL}	55.89	2.22	98.57^{B}
	C13	59.53^{C}	49.44^{C}	50.39	2.18	78.73^{H}
	C14	51.86^{J}	41.35^{M}	56.69	2.15	101.68^{A}
	C15	55.77^{F}	45.89^{H}	53.15	2.14	88.66^{E}
	C16	62.91^{Aa}	53.23^{A}	47.43	2.12	70.14^{J}

（续表）

试验地	处理	NDF（%, DM）	ADF（%, DM）	DDM（%, DM）	DMI（BW%）	RFV
青岛	D1	61.27^{B}	50.82^{B}	49.31	1.96	74.87^{I}
	D2	59.18^{D}	48.70^{C}	50.96	2.03	80.11^{H}
	D3	58.55^{E}	47.96^{D}	51.54	2.05	81.88^{G}
	D4	57.50^{F}	47.01^{E}	52.28	2.09	84.58^{F}
	D5	56.24^{G}	45.73^{F}	53.28	2.13	88.12^{E}
	D6	57.27^{F}	46.74^{E}	52.49	2.10	85.26^{F}
	D7	54.93^{H}	44.42^{G}	54.30	2.18	91.95^{D}
	D8	54.77^{H}	44.17^{G}	54.49	2.19	92.55^{D}
	D9	53.46^{I}	42.95^{H}	55.44	2.24	96.47^{C}
	D10	52.11^{J}	41.57^{I}	56.52	2.30	100.89^{A}
	D11	55.84^{G}	45.23^{F}	53.67	2.15	89.40^{E}
	D12	53.03^{I}	41.97^{I}	56.21	2.26	98.59^{B}
	D13	59.82^{C}	49.03^{C}	50.71	2.01	78.85^{H}
	D14	52.34^{J}	40.94^{J}	57.01	2.29	101.32^{A}
	D15	56.06^{G}	45.48^{F}	53.47	2.14	88.73^{E}
	D16	63.20^{A}	52.82^{A}	47.75	1.90	70.29^{J}

值，进而间接筛选苜蓿适宜的打捆条件。以试验筛选出的最好的 4 组处理（C10/D10、C12/D12、C14/D14、C15/D15）及 2 个对照组（C1/D1、C16/D16）苜蓿草捆作为试验材料，在贮藏 360d 后取样，进行苜蓿干草体外消化特性的研究。选择 3 只体重、年龄相近，健康无疾病，且装有永久性瘤胃瘘管的成年山羊作为瘤胃液供给体。瘤胃瘘管内径为 45mm，每只羊体重为（20 ± 1）kg。

① 打捆条件对苜蓿草捆 48h 体外产气量的影响。产气量反映干草在家畜瘤胃中的发酵程度，一般来说，产气量越高，说明干草在家畜体内的发酵越彻底，消化率也越高。研究表明，苜蓿草捆的体外产气量随培养时间的延长而逐渐增加，其中在培养 0~8h 产气量增加速度最快，8h 后产气量增加速度逐渐趋缓。此外，不同处理的苜蓿草捆的产气量和产气量参数存在较大差异，各处理组的可消化营养成分（TDN）含量大于对照组，瘤胃微生物对其分解较为彻底，各处理组的产气量和产气量参数均显著高于 2 个对照组（$P<0.05$）。由银川试验点试验结果来看，所有处理中以 C14 的产气速度最快，体外培养 48h 后的产气量也最高，为 52.79mL，显著高于其他处理（$P<0.05$），比 C1 高 25.46%，比 C16 高 30.56%，潜在产气量也显著高于其他处理（$P<0.05$），其次为 C10、C12、C15，C1 和 C16 的 48h 产气量最低，仅为 39.35mL 和 36.66mL。由青岛试验点试验结果来看，所有处理中以 D14 的产气速度最快，体外培养 48h 后的产气量也最高，为 53.12mL，显著高于其他处理（$P<0.05$），比 D1 高 24.15%，比 D16 高 31.38%，潜在产气量也显著高于其他处理

表 4-14　两个试验点不同处理苜蓿草捆体外培养过程中的产气量（mL）和产气量参数

地点	处理	体外培养时间（h）									产气量参数			
		1	2	4	8	12	16	24	36	48	a	b	a+b	c
银川	C1	7.13	11.06	16.43	18.42	23.05	28.25	34.77	37.89	39.35^{C}	7.87^{E}	36.65^{D}	44.52^{D}	0.033
	C10	12.32	16.62	22.01	26.93	32.58	37.16	43.86	48.19	51.23^{AB}	10.36^{B}	43.33^{B}	53.69^{BC}	0.043
	C12	11.65	15.92	21.70	25.37	30.72	35.78	43.75	47.33	50.18^{B}	10.21^{B}	44.25^{A}	54.46^{B}	0.039
	C14	12.78	16.81	21.69	26.88	32.70	37.52	44.81	49.41	52.79^{A}	11.43^{A}	44.81^{A}	56.24^{A}	0.048
	C15	10.69	15.71	20.66	24.08	30.56	35.43	44.19	47.23	49.86^{B}	9.79^{C}	43.38^{B}	53.17^{C}	0.037
	C16	5.88	9.92	16.56	18.79	22.53	27.24	32.12	35.77	36.66^{D}	8.54^{D}	37.13^{C}	45.67^{D}	0.030
青岛	D1	7.76	11.43	17.11	19.35	24.02	27.83	35.35	38.43	40.29^{C}	8.33^{C}	38.58^{C}	46.91^{D}	0.035
	D10	12.55	16.69	21.93	27.13	33.45	38.21	44.47	48.48	52.27^{A}	10.87^{B}	42.78^{B}	53.65^{B}	0.048
	D12	12.13	16.54	22.21	27.66	31.95	36.46	43.89	47.91	51.25^{A}	10.54^{B}	42.33^{B}	52.87^{C}	0.045
	D14	13.22	17.32	22.56	26.88	33.70	38.19	46.05	50.14	53.12^{A}	11.48^{A}	45.79^{A}	57.27^{A}	0.051
	D15	10.44	15.67	20.26	24.11	30.51	35.23	44.01	46.88	49.22^{B}	10.39^{B}	41.92^{B}	52.31^{C}	0.037
	D16	6.05	9.88	16.75	19.53	23.48	27.63	33.13	35.69	36.45^{D}	8.51^{C}	37.02^{D}	45.53^{D}	0.028

（$P<0.05$），其次为 D10、D12、D15，D1 和 D16 的 48h 产气量最低，仅为 40.29mL 和 36.45mL。不同处理苜蓿草捆之间的潜在产气量也存在较大差异，但其变化趋势与不同处理苜蓿草捆的 48h 产气量基本一致。

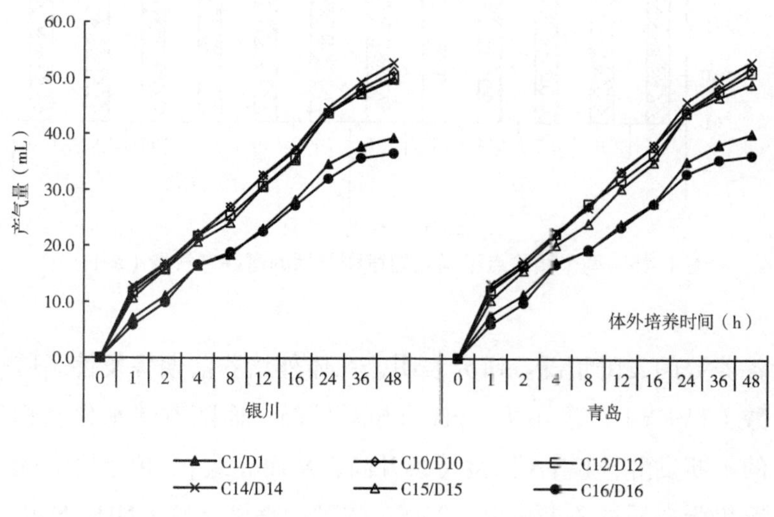

图 4–14　两个试验点不同处理苜蓿草捆体外培养 48h 的产气量

② 打捆条件对苜蓿草捆体外培养过程中培养液 pH 值的影响。pH 值是鉴定瘤胃代谢的重要指标，它能综合反映瘤胃微生物代谢产物有机酸的产生、吸收、排除及中和情况。在体外消化培养过程中，不同培养时间培养液的 pH 值是瘤胃发酵的酸性产物（挥发性脂肪酸）和碱性产物（氨）平衡的结果，挥发性脂肪酸主要来自于有机物的发酵，氨主要来自于粗蛋白质的发酵。因此，某一培养时间培养液的 pH 值可反映苜蓿干草

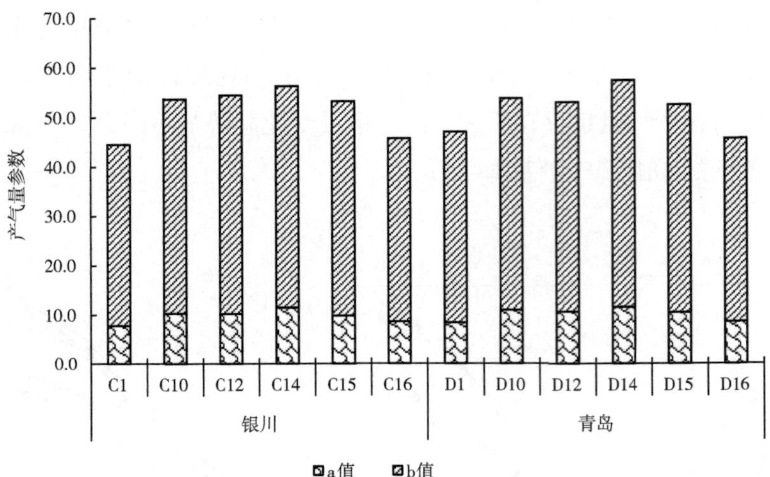

图 4–15　两个试验点不同处理苜蓿草捆的潜在产气量（a+b）

各养分的发酵情况。研究表明，在体外培养前期挥发性脂肪酸（TVFA）浓度不大，pH 值相对较高，而随着碳水化合物的不断发酵，TVFA 浓度持续升高，从而导致 pH 值下降。随着粗蛋白质的不断发酵，TVFA 浓度的逐渐下降，NH_3–N 浓度升高，致使 pH 值有所回升，因而培养液 pH 值呈“先下降而后逐渐升高”的变化趋势。此外，不同处理对苜蓿草捆的培养液 pH 值有很大影响，2 个对照组在体外培养过程中各时间点的培养液 pH 值均显著高于各处理组（$P<0.05$），其余各处理的 pH 值基本在正常范围内变动，不会对瘤胃微生物发酵产生不利的影响。从银川试验点试验结果来看，C14 在体外培养过程中各时间点的培养液 pH 值均低于其他处理，pH 值均值为 6.64，各处理培养液的 pH 值均值大小顺序依次为：C1>C16>C15>C12>C10>C14。从青岛试验点试验结果来看，

表 4–15　两个试验点不同处理苜蓿草捆体外培养过程中的培养液 pH 值

试验地	处理	体外培养时间（h）									均值
		1	2	4	8	12	16	24	36	48	
银川	C1	6.91	6.86	6.83	6.8	6.77	6.81	6.84	6.85	6.87	6.84^{A}
	C10	6.79	6.74	6.68	6.63	6.58	6.62	6.65	6.66	6.68	6.67^{BC}
	C12	6.81	6.78	6.74	6.67	6.62	6.65	6.68	6.69	6.72	6.71^{B}
	C14	6.78	6.73	6.66	6.61	6.53	6.56	6.59	6.62	6.65	6.64^{C}
	C15	6.82	6.78	6.73	6.69	6.64	6.67	6.69	6.73	6.76	6.72^{B}
	C16	6.92	6.87	6.8	6.76	6.73	6.76	6.79	6.82	6.85	6.81^{A}
青岛	D1	6.89	6.85	6.82	6.76	6.73	6.78	6.81	6.84	6.86	6.82^{A}
	D10	6.78	6.73	6.69	6.65	6.57	6.63	6.67	6.68	6.69	6.68^{B}
	D12	6.79	6.76	6.71	6.66	6.60	6.65	6.69	6.71	6.71	6.70^{BC}
	D14	6.76	6.71	6.67	6.62	6.54	6.55	6.59	6.61	6.68	6.64^{C}
	D15	6.83	6.77	6.72	6.67	6.61	6.66	6.72	6.75	6.78	6.72^{B}
	D16	6.91	6.87	6.82	6.77	6.70	6.75	6.78	6.82	6.86	6.81^{A}

D14 在体外培养过程中各时间点的培养液 pH 值均低于其他处理，pH 值均值为 6.64，各处理培养液 pH 值的均值大小顺序依次为：D1>D16>D15>D12>D10>D14。因此，各处理中以 C14 和 D14 处理的 pH 值较为适宜，酸碱条件适合瘤胃微生物的生长和繁殖。

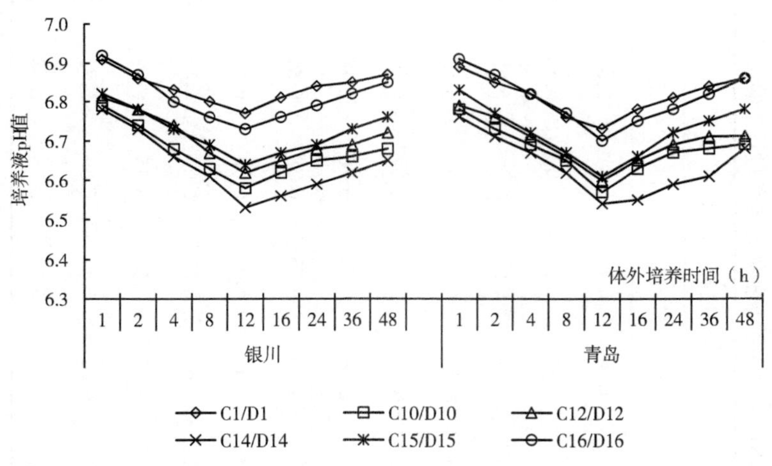

图 4-16　两个试验点不同处理苜蓿草捆体外培养过程中培养液 pH 值的变化曲线

③ 打捆条件对苜蓿草捆挥发性脂肪酸的影响。挥发性脂肪酸（VFA）是有机物在瘤胃中发酵的主要产物，它是家畜能量利用的一个重要的中间代谢产物，其含量及组成比例是反映瘤胃消化代谢活动的重要指标。其中乙酸、丙酸、丁酸和总挥发性脂肪酸（TVFA）浓度能够大致反映它们的发酵类型和被吸收的情况。VFA 的产量和比例可以显著影响家畜对

营养物质的吸收利用和生产水平的发挥。研究表明，由于各处理组经防霉剂处理后霉变程度大大减轻，营养物质保存情况好于对照组，因而产生的有机酸相对较多，VFA浓度显著高于对照组（$P<0.05$）。从银川试验点试验结果来看，C14的乙酸、丙酸、丁酸、TVFA浓度及乙酸/丙酸均为最高，分别为46.03mol/L、9.75mol/L、4.83mol/L、60.61mol/L和4.72，其TVFA浓度分别比C1和C16高8.32%和9.57%，各处理中乙酸、丙酸、丁酸及TVFA的大小顺序均为：C14>C10>C12>C15>C1>C16，而乙酸/丙酸的大小顺序为：C14>C12>C10>C15>C1>C16。从青岛试验点试验结果来看，D14的乙酸、丙酸、丁酸、TVFA浓度及乙酸/丙酸均为最高，分别为46.34mol/L、9.76 mol/L、4.94 mol/L、61.04 mol/L和4.75，其TVFA浓度分别比D1和D16高8.32%和9.57%，各处理中乙酸、丙酸及TVFA的大小顺序均为：D14>D12>D10>D15>D1>D16，而丁酸的大小顺序为：D14>D10>D12>D15>D1>D16，乙酸/丙酸的大小顺序为：D14>D10>D15>D12>D1>D16（表4–16）。

表4–16　两个试验点不同处理苜蓿草捆体外培养48h后的VFA浓度（mol/L）

试验地	处理	乙酸	丙酸	丁酸	TVFA	乙酸/丙酸
银川	C1	41.87^{C}	9.15^{C}	4.55^{D}	55.57^{D}	4.58^{C}
	C10	45.41^{AB}	9.72^{A}	4.77^{B}	59.90^{B}	4.67^{B}
	C12	44.98^{B}	9.62^{B}	4.73^{BC}	59.33^{BC}	4.68^{B}
	C14	46.03^{A}	9.75^{A}	4.83^{A}	60.61^{A}	4.72^{A}
	C15	44.67^{B}	9.61^{B}	4.71^{C}	58.99^{C}	4.65^{B}
	C16	41.25^{C}	9.08^{C}	4.48^{E}	54.81^{E}	4.54^{C}

（续表）

试验地	处理	乙酸	丙酸	丁酸	TVFA	乙酸 / 丙酸
青岛	D1	42.13^{D}	9.24^{C}	4.57^{C}	55.94^{D}	4.56^{C}
	D10	44.89^{BC}	9.63^{B}	4.79^{B}	59.31^{B}	4.66^{B}
	D12	45.12^{B}	9.73^{A}	4.76^{B}	59.61^{B}	4.64^{B}
	D14	46.34^{A}	9.76^{A}	4.94^{A}	61.04^{A}	4.75^{A}
	D15	44.59^{C}	9.58^{B}	4.75^{B}	58.92^{C}	4.65^{B}
	D16	40.66^{E}	9.01^{D}	4.44^{D}	54.11^{E}	4.51^{D}

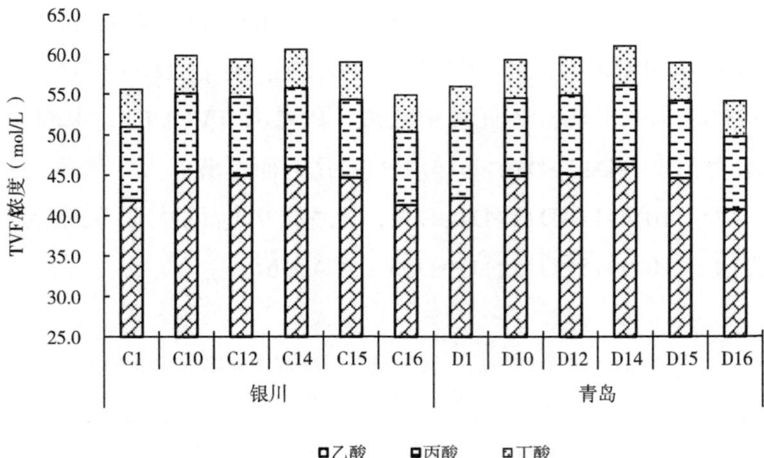

图 4-17　两个试验点不同处理苜蓿草捆体外培养 48h 后的 TVFA 浓度

④ 打捆条件对苜蓿草捆体外降解率的影响。体外降解率是评定干草消化特性的重要指标，它可在一定程度上反映家畜对干草消化率的大小，体外降解率越高，家畜对干草的消化率

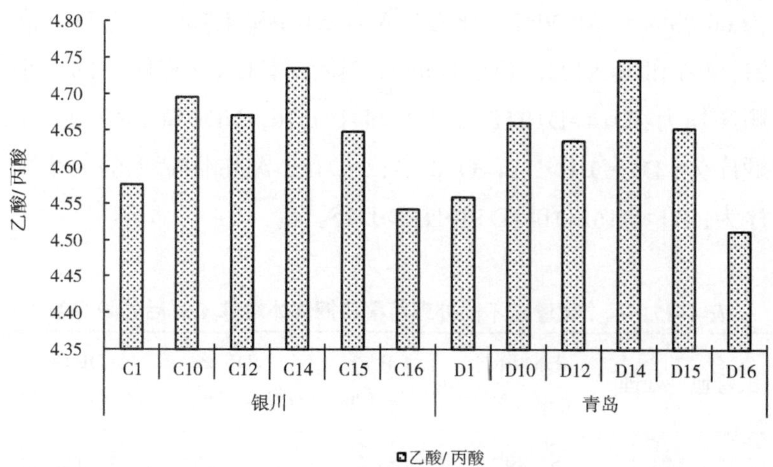

图 4-18　两个试验点不同处理苜蓿草捆体外培养 48h 后的乙酸 / 丙酸

也越高。研究表明，经不同处理的苜蓿草捆贮藏 360d 后利用体外法培养 48h，各处理组营养成分的降解率与对照组相比差异显著（P<0.05），其中 DM 降解率和 CP 降解率显著高于对照组，而 NDF 降解率和 ADF 的降解率显著低于对照组，各处理组之间的差异也各不相同，其主要原因是各处理组经防霉剂处理后霉变程度大大减轻，其营养成分含量不同所致。从银川试验点试验结果来看，C14 的 DM 降解率和 CP 降解率均为最高，分别为 67.24% 和 80.55%，比 C1 高 13.91% 和 6.34%，比 C16 高 17.72% 和 8.28%，各处理的 DM 降解率和 CP 降解率的大小顺序均为：C14>C10>C12>C15>C1>C16，NDF 降解率的大小顺序为：C1>C16>C14>C10>C12>C15，ADF 降解率的大小顺序为：C1>C16>C10>C14>C15>C12。从青岛试验点试验结果来看，D14 的 DM 降解率和 CP 降解率均为最高，分别为66.83%和81.20%，比D1高11.54%和4.70%，比D16高21.34%和10.87%，各处理的DM降解率和CP降解率的大小顺序均为：D14>D10>D12>D15>D1>D16，NDF降解率的大小顺序为：D1>D16>D14>D10>D12>D15，ADF降解率的大小顺序为：D1>D16>D14>D10>D12>D15。

表4–17　两个试验点不同处理苜蓿草捆体外培养48h后的降解率

试验地	处理	DM降解率（%）	CP降解率（%）	NDF降解率（%）	ADF降解率（%）
银川	C1	57.89^{D}	75.44^{D}	43.68^{A}	32.16^{A}
	C10	65.19^{B}	79.64^{B}	36.11^{C}	30.01^{BC}
	C12	64.33^{B}	79.53^{B}	35.94^{C}	27.48^{D}
	C14	67.24^{A}	80.55^{A}	36.23^{C}	29.79^{C}
	C15	62.98^{C}	78.86^{C}	35.73^{C}	27.56^{D}
	C16	55.32^{E}	73.88^{E}	40.18^{B}	30.27^{B}
青岛	D1	59.12^{D}	77.38^{D}	44.55^{A}	32.58^{A}
	D10	65.57^{B}	79.68^{B}	36.71^{D}	30.55^{C}
	D12	64.69^{B}	79.25^{B}	36.26^{D}	30.13^{D}
	D14	66.83^{A}	81.20^{A}	37.57^{C}	30.69^{C}
	D15	60.25^{C}	78.33^{C}	36.22^{D}	28.09^{E}
	D16	52.57^{E}	72.37^{E}	39.37^{B}	31.08^{B}

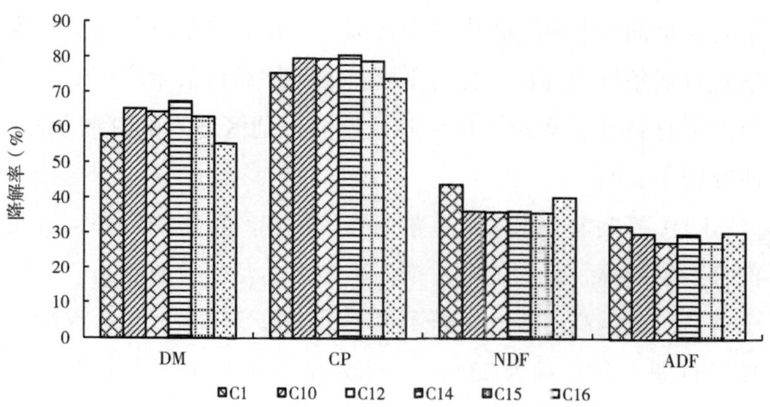

图 4–19 银川试验点不同处理苜蓿草捆体外培养 48h 后的降解率

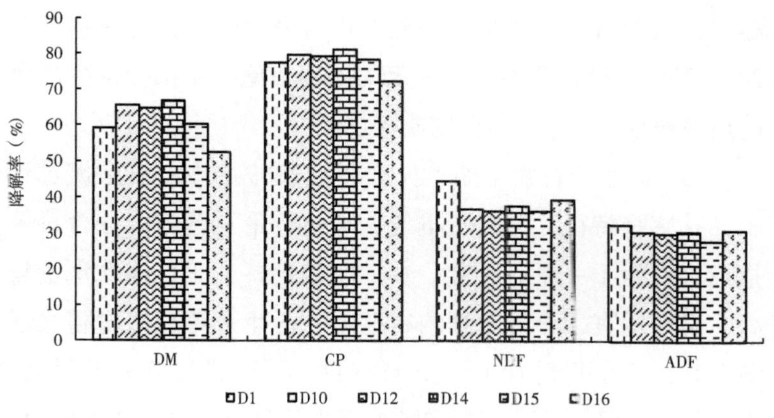

图 4–20 青岛试验点不同处理苜蓿草捆体外培养 48h 后的降解率

3. 研究结论

本研究以银川和青岛两个地区作为试验点，通过研究打捆前含水量对苜蓿干草营养价值和产量的影响、不同打捆含水量下苜蓿草捆在贮藏过程中各项指标的变化规律及苜蓿安全贮藏适宜打捆条件的筛选，探讨不同打捆条件对苜蓿干产草量、品质及消化特性的影响，进而筛选出两个地区适宜的打捆条件，研究结果表明：

（1）打捆前含水量对苜蓿营养价值和产量影响较大，打捆前含水量越高，苜蓿的叶片损失率越低，营养价值越高，苜蓿干产草量也越高。因此，若不考虑草捆霉变因素，在含水量较高时打捆（含水量为 23%~25% 或 28%~30%）可大大提高苜蓿干草的产量和品质。

（2）不同打捆含水量苜蓿草捆在贮藏过程中各项指标的变化趋势不同，打捆含水量越高，草捆霉变越严重，霉菌数量越多，营养价值也越低。因此，进行高水分打捆（含水量为 28%~30%）时，若不采取一定的防霉措施，草捆会发生严重的热害和霉变，大量营养物质随之流失。

（3）高水分苜蓿草捆（含水量为 28%~30%）在贮藏过程中，其感官特征、温度、重量、霉菌数量及营养成分含量等指标均发生了一系列变化。在贮藏初期，由于草捆含水量较高，温度适宜，导致草捆内霉菌不断滋生，草捆温度随之逐渐上升，并在贮藏 10d 左右时霉菌数量和草捆温度达到最高，之后逐渐下降；苜蓿草捆在贮藏期内的色泽变化规律大致为：绿色→黄绿色→浅黄色→颜色发白→灰色→出现黑色霉点→出现大片黑色、灰色、白色、绿色、褐色等霉变；气味变化由正常的牧草清香味→无味→轻微霉味→有霉味→重霉味，有时会夹杂氨味、恶臭等刺激性气味。此外，随着贮藏时间的延长，草捆含水量不断下降，草捆重量逐渐减轻，干草的

CP、EE、NFE、TDN及胡萝卜素含量逐渐下降，CF、CA含量逐渐上升。

（4）不同打捆条件对苜蓿草捆贮藏后的各项指标均会产生较大的影响，在高水分条件下（含水量为23%~25%或28%~30%）进行中等密度（100kg/m^3或140kg/m^3）打捆，并添加2%或3%的CaO均可以大大减轻草捆的霉变程度，并能有效保存干草的营养成分。

第五章　优质苜蓿干草饲喂利用技术研究

第一节　不同苜蓿干草产品饲喂利用技术研究

一、不同苜蓿干草产品饲用价值评价

苜蓿种植面积广泛，具有适应性广、抗逆性强、营养丰富、高产稳产、可利用期限长、经济效益高等优良特性，是世界上应用最广、经济价值最高的优质牧草，在现代草业的可持续发展中具有突出的地位。一般来说，苜蓿产品主要包括鲜草、干草、草粉、草颗粒、青贮等，苜蓿加工成不同产品后，其营养成分含量也发生了相应变化。家畜对苜蓿草产品的利用方式不同，其采食率和降解率不同，直接关系到家畜对苜蓿的利用效率。

由于苜蓿产品在加工过程中会产生不同程度的营养损失，包括呼吸损失、机械损失、阳光照射损失、热害与霉变损失、雨淋损失等，因而不同加工产品的营养价值及家畜对其采食率和消化降解率也存在一定差异。严学兵（2000）对牧草不同生育期的各营养成分进行了瘤胃降解率测定，结果表明：在整个生长季节，青草期的营养成分降解率高于枯草期，CP 降解率在 CP 含量最高时呈现最大值，NDF 和 ADF 降解率随其含量的增加而降低。刘洪亮等（2006）运用尼龙袋法，对不同加工

方式形成的苜蓿产品（草粉、草颗粒）进行了瘤胃降解粗蛋白质、中性洗涤纤维的评定，结果表明：6~12h 苜蓿草粉的粗蛋白质消失率显著高于草颗粒，草颗粒中性洗涤纤维的消失率与动态降解率要高于草粉。刁其玉等（2001）利用 3 头瘘管牛，以尼龙袋法测定草颗粒、牧草与秸秆在瘤胃培养 24 h DM、CP、NDF 和 ADF 的消失率，结果表明：草颗粒中营养物质的消失率均高于秸秆和牧草；用草颗粒喂育肥牛，牛的日增重和饲料转化率均显著高于对照组，颗粒饲料的密度增加，牛的采食速度加快 30%~50%。因此，针对不同家畜选择苜蓿适宜的利用方式，不仅可有效保存营养成分，降低饲养成本，若保存和利用方法得当，还能进一步延长苜蓿保存时间，提高其利用效率，以解决饲草供给不平衡和利用率偏低的问题。

二、不同利用方式对苜蓿干草饲用价值的影响

1. 试验设计

以种植第 3 年第 1 茬“草原 2 号”苜蓿为试验原料，分别在现蕾期和盛花期刈割，试验原料来自于内蒙古鄂尔多斯市达拉特旗。苜蓿刈割后，分别使用不同加工机具进行加工处理，如表 5–1 所示。将苜蓿加工成不同产品后，测定其营养成分含量、采食率及其在绵羊瘤胃内的降解率。

表 5–1　不同苜蓿干草产品类型及加工机具

产品类型	加工机具
鲜草	—
干草（不切短）	—

（续表）

产品类型	加工机具
干草（切短）	铡草刀
草粉	粉碎机（一科重工 600）
草颗粒	颗粒饲料机（万青 9KS–200）

2. 研究结果

（1）不同利用方式对苜蓿干草营养成分含量的影响。苜蓿干草加工成不同产品后，其营养成分含量也相应发生了变化，如表 5–2 所示。苜蓿在加工成不同产品的过程中，由于叶片会出现不同程度的脱落，与鲜草相比，营养成分有不同程度的损失，CP、NFE、TDN 含量显著下降，CF 含量显著升高。各种苜蓿产品中，调制成干草的营养损失最少，与草粉和草颗粒相比，CP 含量分别高 11.38% 和 24.27%，TDN 含量分别高 1.36% 和 5.88%，CF 含量分别低 4.47% 和 13.25%。不同苜蓿产品 TDN 含量的大小顺序依次为：干草 > 草粉 > 草颗粒，说明减少加工环节可有效地保存苜蓿产品的营养成分。

表 5–2　不同利用方式对苜蓿干草营养成分含量的影响

产品类型	营养成分含量（DM%）					
	CP	CF	CA	EE	NFE	TDN
鲜草	19.76^{A}	20.79^{D}	7.35^{B}	3.07^{C}	49.03^{A}	76.53^{A}
干草	17.62^{B}	27.57^{C}	8.34^{A}	2.87^{C}	43.60^{B}	66.47^{B}
草粉	15.82^{C}	28.86^{C}	7.74^{B}	4.35^{B}	43.23^{B}	65.58^{B}
草颗粒	14.53^{C}	31.78^{B}	7.21^{B}	6.74^{A}	39.74^{C}	62.78^{C}

（2）不同利用方式对苜蓿干草采食率的影响。采食量是衡量粗饲料适口性及饲用价值的重要指标。绵羊饲喂试验结果表明，绵羊对不同苜蓿产品的采食量和采食率存在较大差异。总的来看，苜蓿加工后，其营养成分含量下降明显，纤维含量增加，适口性变差，采食量降低。各苜蓿加工产品中，绵羊对草颗粒的采食率相对较高，为 93.02%；此外，通过切短的方法也可大大提高绵羊对苜蓿干草的采食量，采食率显著高于不切短苜蓿干草（$P<0.05$），提高 5.94%；绵羊对各种苜蓿产品采食率的大小顺序为：草颗粒 > 草粉 > 干草（切短）> 干草（不切短）。

表 5–3　不同利用方式对苜蓿干草采食率的影响

产品类型	投喂量（kg/d）	采食量（kg/d）	采食率（%）
鲜草	1.50	1.406	93.73^{A}
干草（不切短）	1.50	1.292	86.16^{C}
干草（切短）	1.50	1.369	91.28^{B}
草粉	1.50	1.384	92.28^{B}
草颗粒	1.50	1.395	93.02^{B}

（3）不同利用方式对苜蓿干草降解率的影响。降解率是评定粗饲料消化特性的重要指标，它可在一定程度上反映家畜对粗饲料消化率的大小。利用尼龙袋法及绵羊瘤胃液体外培养法，对培养 48h 后的不同苜蓿草产品的 DM、CP 和 NDF 降解率进行测定。研究表明，绵羊对不同苜蓿产品的降解率均有较大差异。总的来看，绵羊对苜蓿产品的降解率均较高，相比较而言，绵羊对苜蓿鲜草的 DM 降解率和 NDF 降解率较高，对

草粉的 CP 降解率较高。与干草（切短）和草颗粒相比，草粉的降解率最高，DM 降解率分别高 5.16% 和 2.85%，CP 降解率分别高 3.28% 和 2.16%，NDF 降解率分别高 0.28% 和 0.46%，故加工成草粉是提高绵羊对苜蓿降解率的有效途径，但三者之间差异不显著（$P>0.05$）；切短可有效提高绵羊对干草的降解率，与不切短干草相比差异显著（$P<0.05$），DM 降解率、CP 降解率和 NDF 降解率分别提高了 6.25%、4.31% 和 1.94%，有效提高了绵羊对干草的利用率。

表 5–4　不同利用方式对苜蓿草 48 h 降解率的影响

产品类型	DM 降解率（%）	CP 降解率（%）	NDF 降解率（%）
鲜草	72.53^{A}	78.67^{B}	43.19^{A}
干草（不切短）	58.87^{C}	76.26^{C}	38.57^{C}
干草（切短）	62.55^{B}	79.55^{B}	39.32^{B}
草粉	65.78^{B}	82.16^{A}	39.43^{B}
草颗粒	63.96^{B}	80.42^{B}	39.25^{B}

3. 研究结论

通过开展不同苜蓿加工产品（干草、草粉、草颗粒）营养成分、采食率和 48h 降解率的研究，得出干草的营养价值最高，但采食率和降解率分别以草颗粒和草粉最高。尽管将苜蓿加工成草粉和草颗粒更有利于家畜采食，但考虑到加工成本和营养损失情况认为，将苜蓿调制成干草并切短饲喂比其他加工方式更加优越，不仅可有效保存营养成分，而且还降低饲养成本，若保存和利用方法得当，还能进一步延长饲草保存时间，提高其利用效率，以解决饲草供给不平衡和利用率偏低的问题。

第二节　苜蓿干草与玉米秸秆混合饲喂技术研究

一、不同比例混合饲草育肥效果评价

玉米秸秆是我国三大作物秸秆之一，具有分布广、数量大、价格低廉等优点，是北方地区应用最广泛的饲草之一。然而由于玉米秸秆具有坚硬的细胞壁结构，适口性较差，消化利用率低下，直接饲喂效果不佳，而且抑制了家畜的生产性能。随着我国肉羊产业的规模化、集约化发展，苜蓿干草逐渐成为北方规模化养羊业的主要饲草，然而由于苜蓿干草成本较高、干草供应不足的问题日益凸显，单独饲喂苜蓿干草已不能满足生产需求，也无法实现养殖效益的最大化，一定程度上阻碍了肉羊产业的快速发展。研究表明，苜蓿干草与玉米秸秆混合饲喂绵羊，不仅能提高绵羊对饲草的采食率和消化率，产生较好的育肥效果，而且可以充分利用北方地区来源广泛的玉米秸秆，在一定程度上缓解饲草供给不足的难题。

1. 不同比例混合饲草对绵羊采食量和消化率的影响

不同饲草之间存在组合效应已经成为共识。研究表明，通过不同饲草间的组合，尤其是豆科饲草与秸秆之间的组合，可实现营养成分互补，激发饲草间的组合效应、增加生糖物质的产量，是极为有效的提高秸秆类饲草饲用价值的营养调控措

施。Gill（1993）认为，采食量和消化率的变化可以作为衡量饲草组合效应的指标。王晓光（2011）研究表明，通过饲草间的合理搭配可提高低质饲草的总体采食量和消化利用率，利用水平好于中等质量青干草。Silva（1988）发现，混合饲草各组分之间的组合效应会对反刍绵羊生产性能产生极大的影响，如产生正组合效应则会提高绵羊对饲草的采食量和消化率，反之则会降低其采食量和消化率。张吉鹍等（2010）研究得出，在低质饲草中补饲质量较好的饲草，会产生正组合效应，尤其是苜蓿干草同玉米秸秆混合后，其采食量和干物质消化率明显高于单个饲草，这是饲草混合的正组合效应所致。王旭（2003）的研究同样发现，饲草单独体外消化培养时存在营养素不平衡的问题，限制了草食家畜对饲草的消化利用，若将不同类饲草禾本科、豆科及秸秆进行优化配合，均明显表现出了不同程度的正组合效应。Haddad（2000）认为苜蓿干草对低质饲草的采食量有促进作用。房健（2005）研究得出，在以饲喂玉米秸秆为主的日粮中添加 300 g 苜蓿可显著提高舍饲绵羊的采食量。因此，苜蓿干草与玉米秸秆的混合比例对绵羊的采食量和消化率会产生很大影响，适宜的比例可以充分发挥饲草间的正组合效应，在一定程度上提高家畜对混合饲草的采食量和消化率。

2. 不同比例混合饲草对绵羊生产性能的影响

日粮营养水平的高低对绵羊的生产性能会产生很大影响，表现在对绵羊增重效果和屠宰性能的影响。王洪荣等（2010）认为，影响绵羊体重变化的主要营养因素为日粮中粗蛋白质水平，其次是日粮代谢能浓度。程善燕（2010）等研究表明，日粮的能量水平对加快肉羊生长速度，改善胴体质量有显著影响。Evans（1981）研究发现适当增加日粮中粗饲料的水平，可促进绵羊唾液的分泌与反刍，亦可改变瘤胃微生物菌群，从而提高日粮的利用效率。此外，不同来源的饲草组合还会通过互作效应影响绵羊的瘤胃环境及其对饲草营养素的消化率，进而影响绵羊的生产性能。因此，不同比例苜蓿干草与玉米秸秆混合饲喂育肥羔羊时，由于混合饲草的粗蛋白质水平、能量水平及粗饲料水平存在一定的差异性，且各组分间产生的互作效应不同，因而其对绵羊的增重效果和屠宰性能会产生不同程度的影响。绵羊的屠宰性能与增重情况之间也存在一定的联系，由于羔羊在育肥阶段的日增重不同，导致羔羊的宰前活重、胴体重、净肉重、屠宰率等指标也存在一定差异。研究发现，随着绵羊日龄和体重的增加，绵羊的屠宰率呈现上升的趋势。眼肌面积也是衡量肉羊胴体品质的指标之一，一般情况下眼肌面积越大，肉羊胴体重越大。因此，混合饲草的搭配比例对育肥羔羊的增重效果和屠宰性能影响较大，适宜的搭配比例可进一步提高羔羊对混合饲草的采食量、消化率和饲草转化率，进而改善羔羊的生产性能。

3. 不同比例混合饲草育肥效果评价

饲草成本是畜牧业生产中最受关注的指标之一，低投入、高产出一直是畜牧业生产追求的目标。由于不同比例混合饲草的成本和产出均不同，其产生的经济效益也不一样，故评价饲草组合的优劣主要依据其产生的经济效益。因此，将苜蓿干草与玉米秸秆混合饲喂羔羊，可以巧妙地利用正组合效应来提高羔羊的采食量，并在不影响增重效果的基础上尽量减少苜蓿干草饲喂量，进一步降低饲草成本，以提高混合饲草产生的经济效益。

二、苜蓿干草与玉米秸秆混合饲草对羔羊育肥效果的影响研究

1. 试验设计

（1）试验原料。以紫花苜蓿干草和玉米秸秆为试验原料（均取自内蒙古通辽市奈曼旗），苜蓿干草为当年生产，玉米秸秆为上年贮存下来的保存较好的饲草，试验原料的营养成分见表 5–5。

表 5–5　两种饲草的营养成分含量

成　分	DM（%）	占 DM 的百分比（%）								
		CP	CF	CA	EE	NFE	NDF	ADF	Ca	P
苜蓿干草	94.38	15.54	32.22	9.82	3.79	38.63	50.68	34.33	1.24	0.19
玉米秸秆	94.58	5.34	39.57	6.76	1.83	46.50	68.17	42.11	0.45	0.23

（2）试验动物。选择体重在 20~25 kg、3~3.5 月龄健康无病的小尾寒羊 21 只，以日增重 0.12 kg 为目标，参考内蒙古自治区绵羊饲养标准（DB15/T 30—1992）中育肥羔羊饲养标准营养需要量进行饲喂。为了便于识别和测定，将试验羊以不同编号的耳号进行标记。试验羊经统一鉴定、驱虫免疫后，进行随机分群，饲喂试验时间为 2011 年 8—10 月。

（3）饲草配方与试验设计。试验混合饲草配方按苜蓿干草与玉米秸秆的不同比例混合搭配而成，并以当地常用的“只饲喂玉米秸秆”为对照组（G 组），以验证“两种饲草间的适宜

搭配可产生正组合效应”假设的合理性。混合后的饲草组合配方见表 5–6。

表 5–6 混合饲草搭配比例

饲草组分	A 组	B 组	C 组	D 组	E 组	F 组	G 组
苜蓿干草	100%	70%	60%	50%	40%	30%	0%
玉米秸秆	0%	30%	40%	50%	60%	70%	100%

按照单因子随机区组试验设计，试验羊共 21 只，分为 7 组，6 个处理组，1 个对照组，每组 3 只羊，经对各组活重进行方差分析，组间、组内无显著差异（$P>0.05$）。试验羊单笼饲养，每个处理组分别饲喂一种饲草组合，于每日的 6∶00、12∶00、18∶00 分三次饲喂，每日每只试验羊饲喂 2kg 混合饲草，切短饲喂，并于每天 19∶00 左右每只试验羊补饲 0.2kg 玉米籽实。自由饮水，圈内放置舔砖。试验期为 70d，其中预备饲喂期 10d，正式饲喂期 60d。饲喂试验结束后，屠宰全部试验羊并测定各项指标。

2. 研究结果

（1）不同比例混合饲草对育肥羔羊采食量的影响。采食量是反映饲草的适口性和饲用价值的主要指标之一，也能在一定程度上衡量混合饲草各组分之间的组合效应。经过 70 d 的羔羊饲喂试验，不同分组的育肥羔羊的采食量情况详见表 5–7。研究表明，育肥羔羊对不同比例混合饲草的采食量和采食率存在一定差异，两类不同特性的饲草混合搭配后，通过营养素的互补作用，提高了混合饲草的整体发酵水平和营养平衡，从而促进了羔羊对混合饲草的采食，但随着苜蓿干草所占比例的逐渐减少和玉米秸秆所占比例的逐渐增加，玉米秸秆适口性差、纤维和木质素含量高、羔羊对其相对不喜食等特点开始显现，羔羊对混合饲草的采食量和采食率呈先升高后降低的变化趋势。由表 5–7 中还可以看出，A 组 ~F 组的采食量和采食率均显著高于对照组（G 组）（P<0.05），B 组、C 组、D 组显著高于其他各组（P<0.05），且三者之间差异不显著（P>0.05），其中 C 组的采食量和采食率最高，说明 C 组的各组分之间产生明显的互作效应，营养水平也相对较高，羔羊对其较为喜食。

表 5–7　不同比例混合饲草对育肥羔羊总采食量和采食率的影响

指　标	A 组	B 组	C 组	D 组	E 组	F 组	G 组
总饲喂量（kg）	120.00	120.00	120.00	120.00	120.00	120.00	120.00
总采食量（kg）	96.82^{B}	98.31^{A}	99.34^{A}	98.63^{A}	95.01^{B}	89.89^{C}	72.93^{D}
采食率（%）	80.68^{B}	81.92^{A}	82.79^{A}	82.19^{A}	79.18^{B}	74.91^{C}	60.77^{D}

由表 5–8 可得知，B 组 ~F 组的单项组合效应指数均为正值，说明苜蓿干草与玉米秸秆混合饲喂育肥羔羊可产生明显的正组合效应，苜蓿干草补给了氮源和矿物质元素，而玉米秸秆提供了纤维素、半纤维素和水溶性碳水化合物，保障了能量供给，两类饲草的搭配可使混合饲草的营养更为均衡，在一定程度上提高了羔羊对混合饲草的采食率和消化率。各饲草组合的单项组合效应指数的大小顺序依次为：D 组 >E 组 >C 组 >F 组 >B 组 >A 组 =G 组，其中 D 组的单项组合效应指数最高，为

16.21%，说明D组混合饲草的搭配比例可产生最显著的组合效果。

表 5–8 不同比例混合饲草各组分间的单项组合效应指数

指 标	A组	B组	C组	D组	E组	F组	G组
总采食量（实测值）（kg）	96.82	98.31	99.34	98.63	95.01	89.89	72.93
总采食量（理论值）（kg）	96.82	89.65	87.26	84.87	82.48	80.09	72.93
单项组合效应指数（%）	0	9.66	13.85	16.21	15.19	12.23	0

（2）不同比例混合饲草对育肥羔羊增重情况的影响。增重情况是衡量羔羊育肥效果的重要指标，不同比例混合饲草对育肥羔羊增重情况见表 5–9。研究表明，7组育肥羔羊的初始体重差异不显著（$P>0.05$），经过60 d的饲养试验，除对照组（G组）外，其他各组羔羊的平均日增重均远高于设计水平的日增重（0.12kg/d），育肥效果较好。从总增重和平均日增重来看，A组~F组均显著高于G组（$P<0.05$），其中C组最高，为10.85kg和0.1801kg/d，与A组、B组和D组的差异均不显著（$P>0.05$）。各组间增重情况的大小顺序依次为：C组>D组>B组>A组>E组>F组>G组。此外，从饲草转化率来看，A组~F组也均显著高于G组（$P<0.05$），其中A组最高，为10.98 %，但与B组、C组和D组差异不显著（$P>0.05$），各组间饲草转化率的大小顺序依次为：A组>B组=C组=D组>E组>F组>G组。因此，从增重效果来看C组最好，而从饲草转化率来看A组最高，但考虑到饲草成本，综合考虑认为C组较好。

表 5–9　不同比例混合饲草对育肥羔羊增重情况的影响

指 标	A 组	B 组	C 组	D 组	E 组	F 组	G 组
初始体重（kg）	23.65^{A}	23.64^{A}	23.56^{A}	23.08^{A}	23.18^{A}	23.84^{A}	23.46^{A}
结束体重（kg）	34.28^{A}	34.38^{A}	34.41^{A}	33.85^{A}	32.58^{B}	32.71^{B}	29.29^{C}
总增重（kg）	10.63^{A}	10.74^{A}	10.85^{A}	10.77^{A}	9.40^{B}	8.87^{C}	5.83^{D}
平均日增重（kg/d）	0.177^{A}	0.179^{A}	0.181^{A}	0.180^{A}	0.157^{B}	0.148^{C}	0.097^{D}
总采食量（kg）	96.82^{B}	98.31^{A}	99.34^{A}	98.63^{A}	95.01^{B}	89.89^{C}	72.93^{D}
饲草转化率（%）	10.98^{A}	10.92^{A}	10.92^{A}	10.92^{A}	9.89^{B}	9.87^{B}	7.99^{C}
饲草成本（元 /kg）	2.20^{A}	1.81^{AB}	1.68^{BC}	1.55^{CD}	1.42^{DE}	1.29^{EF}	0.90^{G}

此外，通过对羔羊的总增重和总采食量进行回归分析得出，羔羊总增重与总采食量呈显著的正相关关系：$Y=0.192X-8.274$（$R^2=0.976$），其中：Y 为羔羊总增重（kg），X 为羔羊对混合饲草的总采食量（kg）。因此，提高羔羊对混合饲草的采食量可以有效改善羔羊的育肥效果，提高养殖效益。

（3）不同比例混合饲草对育肥羔羊屠宰性能的影响。通过测定各项屠宰性能指标，可充分反映不同比例混合饲草对羔羊育肥效果的影响，详见表 5–10。研究表明，除骨重指标外，A 组 ~F 组的其他各项指标均显著高于 G 组，说明只饲喂苜蓿干草或两种饲草混合饲喂效果均显著好于只饲喂玉米秸秆。各饲草组合中，A 组的骨重为最大值，C 组的胴体重、净肉重、眼肌面积、屠宰率 4 项指标为最大值，D 组的肉骨比、GR 值、净肉率和胴体净肉率 4 项指标为最大值。从各项屠宰性能指标来看，C 组和 D 组的育肥效果均显著好于其他各组（$P<0.05$），而两者之间差异不显著（$P>0.05$）。总体而言，苜蓿干草和玉米秸秆混合饲喂都可明显提高羔羊的屠宰性能，其中C组和D组相对较好，考虑到饲草成本可认为D组效果最好。

表 5-10 不同比例混合饲草对育肥羔羊屠宰性能的影响

指　标	A组	B组	C组	D组	E组	F组	G组
宰前活重（kg）	34.28^{A}	34.38^{A}	34.41^{A}	33.85^{A}	32.58^{B}	32.71^{B}	29.29^{C}
胴体重（kg）	16.27^{AB}	16.31^{A}	16.35^{A}	16.04^{BC}	15.56^{CD}	15.02^{D}	11.93^{E}
净肉重（kg）	12.52^{BC}	12.77^{AB}	13.02^{A}	12.89^{A}	12.30^{C}	11.52^{D}	8.57^{E}
骨重（kg）	3.75^{A}	3.54^{AB}	3.33^{BC}	3.15^{D}	3.26^{CD}	3.50^{AB}	3.36^{BC}
肉骨比	3.34^{D}	3.61^{C}	3.91^{AB}	4.09^{A}	3.77^{BC}	3.29^{D}	2.55^{E}
胴体脂肪含量值（cm）	1.28^{AB}	1.32^{A}	1.36^{A}	1.38^{A}	1.20^{BC}	1.17^{C}	1.02^{D}
眼肌面积（cm^2）	11.48^{B}	11.51^{B}	11.66^{A}	11.38^{C}	10.85^{D}	10.77^{D}	9.92^{E}
屠宰率（%）	47.46^{A}	47.44^{A}	47.52^{A}	47.39^{A}	47.76^{A}	45.92^{B}	40.73^{C}
净肉率（%）	36.52^{B}	37.14^{AB}	37.84^{A}	38.08^{A}	37.75^{A}	35.22^{C}	29.26^{D}
胴体净肉率（%）	76.95^{C}	78.30^{B}	79.63^{A}	80.36^{A}	79.05^{AB}	76.70^{C}	71.84^{D}

此外，通过对羔羊的屠宰率和宰前活重及胴体重和眼肌面积进行回归分析，得出羔羊屠宰率与宰前活重呈显著的正相关关系：$Y=1.277X+4.084$（$R^2=0.855$），其中：Y为羔羊屠宰率（%），X为羔羊宰前活重（kg）；羔羊的胴体重与眼肌面积也呈显著的正相关关系：$Y=2.467X-11.979$（$R^2=0.913$），其中：Y为羔羊的胴体重（kg），X为羔羊的眼肌面积（cm^2）。

（4）不同比例混合饲草经济效益对比分析。根据育肥羔羊的增重情况和饲草成本，饲喂不同比例混合饲草育肥羔羊的经济效益对比分析见表 5-11。研究表明，单独饲喂苜蓿干草或两种饲草混合饲喂育肥羔羊的增重收入均显著高于对照组（$P<0.05$），其中 C 组最高，为 257.77 元 / 只，显著高于 E 组、F 组和 G 组（$P<0.05$），但与 A 组、B 组和 D 组差异不显著（$P>0.05$）。由表中还可看出，两种饲草混合饲喂产生的经济效益均显著高于 A 组和 G 组（$P<0.05$），其中 D 组最高，为 102.29 元 / 只，显著高于其他各组（$P<0.05$）。而单独饲喂苜蓿干草尽管增重收入较高，但由于饲草成本较高，其经济效益最低，仅为 39.26 元 / 只，显著低于其他各组（$P<0.05$）；此外，单独饲喂玉米秸秆虽然饲草成本最低，但由于其增重收入最低，致使其经济效益也显著低于除 A 组外的其他各组（$P<0.05$）。总之，由不同比例混合饲草产生的经济效益来判断，各饲草组合中以 D 组的育肥效果最好。

表 5–11　饲喂不同比例混合饲草育肥羔羊的经济效益对比分析

指　标	A 组	B 组	C 组	D 组	E 组	F 组	G 组
总增重（kg）	10.63	10.74	10.85	10.77	9.40	8.87	5.83
屠宰率（%）	47.46	47.44	47.52	47.39	47.76	45.92	40.73
产肉量（kg）	5.05	5.10	5.16	5.10	4.49	4.07	2.37
增重收入（元）	252.26^{A}	254.75^{A}	257.77^{A}	255.17^{A}	224.47^{B}	203.65^{C}	118.73^{D}
耗草量（kg）	96.82	98.31	99.34	98.63	95.01	89.89	72.93
饲草价格（元 /kg）	2.20	1.81	1.68	1.55	1.42	1.29	0.90
饲草成本（元）	213.00^{A}	177.94^{B}	166.90^{BC}	152.88^{CD}	134.92^{DE}	115.96^{E}	65.63^{F}
经济效益（元）	39.26^{E}	76.82^{C}	90.87^{B}	102.29^{A}	89.55^{B}	87.69^{B}	53.10^{D}

注：经济效益为增重收入和饲草成本之间的差值，羊肉价格按优质羔羊肉 50 元 /kg 计算

3. 研究结论

（1）苜蓿干草与玉米秸秆混合饲喂育肥羔羊，可产生明显的正组合效应，羔羊的采食量显著增加，其中以 D 组（苜蓿干草与玉米秸秆搭配比例为 1 : 1）的正组合效应最显著。

（2）综合考虑采食量、增重情况、屠宰性能和经济效益分析结果，认为 D 组是各饲草组合中最好的组合，故苜蓿干草与玉米秸秆混合饲喂育肥羔羊的适宜搭配比例为 1 : 1。

主要参考文献

安国邦 . 1982. 减少干草贮制的损失［J］. 畜牧机械（6）: 29.

安玉亮，张茂莲，杜华，等 .2002. 不同刈割期和晒制方法对沙打旺青干草粗蛋白质和粗纤维素含量的影响［J］. 内蒙古草业，14（4）: 46–47.

白静仁 . 1985. 润不勒苜蓿适应性及生产性能的研究［J］. 中国草原（2）: 56–59.

白史且 . 1996. K_2CO_3 对饲草干燥效果的初步研究［J］. 草业科学，13 : 26–34.

北京农业大学 . 1982. 草地学［M］. 中国农业出版社 .

卜登攀，崔慰贤 . 2001. 苜蓿干草的田间调制［J］. 宁夏农学院学报，22（3）: 65–69.

曹致中 . 2005. 草产品学［M］. 北京：中国农业出版社 .

曹致中 . 1992. 苜蓿多刈试验报告［J］. 牧草与饲料（3）: 25–27.

常玉群，安玉海 . 2000. 紫花苜蓿半干青贮试验［J］. 中国畜牧杂志，36（4）: 39.

陈宝书 . 2001. 牧草饲料作物栽培学［M］. 北京：中国农业出版社 .

陈辉 . 2002. 紫花苜蓿合理晒制打捆技术［J］. 当代畜牧，24（4）: 31–33.

陈维德 . 1986. 新西兰的羊肉生产（四）[J]. 草食家畜（5）：9-10.

陈越，刘建仁，胡耀高 . 1997. 持续饲喂苜蓿干草对乳牛血液系列化指标的影响 [J]. 中国兽医杂志，23（9）：17-18.

程善燕，张英杰，刘月琴，等 . 2010. 不同能量水平对绵羊屠宰性能和脂肪含量的影响 [J]. 饲料研究（1）：52-54.

崔日顺，李英淑，朴秉华 . 1986. 利用塑料大棚调制干草 [J] 中国草地学报（5）：51-54.

单贵莲，薛世明，徐柱，等 . 2008. 不同调制方法紫花苜蓿干燥特性及干草质量的研究 [J]. 草业学报，17（4）：102-109.

单华佳 . 2009. 苜蓿干草高水分打捆中新型复合添加剂的应用研究 [D]. 兰州：甘肃农业大学 .

邓聚龙 . 1988. 农业系统的灰色理论与方法 [M]. 济南：山东科学出版社 .

刁其玉，杨茁萌，陈荆芬 . 2001. 草颗粒饲料在牛瘤胃内的降解与饲养价值 [J]. 草业科学，18（6）：43-47.

丁国和 . 2009. 蒿属植物粗提物的提取工艺及其对奶山羊瘤胃发酵的影响 [D]. 呼和浩特：内蒙古农业大学 .

丁武蓉 . 2008. 高水分苜蓿干草贮藏技术及其添加剂的研究 [D]. 成都：四川农业大学 .

丁乡 . 2006. 饲草产品可开发 [J]. 农家参谋（1）：12-15.

董志国，邓林涛，艾尼瓦尔 . 2005. 优质苜蓿草的加工调制 [J]. 黄牛杂志，31（3）：81-84.

杜建强，杨世昆，刘贵林，等 . 2010. 牧草太阳能低温干燥试验［J］. 农业机械学报，9（41）：186-190.

樊江文 . 2001. 红三叶再生草的生物学特性研究［J］. 草业科学，18（4）：18-22.

房健 . 2005. 舍饲绵羊饲草组合效应的研究［D］. 长春：东北师范大学 .

房兴堂，张子峰，雪锋 . 2004. 饲料防霉剂效果检测与天然防霉剂开发［J］. 兽药与饲料添加剂，9（6）：20-23.

冯金朝 . 1995. 沙生植物水分特征曲线及水分关系的初步研究［J］. 中国沙漠，15（3）：222-226.

冯仰廉 . 2004. 反刍动物营养学［M］. 北京：科学出版社 .

甘洁 . 2007. 不同品种及生育期玉米秸秆体外发酵特性和尼龙袋降解率的研究［D］. 长沙：湖南农业大学 .

高安社 . 2003. 六种调制牧草方法的模糊综合评价［J］. 中国草地，44（3）：50-52.

高彩霞，王培 . 1997. 收获期和干燥方法对苜蓿干草质量的影响［J］. 草地学报，5（2）：113-116.

高彩霞 . 1997. 苜蓿干草加工调制与高水分贮藏技术的研究［D］. 北京：中国农业大学 .

高静 . 2012. 应用饲草组合效应调控育肥羊肉用性能的研究［D］. 呼和浩特：内蒙古农业大学 .

耿华珠 . 1995. 中国苜蓿［M］. 北京：中国农业出版社 .

巩月民，曹桂玲 . 2009. 影响干草品质的因素及其贮藏方法［J］. 养殖技术顾问（7）：32.

郭江泽 . 2009. 苜蓿青干草在调制和贮藏过程中的质量变化规律研究［D］. 郑州：河南农业大学 .

郭庭双，张存根，史照林，等. 1995. 秸秆畜牧业［M］. 上海：上海科学技术出版社.

郭正刚，刘慧霞，王彦荣. 2004. 刈割对紫花苜蓿根系生长影响的分析［J］. 西北植物学报，24（2）：215–220.

郭志明. 2010. 苜蓿干草不同添加量对奶牛产奶量和乳脂率的影响［J］. 畜牧兽医杂志，29（3）：20–23.

国家技术监督局. 1992. GB13092—1991，饲料中霉菌的检验方法［S］. 北京：中国标准出版社.

海存秀. 2007. 高寒地区不同干燥法对紫花苜蓿营养价值的影响［J］. 中国畜牧兽医，34（5）：26–28.

海涛，于辉，王秀清. 2007. 不同紫花苜蓿品种干草粗蛋白产量及越冬率的灰色关联分析［J］. 动物营养，19（2）：12–13.

韩路. 2002. 不同苜蓿品种的生产性能分析及评价［D］. 杨凌：西北农林科技大学.

韩清芳，贾志宽，王俊鹏. 2005. 国内外苜蓿产业发展现状与前景分析［J］. 草业科学，22（3）：22–25.

韩正康，陈杰. 1988. 反刍动物瘤胃的消化和代谢［M］. 科学出版社.

郝璐，杨春燕. 2006. 内蒙古天然草地退化成因的多因素灰色关联分析［J］. 草业学报，15（6）：26–31.

郝正里. 2004. 畜禽营养与标准化饲养［M］. 北京：金盾出版社.

何有华. 2002. 紫花苜蓿在陇中地区生态环境建设中的作用分析［J］. 草业科学，19（7）：17–18.

洪绂曾 . 1989. 中国多年生栽培草种区划［M］. 北京：中国农业科技出版社 .

洪绂曾等 . 2001. 草业与西部大开发［M］. 北京：中国农业出版社 .

侯百枝，蔡海霞，杨浩哲 . 2006. 紫花苜蓿的收获、干燥及贮藏［J］. 农业科技通报，15（9）：13–16.

侯生珍 . 2005. 紫花苜蓿饲喂泌乳奶牛的效果试验［J］. 黑龙江畜牧兽医，25（3）：20–22.

侯武英，闫丽珍 . 2003. 苜蓿草产品及其加工利用［J］. 畜牧业机械化，56（4）：21–22.

侯武英 . 2003. 浅谈苜蓿干草收获技术［J］. 农村牧区机械化，3：16–18.

胡耀高 . 1996. 走以草业生产为中心的饲料粗蛋白质生产道路［J］. 草业科学，9（4）：49–53.

姬永连 . 2003. 陇东紫花苜蓿主要生产性能研究［J］. 草原与草坪（2）：53–55.

贾秀敏 . 2006. 内蒙古河套灌区苜蓿产业化发展对策研究［D］. 北京：中国农业科学院 .

贾玉山，格根图 . 2012. 中国北方草产品［M］. 北京：科学出版社 .

贾志海，蔡青和，候文娟 . 2000. 河北坝上地区羔羊育肥及屠宰试验［J］. 草地学报，8（4）：262–266.

蒋江南，罗明臣，叶慧欣 . 2004. 干草的晒制及贮藏方法［J］. 家畜生态，25（1）：72–73.

解翠萍 . 2003. 牧草之王——紫花苜蓿［J］. 草牧产业（5）：43.

旷春桃，曾一民，刘慎 . 2006. 植物源天然防霉剂的研究与应用现状［J］. 湖南饲料（3）：34–35.

李固江 . 2005. 苜蓿的加工与利用［J］. 黑龙江畜牧兽医，25（5）：14–15.

李国良，鞠晓峰，杨智明，等 . 2011. 两种防霉剂对高水分苜蓿干草主要菌种抑菌效果初步研究［J］. 黑龙江八一农垦大学学报, 23（1）：51–55.

李鸿祥，韩建国，武宝成，等 . 1999. 收获期和调制方法对草木樨干产草量和质量的影响［J］. 草地学报，7（4）：271–276.

李胜利，张英俊，杨茁萌，等 . 2010. 苜蓿产业如何满足我国奶牛养殖业发展的需求［J］. 中国苜蓿杂志，46（8）：43–46.

李世东 . 2000. 中西部地区退耕还林还草试点问题［A］. 香山科学会议第 153 次会议论文［C］. 11–12.

李树，童莉葛，王立 . 2006. 减少苜蓿茎和叶干燥速率差异的实验研究［J］. 北京科技大学学报，28（4）：383–387.

李玉清，刘仁涛，汪春 . 2002. 牧草烘干机生产工艺参数及应用效果研究［J］. 黑龙江八一农垦大学学报，14（3）：32–35.

李兆勇，张桂国，宋树平，等 . 2006. 不同干燥方法对苜蓿相同区段营养价值影响的研究［J］. 饲料工业，27（3）：32–34.

梁祖铎 . 1983. 紫花苜蓿在南京地区引种试验方法［J］. 青饲料（4）：37–39.

刘晨 . 2002. 优质苜蓿草捆加工技术的研究［J］. 草业科学，17

（2）: 7–10.
刘富渊 . 1985. 根据实验分析结果建立评价干草质量的等级标准［A］. 第十四届国际草地会议论文集（中册）［C］, 276–277.
刘贵林，杨世昆 . 2009. 我国太阳能牧草干燥浅谈［A］. 第三届中国苜蓿发展大会论文集［C］. 中国畜牧业协会草业分会，9.
刘海英 . 2008. 天然矿物质防霉剂对干草捆防霉效果的研究［D］呼和浩特：内蒙古农业大学 .
刘洪亮，娄玉杰 . 羊草和苜蓿草产品营养物质瘤胃降解特性的研究［J］. 中国草地学报, 28（6）: 47–51.
刘洪瑜，王永饲 . 2004. 料防霉剂应用研究［J］. 国外畜牧学——猪与禽，24（6）: 23–25.
刘世亮，马闯，介晓磊，等 . 2008. 喷施亚硝酸钠对紫花苜蓿干产草量和品质的影响［J］. 草业科学，25（8）: 73–78.
刘庭玉，贾玉山，格根图，等 . 2012. 饲草型全混合日粮对羔羊肉品质的影响［J］. 草地学报，20（2）: 378–382.
刘维 . 2006. 紫花苜蓿常用的干燥加工方法［J］. 畜禽业, 25（3）: 15–18.
刘兴元 . 2001. 优质苜蓿草捆加工生产技术的研究［J］. 草业科学，18（2）: 8–10.
刘学剑 . 2002. 饲料防霉剂的应用及发展趋势［J］. 添加剂世界（1）: 37–39.
刘玉华，贾志宽，韩清芳 . 2006. AHP 模型对不同苜蓿价值的综合评定与应用［J］. 草业科学，23（8）: 33–39.

刘振宇 . 2001. 紫花苜蓿合理收获及晒制打捆技术［J］. 当代畜牧，21（4）：23–25.

刘忠宽，王艳粉，汪诗平 . 2004. 不同干燥失水方式对牧草营养品质影响的研究［J］. 中国草地，26（1）：34–38.

卢德勋，谢崇文 . 1991. 现代反刍动物研究方法和技术［M］. 北京：农业出版社 .

卢英林 . 2002. 苜蓿草干燥成套设备及干燥机理［J］. 中国乳业，31（5）：42–44.

马金萍 . 2010. 不同干燥剂处理对紫花苜蓿干燥效果的综合评价［D］. 阿拉尔：塔里木大学 .

孟林，毛培春，张国芳 . 2008. 17 个苜蓿品种苗期抗旱性鉴定［J］. 草业科学，25（1）：21–25.

慕平 . 2004. 用灰色关联系数法对苜蓿品种生产性能综合评价［J］. 草业科学，21（3）：59–64.

内蒙古农牧学院 . 1989. 草地经营［M］. 呼和浩特：内蒙古大学出版社 .

宁开挂 . 1993. 实用饲料分析手册［M］. 北京：中国农业科技出版社 .

全国畜牧业标准化技术委员会 . 2006. NY/T 1170—2006，苜蓿干草捆质量［S］. 北京：中国农业出版社 .

全国畜牧业标准化技术委员会 . 2007. NY/T 1574–2007，豆科牧草干草质量分级［S］. 北京：中国农业出版社 .

全国畜牧业标准化技术委员会 . 2003. NY/T 728—2003，禾本科牧草干草质量分级［S］. 北京：中国标准出版社 .

辻久郎，肖文一 . 1983. 利用塑料大棚调制干草［J］. 国外畜牧学—草原与牧草（2）: 45–49.

时永杰 . 2001. 紫花苜蓿在干旱、半干旱、荒漠、半荒漠地区越冬性能研究［A］. 首届中国苜蓿发展大会论文集［C］. 中国草原学会: 96–98.

宋伟红，苗树君，信宝清，等 . 2006. 添加不同浓度 K_2CO_3 调制苜蓿干草的研究［J］. 中国牛业科学，32（6）: 21–23.

宋志萍 . 2009. 草颗粒复合型天然防霉剂研究［D］. 呼和浩特: 内蒙古农业大学 .

苏加楷 . 1990. 美国的干草产业［J］. 国外畜牧科技（3）: 43–45.

苏军，汪莉 . 2005. 饲料防霉剂的应用研究及发展趋势［J］. 饲料工业，26（7）: 57–59.

孙德智，李凤山，杨恒山 . 2005. 刈割次数对紫花苜蓿翌年生长及产草量的影响［J］. 中国草地，27（5）: 34–37.

孙建荣，李爱平 . 2007. 苜蓿干燥方法及其对成品品质的影响［J］. 脱水技术（8）: 56–58.

孙京魁 . 2000. 刈割期和晒制方法对苜蓿青干草粗蛋白和粗纤维含量的影响［J］. 草原与草坪（2）: 26–28.

孙明，章瑞华 . 1991. 紫花苜蓿不同留茬高度对分枝性能及产量的影响［J］. 中国草地，6 : 40–42.

孙启忠，宁布，李志勇，等 . 2003. 抓住机遇推进苜蓿产业化进程［J］. 中国农业科技导报，5（1）: 67–70.

孙启忠，王育青，候向阳 . 2004. 紫花苜蓿越冬性研究概述［J］. 草业科学，21（3）: 21–25.

孙启忠 . 2001. 试论中国苜蓿产业化［J］. 中国草地（1）: 65.

汪春，车刚 . 2006. 干燥过程对紫花苜蓿粗蛋白含量影响规律的实验研究［J］. 农业工程学报，22（9）：225–227.

王成杰，玉柱 . 2009. 干草防腐剂研究进展［J］. 草原与草坪，133（2）：77–79.

王成杰，周禾，汪诗平 . 2005. 苜蓿干草添加剂研究进展［J］. 中国畜牧杂志，32（1）：41–42.

王德利，祝延成 . 1993. 牧草价值综合评价的定量方法探讨［J］. 草业学报，2（1）：33–38.

王根旺 . 2005. 紫花苜蓿干草调制过程营养物质变化规律及干草调制技术［J］. 甘肃农业（2）：93–94.

王洪荣，卢德勋 . 2010. 应用灰色关联度分析法评价放牧绵羊增重和羊毛生长的营养限制因素［J］. 畜牧与饲料科学，31（6）：373–376.

王继强，张波 . 2003. 苜蓿及其产品的营养价值和在畜牧业中的应用［J］. 饲料广角，16（4）：23–24.

王加启，冯仰廉 . 1995. 日粮粗精比对瘤胃微生物合成效率的影响［J］. 畜牧兽医学报，26（4）：301–304.

王建勋 . 2007. 紫花苜蓿单株再生性能分析与评价［D］. 兰州：甘肃农业大学 .

王金梅，李运起，张凤明，等 . 2006. 刈割间隔时间对苜蓿产量、品质及越冬率的影响［J］. 河北农业大学学报，29（3）：86–90.

王姝月 . 2003. 苜蓿干燥方法［J］. 农业机械化与电气化，28（5）：37–40.

王明利，等 . 中 2010. 国牧草产业经济［M］. 北京：中国农业出版社 .

王钦，段舜山 . 1992. 草产品的质量标准及潜力开发［J］. 草业科学（4）: 57-62.

王钦 . 1995. 牧草的干燥与贮备技术［J］. 中国草地（1）: 55-58.

王晓光 . 2011. 饲草型全混日粮饲用价值评价研究［D］. 呼和浩特：内蒙古农业大学 .

王晓杰，赵金柱，叶娇 . 2010. 两种防霉剂的防霉效果及几种常用原料的防霉效力［J］. 广东饲料，19（8）: 14-15.

王鑫，马永祥 . 2003. 紫花苜蓿营养成分及主要生物学特性［J］. 草业科学，20（10）: 62-65.

王旭 . 2003. 利用 GI 技术对粗饲料进行科学搭配及绵羊日粮配方系统优化技术的研究［D］. 呼和浩特：内蒙古农业大学 .

魏宝东，孟宪军 . 2004. 天然生物性食品防腐剂纳他霉素的特性及其应用［J］. 辽宁农业科学（2）: 24-26.

乌艳虹，韩晓华 . 1999. 紫花苜蓿株龄与其营养成分关系的研究［J］. 草业科学，19（2）: 18-21.

吴良鸿，周易明 . 2008. 不同含水量打捆贮藏对苜蓿干草营养组成和产量的影响［J］. 草食家畜，14（9）: 33-39.

吴玉峰 . 2006. 牧草种植、生产和加工技术研究［J］. 中国草地（2）: 67-71.

吴自立 . 1989. 红豆草和抗旱苜蓿产草量及其营养动态分析［J］. 草业科学，29（4）: 51-56.

武红 . 2010. 苜蓿干草优化调制技术研究［D］. 呼和浩特：内蒙古农业大学 .

夏明，那日苏 . 2000. 牧草营养成分聚类分析与评价［J］. 中国草地，9（4）: 33-37.

熊明红，周粉富，李键 . 2003. 苜蓿草干燥设备的研究［J］. 江苏农机化，21（3）：23–24.

许令妊，林柏和，刘育萍 . 1982. 几种紫花苜蓿营养物质含量动态的研究［J］. 中国草地（3）：1–2.

许新新，李长慧，张静 . 2007. 不同收割期紫花苜蓿产草量与粗蛋白质营养动态分析［J］. 安徽农业科学，35（18）：5 460–5 462.

薛世明 . 2007. 云南北亚热带冬闲田引种优良牧草的灰色关联度分析与综合评价［J］. 草业学报，16（3）：69–73.

薛勇 . 2007. 紫花苜蓿常用的干燥加工方法［J］. 畜牧与饲料科学，13（1）：23–26.

严学兵 . 2000. 牦牛对高寒牧区天然草地和人工草地牧草消化性的研究［D］. 兰州：甘肃农业大学 .

严学兵 . 2000. 牦牛对高寒牧区天然草地和人工草地牧草消化性的研究［D］. 兰州：甘肃农业大学 .

杨斌 . 2006. 紫花苜蓿规模化生产关键技术的研究［D］. 呼和浩特：内蒙古农业大学 .

杨春，王明利，刘亚钊 . 2010. 中国的苜蓿草贸易——历史变迁、未来趋势与对策建议［R］. 国家牧草产业技术体系经济研究室研究简报（3）：22.

杨恩忠 . 1986. 不同刈割期对苜蓿饲用品质的影响［J］. 草地与饲草，2（2）：23–25.

杨恩忠 . 1986. 几种牧草消化动态的研究［J］. 八一农学院学报（2）：48–51.

杨凤 . 2005. 动物营养学［M］. 北京：中国农业出版社 .

杨洪才 . 1986. 利用塑料大棚集热烘干粮食［J］. 现代化农业（2）: 27–28.

杨丽，徐安凯 . 2008. 苜蓿的营养、饲喂方式及其在畜牧业中的应用［J］. 吉林农业科学（2）: 40–47.

杨胜 . 1993. 饲料分析及饲料质量检测技术［M］. 北京：北京农业大学出版社 .

杨耀胜 . 2009. 不同调制方式对苜蓿干草品质的影响［D］. 郑州：河南农业大学 .

杨永林，马中文 . 2005. 如何调制品质优良的苜蓿干草［J］. 草业科学，22（12）: 54–55.

姚勤，黄章根 . 2006. 霉菌对饲料的污染及防治［J］. 现代农业科技（4）: 76–77.

尹强，格根图，高静，等 . 2013. 苜蓿干草与玉米秸秆混合饲草对羔羊育肥效果的影响［J］. 西北农林科技大学学报（自然科学版），41（6）: 36–43.

尹强 . 2013. 苜蓿干草调制贮藏技术时空异质性研究［D］. 呼和浩特：内蒙古农业大学 .

尹强 . 2010. 天然防霉剂在草捆安全贮藏中的应用研究［D］. 呼和浩特：内蒙古农业大学 .

于辉 . 2007. 刈割次数对紫花苜蓿产草量、品质及抗寒性影响的研究［D］. 哈尔滨：东北农业大学 .

余成群，荣辉，孙维，等 . 2010. 干草调制与贮存技术的研究进展［J］. 草业科学，27（8）: 143–150.

玉柱，贾玉山，张秀芬 . 2004. 牧草加工贮藏与利用［M］. 北京：化学工业出版社 .

翟桂玉 . 2003. 将牧草调制成干草产品的加二及贮藏技术［J］. 江西饲料，31（2）: 23-26.

张宝文，南志标，刘旭，等 . 2012. 关于大力推进苜蓿产业发展的建议［A］. 第二届中国草业大会论文集［C］. 中国畜牧业协会草业分会: 7.

张国芳，李潮流 . 2003. 苜蓿干草调制及质量评定标准［J］. 农业新技术，31（6）: 16-17.

张国盛，黄高宝 . 2003. 种植苜蓿对黄绵土表土理化性质的影响［J］. 草业学报，12（5）: 88-93.

张红梅 . 2004. 苜蓿干燥技术研究［J］. 农业机械化与电气化，21（11）: 15-16.

张华 . 2004. 饲料霉变的原因、危害及防治措施［J］. 贵州省饲料监察所饲料研究（2）: 33-34.

张吉鹍，包赛娜，李龙瑞 . 2010. 稻草与不同饲料混合在体外消化率上的组合效应研究［J］. 草业科学，27（11）: 137-144.

张吉鹍，刘建新 . 2007. 玉米秸秆与苜蓿之间组合效应的综合评定研究［J］. 饲料博览（5）: 5-10.

张吉鹍，卢德勋，胡明，等 . 2004. 几种绵羊常用粗饲料分级指数的测定及其代谢能模型化研究［J］. 畜牧与饲料科学（2）: 1-5.

张吉鹍，卢德勋，刘建新 . 2004. 粗饲料品质评定指数的研究现状及其进展［J］. 草业科学，21（2）: 12-16.

张建文 . 2006. 河西地区几种多年生牧草的产量比较［J］. 草业科学，23（6）: 42-45.

张丽春，贺刚，云俊枝 . 2009. 饲草干燥法的研究与发展［J］. 农业机械（1）：100–102.

张丽英 . 2003. 饲料分析及饲料质量检测技术［M］. 北京：中国农业大学出版社 .

张龙翔，张庭芳，李令媛 . 1981. 生化实验方法和技术［M］. 北京：人民出版社 .

张涛，胡跃高，崔宗均，等 . 2004. 草产品及其加工工艺［J］. 饲料博览（11）：15.

张伟毅，史莹华，姚惠霞，等 . 2010. 不同温度下苜蓿草捆霉变规律及草捆品质变化［J］. 草业科学，27（11）：145–150.

张文灿 . 2003. 国外畜禽生产新技术［M］. 北京：中国农业大学出版社 .

张晓娜 . 2010. 苜蓿助干机制及添加剂贮藏技术的研究［D］. 呼和浩特：内蒙古农业大学 .

张秀芬，贾玉山，高明文，等 . 1987. 几种化学药剂对豆科牧草干燥速度的影响［J］. 中国草地学报（4）：55–58.

张秀芬 . 1992. 饲草饲料加工与贮藏［M］. 北京：农业出版社 .

张秀萍，韩建国 . 2002. 施肥和刈割对新麦草产草量及粗蛋白含量的影响［A］. 北京：中国国际草业发展大会论文集［C］. 89–91.

张玉发，刘琳 . 2005. 草产品加工技术［J］. 中国牧业通讯（3）：24.

张玉发 . 1999. 试论苜蓿生产在我国农业三元种植结构调整中的地位和作用［J］. 草业科学，16（2）：10–12.

章祖同 . 1992. 中国重点牧区草地资源及其开发利用［M］. 北

京：中国科学技术出版社 .
赵春生 . 2007. 紫花苜蓿的施肥、收割、晾晒、贮藏和饲喂技术［J］. 畜禽业（7）: 23–25.
赵凤立，刘庆权 . 2002. 苜蓿干草饲喂杂交肉羊肥育效果［J］. 辽宁畜牧兽医（2）: 23–24.
赵永泉，吴建民 . 2005. 保护天然草地资源发展生态畜牧业［J］. 内蒙古草业，2（3）: 53–54.
赵有璋 . 1999. 羊生产学［M］. 北京：中国农业出版社 .
郑先哲 . 2004. 苜蓿干燥特性与品质的试验研究［J］. 干燥技术与设备，3（1）: 65–68.
仲延凯，包青海，孙维 . 1997. 干草调制及提高利用率的研究［J］. 中国草地，19（3）: 49–54.
周卫东，黄新，王亚琴，等 . 2006. 不同处理方法对自然晒制苜蓿干草的影响［J］. 草业科学，23（2）: 43–45.
周晓燕，陈永亮 . 2006. 几种盆景植物水势日变化及其与大气水势关系的研究［J］. 北方园艺（6）: 102–103.
朱延旭，郝洪生 . 2003. 苜蓿草饲喂肥育牛效果试验［J］. 草业与饲料，19（8）: 11–12.
朱正鹏，富相奎 . 2006. 化学干燥剂对干草调制的影响［J］. 中国饲料，28（21）: 19–21.
珠兰 . 2006. 玉米秸秆与柠条混合微贮组合效应的研究［D］. 呼和浩特：内蒙古农业大学 .
Anderson W A. 1988.Alfalfa harvest review.Diary-Herd-Manage.25 (5): 36-37.
Arinze E A, Schoenau G J, Sokhansan J S. 2003.Aerodynamic

separation and fractional drying of alfalfa leaves and stem [J]. Drying Technology, 21 (9): 1 669-1 698.

Arinze E A. 1993.Simulation of natural and solar heated air hay drying systems [J]. Computers and Electronics inAgriculture, 19 (8): 325-345.

Bleeds, B L, Heinrichs A J. 1992.Losses and quality changes during harvest and storage of preservative treated alfalfa hay [J].Transaction of the ASAE, 36 (2): 349-353.

Blummel M, E. R. Φrskov. 1993.Comparison of invitro and nylon bag degradability of roughages in Predicting in feed intake in cattle [J]. Anim Feed Seiand Technol, 40: 109-119.

Brandt B, Nelson M, Klopfenstein T, Britton B. 1984.Influence of silage inoculant on the yield and preservation of alfalfa baled at three moisture levels [R]. Nebraska Beef Cattle Report, 32.

Brandt B, Nelson M, Klopfenstein T. 1997.Nebraska Beef Cattle Report [R]. Nebraska USA, 287-290.

Broderick G A, Yang J H, Koegel R G, et al. 1991.Effect of heat-treating alfalfa hay on its utilization by lactating diary cows [J]. Dairy Sci, 1 (74): 217.

Brown R H, Simmons R E. 1979.Photo synthesis of grass species differing in fixation pathways I: water-use efficiency [J]. Crop Sci, 4: 375-379.

Bruce Anderson. 1995.Alfalfa Analyst: Revised Edition Published by Cooperative Extension [D]. Institute of Agriculture and Natural Resources, University of Nebraska-Lincoln.

Buckmaster K R. 1990.Alfalfa harvest losses as measured on simulated stubble paper [J] . American Society of Agricultural Engineers, 90 (7): 1 512-1 526.

Butler G W, Bailey R W. 1983.Chemistry and biochemistry of herbage [M] . Academic Press, New York.

Chaudhry A.S. 1998.Chemical and biological procedures to upgrade cereal straws for ruminants [J] . Nutr Abstr Rev (SeriesB), 68: 329-331.

Cobic M J, Tickes B R, Roth R L. 1997.Alfalfa yield and stand response to irrigation termination in an arid environment [J] . Agronomy Journal, 21 (88): 44-48.

Cole, E.R.Rev.1969.Pure-Appl-Chem.19: 109-130.

Collins M. 1992.Chemical, biological and machinery aids for quality hay making [A] . In Proc. of the Kentuky Alfalfa Conference [C] . 25: 39-50.

Dhanda J.S. 2001.Evaluation of crossbred goat and sheep production in the tyopics [M] . Longman Group Ltd., London, UK.

Evans E. 1981.An evaluation of the relationships between dietary parameters and solid turnover rate [J] . Can. J. Anim. Sci, 61: 97-108.

Fecess F, and Tesar M B. 1968.Photosynthetic efficiency, yields and leaf loss in alfalfa [J] . Crop Sci, 8: 159-163.

Ferren J. 1998.Harvest management effects on alfalfa production and quality in Mediterranean areas [J] . Grass and forage sci, 21 (53): 88-92.

Frank C, Lamb. 1982.The nutritive value of canned food [M]. CRC Press Inc.

Friesen Q. 1978.Evaluation of hay and forage harvesting methods [J]. Proc. of International Grain and Forage Harvesting Conf., 24.

Geoffrey E. Brink, Timothy E. Fair brother. 1992.Forage quality and morphological Component of diverse clovers during primary spring growth [J]. Crop Sci, 32: 1 043.

Gill M, Powell C. 1993.Prediction of associative effect of mixing feed [J]. FAO: International Conference on Animal Production with Local Resources, 393-405.

Gossen B D, Horton P B. 1994.Field responses and soil fertility [J]. Agron.J, 86: 82-88.

Grncarevic M, Radler F. 1967.The effect of wax component on cuticular transpiration model experiments [J].Planta, 43 (75): 23-27.

Grncarevic M. 1993.Effect of various dipping treatments on the drying rate of grapes for raisins [J].America Journal of Enology Viticulture, 31 (14): 230-234.

Haddad S.G. 2000.Associative effects of supplementing barley straw diets with alfalfa hay on rumen environment and nutrient intake and digestibility for ewes [J]. Anim Feed Sci Tecknol, 87: 163-171.

Hagemann R W, Marble V L. 1983.Variety responses to cutting schedules in imperial valley [A]. Proceeding of the 13th

California alfalfa symposium [C] .

Hersh D C, Maclauchlan N J, Walk R L. 2007.Veterinary microbiology [M] .Beijing: Science Press.

Hong B J, Broderick G A, Walgenbach R P. 1988.Effect of chemical conditioning of alfalfa on drying rate and nutrient digestion in ruminants [J] . Journal of dairy Science, 29 (91): 1 851-1 859.

Hunt O J, Deaden R N. 1971.Development of two alfalfa populations with resistance to insect pests [J] . Nematodes and disease, Aphid, resistance, 1: 73-75.

Jefferson P C, Gossen B D. 1992.Fall harvest management for irrigated alfalfa in southern Saskatchewan [J] . Can.J. Plant sci, 72: 1 183-1 191.

Kjelgaard W L, P. M. Anderson, I. D. Hoftman, L. L. 1983.Wilson and H. W. Harpster. Round baling from field practices through storage and feeding, 657-660.

Knapp D R. 1993.Losses and quality changes during harvest and storage of preservative treated alfalfa hay [J] .Transaction of the ASAE, 36 (2): 349-353.

Lamb J F S. Henjum K I. 2000.Increased herbage yield in alfalfa association with selection for fibrous and lateral roots [J] . Crop sci, 40: 693-699.

Llovera J, Ferran J. 1998.Harvest management effects on alfalfa production and quality in Mediterranean areas [J] . Grass and Forage Sci, 53: 88-92.

Maonson W G. 1966.Effect of sequential defoliation, frequency of harvest and stubble height on alfalfa (Medicago sativa L.)［J］. Agron.J, 8: 635.

Marble V L. 1974.How cutting schedules and varieties affect yield, quality, and stand life［A］. Inpro.4th California Alfalfa Symp［C］. Fresno, CA.7-8 December. Agriculture Extension, University of California, Davis, 47-57.

Mays D A, Evans E M. 1973.Autumn cutting effects on alfalfa yield and persistence in Alabama［J］. Agron. J, 65: 290-292.

Menke K H, Steingass H. 1988.Estimation of the energetic feed value obtained from chemical analysis and in vitro gas production using rumen flued［J］. Animal Research and Development (28): 7-55.

Meredith R H. 1993.Accelerated drying of cut Lucerne by chemical treatment based in inorganic potassium salts or alkali metal carbonates Grass and Forage Xcience, 48 (9): 126-135.

Morrison I M. 1991.Changes in the biodegradability of ryegrass and legume fibres by chemical and Biological pretreatments［J］. J-Sci-Food-Agric. 54 (4): 521-533.

Rohweder J E, Fessenden M R. 1999.Drying rate and ruminal nutrient digestion of chemically treated alfalfa hay［J］. American Society Agronomy, 29 (4): 37-40.

Rotz C A, Davis R J, Buckmaster D R. 1991.Preservation of alfalfa hay with propionic acid［J］. Eng Agric, 21 (7): 33-40.

Rotz C A, Thomas J W, Buxton D R. 1985.Speeding up the field drying of alfalfa with chemicals [A]. Proceeding of the XV International grassland congress [C]. 24-31.

Rotz C A, Thomas J W. 1990.Preservation of alfalfa hay with urea [J]. Appl Eng Agric, 29 (6): 679-686.

Roybal D L, Visands D R. 1990.Nutritive value and forage yield of alfalfa synthetics under three harvest management system [J]. Crop sci, 18 (30): 699-703.

Schonher J. 1976. Water permeability of isolated cuticular membranes: the effect of pH and cations on diffusion, hydrodynamic permeability and size of polar pores in cutin matrix [J]. Planta, 29 (128): 113-126.

Sheerer S A. 1988.Alfalfa water relation and improvement [J]. American Society Agronomy, 29 (3): 373-409.

Silva A T, rskov E R. 1988.Effect of unmolassed sugar beet pulp on the rate of strover degradation in the rumens of given barley strover [J]. Proceedings of the Nutrition Society, 44: 50-58.

Smith D, and Nelson C J . 1967.Growth of birds foot trefoil and alfalfa. 1. Response to height and frequency of cutting [J]. Crop Sci, 7: 75-78.

Smith. 1972.Cutting schedules and maintenance pure stands [J]. In C.H.Hanson (ed.) Alfalfa science and technology, 15: 481-496.

Thomas J W. 1999.Preservation of alfalfa hay with area [J]. Appl Eng Agric, 39 (6): 679-686.

Tullber J H, Minson D J. 1978.The effect of potassium carbonate solution on the drying of Lucerne [J]. Journal of Agricultural Science Cambridge, 24 (91): 557-558.

Tullberg N J. 1998.The effect of potassium carbonate solution on the drying of Lucerne Laboratory studies [J]. Agric Sci (Camb), 15 (91): 551-556.

Van Soest P J. 1993.Cell wall matrix interactions and degradation-session synopsis [M]. Forage Cell Structure and Digestibility.

Wallace R J, Orskov E R. 1988.Study of the relation between straw quality and its colonization by rumen microorganisms [J]. Agric. (Camb.), 110: 561.

U0899034

词典学 词汇学 语义学 文集

（增订本）

符淮青 / 著

创于1897 商务印书馆 The Commercial Press

图书在版编目(CIP)数据

词典学词汇学语义学文集/符淮青著. —增订本. —北京:商务印书馆,2022

ISBN 978-7-100-20825-3

Ⅰ.①词… Ⅱ.①符… Ⅲ.①汉语—词典学—文集 ②汉语—词汇学—文集 ③汉语—词义学—文集 Ⅳ.①H164-53 ②H13-53

中国版本图书馆 CIP 数据核字(2022)第 035531 号

词典学词汇学语义学文集(增订本)

符淮青 著

商 务 印 书 馆 出 版

(北京王府井大街36号 邮政编码100710)

商 务 印 书 馆 发 行

北京虎彩文化传播有限公司印刷

ISBN 978-7-100-20825-3

2022 年 5 月第 1 版　　开本 850×1168 1/32

2022 年 5 月北京第 1 次印刷　　印张 15⅜

定价:78.00 元

增订本序

商务印书馆 2004 年出版这个文集后，我在教学和参加学术会议中，又陆续写作发表了这方面的论文，现在把这些文集未收的文章编入其中。词典编纂中的问题，如词的释义、义项划分、词性标注等仍是讨论的重点。我在分析词典释义的基础上提出的“词义成分—模式”分析的观点方法在各篇论文的论述中多有应用，并继续探讨词义分析形式化的根据。吸收了哲学、逻辑学、指号学的观点，我又系统地论述了词的不同语义范畴的存在，它同词的语法范畴不在一个平面上。只有词才有语法类别，而语义范畴类别不仅词可以划分，语素也可以划分。语素划分语义范畴有其不同情况。在语言单位的组合中，词和语素的语义范畴是变化的，这就产生了在词典编写中义项划分、词性标注的复杂情况。我提出了全部词的语义范畴的分类，论证了其认识上、指号学上以及词的释义形式上的根据。古人提出并长期使用的“实字”“虚字”概念，一般停留在“实字”义实在，“虚字”义空灵之类的说明上，我的分析从词反映标记的内容、语音指号的构成、词的释义形式三方面论证了它们的不同，扩展了认识的境界。现把新增文章按发表先后列目于下：

指号义的性质和释义　　《辞书研究》2002 年第 5 期

对在现代汉语词典中标注词性的认识

《语言文字应用》2004 年第 2 期

略谈现代汉语词汇研究　　　《语言文字应用》2005 年第 3 期

略谈《现代汉语词典》(第 5 版)标注词类的作用

《辞书研究》2006 年第 2 期

组合中语素和词语义范畴的变化

《江苏大学学报》(社会科学版)2007 年第 1 期

词在组合中语义范畴的变化和词性标注(以“一”、“是”为例)

《辞书研究》2010 年第 5 期

词义分析形式化的探讨　　　《辞书研究》2013 年第 1 期

关于《现代汉语词典》释义的讨论

《辞书研究》2014 年第 6 期

词的概念义特点探讨

《词汇学理论与应用》(九)2018　商务印书馆

词的语义范畴　　　《辞书研究》2019 年第 3 期

拓展性词语的作用(未刊)

增加的文章按内容性质插入原目录中。原序保留。

我长期潜心探讨词义分析及相关问题,成篇之作力求于语言事实有据,于学理有据,以求增益学林。所论多涉疑难,疏漏不妥处,敬待指正。

衷心感谢商务印书馆对我的帮助和支持。

符淮青

2019 年 10 月

序

收集在这个文集中的文章是从我发表过的四十多篇论文中选出来的，可以代表我研究的主要方向和主要观点。

词典学、词汇学、语义学的探讨各有重点，在分析问题时往往互相联系，界限难以严格划开。这里只是根据论述对象、分析范围的不同将论文分组，不能机械地把论文归入不同的学科。20 世纪 70 年代末我开始关注词汇学的时候，可供参考的论文著作不算多，二十多年后的今天，这方面的论著已经丰富起来了，词汇、词典、语义的研究已各有侧重的范围。学术研究随着我国社会经济文化建设的发展而发展。我自己就是在这种进步中充实起来的。希望能以自己的工作成绩显示这种进步，予后来者某种借鉴。

在论文写作中，原来用过的一些概念后来更换了。如在《表动作行为的词的意义分析》(1982)一文中用过的“语言—思维的综合式”“语言—思维的分析式”，以后不再使用。在较早的论文中，“词素、词素义”和“语素、语素义”同时或交叉使用，这不符合术语统一规范的要求。考虑到这些情况反映了作者认识理解问题的过程，各处所用概念所指基本是清楚的，为保持论文原貌，就不做改动了。但较早使用的一些符号(如《名物词的释义》[1982]所用的)同以后论文所用的不同，就改成一致了。

商务印书馆支持作者出版此书，深表感谢。

论述不当之处，欢迎批评指正。

符淮青

2001 年 9 月于北京大学

目　　录

名物词的释义

一、定义式释义的变式

这里所说的名物词，指动物、植物、矿物、器械、日用器具、用品等的名称，以及其他众多的自然现象、社会现象的名称。它们是名词。定义式的释义（种＝种差＋类）是解释这类词的最主要的方式。由于释义内容的不同，表达上的变化，定义式释义在运用中有各种变式，常见的有六种。以 m 表示被解释的名物词，t 表示种差，L 表示类词语，定义式释义可表示为 m＝tL，六种变式是：

1. m＝一种 L，或 m＝L 的一种（类、属、门等）或 m＝L 之一，如：

筲　一种竹器。（L＝竹器）　　（《新华字典》）

地衣　低等植物的一类……（L＝低等植物）（《现代汉语词典》（以下简称《现汉》），下面例子不注明出处的都引自《现汉》）[①]

软体动物　无脊椎动物的一门……（L＝无脊椎动物）

这种方式只是指出名物词所表示的事物现象是类词语所表示的事物现象的一种。

2. m＝L，如：

莨　艸也……（L＝艸）　　（《说文》）

甀　器也……　（同上）
　　L

鴲　鸖鴲，鸟。　（《广韵》）
　　　　　L

蚣　蜈蚣，虫。　（同上）
　　　　　L

这种方式形式上是将被解释的名物词和类词语等同，其实是指明名物词所表示的事物现象属于类词语所表示的类。这种方式独用多见于我国古代辞书。

3. m＝tL，tL 为偏正词组，L 为中心语，t 为限制修饰语。如：

女工　女性的工人。
　　　　t　　L

农家　从事农业生产的人家。
　　　　　　t　　　L

这种方式有时添上列举被解释的名物词所表示的事物的个体或种类的内容，如：

恒星　本身能发出光和热的天体，如织女星、太阳。
　　　　　　t　　　　　L

量具　计量用的工具，如尺、天平、块规、卡钳、电流计、量角器等。
　　　　t　　L

释义中列举的“织女星”“太阳”是恒星的个体。“尺”“天平”等是量具的种类。

4. m＝tL，t 用分句表达。如：

鱼肚　食品，用某些鱼类的鳔制成。
　　　L　　　　t

黄鳝　鱼，身体象蛇而无鳞，黄褐色，有黄色斑点，生活在水边泥田里。
　　　L　　　　　　　　　　t

解释“鱼肚”和“黄鳝”的 t 是一个或多个分句。

5. $m＝tL_1＋L_2＋\cdots\cdots$，L 可以出现多个，t 可以是偏正词组

的限制修饰语，也可以是分句。如：

软脂　植物油和动物脂肪中所含的白色柔软物质（L_1），是软脂酸和甘油的化合物（L_2）……

沙枣　①落叶乔木（L_1），树枝初生时银白色，叶子长圆状披针形，花白色，有香味，果实椭圆形。生长在沙地，耐旱耐寒，是沙荒造林的重要植物（L_2）。果实可吃。

未标出的词语是 t，“软脂”的 t 是偏正词组的限制修饰语，“沙枣”的 t 多为分句，也有偏正词组的限制修饰语。

6. m＝tL，L 为表示名称的词（如名，别称，通称，总称，等）。如：

白金　铂的（t）通称（L）。

百货　以衣着、器皿和一般日用品为主的商品的（t）总称（L）。

对这种形式，如果把 m（这里是“白金”“百货”）看作一个名称，在词指代自身名称身份的意义上②，L（这里是“通称”“总称”）可看作是作为名称的 m（这里是“白金”“百货”）的上位词（类词）。其他词语仍可看作种差，限制表示名称的类词，说明是何种何类物的通称、总称。

各种名物词的释义，或属上述六种变式的一种，或为它们的交叉组合。独用的上面已有例子，组合的如：

鱼石脂　药名，有机化合物，是用沥青干馏后加硫酸和氨制成的黏稠液体，红棕色或棕黑色，有防腐作用，医药上常用于局部消炎。

“药名”是 6 式。其余是 5 式，其中“有机化合物”“液体”是 L_1，其余词语是 t。

松　种子植物的一属,一般为常绿乔木,很少为灌木,树皮多为鳞片状,叶子针形,花单性,雌雄同株,结球果,圆形或圆锥形,有木质的鳞片。木材和树脂都可以利用。如马尾松、油松等。

其中“种子植物的一属”是 1 式。其余是 4 式,其中“乔木”是 L,其余词语是 t(“很少为灌木”一句除外)。最后一句是种类列举。上面我们引用的“地衣”等词的释义,只是其中的一句,其全部释义也是有关变式的组合。

二、种差的分析

种差的内容是各式各样的,我们把常见的归为十类:

1. 种差表领属(表领域、种类的也归入此类),记作 t_1。如:

公款　属于国家、机关、企业、团体的(t_1)钱(L)。

军旗　军队的(t_1)旗帜(L)。

2. 种差表状态(包括形貌、情状、方式、症状等),重在外部表现,记作 t_2。如:

浮云　飘浮的(t_2)云彩(L)。

腐竹　卷曲成条状的(t_2)豆腐皮(L)。

3. 种差表结构,重在内部构造,记作 t_3。如:

书　装订成册的(t_3)著作(L)。

环靶　当中一个圆点,外面套着若干层圆圈的(t_3)靶子(L)。

4. 种差表功用(包括作用、应用),记作 t_4。如:

拂尘　掸尘土和驱除蚊蝇的用具。
t_4 L

船坞　停泊、修理或制造船只的地方。
t_4 L

5. 种差表产生(包括制法、来源、成因等),记作 t_5。如:

虾米　晒干的去头去壳的虾。
t_5 L

影子　物体挡住光线后,映在地面或其他物体上的形象。
t_5 L

6. 种差表时间,记作 t_6。如:

赤子　初生的婴儿。
t_6 L

万年　极其久远的年代。
t_6 L

7. 种差表空间,记作 t_7。如:

渔火　渔船上的灯火。
t_7 L

浮土　地表层的松土,附着在衣服器物表面的灰尘。
t_7 L t_7 L

8. 种差表数量(包括程度),记作 t_8。如:

巨祸　巨大的祸患。
t_8 L

厚望　很大的愿望。
t_8 L

9. 种差表评价,记作 t_9。如:

文豪　杰出的伟大的作家。
t_9 L

珍品　珍贵的物品。
t_9 L

10. 种差表其他性质。为了便于概括,不能归入以上各类的都放在这里,记作 t_{10}。如:

戏迷　喜欢看戏或唱戏而入迷的人。
t_{10} L

游民　没有正当职业的人。
$\underbrace{\text{没有正当职业的}}_{t_{10}}\underbrace{\text{人}}_{L}$

种差的分类在不同学科应该有不同的、更具体、更细致的处理,这里只是提出一个较有共性的项目而已,不可能穷尽各种复杂的、千变万化的情况。

在词的释义中,各类种差除单独出现外,常常是几种同时出现的,如:

面粉　小麦磨成的粉。
$\underbrace{\text{小麦}}_{t_1}\underbrace{\text{磨成的}}_{t_5}\underbrace{\text{粉}}_{L}$

其中"小麦"表种类,"磨成的"表制法。

烽火　古时边防报警点的烟火。
$\underbrace{\text{古时}}_{t_6}\underbrace{\text{边防}}_{t_7}\underbrace{\text{报警}}_{t_4}\underbrace{\text{点的}}_{t_3}\underbrace{\text{烟火}}_{L}$

其中"古时"表时间,"边防"表空间,"报警"表功用,"点"表如何产生。

不同种类的名物词,释义时需要说明的种差不一致。

对于植物来说,形貌(t_2)功用(t_4)显得重要,如上面举过的例子"松"的释义,"常绿""树皮多为鳞片状,叶子针形,花单性,雌雄同株,结球果,圆形或圆锥形,有木质的鳞片"说明的是形貌,"木材和树脂都可以利用"说的是功用。

对于动物来说,形貌(t_2)习性(t_{10})功用(t_4)显得重要。如:

虎　哺乳动物,毛黄色,有黑色的斑纹。听觉和嗅觉都很敏锐,性凶猛,力气大,夜里出来捕食鸟兽,有时伤害人。毛皮可以做毯子和椅垫,骨、血和内脏都可以制药。

其中"毛黄色,有黑色的斑纹"表形貌,"听觉和嗅觉都很敏锐……有时伤害人"表习性,"毛皮可以做毯子……内脏都可以制药"表功用。

对于机械来说,构造(t_3)作用(t_4)显得重要。如:

强击机　从低空对目标强行攻击的飞机。低空飞行性能好，要害部分有防护装甲。装有机关枪、火箭、炸弹等武器。用以直接支援地面部队的战斗。

其中“要害部分有防护装甲”“装有机关枪……等武器”说明构造，“从低空对目标强行攻击”“用以直接支援地面部队的战斗”说明功用。“低空飞行性能好”说明性能，属 t_{10}。

某些一般的事物现象的名称，种差简单明确，各词典注释用语都差不多，如：

哨所　警戒分队或哨兵所在的处所。

（《现汉》[《新华词典》，以下简称《新华》][3]同此）

渔火　渔船上的灯火。　（《现汉》《新华》《辞海》皆同此）

这类词的种差，可看作是封闭性的，即对说明和区别这类事物现象，不需要再指出别的特征。

相当多的表名物的词，其种差是开放性的，即其种差很难列举周全，说明种差可详可略。这是产生语文性释义和百科性释义差别的主要原因。百科性释义的内容，有许多并不属于种差，如历史溯源、分类说明、观点介绍、前途预测等，但其对种差的说明，比语文性释义具体些、丰富些、细致些，这我们就不举例了。

三、类词语

上面举例中用“L”标志的都是类词语。类词语在定义式释义中最重要的作用是指示被解释的名物词所表示的事物现象的类别。它的适用范围大于被解释词的范围，但用种差加以限制后，所组成的定义式词语，其适用范围同被解释词一致或基本一致。

单纯词当类词，其作用纯粹是说明被解释词所表示的事物现象的类别。

复合词当类词,有一部分还能以其某个词素的词素义表示被解释词所表示的事物现象的某些特征,如“动物”之“动”,表示能运动,“用具”之“用”表示供使用,“装饰品”之“装饰”表示用于装饰,“哺乳动物”之“哺乳”表示一种生物学特征,等等。但不少当类词的复合词没有这个作用,如“昆虫”“地方”等等。

词组用作类词语的,如:

行会　旧时城市中同行的手工业者或商人的$\underset{L}{\underline{\text{联合组织}}}$,每一行会都有自己的行规。

棋　$\underset{L}{\underline{\text{文娱项目}}}$的一类……

词组用作类词语,往往也能以构成它的部分词的意义显示被解释词所表示的事物现象的特征,如“联合组织”之“联合”,显示“组织”如何构成,“文娱项目”之“文娱”,说明了项目的种类,等等。

类词语有严整的科学分类体系的,如动物、植物、矿物等的分类体系。也有的是非严整的,是在日常运用中形成的,如:

方法
- 烹调方法——熬,炒,红烧,滑溜……
- 治疗方法——针灸,烤电,理疗……
- 记分方法——百分制,五分制……
- 画　　法——皴法,泼墨……
- 染　　法——卷染,扎染……
- 印　　法——石印,影印……
- ……

同一个名物词,在不同角度上可以有不同的类词语,如“马”,可以说是“动物”,也可以说是“力畜”“家畜”“役畜”“牲口”“牲畜”等等。

释义要选择恰当的类词语,同一个名物词允许从不同角度选择类词语，如：

鱼雷　一种能在水中自行推进，自行控制方向和深度的炸弹。
L

能自行推进自行控制方向和深度的水中兵器。　（《新华》）
L

以下几例似有好，不甚好之分：

柳絮　柳树的种子……
L

柳树种子上生的白色绒毛。　（《新华》）
L

“绒毛”似更准确。

公报　①公开发表的关于重大会议的决议，国际谈判的进展，国际协议的成立，军事行动的进行等的正式文告。
L

①国家机关、政党或团体对有关重要事件、会议所发表的公开报导。　（《新华》）
L

“文告”似更恰当。

释义中有多个类词语时，其作用有不同的情况。

一种情况是，有一个是最主要的，对说明被解释的名物词所表示的事物现象的类别性质起主要作用，其他类词语从不同角度、不同联系上反映了人们对该事物现象的认识，起补充说明作用。例如上面所举的“松”的释义，有“种子植物”“乔木”两个类词语，其中“种子植物”是最主要的。

另一种情况是，出现的两个类词语是选择关系。如：

内功　锻炼身体内部器官的武功或气功。
L_1　L_2

名句　著名的句子或短语。
L_1　L_2

如果出现的类词语相差很大，且有不同的种差，则可看作是已

成为不同的义项,如:

口齿　说话的发音;说话的本领。
　　　　　　L_1　　　　L_2

体例　著作的编写格式;文章的组织形式。
　　　　　　L_1　　　　　　L_2

附　注

① 本书多篇论文多处引用《现代汉语词典》(第1版),该词典后有修订,本书不做改动,以保持原貌。

② 英国语言学家莱昂斯(J. Lyons)指出语词有反身指代性(reflexivity),例如在 the word Socrates has eight lettlers(苏格拉底一词有八个字母)中,Socrates 不是指示具体的人,而是指示词自身。见其所著 *Semantics* Ⅰ,Cambridge University Press Reprinted 1978,p. 5。按照这种观点,根据"泵"的旧称为"帮浦","机井"的旧称为"洋井","虹膜"的旧称为"虹彩",等等,在"帮浦""洋井""虹彩"指示自身名称的身份上,可以把"旧称"看作这一种关系上这些词的上位词(类词)。

③《新华》指《新华词典》1980年版,商务印书馆出版,下同。

(原载《辞书研究》1982年第3期)

表动作行为的词的意义分析

一

如何分析词的概念义(本文就把概念义叫作词的意义)①,是很多语言学家探讨的一个问题。一段时间以来,在西方流行的构成成分分析法②,看来存在不少问题。莱昂斯(J. Lyons)说:"现在语言语义学文献充满了从语用学效果考虑的说明,认为所有语言的所有词位都可以而且必须用被认为是基本的、可能是普遍的意义构成成分的结合来说明。但是,已经发表的许多分析是不完整的,多数是没有说服力的。它们的应用限于比较少的语言中的比较狭小的词汇领域。……人们把构成成分分析的热心鼓吹者提出的主张作为合适的东西接受的时候应该小心。"③为了推进词义分析研究的发展,需要探求新的道路。本文试图从对表动作行为的词的意义分析,在这方面做一些探索。

在做具体分析之前,先谈一下我们对词义分析的一般认识。因为这是我们的出发点。

词的意义只能用除它以外的多个词语来表示④。被解释的词是一个语言单位的符号,解释的词语是多个语言单位的符号组成的符号串。从表面上看,二者都不是意义本身。但它们既是语言符号,它们就都联系一定的意义内容。在语言中正是用多个语言单位组成的词语的意义内容,表示一个语言单位(这里指词,或相当于词的语言单位)的意义内容,不管是词典的释义,还是语文教学中,文学作品分析中,以至于日常生活中对词语意义的说明,都是如此;构成成分分析法所用的公式化的表示法,仍以语言符号为其基础。由于被解释的词的意义是潜在的,它的意义要用除它以外的多个词语说明,我们把它看作是语言—思维的综合式。由于解释词语是多个词语组成,它的内容对被解释的词来说是展开的,可以引起人的相应的思维活动(有时伴随一定的表象、想象活动),使人理解词义,我们把它看作是语言—思维的分析式。这同数学中以等式表示一个数量的情况很相似。我们要问 10 是多少?可以说是 1+9,11-1,2×5,等等。1+9,11-1,2×5,等等,对 10 来说是“分析式”,10 是“综合式”。因此,对于词这种语言—思维综合式意义的分析,只能以对它做了正确说明的语言—思维分析式为根据。

正如在数学中一个数量(“综合式”)的等式可以有不同的表示法一样(在数学中,表示 10 的“分析式”是无限的),在语言中,有不少词的意义也可以用不同的方式来解释,也就是说,一个语言—思维综合式可以有多个同其等值的语言—思维分析式。如:

冷落　不热闹
　　　冷冷清清
　　　寂静衰败
　　　萧条破败的景象

开　　不关闭
　　　使关闭的东西舒张分离
　　　使合拢的东西舒张分离的动作

也正如 1+9=11-1=2×5=10 一样,表示“冷落”“开”的各个语言—思维分析式也是等值的(这里不考虑其意义的细微差别)。因此,对于一个既定的词来说,我们只需采用一种正确的释义作为分析的根据。我们下面对表动作行为的词的意义的分析,就主要以《现代汉语词典》(以下简称《现汉》)的释义为根据。

二

这里所说的表动作行为的词,不等于语法所说的动词,但它包括动词中相当多的一部分,是指一般所理解的表示人或物的活动而能充当谓语的那些词。语言中表示人或物活动的词是很丰富多彩的,数量庞大的。翻开《现汉》看对这类词的释义,其内容是各式各样的。如果要从这类词的意义中提取所谓最小的意义构成成分,然后使这些构成成分做不同的结合,去表示各个不同的词义,并且是一种正确的表示,这是很难办到的。热心构成成分分析的人对表动作行为的词分析不多,这不是没有原因的[5]。但如果我们不是用提取意义的最小单位构成成分的分析方法,而分析众多的表动作行为的词的释义内容,就会发现其意义的构成有很大的共同性。也就是说,同这类语言—思维综合式等值的语言—思维分析式,其构成有很大的共同性。为了便于说明,我们先写出我们归纳出来的表动作行为的词意义构成的模式图(以下简称“模式图”),再用具体的词来印证。(“模式图”见下页)

可以用符号表示“模式图”中的各项:A=原因条件,B=施动者,b=施动者的各种限制,D_1=动作$_1$,d_1=动作$_1$ 的各种限制,D_2=动作$_2$,d_2=动作$_2$ 的各种限制,E=关系对象或关系事项(E或同 D_1 或同 D_2 发生关系),e=E的各种限制,F=目的结果,则上述

表动作行为的词意义构成模式图

(除动作$_1$外,其余都是可能项)

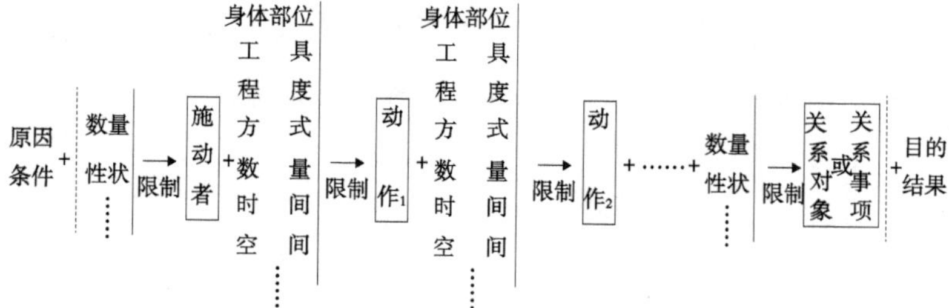

"模式图"可表示为:

$$A+^{b}B+^{d1}D_1+^{d2}D_2+\cdots\cdots+^{e}E+F$$

表动作行为的词的意义不同,正是由于"模式图"中各项的出现情况及其内容不同。其中 D_1 为必然项,否则就不是表动作行为的词了。省略号表示还可能有 D_3 等。下面我们根据这个模式图说明各种表动作行为的词的意义。

1. $^{d1}D_1$

捏　用拇指和别的手指(d_1)夹(D_1)(d_1 为身体部位限制)

绑　用绳带等(d_1)缠绕或捆扎(D_1)(d_1 为工具限制)

射　用推力或弹力(d_1)送出(D_1)(d_1 为方式限制)

群居　成群(d_1)聚居(D_1)(d_1 为数量限制)

清算　彻底地(d_1)计算(D_1)(d_1 为程度限制)

永别　永远(d_1)分别(D_1)(d_1 为时间限制)

长跑　长距离(d_1)跑步(D_1)(d_1 为空间限制)

溺　沉没(D_1)在水里(d_1)(d_1 为空间限制,出现在后)

d_1中的各项是可以交叉出现的，如：

攀　抓住东西向上爬（d_1 为方式和空间的限制）
　　d_1 　 D_1

拍　用手轻轻地打（d_1 为身体部位和程度的限制）等等。
　　d_1 　 D_1

2.　$^{d1}D_1 + {}^{e}E$

耢　用耢平整土地（E“土地”为“平整”的关系对象）
　　d_1 　 D_1 　 E

磨　用磨把粮食弄碎（E“粮食”是“弄碎”的关系对象，用介词“把”把它前置）
　　d_1 　 E 　 D_1

收　把摊开的或分散的东西聚拢（^{e}E 关系对象有性状的限制）
　　^{e}E 　 D_1

撩　把东西的垂下部分掀起来（^{e}E 关系对象有部位的限制）
　　^{e}E 　 D_1

包场　预先定下一场电影、戏剧等的全部或大部分座位（^{e}E 关系对象有数量和性质的限制）
　　d_1 　 D_1 　 ^{e}E

以上 E 是可以触摸的物体，故称之为 D_1 的关系对象，以下各例 E 不是可以触摸的物体：

要　希望得到（E“得到”是 D_1“希望”的内容）
　　D_1 　 E

编派　夸大或捏造别人的缺点或过失（E 为 D_1 所及的有关问题）
　　D_1 　 E

取巧　用巧妙手段谋取不正当的利益或躲避困难（E 虽为“谋取”的对象或“躲避”的对象，但皆不可触摸）
　　d_1 　 D_1 　 E 　 D_1 　 E

以上各例 D_1 所涉及的对象皆非可触摸的物体，统称为 D_1 的关系事项。

在 E 包含有指人和指物或指事两方面的内容时，可细分，指人者写为 E_1，指物或指事者写为 E_2，如：

要饭　向别人乞求饭食或财物
E_1 D_1 E_2

求情　请求对方答应或宽容
D_1 E_1 E_2

报告　把事情或意见正式告诉上级或群众
E_2 d_1 D_1 E_1

E 分为 E_1、E_2 是这类词特殊的一类，故在总图上不必标记出来。

3.　${}^{b}B+{}^{d1}D_1+({}^{e}E)$⑥

吠　(狗)叫
B D_1

求婚　男女一方请求对方跟自己结婚
B D_1 E_1 E_2

抓　人用指甲或带齿的东西或动物用爪
B d_1 B
在物体上划过
d_1 D_1

撞　运动着的物体跟别的物体猛然碰上（这里 ${}^{b}B$ 施动者有性状的限制）
${}^{b}B$ E d_1 D_1

群起　很多人一同起来（${}^{b}B$ 施动者有数量的限制）
${}^{b}B$ d^1 D_1

B 施动者有时同 d 中的身体部位限制交叉，为了同语法的分析取得一致，如果它处在主语位置上，则算 B，如下两例：

咬　上下齿用力对着
B d_1 D_1

眯　眼皮微微合上
B d_1 D_1

4.　$({}^{b}B)+{}^{d1}D_1+({}^{e}E)+{}^{d2}D_2(+\cdots\cdots)$

眨　(眼睛)闭上立刻又睁开
B D_1 d_2 D_2

抿　②嘴唇轻轻地沾一下碗或杯子，略微喝一点
B d_1 D_1 d_1 E d_2 D_2 d_2

检修　检查修理
D_1 D_2

摩挲　用手轻轻按着，并一下下地移动
d_1　D_1　d_2　D_2

以上是一个表动作行为的词包含有两个动作行为的例子。

挑　扁担等两头挂上东西，用肩膀支起来搬运
B　d_1　D_1　E　d_2　D_2　D_3

弹　一个指头被另一个指头压住，然后用力挣开，借这个力量触物
E　d_1　D_1　d_2　D_2　d_3　D_3　E

以上是一个表动作行为的词包含有三个动作行为的例子。

5.　$A+({}^{b}B)+{}^{d1}D_1+({}^{d2}D_2)+({}^{e}E)$

裹　②为了不正当的目的，把人或物夹在别的人或物里面
A　E_1 或 E_2　D_1　d_1

涨　固体因吸收液体而体积增大
B　A　d_1　D_1

还手　因被打或受到攻击而反过来打击对方
A　d_1　D_1　E

垂涎　因想吃而流口水
A　D_1　E

A 的内容有时是原因，如"裹""还手""垂涎"诸例中的 A，有时是条件，如"涨"中的 A。但有时界限难分，如"涨"的 A 也可以说是原因。

6.　$({}^{b}B)+{}^{d1}D_1+({}^{d2}D_2)+\cdots\cdots+({}^{e}E)+F$

磨　②用磨料磨物使光滑锋利或达到其他目的
d_1　D_1　E　F

烙　用烧热了的金属器物烫，使衣服平整或在物体上留下标志
d_1　D_1　F

披红　把红绸披在人身上，表示喜庆或光荣
E_2　D_1　d_1　F

谢幕　演出闭幕后观众鼓掌时，演员站在台前向观众敬礼，答谢观众的盛意
d_1 d_2　B　D_1　d_1　d_2　D_2　F

以上我们用表动作行为的词意义构成模式图说明了这类词意

义的不同内容,反过来又证明了这类词意义构成中的共性。

上面我们引用的各词的释义,其内容一般都是不可删的,删去释义就不准确,也就是说它们是词义必然包含的内容。从这些内容可以看出,一般所说的表动作行为的词并不是单纯表示某一个动作行为,而是:

①它当然包含有表示一个动作行为的内容;

②它有时包含有一定的关系对象关系事项;

③它有时包含有一定的施动者;

④它有时包含有两个以至三个动作行为;

⑤它有时包含有对各个动作行为,关系对象、关系事项,施动者的各方面的限制;

⑥它有时包含有动作行为进行的一定的原因条件或者目的结果。

由此可见,表动作行为的词意义内容是复杂的,但其构成仍是有规律的。

上面我们说过,这类词有一部分也可以用别的方式来解释,如我们说过的"开":

不关闭(有关词语的否定式)

使合拢的东西舒张分离的动作(定义式,偏正词组的中心语"动作"表示"开"的类,其余词语表示种差)

而"使$\underset{E}{\underline{\text{关闭的东西}}}\underset{D_1}{\underline{\text{舒张分离}}}$"则是符合"模式图"的释义。我们也说过,这些不同的释义是等值的,所以我们完全可以根据最能表示这种词意义构成的共性的释义方式来分析它的意义。

我们的这种分析说明:

1. 可以根据我们这里所说的语言—思维综合式和语言—思维分析式等值的观点来分析词义，分析语言—思维综合式（这里指词）的意义只有通过分析同其等值的语言—思维分析式（这里指用多个词语所做的对词的释义）来进行。

2. 我们这里所说的语言—思维综合式和分析式都是自然语言表示的，因此分析词的意义完全可以通过自然语言来分析自然语言，不一定要另外设计理论上的种种构成成分和关系。

3. 上面归纳的表动作行为的词意义的构成模式，只是一种语言—思维分析式，它适用于表动作行为的词，但一般不适用于表名物的词和表性状的词，后二者应该另有合适的语言—思维分析式。

三

我们可以根据表动作行为的词意义构成的模式，反过来检查词典对这类词的释义，说明这类词同义近义词意义的同异，研究这类词意义古今变化的情况。

1. 检查词典对这类词的释义

《现汉》对词义的解释一般是较好的，我们上面引用的大量例子都说明了这一点。但根据“模式图”来检查，也发现一些词的释义不够准确。如：

砍　<u>用刀斧猛力</u>把<u>东西</u><u>断开</u>
　　（用刀斧猛力 = d_1；东西 = E；断开 = D_1）

释义的 D_1 是“断开”，但砍并不一定是“断开”。似应改为：

<u>猛力使刀斧等</u><u>进入</u><u>物体</u>或将<u>物体</u><u>断开</u>
（猛力使刀斧等 = d_1；进入 = D_1；物体 = E；物体 = E；断开 = D_1）

使 D_1 有“进入”“断开”两个可能，似更准确。

弹　一个指头被另一个指头压住，然后用力挣开，
　　E　　　d_1　　　D_1　　　d_2　D_2
　　借这个力量触物使动
　　d_3　　B_3 E F

上面我们引用这个释义时删去“使动”二字，因为弹“触物”可以使动，也可以不动，“使动”并不是必有的目的结果。

启发　阐明事例，引起对方联想而有所领悟
　　　D_1　E　　　F

释义把 D_1“阐明”的有关事项 E 定为“事例”，但“阐明”的也可以不是“事例”，其目的结果 F 也不一定包括“引起对方联想”，对方可以联想，也可以直接感到。似应改为：

就某一问题说明有关内容，使对方领悟
　d_1　　D_1　E　　　F

2. 说明这类词同义近义词意义的异同(不能说明其感情、语体、风格色彩的异同)

例如“把东西拿住”也可以说“把东西捏住”，“拿”同“捏”在这里有何异同呢？可以说明如下：

拿　用手抓住
　　d_1　D_1

捏　用拇指和别的手指夹
　　　d_1　　　D_1

其同处是这两个动作都用手，都是用手使物固定在手中。不同处在于“捏”有更具体的手的部位的限制，而且其动作前者是“抓住”，后者是“夹”。

又如“压”和“榨”都是对物加压力，但“榨”是“压出（D_1）物体里的液汁（E）”，“压”是“对物体（E）施加压力（D_1）(多从上向下（d_1）)”。其区别是：“榨”的 D_1 为“压出”，E 为“液汁”，而“压”不要求“压出”，无 E“液

汁”，而且“压”一般有 d_1“从上向下”的方向的限制。

有时词典释义简单，要广泛收集分析例句才能辨别同义近义词的异同，而上述“模式图”又有助于我们归纳比较其意义、结合能力的异同。例如“调集”和“纠集”，《现汉》解释为：

调集　调动使集中

纠集　纠合（含贬义）

纠合　集合联合（多用于贬义）

释义说明了二者感情色彩的不同，但它们的意义究竟有何不同，从释义很难看出来。我们比较下列例句：

首长调集一团军队来了。（不能用“纠集”）

组织调集了大批救灾物资。（同上）

他纠集了他的拜把兄弟。（不能用“调集”）

这个坏头头纠集了一伙人。（同上）

其语词搭配情况可表示如下：

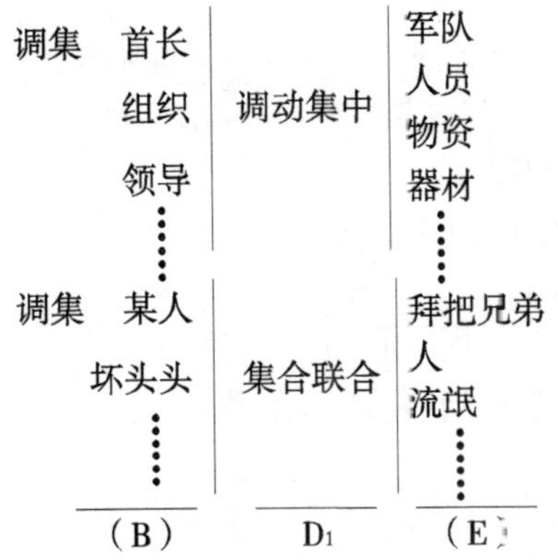

《现汉》的释义主要说明了 D_1，而其可能结合的施事者(B)，其可能结合的关系对象(E)都无说明（这是允许的，有时也无必要）。但正是在这两方面，显示了这两个词结合情况的差别，而结合情况的差别，也反映了意义的差别：“调集”不可能有“纠集”的(B)，反过

来也一样;“调集”和“纠集”都可能有(E)“人员”“人”“军队”,但“纠集”绝不可能有(E)“物资”“器材”。

3.说明这类词意义的变化

根据“模式图”,可以较细致地说明这类词意义的变化。如:

报复

古义:报答恩怨。汉书六四朱买臣传:“上拜买臣会稽太守……买臣到郡……悉召见故人,与饮食,诸尝有恩者,皆报复焉。”三国志蜀法正传:“一飡之德,睚眦之怨,无不报复。” (《辞源》)

今义:对批评自己或损害自己利益的人进行反击 (《现汉》)

这个词古今义的不同可简示为:

古义:报答(D_1) 恩怨(E)

今义:报答(D_1) 怨(E)

这里词义有缩小,缩小之处在于动作行为的关系事项。

抽身

古义:引退,脱身。唐刘禹锡刘梦得集外集二刑部白侍郎谢病长告……以诗赠别:“洛阳旧有衡茅在,亦拟抽身伴地仙。” (《辞源》)

今义:脱身离开 (《现汉》)

这个词古今义的不同可表示为:

古义:(长期)(d_1)脱离(D_1)官职(E)

今义:(暂时)(d_1)离开(D_1)岗位、工作、事情(E)

这里词义有扩大,扩大处在于动作行为的关系事项,动作行为的时间限制古今义也不同。

挑拨

古义:(一)挑动撩拨。南唐李昇咏灯:“主人若也勤挑拨,敢向尊前不尽心。”(全五代诗二四)宋王之道相山集四秋日苦雨和子厚弟韵诗:“烟郁湿薪费挑拨,可堪余沥溅如泼。”

(二)搬弄是非,以破坏双方关系。水浒二十:"是谁挑拨你?我娘儿两个下半世过活,都靠着押司。……" (《辞源》)

今义:同(二)

古义(一)似应释为"拨动"。今义和古(一)义的不同,除感情色彩一为中性(古),一为贬义(今)外,其意义变化可表示为:

古义:(用手或条状物)拨动物(灯芯,柴火等)
　　　　d_1　　　　D_1 E

今义:(以言语)拨弄是非关系
　　　　d_1　D_1　E

这个词意义有转移,转移之处在动作行为的关系对象从具体物变为抽象物,动作行为所凭借的工具 d_1 也不同。

捏

古义:(二)握。古今杂剧元郑德辉㑳梅香一:"俺捏住这玉佩慢慢的行将去。" (《辞源》)

今义:用拇指和别的手指夹 (《现汉》)

"捏"古义相当今之"拿",从古义变为今义表现为动作所用的手的部位有具体特殊的限制。

布告

古义:对众宣告,公告。史记吕后纪:"刘氏所立九王,吕氏所立三王,皆大臣之议,事已布告诸侯。" (《辞源》)

今义:(机关、团体)张贴出来通告群众的文件。 (《现汉》)

"布告"古义为表动作行为词,可用本文所说的模式释义:"对众宣告、公告"。今义为表名物的词,已不能用这种模式释义(《现
E　D_1

汉》用定义式),故其意义已完全转移了。

根据表动作行为词的意义构成的模式,还可以进行普通话和方言,本族语和外族语之间这类词意义的对比研究,对此,本文就不赘述了。

附　注

① 词的概念义也有人称为词的理性内容、概念内容,即一般所说的词的意义,它属于词的词汇意义,但不包括感情、语体、风格色彩。

② 构成成分分析(componential analysis)也叫义素分析(seme analysis),是把词义“分解成它的最小构成成分或特征,来描写词义内部联系的方法”。例如“woman 妇女”可以确定有+HUMAN 人类+ADULT 成年-MALE 非男性的特征,这使它同“girl 女孩”“man 男人”“child 小孩”“cow 牛”区别开。参看 G. Leech:*Semantics*,第六章 Components and Contrasts of Meaning 1974,p. 96,124。

③ 参看 J. Lyons:*Semantics* Ⅰ,9. 9 Componential Analysis 1977,p. 333。

④ 以一词释一词这种方式的运用是有条件的。参看拙作《词的释义方式》,《辞书研究》1980 年第 2 期。

⑤ E. H. Bendix 曾从部分动词中提取出“x HAVE y (x 有 y)”“CAUSE (促使)”“CHANGE TO(改变)”等构成成分,用这些成分表示“gets rid of (除去)”“keep (保持)”等词的意义如下:

x gets rid of y:x HAYE Y and x CAUSE (not x HAVE y)

x 除去 y:x 有 y 和 x 促使(非 x 有 y)

x keeps y:x HAVE y and not x CHANGE TO (not x HAVE y)

x 保持 y:x 有 y 和不是 x 改变成(非 x 有 y)

见 E. H. Bendix:Componential Analysis of Generai Vocabulary:The Semantic of a Set of Verbs in English,Hindi and Japanese (Parf 2 of *International Journal of Americans Linguistics*,32)(1966)。

我们看到,这种分析要借用数理逻辑的表示方法,其假设的构成成分适用范围是极其有限的,也很难说它们是“最小”的意义构成成分。本文不详谈这方面的问题。

⑥加(　　)表示可能不出现,下同。

(原载《北京大学学报》(哲学社会科学版)1982 年第 3 期)

表性状的词的释义

表性状的词，有的表示可以用感官感受到的物的性质，如“黑、白、苦、辣、冷、热、响亮、低哑”等；有的表示对人的外貌、品性、精神、行为的评价，如“漂亮、难看、温顺、泼辣、精明、迟钝、高尚、丑恶”等；有的表示对人的物质创造物、精神创造物或对自然的评价，如“伟大、渺小、精致、笨重、肥沃、荒凉”等。它们多数是形容词。表性状的词的释义，笔者在《词的释义方式》[①]一文中已分类举例说明，现想在该文的基础上做进一步的分析。

一

表性状的词，释义的第一种方式是：

红　象鲜血和石榴花的颜色。　（《现代汉语词典》[②]）

甜　象糖和蜜的味道。

原来笔者把这种方式叫作“直接指示，即用个别体现一般的方法，直接指出某种事物现象所具有的该词表示的性质特征”。并指出如果把“颜色”看作“红”的上位词（类别词），把“味道”看作“甜”的上位词，则也可以看作定义式释义。但由于“颜色”（名词）和“红”（形容词），“味道”（名词）和“甜”（形容词）所属词类不同，在这里不可把“颜色”“味道”看作真正的上位词。有人把“味道”一词之下的

“甜、酸、苦”等,叫作准下位词(quasi-hyponym)[③],我们因此也可以把“味道”看作“甜、酸、苦”等的准上位词,把用准上位词作类别词加上种差的释义方式,叫作准定义式释义。因此,对于表性状的词来说,能找到它的准上位词的,都可能用准定义式释义。除了用“颜色”“味道”作准上位词构成的一批准定义式释义外,其他例子如:

膻　象羊肉的气味。

臊　象尿或狐狸的气味。

痛　疾病创伤等引起的难受的感觉。

酸(痠)　因疲劳或疾病引起的微痛而无力的感觉。

其中“气味”是“膻”“臊”的准上位词,“感觉”是“痛”“酸”的准上位词。

准上位词用得最多的是“样子”,“……的样子”构成了一大批表性状词的释义,如:

迷茫　㊀广阔而看不清的样子[④]。

懒洋洋　没精打采的样子。

累累　憔悴颓丧的样子。

索然　没有意味,没有兴趣的样子。

“……的样子”一般表示视觉范围或能用视觉感受的情状。味觉、肤觉不能用,如不能说“甜,象糖和蜜的样子”,“膻,象羊肉的样子”。视觉能感受,但不是情状的也不能用,如不能说“红,象鲜血和石榴花的样子”。

“……的样子”三字能显示出被解释的词表示的是一种情状,若删去,释义就缺乏这种意味了。

“……的样子”式相当我国古代辞书所用的“……貌”式。如《说文》:“衢,行貌”“衯,长衣貌”。修订本《辞海》释义仍保留这种措词,如:“峨峨,高峻貌”“惺忪,苏醒貌”。

少数表性状的词有上下位关系（“红”同“朱红”“橘红”比较，“红”是上位词，“朱红”“橘红”是下位词），用上位词作偏正结构的中心语来解释下位词，也可看作定义式释义。如：

青绿　深绿。

青翠　鲜绿。

靛蓝　深蓝。

通红　很红；十分红。

其中释义词语中的“绿”“蓝”“红”是被释词的上位词，“深”“鲜”“很”“十分”等说明的是种差。这种释义方式在表性状的词的释义中用得很少。

二

表性状的词释义的第二种方式是“（适用对象）＋性状的说明描写”[5]，如：

丰润　肌肉丰满，皮肤滋润。

细碎　细小零碎。

“丰润”的适用对象“肌肉”“皮肤”在释义中出现了，“细碎”的适用对象没出现。这种释义词语的语法结构可看作主谓式，适用对象为主语，性状的说明描写是谓语。性状说明描写本身，还可以是一个主谓结构，如：

风骚　妇女举止轻佻。

干巴巴　（语言文字等）[6]内容不生动不丰富。

“风骚”的性状说明描写“举止轻佻”，“干巴巴”的性状说明描写“内容不生动不丰富”都是主谓结构。

这是解释表性状的词用得最多的一种方式。在运用中又有多种情况。

从适用对象的出现上看,有三种情况:

1. 适用对象只有一类事物现象,如:

景气　经济繁荣。

条畅　(文章)通畅而有条理。

苗条　(妇女身材)细长柔美。

2. 适用对象有多类事物现象,常常是不定的,如:

稀朗　(灯火、星光等)稀疏而明朗。

清醇　(气味、滋味)清而纯正。

轻浮　言语举动随便,不严肃,不庄重。

3. 适用对象不出现,如:

良好　令人满意;好。

结实　㊀坚固耐用。

干脆　直截了当;爽快。

适用对象不出现,一种情况是适用对象很广泛,如“良好”等词,一种情况是适用对象有限制,但词典释义没有说明。这一点后面还要谈。

从性状说明描写的方式上看,常见的也有三种情况:

1. 用同义近义词解释[⑦]或对释词素义。如:

齐　㊀整齐。

匀实　均匀。

细巧　精细灵巧。

细密　精细仔密。

确切　准确;恰当。

齐整　整齐。

“齐”“匀实”二例是用同义近义词解释,“细巧”“细密”二例是对释词素义,最后二例的释义是“确”=“切”=准确或恰当,“齐”=“整”=整齐,既是对释词素义,又是用同义近义词解释词义。

2. 用有关词语的否定式。如：

自然　不勉强；不局促；不呆板。

勉强　㊃不充足。

干净　没有尘土杂质等。

上述两种方式可以结合使用，如：

呆板　死板；不灵活；不自然。

含糊　不认真；马虎。

3. 具体说明描写。如：

浪漫　富有诗意，充满幻想。

迷漫　满天遍地，茫茫一片，看不清楚。

闲散　无事可做而又无拘无束。

对性状的说明描写还可以联系原因，如：

漫漶　文字图画等因磨损或浸水受潮而模糊不清。

腻烦　因次数过多而感觉厌烦。

用“（适用对象）＋性状的说明描写”方式解释词义要注意防止两个问题：

第一，适用对象该标明而没有标明，如：

华丽　美丽而有光彩。

根据这个释义，它的适用对象应该是很广泛的，但实际上“华丽的桌子”“华丽的头发”“华丽的面容”都不能说，只能说“华丽的衣着”“华丽的房间”“华丽的陈设”“华丽的霓虹灯”等，因此“华丽”的释义似可作：（衣饰、陈设、建筑物装饰等）美丽而有光彩。又如：

细弱　细小柔弱。

也未标明适用对象，但实际上，动物、玩具不能用“细弱”，如不能说“细弱的小马驹”“细弱的绢人”等，它一般只用于植物和人的身体，如可以说“细弱的小树”“细弱的小女孩”等等。因此，“细弱”的释义似可作：（身体、植物等）细小柔弱。

第二,用对释词素来说明描写性状用得太滥,形成变相的互训、递训,甚至是“自”训。如:

精细　精密细致。

精密　准确细密。

细致　精细周密。

细密　精细仔密。

可以看到对释词素递训下去,“精细”的释义两次回复到自身,成了“自训”。这也说明,滥用词素对释的方法,很难把词所表示的性状讲清楚,还是多用具体的描述说明比较好。当然,这样做是相当困难的,因为说明描述呈现在眼前的情状尚且不易,何况去说明描写未呈现在眼前全靠释者语感去体会的词的意象,还要求用语不多。但我们还是认为,多用具体的说明描述,更能说清词的意义,对读者更有帮助,特别是对于详解性质的现代词典,这样做似乎更好些。

三

表性状的词释义的第三种方式是用“形容……”的格式。如:

势利　形容看财产、地位分别对待人的恶劣表现。

黑压压　形容密集的人,也形容密集的或大片的东西。

这两个词的释义中,“形容”二字都不可删去,如果删掉,按解释的意义这两个词就成了名词,而它们是形容词。再如:

悠扬　形容声音时高时低而和谐。

悠忽忽　㊀形容悠闲懒散。㊁形容神情恍惚。

这两个词的释义删去“形容”二字,也仍是表性状词的释义[符合“(适用对象)+性状的说明描写”的格式],但删去后显得不恰当。这同上面说的“……的样子”三字不能删去情况相近,因为这类词表示的是情状，加“形容”二字，能显示这一点。

但也不能滥加“形容”二字。如说“结实”是“形容坚固耐用”，“细巧”是“形容精细灵巧”。这两个词的释义加上“形容”二字，显得累赘。原因在于词义内容指的就是性质状态本身，而不是对这个性质状态的描写形容。因此除了不加“形容”二字，不足以表明所解释的词是表性状的词（如上“黑压压”“势利”的释义），或加“形容”二字能增加表示某种情状的意味外（如上“悠扬”“悠忽忽”的释义），一般表性状词的释义加“形容”二字就是多余的了。

用“形容……”式释义，其“适用对象”也有说明准确与否的问题，如：

绿油油　（～的）形容浓绿而润泽。

从释义看，这个词的适用对象是较广泛的，但比较下列各例：

绿油油的麦苗✓	绿油油的毛线×
绿油油的树叶✓	绿油油的被面×
绿油油的羽毛✓	墙刷得绿油油的×

“绿油油”一词的适用对象似限于自然界中的一些物体，人工染、涂的物品不能用。所以这个词的释义似应作：形容草、树叶等浓绿而润泽。

四

表性状的词释义的第四种形式是用“……的”格式，如：

常任　长期担任的。

专门　专从事某一项的。

理性　㊀指属于判断推理活动的。

这个格式运用的一般条件是：所解释的意义只能用作修饰语（定语

或状语)。如:

常任　作定语:～理事　　～主席
　　　不能作谓语:*理事～　*主席～
专门　作定语:～人才　～技术
　　　作状语:～找你　～跟他做对
　　　不能作谓语:*人才～　*技术～
理性㊀义　作定语:～认识
　　　　　不能作谓语:*行为～

"理性"能作宾语,如"有理性",但这时它用的是㊁义"从理智上控制行为的能力"。在这个意义上,它是名词。

形容词一般都能作定语、状语、谓语、补语,某个形容词如都有这些语法功能,最好不用"……的"式来解释,只有当它的意义或某个义项的意义只能充当定语、状语时,才用这种方式解释。因此下列"好""坏"的一个意义的解释,我们认为可以斟酌:

好　㊀优点多的;使人满意的(跟"坏"相对):～人|～东西|～事情|人民公社～|庄稼长得很～。

坏　㊀缺点多的;使人不满意的(跟"好"相对):～人|～事|工作做得不～。

释义的例证表明"好"的㊀义能充当定语、谓语、补语,这个意义的"好"重叠式能作状语,如:好好地睡一觉。"坏"的㊀义除了如例证表明的作定语、补语外,也能作谓语,如:人坏,心坏。因此"好"的㊀义似可作:优点多;(情况)使人满意。"坏"㊀义的释义似可作:缺点多;(情况)使人不满意。

五

这些释义方式之间能否互相变换,在词典中运用的情况如何呢？下面作一个初步的考察。

先看各种变换的可能。

1. 原用(指《现代汉语词典》使用的，下同)准定义式的[下面以Ⅰ代表准定义式释义，Ⅱ代表“(适用对象)＋性状的说明描写”式释义，Ⅲ代表“形容……”式释义，Ⅳ代表“……的”式释义]：

红　Ⅰ 象鲜血和石榴花的颜色。
　　Ⅱ ——
　　Ⅲ 形容象鲜血和石榴花的颜色。
　　Ⅳ 象鲜血和石榴花颜色的。

甜　Ⅰ 象糖和蜜的味道。
　　Ⅱ ——
　　Ⅲ 形容象糖和蜜的味道。
　　Ⅳ 象糖和蜜的味道的。

膻　Ⅰ 象羊肉的气味。
　　Ⅱ ——
　　Ⅲ 形容象羊肉的气味。
　　Ⅳ 象羊肉的气味的。

对这类词，Ⅱ式不可用，Ⅲ式“形容”二字多余，因为词义指的是这种颜色、味道、气味本身，不是对它们的形容。用Ⅳ式不恰当，因为这类词能作谓语。

这类词中的一部分也可以用别的方式解释，如：

红　色也。　(《广韵》)
甜　甘也。　(《广韵》)
咸　不淡。　(《广韵》)

这里“红”是单用类别词来解释，太笼统。“甜”是用同义近义词解释，来说明词义的概念内容。“咸”是用否定式来解释，用在这里不太准确，因为“不淡”不一定是“咸”。所以对这类词，现代词典已很少用这些释义方式来释义了。

迷茫　Ⅰ 广阔而看不清的样子。
　　　Ⅱ 辽阔而看不清。　　（《新华词典》）
　　　Ⅲ 形容广阔而看不清。
　　　Ⅳ 广阔而看不清的。
溟濛　Ⅰ 景色模糊看不清的样子。　　（《新华词典》）
　　　Ⅱ 模糊不清。　　（《辞海》）
　　　Ⅲ 形容烟雾迷漫，景色模糊。　　（《现代汉语词典》）
　　　Ⅳ 景色模糊看不清的。

这两个词除Ⅳ式外，其余皆可用。不能用Ⅳ式，是因为它们能作谓语。比较起来，“……的样子”式表情状意味强些，“形容……”式次之。所以情状意味特别明显的词，就只好用“……的样子”式了，如：

懒洋洋　Ⅰ 没精打采的样子。
　　　　Ⅱ （神情）没精打采。
　　　　Ⅲ 形容没精打采。
　　　　Ⅳ 没精打采的。
茫然　　Ⅰ 完全不知道的样子。
　　　　Ⅱ 　——
　　　　Ⅲ 形容完全不知道。
　　　　Ⅳ 完全不知道的。

比较起来，Ⅳ式不能用，Ⅱ式不能用，或很勉强，Ⅲ式不能充分显示被释词表示的是一种情状，Ⅰ式最合适。下两词释义前有“形容”二字，后有“的样子”三字，“形容”可删，“的样子”不可删，原因也在此：

潺湲　　形容河水慢慢流动的样子。
热腾腾　形容热气蒸发的样子。

应该指出，“……的样子”中的“样子”二字，在一定条件下也可以换成“情状”“状态”“神情”“姿态”等词，这说明同一个词可以有多个准上位词，现在词典一般统一用“样子”，除恰当外还显得整齐。

2. 原用“（适用对象）＋性状的说明描写”式的：

丰润　Ⅱ 肌肉丰满，皮肤滋润。

Ⅰ　——

Ⅲ 形容肌肉丰满，皮肤滋润。

Ⅳ 肌肉丰满，皮肤滋润的。

细碎　Ⅱ 细小零碎。

Ⅰ　——

Ⅲ 形容细小零碎。

Ⅳ 细小零碎的。

条畅　Ⅱ（文章）通顺而有条理。

Ⅰ　——

Ⅲ 形容文章通顺而有条理。

Ⅳ 通顺而有条理的。

这些词Ⅳ式不可用，因为它们能作谓语，Ⅰ中的“……的样子”式也不能用，因为词表示的不是能用视觉感受的情状。用Ⅲ式的“形容”多余，因为词义指的是性状本身，而不是对它的形容。

苗条　Ⅱ（妇女身材）细长柔美。

Ⅰ 妇女身材细长柔美的样子。

Ⅲ 形容妇女身材细长柔美。

Ⅳ 细长柔美的。

悠闲　Ⅱ 闲适自得。

Ⅰ 闲暇安适貌。（《辞海》）

Ⅲ 形容闲暇安适。（《新华词典》）

Ⅳ 闲适自得的。

幽幽　Ⅱ ㈡深远。

Ⅰ 深远貌。（《辞海》）

Ⅲ 形容深远。

Ⅳ 深远的。

这些词能用Ⅱ式，也能用Ⅰ中的“……的样子”式，也能用Ⅲ“形容……”式，因为词义有表情状的意味，Ⅳ式不能用，因为它们能作谓语。

3. 原用“形容……”式的：

酸溜溜　Ⅲ 形容酸的味道或气味。
　　　　Ⅰ　　　——
　　　　Ⅱ（味道气味）酸。
　　　　Ⅳ 味道气味酸的。
瑟瑟　　Ⅲ ㊀形容轻微的声音。
　　　　Ⅰ　　　——
　　　　Ⅱ 声音轻微。
　　　　Ⅳ 声音轻微的。

这两个词Ⅳ式不能用，因为它们能作谓语。Ⅰ中的“……的样子”式也不能用，因为它们表示的不是视觉可以感受的情状。用Ⅱ式可以接受，但不很好。

从上面的“迷茫”“溟濛”二例中又可看到，一部分用Ⅲ“形容……”式的，也可用Ⅰ中的“……的样子”式，用Ⅱ式来释义。

4．原用“……的”式的：

常任　Ⅳ 长期担任的。
　　　Ⅰ　　　——
　　　Ⅱ　　　——
　　　Ⅲ　　　——
慢性　Ⅳ ㊀发作得缓慢的。
　　　Ⅰ　　　——
　　　Ⅱ　　　——
　　　Ⅲ　　　——
幽默　Ⅳ 有趣或可笑而意味深长的。
　　　Ⅰ　　　——
　　　Ⅱ 言谈举动有趣而意味深长。　　　　（《新华词典》）
　　　Ⅲ　　　——

上面分析过此式的运用条件，只能充当定语、状语的词或义项用这个方式释义最为恰当。因此一般不可以换成别的释义方式。“幽默”能作谓语，《现代汉语词典》用此式释义，《新华词典》则用Ⅱ式释义,此词释义《新华》优于《现汉》。

从上可知,在表性状词几种释义方式中,Ⅱ式适应性较大,用别的方式释义的许多词也可以用此式释义,可视为基本式。其他各式都有一定的应用条件,其中Ⅳ式限制最严。上面只是从类型上初步检查释义方式转换的可能性,而释义方式的变换同具体的词的意义关系密切,其中的规律还有待于进一步分析。

这些释义方式在词典中运用的情况如何呢,我们分析《现代汉语词典》中“you”“man”音节中表性状的词的释义,得下表:

用Ⅰ型的: 油绿　悠然　满登登　漫漫

用Ⅱ型的,又分:

1. 适用对象不出现,用同义近义词释义的:

优美　优柔㊀㊁　优渥　优裕　幽暗　幽眇　幽邃　幽闲㊁　幽幽㊁　悠悠㊀㊁　尤异　油亮　油汪汪㊁　有方　有余㊁　有意思㊁　黝黑　满㊃　慢㊁　慢慢腾腾

2. 适用对象不出现,对释词素义释义的:

幽寂　幽静　幽雅　有力　有限㊀　有益　有余㊀　友爱　满怀㊀　满面　满腔　满眼㊀㊁　漫天

3. 适用对象不出现,用有关词语否定式释义的:

油滑(同肯定式结合使用)　蛮㊀(同前)

4. 适用对象不出现,对词义作具体说明描写的:

优柔㊂　优异　优惠　优先　悠谬　悠闲　悠远㊀　有恒　有年　有意思㊀　幼小　颟顸　满㊀㊂　满满当当　满心　曼延

具体说明描写中联系原因的:漫漶

5. 适用对象出现,用同义近义词解释词义的:

适用对象为一类物的:

优厚　优游　优质　幽闲㊀　悠长　悠久　悠远㊁　友善　幼稚㊀

曼妙　慢性子㊀

6. 适用对象出现，对词义具体说明描写的：

适用对象为一类事物现象的：

油嘴　蛮横　曼声

适用对象为多类事物现象的：

优良　优秀　幽深　幽婉　幽微　游移　有限㊁　慢㊀　友好㊁

用Ⅲ型的：

说明适用对象的：

幽幽㊀　悠扬　悠悠忽忽㊁　油然㊀㊁　油汪汪㊀　幼稚㊁

不说明适用对象的：

悠忽　悠悠㊂　悠悠荡荡　悠悠忽忽㊀　油光　慢腾腾　慢悠悠

用Ⅳ型的：

油腻㊀　幽默　右倾　漫长　慢性㊀

从这个表可以看出，这类词用得最多的是“(适用对象)＋性状的说明描写”型的释义方式。它是我们归纳的释义的一种模式，可以因内容不同而有不同的情况。在 97 个词 102 个义项中，属于这个模式释义的有 74 个词 78 个义项，占 76.4％(即使把用同义近义词释义算一种独立的释义方式分出去，属于这个模式释义的仍是多数，何况对用来解释的同义近义词作词义解释时，有好多也要用这种类型的方式释义)，所以我们认为它是表性状词释义的基本形式是有根据的。其他释义方式运用有限制，数量不是太多。其中Ⅳ式中的油腻㊀、幽默、右倾、漫长，都能作谓语，都可以换成Ⅱ式。

附　注

① 见《辞书研究》1980 年第 2 期。

② 以下所举的释义词条，凡未注明出处的，均引自《现代汉语词典》。

③ 如英国语言学家莱昂斯，见 J. Lyons，*Semantics* Ⅰ，Cambridge University Press Repinted 1978，p. 297、299。

④ ㊀表示所举的释义是《现代汉语词典》里所列的该词的第一个义项，下同。

⑤ 括号表示其中的内容可以不出现。

⑥ 括号中的词语有人认为说明的是词的搭配习惯，我们认为搭配习惯常常反映词义特点，也是词义问题。这里“（语言文字等）”说明的是“干巴巴”一词的适用对象。

⑦ 用同义近义词解释词义是一种重要的释义方式，本文为了归纳的方便，把它合在这个类型中。

（原载《语言学论丛》第十三辑，商务印书馆 1984）

词典释义的比较

解释词义是词典的主要内容，将不同词典的释义进行比较，观其同，辨其异，对释义理论、词义学的研究都有帮助。释义的比较可以从不同方面来进行，例如可以比较古今词典的释义，比较不同类型词典的释义，比较不同性质的词典的释义，等等。本文想通过比较几部有影响的词典对常用词语的现代意义的解释，说明释义方式的运用、解释语词的变化及其同释义准确性的关系，说明词的意义同词的结合能力的联系等问题。

一

翻开各种词典，我们会发现它们对一部分词语的某些意义的解释，所用语词是完全一样的。但是也有相当多的词，各种词典对其某个意义的解释，所用语词不完全相同或完全不同，但都是恰当的。语词不完全相同或完全不同，可能是释义方式不同[①]，或释义方式基本相同，但语词运用有不同。下面分别举一个名词、一个动词、一个形容词的例子。

山

①地面形成的高耸的部分。（《现代汉语词典》，以下简称《现汉》）

①地面上由土石构成的高耸部分。（《新华词典》，以下简称《新华》）

①地面上由土石构成的隆起部分。（《辞海》）

㊀陆地上隆起高耸的部分。（《辞源》）

①地面上由土石构成的隆起部分。（《汉语大字典》）

几部词典释“山”的释义方式是相同的，同属偏正性词组，中心词语是“部分”，“部分”的修饰语说明的是“山”的特征。不同的地方是：在说明山所处的位置时，有的用“地面上”（或“地面”），有的用“陆地上”；在说明“山”的形貌特征时，有的用“隆起”，有的用“高耸”，有的二者皆用；有的说明“山”的成分是“土石构成”，有的不说明。

摘

①取（植物的花果叶或戴着、挂着的东西）。（《现汉》）

①采，拿下。（《四角号码新词典》，以下简称《四角》）

①采，取下。（《新华》）

㊀采取，拿下。（《辞源》）

①用手采下或取下。（《辞海》）

对“摘”的解释，《现汉》和《辞海》用的是具体说明动作行为情状的释义方式，《四角》《新华》《辞源》只是用同义词、近义词解释，这是释义方式的不同。同是具体说明动作行为的情状，《现汉》说明其动作行为为“取”，并说明常带的关系对象“花果叶或戴着、挂着的东西”，《辞海》说明“摘”可能指两种行为“采下”或“取下”，并说明这种动作常用一定的身体部位“手”来进行。《四角》《新华》《辞源》用同义近义词解释，释义方式相同，但所用语词不同。

大

①在体积、面积、数量、力量、强度等方面超过一般或超过所比较的对象（跟“小”相对）。（《现汉》）

①大小的大。（《新华》）

㊀跟“小”相对。（《辞源》）

①与“小”相对,指面积、体积、容量、数量等的广阔、高厚、宽绰或众多。（《辞海》）

①在面积、体积、容量、数量、力量、强度、年龄、重要性等方面超过一般或超过所比对象。与“小”相对。（《汉语大字典》）

对“大”的解释,《现汉》和《汉语大字典》的释义方式一样,用谓词性词组,具体说明“大”这种性状的内容,并指出它是“小”的对立面。《汉语大字典》说明“大”所指范围时,比《现汉》多添了“年龄、重要性”这些方面。《辞海》同样指出“大”是“小”的对立面,但在说明“大”的内容时,用了另一种释义方式。它用的是体词性词组,它的解释,是把“大”说成“面积的广阔,体积的高厚,容量的宽绰,数量的众多等”,这是用“大”的近义或有关联的词语(广阔、高厚、宽绰、众多等),加上修饰限制词语(面积、体积、容量、数量等)所构成的释义。《辞源》释“大”只指出它是“小”的对立面,这种方法独用,也是一种释义方式。《新华》的解释只是指示被解释的词,意为此“大”为“大小”这个词语中的“大”,这种方式在一定条件下也可以使用。

对同一个词的一个意义可以用不同的释义方式来解释,即使释义方式相同,语词运用也可以有变化,这说明用语言符号解释语言符号的意义是有多种可能的。词典编纂工作者正是利用这多种可能性,使释义准确反映语言事实,适合词典性质的需要。

二

从词典释义的对比中可以注意到另一个重要事实是:不同词典对同一个词的同一意义的解释,其内容并不都是完全相等的,并不都是等值的。

有一部分词，如动物、植物、器具、机械等的名称，词典对其特征的说明，有的详细，有的简略，但它们都是对该词同一意义的说明，这是大家所熟知的。这种差别，是由于词所代表的事物现象特点繁多，词典的释义只能用概括列举的方法来说明，在概括何种特点，列举多少特征时，不同性质的词典做法就有差别了。

有一部分词，例如表动作行为的一些词，不同词典对其某个意义的解释，有相同的内容，又包含有差异。这些差异，反映出解释词义的人强调某些特征，忽略另一些特征。如：

揉

①用手来回擦或搓。（《现汉》）

①用手按摩或搓动。（《四角》）

①用手按着较软的东西反复搓动。（《新华》）

①来回擦或搓。（《辞海》）

几部词典对“揉”这个意义的解释内容有相同，有不同。相同之处是都指出了“揉”是一种近于“擦”或“搓”的动作，除《辞海》外，都指出这种动作是用“手”进行的。不同之处是《现汉》还指出这个动作有“来回”进行的特征，《新华》也指出了这个特征（“反复”一词所示），还指出这个动作的关系对象多是“较软的东西”。又如：

抓

①手指聚拢，使物体固定在手中：一把抓住|他抓起帽子往外就走。（《现汉》）

②用手握取。（例）抓米。（《四角》）

①用手或爪拿取。（例）抓一把米|鹰抓燕雀。（《新华》）

①用手或爪取物。如：抓了一把米；老鹰抓去一只鸡。（《辞海》）

几部词典都具体说明了“抓”这个动作的情状。它们都说明了这个动作是“用手”进行的。但在说明动作特征时，《现汉》着眼于“使物体固定在手中”这个特点，《四角》《新华》《辞海》着眼于“握取”“拿取”“取”这个特点。《新华》和《辞海》更指出这个动作不仅用“手”(人)也可以用“爪”(动物)来进行,并用例句显示。

表性状词的某些意义,各词典的解释也可能由于着眼的角度不同,强调的内容有不同而有差别。如:

冷

⑦乘人不备,暗中发射的(箭、子弹):冷箭|冷枪。 (《现汉》)

④意料之外的。(例)冷枪|冷不防。 (《四角》)

⑤突然,乘人不备的。(例)冷不防|冷枪。 (《新华》)

《现汉》《新华》从施事者的角度解释“冷箭”“冷枪”中“冷”的意义,除了有“乘人不备”这个共同内容外,《现汉》强调其隐蔽性(“暗中发射”),《新华》强调其突发性(“突然”);《四角》则从受事者的角度来解释这个“冷”的意义,“意料之外”指受事者的意料之外。

下面的两个例子说明了释义有差异的另外的情况。

修改

修正文章、计划等里面的错误、缺点:修改章程|修改计划。

(《现汉》)

①改正过失或缺点错误。《晋书·苻生载记》:“健将杀之,雄止之曰:‘儿长成自当修改,何至便可如此!’”巴金《〈爝火集〉后记》:“所以我回到宿舍就把前一天写好的初稿拿出来修改和补充。”(《汉语大词典》)

修缮

修理(建筑物):修缮工程。 (《现汉》)

修理、修补(武器装备或建筑物等)。《管子·立政》:“甲蔽兵凋,莫之修缮。”……巴金《杨林同志》:“房子稍修缮了一下……。”

(《汉语大词典》)

比较两部词典的释义和例句可以看出,《汉语大词典》概括了这两个词的古义和今义,范围大;《现汉》只解释了这两个词现在的意义,范围小。《现汉》《汉语大词典》所解释的内容仍可视为同一个意义，因为《现汉》解释的意义是属于《汉语大词典》所解释的意义范围中的。它们释义的差别是由于概括的范围不同产生的。

词典解释词语某个意义时可能既有共同点，又含有某些差别，这是词义、词义分析、词典释义复杂性的反映。

但也必须指出，词典对词的同一意义解释的差异并不总是各有千秋、难分高下的，有时有的可能准确、周到些，有的可能粗疏、欠周密。例如"停靠"一词，《现汉》解释为"轮船火车停留在某个地方"，《汉语大词典》解释为"谓车船等在码头、车站的停留"。车、船的停靠可以在码头、车站，也可以不在。显然，《现汉》的解释概括性更强。又如"坐落"一词，《现汉》解释为"建筑物位置（在某处）"，《汉语大词典》解释为"山川、田地或建筑物等位置（在某处）"。《汉语大词典》在说明这个词的适用对象方面比《现汉》更周到。

三

上面所谈的词典的释义，都是对词的概念内容、理性内容的说明，其作用主要是帮助理解。从语言学习、语言应用的角度看，理解一个词语的意义不见得会运用它。要正确运用某个词语，需要了解它出现的语言环境及其结合能力。现代语言学从对词义的研究和词的语法性质的研究中认识到，词的意义和词出现的语境、词的结合能力是密切相关的，这可以用英国语言学家莱昂斯的一句话来概括：词的意义和它们的分布（distribution）之间存在着一种内在的联系[②]。近年出现的一些将词的意义解释同说明词的语法性质、词的用法结合起来的辞书、著作，反映了在这方面进行探索的积极成果。吕叔湘先生主编的《现代汉语八百词》是这方面的代表著作,孟琮等的《动词用法词典》在这方面也做了比较深入的探讨。下面我们用《现代汉语八百词》中对“大”第一个意义的解释来具体说明一下。

《现代汉语八百词》对“大”的第一个义项的解释同我们上面引述的《现汉》的释义是完全一样的。但它通过举例,显示这个意义的“大”的用法:

作定语:大房子。(每项只引一例)
作谓语:这种鸡下的蛋特别大。
作补语:她睁大了眼睛,惊奇地看着周围。

又另有三点用法的说明:

a. 可带“了、起来”,表示变大。
人长高了,力气也大了。
b. 大+(了、着)+数量。用于比较。
新的比旧的大了几分。
c. 多(么)+大。主要用于疑问句和感叹句。
这个孩子今年有多大?多么大的山洞啊!

这里 a. 说明“大”加“了、起来”作谓语时,是“变大”的意思,意义有变异。b. 说明“大”用作谓语中心词可带数量宾语(有人也叫补语)是一种表示比较的说法。c. 说明“大”构成疑问、感叹句的一种方法。

笔者在《语素“红”的结合能力分析》[③]一文中,也曾提出把词的意义分析同词的结合能力的分析结合起来的意见,这样做可以使意义的分析更加细致,同时也说明词在各个意义上的用法。该文还具体分析了“红”在不同意义上的结合能力。

词的某个意义是存在于一定的语境、一定的语法格式、一定的习惯用法中的,因此,把词意义的解释同词的这个意义出现的语境、语法格式、习惯格式结合起来说明这种新类型词典的出现,正反映了人们对词典释义的新的认识、新的要求。

附　注

① 本文对释义方式的分析采用的是笔者所作的分类。参看笔者的下面几篇论文:《词的释义方式》,《辞书研究》1980 年第 2 期;《表名物词的释义》,《辞书研究》1982 年第 3 期;《表动作行为的词的意义分析》,《北京大学学报》(哲学社会科学版)1982 年第 3 期;《表性状词的释义》,《语言学论丛》第十三辑。

② 见 J. Lyons: *Semantics* Ⅱ, Cambridge University Press Reprinted 1978, p. 375。

③ 见《语文研究》1983 年第 2 期。

（原载《辞书研究》1990 年第 1 期）

词的释义方式剖析

词的释义是以语言解释语言。人们在思想交流、注释古籍、编纂各种辞书的过程中创造出各种各样的释义方式。不少学者对这些方式的类型、内容和形式都作过分析[①]。我国辞书事业的蓬勃发展又为语词的释义方式的具体运用和发展提供了广阔的天地，并创造了丰富的实践经验。笔者曾多次著文阐述各类词的释义方式。现想在以前论述的基础上对各类词的释义方式作一个综合式的说明分析。

词的释义既是以语言解释语言，就要利用语言中语词的各种各样的意义关系，使释义词语和被解释的词所代表的意义等值或近值。从释义词语同被解释的词的意义关系上看，从释义词语的作用上看，词的释义方式可分为相等相近、归类限定、说明描写、否定对立等类型，对于虚词，主要是说明它的表义作用和搭配关系，古汉语的释义方式有它的特点，有的至今还有生命力，下面分别讨论。

一

先谈相等相近。这里所说的相等相近是指以一词释一词，其间的意义是相等或相近的。细分又有（例子未注明出处者皆引自

《现代汉语词典》，以下简称《现汉》)：

1．以今语释古语。

杲　明亮。

鞫　审问：～问|～讯。

2．以普通话释方言。

掇弄　〈方〉②播弄：受人～。

红毛坭　〈方〉水泥。

3．以本族语释外来词。

阿摩尼亚　见“氨”。

安琪儿　见[天使]。

4．今语释今语。

在现代描写性的词典中，为避免互训和递训，用来解释的词是用多个词语具体说明其意义的。如：

发狂　发疯。

发疯　①精神受到刺激而发生精神病的症状。②比喻做事出于常情之外。

坑子　坑①。

坑　①(～儿)洼下去的地方。

以下是口语词、书面语词用通用词来对释：

空当儿　〈口〉空隙。

拉肚子　〈口〉腹泻。

蜷局　〈书〉蜷曲。

眷念　〈书〉想念。

5．一词释一词的连用。如：

安　⑥安装；设立：～门窗|～电灯|咱们村上～拖拉机站了。

路　⑦种类；等级：这一～人|哪一～病|头～货|二三～角色。

上面“安门窗”“安电灯”的“安”是“安装”，“咱们村上安拖拉机站了”的“安”是“设立”。“这一路人”“哪一路病”的“路”意为“种类”，

“头路货”“二三路角色”的“路”意为“等级”。再如：

浓　②厚;密;多。《抱朴子·外篇·安贫》:“赀币浓者,瓦石成珪璋;请托薄者,龙骏弃林坰。”南朝梁简文帝《奉答南平王康赍朱樱诗》:“花茂蝶争飞,枝浓鸟相失。”宋陆游《冬暖》:“浓霜薄霰不可得,太息何时见三白!”清王士祯《蚕词》:“戴胜初来水染蓝,女桑浓叶满江南。”陈毅《六国之行》:“海滨禾稼美,沙漠石油浓。”(《汉语大字典》)

其中,有厚度之物释“厚”(如“浓霜”),丛集之物释“密”(如“枝浓”),可以计数之物释“多”(如“沙漠石油浓”之“浓”)。这些都是连用一词释一词的释义,应视为相近、相关的意义列为一个义项,这种义项视为义项组较合理。

二

现在谈归类限定。利用词语所表达的概念在其所属系统中的上下位关系,将被解释的词放在适当的上位概念中,这是归类,再给表述上位概念的词语以各种修饰限制,这是限定。它广泛用来解释表名物的词,构成“种(被释词)=种差+类”的定义式释义,如：

渔民　以捕鱼为业的人。

笔　写字画图的用具。

有时,它也可以用来解释表动作行为的词、表性状的词,如：

鸟瞰　向下看。

青绿　深绿。

语言中表名物的词构成了多层级的复杂的上下位概念系统,所以表名物词多可以用归类限定的方法来释义,动物、植物、矿物、器械、日用器具、用品的名称,以及众多的社会现象自然现象的名称，词典多用这种方式来释义。上面说的“种差+类”组成偏正词组，“种差”充当修饰语、“类”充当中心语是它的标准形式，在应用中有许多变化。主要有：

1. 指出被释词所表示的事物现象是类词语表示的事物现象的一种。如：

柰　苹果的一种。（《新华字典》，以下简称《新字》）

猢狲　猿的一类。（《新华词典》，以下简称《新华》）

软体动物　无脊椎动物的一门……

2. 用类词语解释被释词，形式上是被释词和类词语等同，其实是指明被释词表示的事物现象属于类词语所表示的类。这种方式独用多见于古代辞书。如：

杏　果也。（《说文》）

蚣　蜈蚣，虫。（《广韵》）

3. 上面说的“种差+类”组成偏正词组的定义式释义。这种方式有时添上列举被释词表示的事物的个体或各个品种的内容。如：

恒星　本身能发出光和热的天体。如织女星、太阳。

南货　南方出产的食品，如笋干、火腿等。

“恒星”释义中“织女星”“太阳”是恒星的个体。“南货”释义中列举的“笋干”“火腿”是南货的各个品种。

用对释语素义的方法来解释偏正结构的名物词也能构成这种形式的释义，如：

女工　女性的工人。

快人　爽快的人。

4. 类词语先出现，种差用句子或分句表达，在意义上它对类词语起修饰限制作用。如：

鱼唇　海味,用沙鱼的唇加工而成。

黄鳝　鱼,身体像蛇而无鳞,黄褐色,有黄色斑点,生活在水边泥田里。

“鱼唇”释义中“海味”是类词语,先出现,说明种差的是一个句子。“黄鳝”释义中“鱼”是类词语,先出现,说明种差的是多个分句。

5. 类词语可以出现多个,种差可以是偏正词组的限制修饰语,也可以用一个句子或多个分句表述。如:

豇豆　①一年生草本植物,茎蔓生,叶子由三个菱形小叶合成,花淡紫色。果实为圆筒形长荚果,种子呈肾脏形。是普通的蔬菜

上面划杠的词语是类词语,其他词语从各方面说明豇豆的种差。其中“一年生”“普通”是偏正词组的限制修饰语,其他词语是多个分句。

6. 指明表名物词各种性质的名称的身份(如名、通称、总称、别称等),“名”“通称”等处在偏正词组中心语的位置上,表名物词所指示的事物、内容则处在修饰限制词语的位置上。如:

报刊　报纸和杂志的总称。

白金　铂的通称。

佧佤族　佤族的旧称。

本币　本位货币的简称。

各种表名物词的释义,或属上述六种形式的一种,或是它们的交叉组合。组合的如:

鱼石脂　药名,有机化合物,是用沥青干馏后加硫酸和氨制成的黏稠液体,红棕色或棕黑色。有防腐作用,医药上常用于局部消炎。

其中“药名”属上述分类的第六种,其余属第五种,“有机化合物”“液体”是类词语,其余词语说明的是种差。

词由比喻产生的表名物词的意义,“比喻”二字表示现义和原义的联系,其余词语仍可归入上面分出的各种类型的释义,如下两

例可归入上述第三种释义：

斗室　比喻极小的屋子。

饭桶　比喻无用的人。

表名物词所表示的事物现象有多种多样的特点，在形貌、性质、状态、习性、结构、功用等方面千差万别，事物从不同关系上也可以分属不同的类别，因此释义要注意挑选有代表性的属差特征和切近、恰当的类词语，这方面在一定条件下又有一定的灵活性。比较下面几部词典对"猫"一词的解释：

哺乳动物，面部颇圆，躯干长，耳壳短小，眼大，瞳孔的大小随光线强弱而变化。四肢较短，掌部有肉垫，行动敏捷，善跳跃，能捕鼠，毛柔软，有黑、白、黄、灰褐等色。（《现汉》）

家畜，脚有利爪，会捉老鼠。（《四角号码新词典》，以下简称《四角》）

食肉类哺乳动物。趾底有肉垫，行走无声，善于捕鼠。（《新华》）

家畜名……善捕鼠之小兽。（《辞源》）

动物名。猫科。听觉视觉极敏锐，善跳跃及攀援，喜捕鼠类。性驯良，人多畜以捕鼠。（《汉语大字典》）

哺乳动物，面部颇圆，耳小眼大。瞳孔随光线强弱而变化，四肢较短，掌部有肉垫，行动敏捷，善跳跃，能捕鼠。（《汉语大词典》）

比较各词典的释义，可以看到，对猫特征的说明差别比较大，如对猫的形貌《现汉》说明"面部颇圆，躯干长，耳壳短小，眼大""四肢较短，掌部有肉垫""毛柔软，有黑、白、黄、灰褐等色"，《新华词典》只说明"趾底有肉垫"，《四角》只说明"脚有利爪"，《辞源》只说明"小"，《汉语大字典》对形貌没有说明，《汉语大词典》对形貌的说明基本同于《现汉》，其他生理、行为特点的说明也有差异，只有"善捕鼠"这个功用特征是各词典都说明的。选用的类词语也不一致，《现汉》《汉语大词典》是"哺乳动物"，《新华词典》是"食肉类哺乳动物"，《四角》是"家畜"，《辞源》是"兽"，《汉语大字典》是"动物,猫科"等。这同词典的性质、篇幅有关,同编者有意识地强调某方面的特征也有关,但他们必定认为,所提供的说明是可以使猫区别于其他动物的。而《现汉》《汉语大词典》的释义则有较多的百科性内容,显然是为读者提供关于猫的更多的知识。

上面所讨论的释义方式又可概括为"定义式"释义这个大的类型。它的特征是:类词语同被释词的语法性质一致(被释词是名词,则类词语是名词或体词性词语,被释词是动词、形容词,则类词语分别是动词、形容词)。下面这种形式的释义我们称作"准定义式"释义:

蓝 像晴天天空的颜色。

咸 像盐那样的味道。

红烧 一种烹调方法,把肉、鱼等加油、糖略炒,并加酱油等作料,焖熟使成黑红色。

分洪 为了使某些地区不遭受洪水灾害,在上游适宜地点把一部分洪水引入别的地方,这种措施叫分洪。

上面划杠的词语分别是被释词的类词语,"蓝"是一种"颜色","咸"是一种"味道","红烧"是一种"烹调方法","分洪"是一种"措施"。但类词语同被释词的语法性质不一致,类词语是名词或体词性词语,被释词是形容词(蓝、咸)、动词(红烧、分洪)。这种释义有定义式释义的结构,其修饰限制词语对类词语也起限制作用,所以叫准定义式释义。

准定义式释义多用来解释一部分表性状的词,常用的类词语是"颜色""味道""气味""感觉"等,最常用的类词语是"样子"。如:

膻 像羊肉的气味。

痛 疾病创伤等引起的难受的感觉。

迷茫　广阔而看不清的样子。

懒洋洋　没精打采的样子。

索然　没有意味、没有兴趣的样子。

三

下面谈说明描写。广义地说，归类限定就是一种说明描写。这里要讨论的是不包含举出类词语，对类词语加以种种限定的说明描写。它主要用来解释表动作行为的词、表性状的词的意义。上面我们说过，少数表动作行为的词可以用定义式、准定义式释义，一部分表性状的词也可以用定义式、准定义式释义。对那些大量的找不到恰当的类词语的表动作行为、表性状的词，就用具体说明描写的方法来释义。

对表动作行为的词的说明描写，常见的类型有：

1. 说明词义包含某个动作行为，以及对它的各种限制。如：

拉　②用车载运。　　“载运”是行为，“用车”是工具限制。

搔　用指甲挠。　　“挠”是行为，“用指甲”是身体部位的限制。

揪　紧紧抓住。　　“抓住”是行为，“紧紧”是程度的限制。

端　②平举着拿。　　“拿”是行为，“平举着”是方式的限制。

分发　一个一个地发给。　　“发给”是行为，“一个一个地”是数量的限制。

退　向后移动。　　“移动”是行为，“向后”是方位的限制。

挠　用手指轻轻地抓。　　“抓”是动作行为，“用手指”是身体部位的限制，“轻轻地”是程度的限制。

扫　③很快地左右移动。　　“移动”是动作行为，“很快地”是时间的限制，“左右”是方位的限制。

2. 说明词义包含某个动作行为和它的关系对象，以及可能有的对动作行为和关系对象的各种限制。如：

拂拭　掸掉或擦掉尘土。　　“掸掉”或“擦掉”是动作行为,“尘土”是关系对象。

扫雷　排除敷设的地雷或水雷。　　“排除”是动作行为,“地雷或水雷”是关系对象,“敷设的”是对关系对象存在地方的限制。

3. 说明词义包含某个动作行为和特定的施动者,以及可能有的对动作行为和施动者的各种限制。关系对象或出现或不出现。如:

泊　船靠岸。　　“船”是施动者,“靠”是行为,“岸”是关系对象。

扫视　目光迅速地向周围看。　　“目光”是施动者,“看”是动作行为,“迅速地”“向周围”是对动作行为的时间的、方位的限制。

4. 说明词义包含多个动作行为,以及可能有的对各个动作行为的各种限制。关系对象和施动者或出现或不出现。如:

埯　挖小坑点种瓜豆。　　“挖”“点种”是动作行为,“小坑”“瓜豆”分别是这两个行为的关系对象。

勒　用绳等捆住或套住,再用力拉紧。　　“捆住或套住”“拉紧”是动作行为,“用绳”是对第一个动作行为的工具的限制,“用力”是对第二个动作行为的程度的限制。

5. 说明词义包含有某个动作行为和动作行为产生的条件原因,以及可能有的对动作行为的各种限制。关系对象、施动者或出现或不出现。如:

筛糠　因惊吓或受冻而身体发抖。　　“因惊吓或受冻”是动作行为产生的原因,“发抖”是动作行为,“身体”是施动者。

垂涎　因想吃而流口水。　　“因想吃”是行为产生的原因,“流”是行为,“口水”是关系对象。

6. 说明词义包含有某个动作行为和动作行为的目的结果,以及可能有的对动作行为的各种限制。关系对象、施动者或出现或不出现。如:

挂彩　悬挂彩绸,表示祝贺。　　“悬挂”是动作行为,“彩绸”是关系对象,“表示祝贺”是动作行为的目的。

捋　用手顺着抹过去，使物体顺溜或干净。　　“抹过去”是动作行为，“用手”是行为的身体部位限制，“顺着”是方向的限制，“使物体顺溜或干净”是动作行为的目的。

由于对同一动作行为说明描写的角度不同，强调、省略的内容不一样，概括、具体的程度有差别，不同词典对同一个词的释义往往有差异。如：

睁　眼睛张开。（《四角》）

张开眼睛。（《现汉》《辞海》《新华》）

对“睁”这个词，《四角》在释义中把“眼睛”放在释义词语主语的位置上，处理为施动者。《现汉》等三部词典则把“眼睛”放在宾语位置上，处理为关系对象。这是描写说明的角度不同。《四角》描写“睁”的行为时，以“眼睛”为主体，《现汉》等则以“人”（未出现，隐含）为主体，是人“张开眼睛”。两种说明描写都是合理的。下面的例子说明不同的词典强调、略去的内容不一样：

抓　用手握取。（《四角》）

用手或爪拿取。（《新华》）

用手或爪取物。（《辞海》）

《四角》解释“抓”所用身体部位为“手”，《新华》补充还可用“爪”，《辞海》还强调这个动作行为的关系对象是“物”，这个内容，在《四角》《新华》的释义中是隐含的。下面的例子可以说明解释动作行为的概括、具体的程度有差别：

锯　用锯拉。

拉　刀刃与物体接触，由一端向另一端移动，使物体破裂或断开。

“锯”的解释显得概括，“拉”的解释很具体。这种种差别是正常的，但所用的释义方式，没有越出我们上面归纳的主要类型。

用对释语素义的方法来解释表动作行为的词，也能归入上面归纳的类型。如：

叩拜　叩头下拜。　词义包含两个动作行为，属上述第4种类型。

敛财　搜刮钱财。　词义包含有一个动作行为和它的关系对象，属上述第2种类型。

词由比喻产生的表动作行为的意义，常用“比喻……”释义。“比喻”二字说明原义和现义的联系，其余释义词语也可归入上面归纳的各种类型。如：

刮地皮　比喻反动统治者搜刮民财。　“反动统治者”是施动者，“搜刮”是行为，“民财”是关系对象。释义方式可入上述第二种类型。

现在谈对表性状词的说明描写。

表性状词主要用下列三种释义方式来说明描写词义：

1.“(适用对象)＋性状的说明描写”式，如：

景气　经济繁荣。

滑稽　(言语动作)引人发笑。

“经济”是“景气”一词的适用对象，“(言语动作)”是“滑稽”一词的适用对象，有时用括号括起，其作用与上面提及的对表动作行为词“施动者”的处理是一样的。其余词语是对这两个词表示的性状的说明描写。这种释义词语可以看作主谓结构，适用对象处在主语位置上，性状的说明描写是谓语。性状的说明描写还可以是一个主谓结构。如：

风骚　妇女举止轻佻。

清通　(文章)层次清楚，文句通顺。

上述释义中对性状的说明描写“举止轻佻”“层次清楚，文句通顺”本身又是一个主谓结构，“妇女”“(文章)”分别是两个词的适用对象。

这是表性状词最常用的一种释义方式。运用中又有许多变化。

从适用对象出现方面看，有三种情况：

（1）适用对象是一类物。如：

滂沱　（雨）下得很大。

清越　（声音）清脆悠扬。

（2）适用对象有多类物。如：

激越　（声音情绪等）强烈、高亢。

轻浮　言语举动随便，不严肃不庄重。

（3）适用对象不出现。如：

细碎　细小零碎。

结实　坚固耐用。

适用对象不出现，一种情况是适用对象广泛，一种情况是适用对象有限制，释义没有说明。

从性状说明描写的方式看，除用否定表述外（这一点在本文第四部分谈），常见的有两种情况：

（1）对释语素义。如：

细密　精细仔密。

清亮　清晰响亮。

（2）具体地说明描写。如：

闲散　无事可做而又无拘无束。

迷漫　满天遍地，茫茫一片，看不清楚。

对性状的说明描写还可以联系原因。如：

漫漶　文字图画等因磨损或浸水受潮而模糊不清。

腻烦　因次数过多而感觉厌烦。

2.“形容……”式，如：

势利　形容看财产、地位分别对待人的恶劣表现。

黑压压　形容密集的人，也形容密集的大片的东西。

上二例“形容”二字不能删去，若删掉，按解释的意义这两个词就成

了名词,而它们是形容词。再如:

悠扬　形容声音时高时低而和谐。

悠忽忽　①形容悠闲懒散。②形容神情恍惚。

上二例删去“形容”二字,也仍是表性状词的释义方式[属“(适用对象)+性状的说明描写”类型]。但删去不删去有差别。删去,这些词的意义就是情状本身;不删去,词的意义是对这些情状的描写,更强调它的情状的意味。

不能滥加“形容”二字,如说“结实”是“形容坚固耐用”,“细碎”是“形容细小零碎”。这里加上“形容”是一种累赘,因为词义本身指的就是某种性状,而不是对它的形容。因此,除了不加“形容”不足以说明所解释的词是表性状的词(如上“黑压压”例)或加“形容”二字能增加某种情状的意味外(如上“悠扬”例),一般表性状词的释义加“形容”二字就是多余的了。比较:

凶恶　(性情、行为或相貌)十分可怕。形容行为相貌或景象十分可怕。

(《汉语大词典》)

玄妙　奥妙难以捉摸。形容事物深奥微妙,难以捉摸。

(《汉语大词典》)

同《现汉》的释义比较,《汉语大词典》都在前面加了“形容”二字,其实词义就是释义说明的性状,而不是对这种性状的形容。

3.“……的”式,如:

常任　长期担任的。

理性　②指属于判断推理活动的。

这里的“的”不是构成体词性结构的“的”(“买吃的穿的”中的“的”)而是附着于偏正结构中修饰语部分之后的“的”。此式运用的条件一般是:所解释的意义只能用作修饰语(定语或状语)。如:

常任

作定语：常任理事　常任主席

不能作谓语：理事常任　主席常任

理性　②义

作定语：理性认识

不能作谓语：认识理性　行为理性

"理性"能作宾语，如"有理性"，但这时它用的是①义"从理智上控制行为的能力"，在这个意义上"理性"是名词性的。

形容词一般都能作定、状、谓、补语，当某个形容词的意义或某个义项的意义只能充当定、状语时，才用这种方式解释。因此《现汉》对下列"好""坏"的意义的解释，我们认为可以斟酌。

好　①优点多的；使人满意的（跟"坏"相对）：好人|好东西|好事情|庄稼长得好。

坏　①缺点多的；使人不满意的（跟"好"相对）：坏人|坏事|工作做得不坏。

释义的例证表明"好"的①义能充当定、谓、补语，这个"好"的重叠式能作状语：好好地睡一觉。"坏"的①义除了如例证表明能作定、补语外，也能作谓语，如"人坏，心坏"。因此"好"和"坏"的①义最好用上述"（适用对象）＋性状的说明描写"式释义。似可作：好　①优点多；（情况）使人满意。坏　①缺点多；（情况）使人不满意。

一部分表名物词的释义，有定义式释义的形式，但非定义式释义，也应归入说明描写这个大类。如：

原因　造成某种结果或引起另一件事情发生的<u>条件</u>。

物质　独立存在于意识之外的<u>客观存在</u>。

上面划杠的词语处在释义词语中心语的位置上，却不是被释词的类词语，而是同被释词近义的、意义相关的词语。用这些词语作中心语，加上恰当的修饰限制成分，组成了解释词语。这是因为被释词抽象程度很高,不可能找到包含它们的概括程度更高的概念,对它们不可能在归类的基础上加以限定,而可以用体词性的词语加以说明。

四

现在谈否定对立。利用词义的矛盾、反对关系,通过否定一方而说明另一方,这叫否定;或指出一方是另一方的对立面,这叫对立。可以合称为否定对立。它广泛用于表性状词的释义,也可以用于一部分表动作行为的词的释义。

先看用反义词的否定式的。这又有几种情况:

1. 用一个反义词的否定式,如:

平正　不歪斜。

潦草　(字)不工整。

2. 同时用多个反义词的否定式,如:

自然　不勉强;不局促;不呆板。

死板　①不活泼;不生动。

这样的义项,是相近、相关的意义放在一起,视为义项组较合理。

3. 用词的某个意义的否定式:

半　④不完全:……房门半开着。

重　⑤不轻率:自重|慎重|老成持重。

“完全”和“半”不是反义词,但“完全”的否定式可以成为“半”的一个义项的同义近义词语。“重”和“轻率”也是如此。

否定常和肯定表达结合使用,如:

呆板　死板;不灵活;不自然。

含糊　②不认真;马虎。

指出一方是另一方的对立面的方法在现代词典释义中常和其他方法合用。如：

动　①事物改变原来位置或脱离静止状态(跟“静”相对)。

静　①完全不动(跟“动”相对)。

低　①下,与“高”相对。　(《辞源》)

短　①短促,与“长”相对。　(同上)

也有独用的：

大　①与“小”相对。　(《辞源》)

高　①与下、卑相对。　(同上)

上述释义方式多用于实词。虚词的释义另有特点(以一词释一词这种方式则同于实词),下面作一个简要的说明。解释实词的释义词语,许多具有同被解释的词相当的语法性质(如用体词性词语解释名词,用谓词性词语解释动词、形容词等),因此,可以在一定条件下(不是所有情况)将释义词语(可作些调整)替换句子中出现的被解释的词,而整个句子仍是可以接受的。如“裁判”有一义是“在体育竞赛中执行裁判工作的人”,将它替换“张老师是裁判”中的“裁判”,是可以接受的。将“高尚”的释义词语“道德水平高”替换“老王是个高尚的人”中的“高尚”,成为“老王是个道德水平高的人”显然也是可以接受的。而解释虚词意义的词语一般不可能具有同被解释的词相当的语法性质(一词释一词除外),不可能用它来替换句子中出现的虚词,因为一般采用的是“表示(某种意义)”“引进(某种词语)”这样的格式去说明它的意义作用。如：

因为　连词,表示原因或理由。

而　③把表示时间或方式的成分连接到动词上面:匆匆而来|挺身而出。

许多虚词的意义和作用,要结合说明它前后出现的词语、它的搭配情况。如：

不　①用在动词、形容词和其他副词前面表示否定：不去|……不多|不很好。

不论　①连词，表示条件或情况不同而结果不变。后面往往有并列的词语或表示任指的疑问代词，下文多用“都、总”等副词跟它呼应：不论困难有多大，他都不气馁|他不论考虑什么问题，总是把集体利益放在第一位[②]。

五

上面分析的各种释义方式，有许多在古代就出现和应用了。

归类限定类型的释义在《毛诗故训传》，以下简称《毛传》《尔雅》《说文》中就广泛应用。如：

“流离之子”(《邶风·旄丘》)《毛传》：“流离，鸟也。”

“首阳之颠”(《唐风·采苓》)《毛传》：“首阳，山名也。”

鰝，大虾。　　(《尔雅》)

农　耕人也。　　(《说文》)

以下两例，类词语出现在前：

马八尺为駥。　　(《尔雅》)

骓　马苍黑杂毛。　　(《说文》)

以下是准定义式释义：

黄　地之色也。　　(《说文》)

黑　火所熏之色也。　　(《说文》)

但古代辞书或注疏中对名物词释义又有些特点：

(1) 有时不出现类词语，如：

狼　似犬，锐头，白颊，高前，广后。　　(《说文》)

漏　以铜承水，刻节，昼夜百刻。　　(《说文》)

(2) 有时对比说明，只强调某些特征，如：

窠　空也，穴中曰窠，树上曰巢。　　　　（《说文》）

脂　戴角者脂，无角者膏。　　　　（《说文》）

（3）“所以……”式，如：

杇　所以涂也。　　　　（《说文》）

钻　所以穿也。　　　　（《说文》）

在古汉语中“所以”后加动词性词语可以构成体词性结构的词语，“所以”意为“用来……的（东西、事物）”，因此可以用来解释表名物的词，今天这个语言形式已消失，释义也就不用这个格式了。

（4）“……者”式，如：

人　天地之性最贵者。　　　　（《说文》）

吏　治人者。　　　　（《说文》）

这里的“者”相当于现代的“……的人（东西）”。它本身被看作古汉语的一种代词，因此不能看作类词语。用它置在词语后也能构成体词性结构，故可用来解释表名物的词，此式现代释义也不用了。

古辞书、注疏中对表动作行为词的解释，有的相当具体。如：

“大夫跋涉”（《鄘风·载驰》）《毛传》：“草行曰跋，水行曰涉。”

《毛传》释“跋”“涉”说明其所含行为“行”时，说明其空间的限制，“跋”在“草”而“涉”在“水”。

“稙稚菽麦”（《鲁颂·閟宫》）《毛传》：“先种曰稙，后种曰稚。”

《毛传》释“稙”“稚”说明其所含行为“种”时，其时间的限制，“稙”先而“稚”后。

批　反手击也。　　　　（《说文》）

抵　侧击也。　　　　（《说文》）

《说文》释这两个词，说明其包含的动作“击”和击的方式。

这说明古今对表动作行为的词的词义的说明描写基本是一样的，在具体和准确程度上今一般优于古。

古辞书、注疏中对表性状词的说明,有的也已相当具体,如:

硕　头大也。　(《说文》)

颔　面黄也。　(《说文》)

上述释义既说明了词表示的性状,又说明了它特有的适用对象分别是"头""面"。

黮　桑葚之黑也。　(《说文》)

黯　深黑也。　(《说文》)

上述释义对词表示的黑色的色调、浓度,作了分辨。

解释表性状词常用"……貌"式,如:

姗　弱长貌。　(《说文》)

滔　水漫漫大貌。　(《说文》)

此式相当于现代"……的样子"式。它简明而有表现力,现代词典还在使用,如:

峨峨　高峻貌。　(《辞海》)

冷嶒　高峻突兀貌。　(《汉语大词典》)

古代注疏和辞书释义广泛使用以一词释一词的释义方式,主要是以今语(当时的)释古语,以通语释方言、俗言、异称等,这样做对当时人理解词义是足够的,它不同于现代人为运用现代语言而编写的描写性词典的释义。对此不能多加责难。但由于对释义的科学性还缺乏认识,出现了互训、递训、以生僻释浅易的毛病,这是一种局限性。

古代释义还使用声训和形训。这方面的问题时贤多有论述,本文对此就不赘述了。

附　注

① 如黄侃在《训诂述略》中把以语言解释语言的方式分为互训、义界、推

因三种。其说本于章太炎。王力在《理想的字典》中总结《说文》五种注释方法有普遍意义。现代学者从各个角度对释义方式作了许多分析。

② 某些表抽象关系的实词也采用“表示……”格式来说明它的意义作用。如:有③表示估量或比较:水有一丈深。解释某些实词的某些意义,也需要结合说明它的结合搭配情况。如:开⑯用在动词后,表示扩大或扩展:喜讯传开了。

(原载《辞书研究》1992 年第 1、2 期)

《现代汉语词典》在词语释义方面的贡献

《现代汉语词典》(以下简称《现汉》)对词语意义的解释一般准确恰当,方法科学,照应周到,得到社会的很高的赞誉。这使《现汉》在推广普通话、促进汉语规范化的工作中,在语文教学、语言研究的工作中起了很好的作用。

《现汉》对词语的释义能达到现在这样高的水平,是参加编纂《现汉》的专家学者创造出来的,是我国辞书编纂的发展、社会整个科学文化水平提高的必然结果。本文试图联系我国辞书编纂的历史,探讨《现汉》在词语释义方面的贡献。

一

为了交际交流的需要,解释词语的意义是经常需要的。先秦古籍已留有许多这方面的材料。一般认为,《墨子》中对词语意义的解释精确而又简明。如:圜,一中同长也。勇,志之所以敢也(皆见《墨子·经上》)。其说明角度的选择、措词的巧妙,至今还令人赞叹。从《尔雅》到《康熙字典》的众多的古代辞书,在词语的解释、意义的辨析方面积累了丰富的经验,留下了丰富的遗产。其中许慎的《说文解字》对词语意义的解释作出了杰出的贡献。王力先生总结《说文》有五种释义方法是合理的[①]：(1)天然定义，数目、度量衡和亲属名称之类，可算是有天然定义的(如：百，十十也。孙，子之子曰孙)。(2)属中求别(如：农，耕人也。观，谛视也)。(3)由反知正(如：假，非真也。拙，不巧也)。(4)描写(如：犀，徼外牛，一角在鼻，一角在顶，似豕。赧，面惭而赤也)。(5)譬况(如：黄，地之色也)。王力先生指出，这些方法虽然不能说是许慎所首创，至少是到了他才大量应用。“现代世界上最好的字典，也离不了这五种方法。”[②]由此可见，早在汉代，我国学者已有了一套系统的、适合于说明各种词语意义内容的方法。这些方法在各种语言中是有共性的。现代词典的释义也离不开这些基本的方法。

但是古代辞书在释义方面也有明显的缺点和时代的局限。王力先生指出《说文》的(也是一般古代辞书有的)缺点，有(1)文以载道(以哲理的说明代替定义)。(2)声训。(3)注解中有被注的字(如：石，山石也。味，滋味也)。(4)望形生义[③]。我国古代辞书以《康熙字典》为殿军。它源流并重，义项丰富，又有足够的例证，影响甚大。但它基本上只是收集整理古代辞书古代典籍中的意义，以一词释一词为主。在《康熙字典》后二百年继起的《中华大字典》是为适应我国社会的巨大变化，满足社会既要求了解“中学”，又要求了解“西学”的新名词术语的需要而编纂的。《中华大字典》收入了许多新的科学用语、外来词，严格区分意义单位，在释义中适当采用清儒文字训诂学的成果，提高了词义解说、辨析的水平，但释义仍多用一词释一词。继《中华大字典》之后编成的《辞源》《辞海》是进一步适应社会的需要，兼收语词、百科，熔新旧学于一炉的大词典。“综合古代字书、韵书、类书为一编，并博采当代外国辞书之长，首创新体例。”[④]《辞源》《辞海》同以前的辞书显著不同的是，收入了大量的多音词语,既有关于古代人物、事件、典籍的词目,更多的是现代的科学名词术语。这些词语的解释已不同于一般词语的释义。新的需要创造了新的解释方法。刘叶秋先生总结《辞源》的解释方式有[5]:(1)在词条下面先释义,后引书证,有的还在书证之后更加按语;(2)在词条下面直列引文,后加说明,或因引文可代解释,即不再注;(3)书证引文不宜录引的,就撮叙大意,注出来源:(4)一般知识性的词条,无须引证,应该说明内容、源流、变革、经历的,就用综述的方式介绍。王力先生主编的《古代汉语》中,对《辞源》《辞海》的释义作过这样的评价:"《康熙字典》是客观主义照搬前人解释,只做到材料堆积……《辞源》《辞海》就不同了……在很大程度上都用作者的话来解释字义。"[6]

王力先生在指出近代字书的进步(文以载道、声训、望形生义都没有了)[7]的同时,也指出了存在的缺点,其中特别强调的是"以一字释一字"[8]。他分析了《辞海》用"一字释一字"的方法来解释"来""至""去""往""适"的意义,结果是"来""至"同义,"去""往""适"同义。其实它们的意义是不同的,他解释其中四个词的意义如下[9]:

> 来,古义:从他处到此处曰来,来字后不言所到之处。
> 去,古义:舍弃原所在地或所从之人而他徙曰去。
> 往,古义:从此处到彼处曰往,往字不能有宾语。
> 适,古义:从此处到彼处曰适,适字必须有宾语。

王力先生还批评"以本字释本字这一毛病还未能尽除。例如《辞海》'次'下云:②次第也,③编次之也。"[10]他提出的"理想字典"的标准中,在释义方面就是"尽量以多字释一字。"[11]他编写了《了一小字典初稿》,具体显示了他的主张。

从上面的叙述中可以看到,我国古代辞书所处理的是古代词语的意义。《辞源》《辞海》等辞书解释的一般词语也多是古语词。王力先生所讨论的“理想的字典”主要也是解释古代(包括近代)词语意义的辞书。《现汉》是一部为现代人编写的记录现代词语的词典,它的主要任务是为推广普通话、促进汉语规范化服务。它自然要继承、接受以前辞书中一切有用的东西,但它面对的问题、处理的材料,显然不同于以解释古代词语为主的各类辞书。它对词语意义的解释有新的要求、新的做法。

二

《现汉》不是第一部对现代语言进行描写的词典。二十世纪初开始的促进我国共同语的确立和发展的“国语运动”,对词典编写也产生了影响。为促进“国语统一”,中国大辞典编纂处历时近十年编成,于 1943 年出齐的《国语辞典》是以描写现代词语为主的大型词典。这部词典收词语十万条,以国语词语为主,也收了不少供查考的古代、近代词语。在词语释义方面,提出“浅明适当,力矫旧日训解含混不清之弊”[12]。但因为该词典把注音(推广国语所必需)作为重点,“若释义方面,文字过繁,则本书篇幅,必更增多,售价自益加昂”,因而“文字只可稍从简括”[13]。“其普通义就字面一望可解者,或从省不注”[14]。所以就对现代词语意义的解释来说,《国语辞典》可议之处不少。1930 年商务印书馆出版的《王云五大辞典》[15]是一部以收集解释现代词语为主的词典。该词典是为中等文化程度的人参考之用的。以四角号码编排。编者在序言中说:“本书对于词语的解释,详略适中,以与人正确观念为原则,又单用文字解释,尚有不甚明白之处,则加以插图……至于单字,也按照词性分别,一一说明其意义,并随时举例,以显明其功用。”[16]这部词典基本上用明白的语体文解说词义,结合词性说明词义,为现代语言词语意义、用法的说明作了有益的探索。《国语辞典》《王云五大辞典》是为指导现代语言的理解和应用的描写现代语言的词典。它们的出版,标志着我国描写性、规范性现代语言词典的诞生和发展。

新中国成立以后,词典编纂的历史又翻开了新的一页。建国初期编辑出版的《新华字典》《同音字典》等在帮助普通话字、词正音,正确了解字词意义方面起了不小的作用。但是当时我们并没有一本足够分量的记录现代汉语词语读音、意义、用法的词典。《现汉》正是应时而出的这种类型的词典。《现汉》是国家、政府为推广普通话,促进汉语规范化而要求编成的一部中型的现代汉语词典。“为了实现现代汉语的规范化,在词的选择、词的定型、词的标音、词义分析、用法的说明和例句的征引各个部分,尽可能表现出明确的规范。”[17]这个目标明确而艰巨。在词语的释义方面实现这个目标,达到这个要求,确非易事。因为“到目前为止,我们还没有一部在词义解释上十分完善的词典”[18]。参加编写的专家学者们作了认真的准备[19],吸收国内外优秀辞书的编纂经验和成果,制定了编写细则,其中包括科学的释义原则。笔者认为,《现汉》在下列几个方面对现代汉语词语的释义作出了贡献。

(1) 用多个词语具体说明词义。防止互训、“一字释一字”。“以一字释一字”是王力先生批评古代辞书,以至于近人编出的《辞源》《辞海》存在的明显的缺点。王力先生提倡“以多字释一字”。这一点,《国语辞典》的编者也有同样的认识。该词典的凡例中说明“两词不互注”“如甲词既注‘即乙’或‘犹乙’,则乙词必有相当之注释”。实际上,《国语辞典》没有很好贯彻这个原则。如“盘查”下注“清查”，但该词典未收“清查”一词。“盘绕”下注“围绕”，“围绕”下注“环绕”，“环绕”下注“四周围绕”。这是“围绕”“环绕”互训。《王云五大辞典》也存在同样的问题。“美”下注有“〔形〕……②善”义，“善”下注“〔形〕①美”。这是互训。“主”下注“〔名〕①主人”，但该词典不收“主人”一词。从理论上实践上在整部词典中贯彻以“多字释一字”原则的（若以一词作释，则该词作具体解释）是《现汉》。这方面不必举例[20]。用多个词语具体说明词义，对普通的词也这样做，有人认为是烦琐哲学[21]。这是不正确的。对词义内容作具体的说明，正是清楚地说明词所反映的事物现象的特征，清楚地说明词义的范围，是科学性的要求，是语言、思维精确化的要求，是语言规范化工作所需要的。一些生活中极普通的词，下定义很费斟酌，这不正说明，我们自以为熟悉的普通词，其实并不能确切把握它的内容。经过分析、概括，用恰当的语言说明它的含义，这是一种提高和进步。至于在词典中用“大”是“‘大小’的大”，“好”是“‘好坏’的好”之类的做法来说明词义，只是一种廉价的图省事的办法。严格地说来，这并不是解释词义。说“好”是“‘好坏’的好”，这是用“好”来解释“好”。同“坏”相联系相对比只是促使读者产生一种联想自己去领会“好”的意义，词典并没有解释“好”的意义。《现汉》在释义中没有采用这种做法是完全正确的。

（2）用规范的现代汉语解释词义。这一点看似平常，其实意义重大。《国语辞典》释义用浅近文言、半文半白的语句。该词典为促进“国语统一”，重在注音，但国语不应只理解为国音，它在词汇、语法上也应有自己的规范。因此《国语辞典》的注释就不是国语的规范。这是时代的局限。《王云五大辞典》释义词语基本上是白话，但仍留文言的痕迹。如：高等动物，组织复杂的动物，如脊椎动物是。

《现汉》释义则用规范的现代汉语。试比较下列各词释义：

攀附　谓附显贵以求登进。（《国语辞典》）

②指投靠有权势的人，以求升官发财。（《现汉》）

撕　以手裂物。（《王云五大辞典》）

用手使东西(多为片状的)裂开或离开附着处。（《现汉》）

《国语辞典》《王云五大辞典》的释义虽有可取，但用的是文言，不如《现汉》的明白规范。

以推广普通话、为汉语规范化服务的词典，它的语言更应该是现代汉语应用的规范，它以它的自身具体显示了现代汉语用词造句的规范。在这方面，《现汉》获得了很高的评价。“这部词典使用了规范化的语言，具有纯正不杂的风格。”[22]

(3) 释义词语显示被释词的语法性质

词的语法性质显示着词义的特点，也显示着词的用法。所以描写性、规范性词典多在释义的同时说明词的语法性质。《国语辞典》已认识到这一点，在凡例中说：“各词中有注明词性之必要者，均于释义中分别注明之。”如“不但”，注“表示推进一层，副词……”又如：“闷②作动词用，亦作焖，如‘你把这沏好的茶，再闷一会儿吧’。”但《国语辞典》对实词，大都没有说明词性。《王云五大辞典》在解释字的不同意义时，编者认为各义词性不同的皆注明，如：

主　〔名〕①主人(例)主仆、宾主。②有事权的人(例)家主、船主……

〔形〕①根本的(例)主法。②自己的(例)主观。

〔动〕①主张(例)主战、主和……

尽管这样做产生了新的问题(见下)，但仍是一种有益的尝试。《现汉》对虚词和实词中的代词、量词标明了词性，对实词中的名词、动词、形容词原来也打算标注，后来没有这样做[23]。但《现汉》用名词性词语解释名词，谓词性词语解释动词、形容词，使解释词语同被释词语法性质一致，也可以说，释义词语显示了被释词的语法性质。也有释义词语同被释词的语法性质不一致的，如用名词性词语解释形容词、动词时就是这样，这是不同的释义方式，有其应用的条件。笔者曾多次根据《现汉》的释义，归纳出不同语法性质的词的释义方式[24]，这里不再作分析。需要指出的是，在需要使释义词语同被释词语法性质一致时却没有这样做，这就是一种失误。如：

流动　谓事物之不固定者。　（《国语辞典》）

高帽　欢喜受人恭维。（例）这人喜欢戴高帽。（《王云五大辞典》）

“流动”是动词却释成了名词，“高帽”是名词却释成了动词。《现汉》的释义才是恰当的：

流动　①（液体或气体）移动。

②经常交换位置（跟“固定”相对）。

高帽子　比喻恭维的话，也说高帽儿。

给被释词标上词性还有一个问题需要讨论。《王云五大辞典》区分了词性，但把词义和词素义同等对待。如上面所引“主”的释义中，“主观”中的“主”释为“自己的”，归入形容词义，“主战”“主和”中的“主”释为“主张”，归入动词义，但它们都是词素义。台湾1981年出版的《重编国语词典》也存在同样的问题。如：

锋　〔名〕　①兵器锋利处，如刀锋、剑锋。

②器物的尖端部分，如笔锋、针锋。……

〔形〕　锐利的，如锋刃。……

所释都是“锋”的词素义，都标上了词性。这显然是不妥当的。我们认为，能独用的词、词义义项标上词性是合理的。

（4）释义结合说明词的用法

《现汉》的编者明确地提出词的释义中适当说明词的用法。

“实词一般以阐明词本身的词汇意义为主……可以适当说明一些用法,就是说明和其他词的配合关系。这些关系多半是语义上的关系,说明之后,也更深切揭露词的词汇意义。”[25]《国语辞典》已注意到在释义时“或引举例句”“俾检查时详其用法”[26]。《王云五大辞典》也采取了同样的做法,“说明其意义,并随时举例,以显明其功用”[27]。这显示了这些词典在编纂宗旨上已摆脱了古代辞书仅供查考的局限,而具有现代描写性词典的性质。但这两部词典主要想通过例句来显示词语的用法,而例句在这两部词典中并不丰富,这使它们在显示词的用法方面作用是相当有限的。《现汉》在释义中结合说明词的用法,并认为这样做能“更深切揭露词的词汇意义”。这是全新的认识和做法。这显然是吸收了当代词典编纂的先进理论,借鉴于国外优秀词典的编纂经验。这使《现汉》充分具有现代描写性、规范性词典的性质。在《现汉》中出现我国以前辞书中极少[28],也可以说从未用过的释义方式:在释义词语中加括号说明词的配合关系。释义中放在括号中的词语作用是不同的,主要有这几种情况:

1)说明表动作行为的词经常搭配的施事者:

奔驰　(车马等)很快地跑。

凋零　(草木)凋谢零落。

2)说明表动作行为的词经常搭配的受事者:

戒除　改掉(不良嗜好)。

开脱　解除(罪名或对过失的责任)。

3)说明表性状的词特定的或一般的修饰对象:

丰沛　(雨水)充足。

清醇　(气味、滋味)清而纯正。

典雅　优美不粗俗(多指文词)。

4）说明某些表名物的词用于特定的范围：

出处　（引文或典故的）来源。

大纲　（著作、讲稿、计划等）系统排列的内容要点。

5）说明词语的特殊用法：

打紧　要紧（多用于否定式）。

不休　不停止（用作补语）：大家争论不休。

跟踪　紧紧跟在后面（追赶、监视）：跟踪追击。

但《现汉》并不是用法词典。它在有限的篇幅中，释义结合说明用法，再加上其他语法特点、用法特点的说明、丰富而系统的例句，在显示词语的用法方面作出了应有的努力。

（5）说明词义和习惯格式的依存关系。

现代语言学揭示了某些词语的意义同特定的表达格式的联系。苏联语言学家C. H. 维诺格拉托夫在《词的词汇意义的主要类型》一文中曾说明词有非自由义，其中又有搭配方式受限制的词义[29]。用这种观点来分析现代汉语，也会发现词的某些意义同某种习惯格式有关系，也可以说词的某些意义只存在于某种习惯格式中。《现汉》注意发掘说明这种现象，给人以有益的启发。下面引一个例子：

一……一……

① 分别用在两个同类的名词前面。

a)表示整个：一心一意|一生一世……b)表示数量极少：一针一线|一草一木

② 分别用在不同类的名词前面。

a)用相对的名词表明前后事物的对比：一薰一莸（比喻好的和坏的有区别）。b)用相关的名词表示事物的关系：一本一利（指本钱和利息相等）。

③ 分别用在同类动词前面，表示动作是连续的：一瘸一拐|一歪一扭

(④⑤义略)

在"一……一……"这一格式中,"一……一……"表示什么意义呢?

《现汉》说明了它的意义、表义作用随着它后面的词的性质和意义的不同而不同。条分缕析,细致入微。这样的释义在以前的辞书中是找不到的。它反映了现代语言学对词义的分析越来越细致,越来越精确所取得的成果。

《现汉》对词语的(尤其是对百科性词目)释义所体现的当今的认识水平、科学水平,是它在词语释义方面所作出的贡献的重要部分。此非本文讨论的内容,这里就从略了。

三

《现汉》的释义也存在一些问题,从进一步满足需要、更科学合理地解释词义的要求出发,笔者愿提出下列问题作一番探讨。

(1) 关于区分词和词素、词义和词素义(也叫语素义)的问题。吕叔湘先生在最近发表的《〈现代汉语学习词典〉序》中说,在他主编《现汉》初稿的时候,曾试着做而没有做成的有两件事,其中"一件事是区别单字能不能单用,也就是分别词和非词"。吕先生称赞《现代汉语学习词典》"对于一个字或这个字的某个义项,能够单用的都直接标明词类;对于不能单用的字或义项分别注明'素'(实义语素)'缀'(前缀、后缀)、'字'(非语素的字)"[30]。吕先生称赞他们这种做法,认为这样做会受到外国学生的欢迎。现代汉语存在词和词素的差别、存在词义和词素义的差别,认识了解这种差别不仅对外国学生学习汉语是需要的,对本国学生及一般人学习运用语言也是重要的。在中型的描写性、规范性的词典中,可以考虑包括这方面的内容。当然，要清楚地划开这方面的界限，问题是不少的。

(2) 某些释义方式应用的范围。

一种是双音合成词用对释词素义的方法来解释，这种方法同以一词释一词是有区别的，但由于对某些词的释义多用这个方法，不注意照应，效果不好。笔者在《表性状的词的释义》[31]一文中曾举出这些例子：

精细　精密细致　　　　精密　精确细密
细致　精细周密　　　　细密　精细仔密

对释词素递训下去，两次重复“精细”，成了“自训”。

同这个问题有联系的是，要不要解释词的词素义的问题。周祖谟先生曾经指出“在词典里给出了整个词的词义，而没有点到其中有必要解释的词素的意义，如‘企图’的‘企’，‘情绪’的‘绪’……在编者可能认为没有必要……要真正理解一个词的词义所包含的内容就应当有所说明”[32]。词的释义不能到处用对释词素义的方法，但在词义解释中如何照顾到词素义的解释，或者必要时另外解释词素的意义，这个问题值得研究。

“……的”这种释义方式的使用也值得讨论。一般认为形容词的注释原则上不加“的”煞尾，但在用名词或动词、动词性词语来解释时可以加。如：旧，过去的，经过长时间的。这种方式常用于起修饰限制作用的词素义的说明，《王云五大辞典》已用了这种方式，但应用的原则并不一致，如：

高 〔形〕② 昂贵的(例)高价。③ 超出俗流之上的(例)高尚，高士。

大 〔形〕② 尊贵(例)大名、大著。

上面的释义词语中，“昂贵”“尊贵”词性一样，一加“的”一不加“的”。《现汉》的应用比较规整。当某个词的某个意义既可以出现

在合成词的修饰限制成分中,又可以作为词义来运用时,《现汉》一般是按词义的性质来解释的,如:

闲 ②(房屋器物等)不在使用中:闲房|不让机器闲着。
④与正事无关的:闲谈|闲话。

“闲”的②义是词义,但它也出现在合成词“闲房”的“闲”中,这个意义不用“……的”式来解释。④义是词素义,出现在合成词修饰限制的成分中,用“……的”式解释。因此笔者曾提出《现汉》用“……的”式来解释“好”“坏”等词的意义,就是可以斟酌的了[33]。这些词是形容词,有形容词的各种功能,不限于作修饰语。

(3)词义成分和词的搭配词语说明的区分。这是一个相当困难的问题。请看下列例子:

幽闲 ①(女子)安详文雅。 (《现汉》)
幽闲 ①女子安详文雅。 (《四角号码新词典》)
硬朗 (老人)身体健壮。 (《现汉》)
景气 经济繁荣。 (同上)
幽微 (声音气味等)微弱。 (同上)
幽幽 形容声音光线等微弱。 (同上)

在“幽闲”的释义中,“女子”这个内容,《现汉》处理为搭配词语,《四角》处理为词义成分。《现汉》在“硬朗”的释义中,“老人”处理为搭配词语,在“景气”的释义中,“经济”处理为词义成分。在“幽微”的释义中,“声音气味”处理为搭配词语,在“幽幽”的释义中,“声音光线”处理为词义成分。如何划分它们的界限呢?看来很难讲清楚。兹古斯塔在他主编的《词典学概论》中谈到这一点时说:“认为使用范围是词义本身的构成成分,这种意见并不是所有语言学家都会接受的。”“即使词典编纂者认为使用范围不是词义本身的构成成分,他也必须把它看作有关词怎样使用的具体规则,看作是该词所指意义的一部分，结果反正是一样。”[34]英国语言学家莱昂斯谈到这种现象时说“词位的潜在搭配有理由看作词位意义的一部分。说明 bandy 的意义很难不联系它结合的 Leg(通常用多数)。各种语言中都有许多这样的例子。”[35]《现汉》在释义中可以说是反映了这种词义成分和搭配词语交叉的复杂情况。在规范性的词典中，能否划出比较清楚的界限，并在形式上有所反映，这是值得研究的问题。

附　注

① 王力《理想的字典》，见《王力文集》第十九卷，39—43 页，山东教育出版社 1990。

② 同上，43 页。

③ 同上，43—49 页。

④ 刘叶秋《中国字典史略》，238 页，中华书局 1992。

⑤ 同④，240 页。

⑥ 王力主编《古代汉语》上册第一分册，67—68 页，中华书局 1962。

⑦ 同①，52 页。

⑧ 同①，59 页，另一个重要缺点是“古今义杂糅”。

⑨ 同①，72—76 页。

⑩ 同①，52 页。

⑪ 同①，71 页，其他标准是“明字义孳乳”“分时代先后”。

⑫ 汪怡《国语辞典·序》。

⑬ 同⑫。

⑭《国语辞典·凡例》。

⑮《王云五大辞典》过去少评介。周恩来总理在 1972 年说：“王云五主编的四角号码词典为什么不能用？不要因人废文”(见《周恩来选集》下册《恢复文教科技部门的正常工作》)。

⑯《王云五大辞典·序》，见王云五《王云五大辞典》，商务印书馆 1930。

⑰ 郑奠等《中型现代汉语词典编纂法(初稿)·序言》，《中国语文》1956

年第 7 期。

⑱ 同⑰,《中国语文》1956 年第 9 期。

⑲ 参看刘庆隆《〈现代汉语词典〉编写工作二十年》,《辞书研究》1981 年第 3 期。

⑳《现汉》在这方面有少许失误,参看孙德宣《〈现代汉语词典〉编纂杂语》,《辞书研究》1980 年第 1 期;韩敬体《同义词语及其注释》,《辞书研究》1981 年第 3 期。

㉑ 见⑳孙德宣文。

㉒ 周锺灵《略论〈现代汉语词典〉的释义》,《辞书研究》1980 年第 1 期。

㉓ 参看吕叔湘《〈现代汉语学习词典〉序》,《辞书研究》1992 年第 6 期。

㉔ 参看拙作《词的释义方式剖析》,《辞书研究》1992 年第 1、2 期。

㉕ 同⑰,《中国语文》1956 年第 8 期。

㉖ 同⑫。

㉗ 同⑯。

㉘《王云五大辞典》偶尔一用这种释义方式,如膏腴肥美(指田地)。《新华字典》有时也用这种方式,如肥⑤宽大(指衣服鞋袜等)。

㉙ C. H. 维诺格拉托夫《词的词汇意义的类型》,《俄语教学和研究》1958 年第 2、3 期。

㉚ 同㉓。

㉛ 该文见《语言学论丛》第十三辑,商务印书馆 1984。

㉜ 周祖谟《现代汉语词汇的研究》,《语文研究》1982 年第 2 期。

㉝ 同㉛。

㉞ 拉迪斯拉夫·兹古斯塔主编《词典学概论》,57 页,商务印书馆 1983。

㉟ J. Lyons, *Semantics* Ⅱ, Cambridge University Press Reprinted 1977, p. 613.

(原载《〈现代汉语词典〉学术研讨会论文集》,商务印书馆 1996)

关于《现代汉语词典》释义的讨论

一

《现代汉语词典》(以下简称《现汉》)是我国第一部用规范的现代语言全面确切地解释词语意义的词典。学者、读者对释义各方面的探讨对其修订时改进释义起着重要的作用。最近看到《辞书研究》上几篇对《现汉》中具有某种语法特征的词的释义提出质疑、改进意见的文章,但这些意见对一般语文词典释义的性质、释义的应用认识片面,不够妥当。本文就针对这些意见来谈三个问题:(1)关于作格动词的释义;(2)关于二价名词的释义;(3)关于释义中核心动词的使用。

二、关于作格动词的释义

有文章①解释作格动词如下:

> **感动** ①动思想感情受外界事物的影响而激动,引起同情或向慕。(用例略,下同)
> ②动使感动。

作者认为"感动"①义表自动变化,叫作格释义,②义表使动变化,称役格释义。文章又举"激奋""为难"二词条,认为"激奋"的①义为形容词义。②义为:“动使激动振奋。”属役格释义。“为难”的①义为形容词义,②义为:“动作对或刁难。”属役格释义。该文对《现汉》中这类动词做了全面考察,对它们的释义、义项划分、用例配置做了调查。在释义方面提出的问题是:为何“感动”同性质相同的“激奋”“为难”不一样?可以看到“感动”义项②用的是“使+原动词”释义,“激奋”则是“使”后对释两个语素“激动振奋”,“为难”是用两个同义近义词释义,用“或”连接,表示是选择关系。该文列举归纳了《现汉》对这类词的释义类型多达11种,而认为“却没有——至少没有明确地——给出一个标准,以致影响了词典释义的系统性、准确性”。我们选择列举该文认为不同释义的其他例词如下:

迁移 动离开原来的所在地而另换地点。

弱化 动变弱;使变弱。

激荡 ②动冲击使动荡。

方便 ②动使便利;给予便利。

该文建议:“需要解释好作格用法的语义结构,然后在此基础上采用‘使(变)×’或‘使+作格释义’”这样的模式,如“激化”释为“使激化”,“灭”释为“使熄灭”。

问题集中在《现汉》为什么对从语法角度看同是“作格”的义项有这么多种的释义方式呢?现在来看这类词不同释义的内容特点。

“感动”的释义是“使”加原动词,解释了这个义项的使动语义特征。

“激奋”的释义是“使”加两个语素义对释,这个对释包含有两个并列关系的心理活动:激动、振奋。

“为难”的释义是并列两个同原词同义近义的动词,包含有两种选择性行为的内容。

“迁移”的释义未区分自动使动义，而是说明其行为特征：离开原地，换到别地。

“弱化”的释义是一个义项组，分别解释其自动义，使动义，用分号隔开。

“激荡”的释义说明由于冲击而使动，使动义变成行为的目的结果。

“方便”的释义也是一个义项组，分别解释其使动、自动义，用分号隔开。

从上述分析可以看到：1. 这些含有使动义的词义内容各有特点，有的仅是自动行为的使动变化，有的包含两个并列或选择的行为或状态，有的包含有由于强力作用而引起使动的特征，等等。语法上对这类词特点的概括，不能完全揭示这类词的词义特征，不能只据某一语法特征，要求释义的格式化。2. 确切、明白、简洁是语文词典释义的要求，这并不需要另外说明。上述词的释义经词典编纂者多年多次推敲，应该说是确切、有特色、见功力的，但是释义的确切并不是只有唯一的一种说明，其他词典的编者还可以有新的概括、新的提炼，因此释义才是创造性的，否则会陷入陈陈相因的抄袭。

该文提出的义项划分，用例配置方面的意见，就一般语文词典来说，还要根据词典的性质、目的、篇幅等情况处理。

三

有文章[②]对《现汉》中语法上称之为二价名词的释义也提出质

疑和修改建议。所谓二价名词,该文解释为:“这些名词往往与另外两种名词构成语义上的依存关系,或者说与另外两种性质的名词之间存在隐含的谓词性配价关系。”例如“意见”的语义表达式为“某人对某事或某人的看法”,其中“某人”和“某事或某人”就是“意见”的配价成分。该文认为“要求配价成分共现是二价名词的典型语义特征”,而《现汉》中对这类词的释义模式不统一,标准不一致,建议应尽量统一。如“兴趣”原释为“喜爱的情绪”,可改为“对人或事物喜爱的情绪”。

我们认为,该文所提的问题应该区分为两个方面:(1)从这类词词义内容看,各个词的词义特征是什么?关涉到的两项人或事物在释义中占何地位?是否必然要出现?如何表述?(2)从这类词进入语句的组合特点看,是否必定“要求配价成分共现”?

先谈第一个问题。我们来分析一般语义词典对这类词的释义。

兴趣 《现汉》见上文

爱好或关切的情绪。

(《现代汉语规范词典》,以下简称《规范》)

由爱好而产生的愉快情绪。

(《汉语大词典》,以下简称《汉大》)

益处 对人或事物有利的因素。 (《现汉》)

好处;有利的因素(跟“害处”相区别)。 (《规范》)

犹好处。 (《汉大》)

印象 客观事物在人的头脑里留下的迹象。 (《现汉》)

客观事物刺激感官而在人脑里留下的迹象。 (《规范》)

2.客观事物在人脑里留下的迹象。 (《汉大》)

感想 由接触外界事物而引起的思想反应。 (《现汉》)

在同外界事物的接触中引起的想法。 (《规范》)

2.接触事物引起的思想反应。 (《汉大》)

词典对这类词的释义,除使用同义近义词外,用扩展性词语释义必然是定中结构。中心语是被释词的类词语或意义相近、相关的词语，指明被释词所属概念范畴，定语说明词义特征。定语说明的词义特征限制中心语所指概念范围，二者结合揭示词义内容。“兴趣”释义词语的中心语，三部词典都选用“情绪”，其词义特征，《现汉》用“喜爱的”，《规范》用“爱好或关切的”，二者是选择关系。《汉大》则说明这种情绪“由爱好而产生”，性质是“愉快的”。“益处”释义词语的中心语，两部词典都选用“因素”，定语说明的词义特征，《规范》用“有利的”，《现汉》先说明“对人或事物”，再说明“有利的”。“印象”释义词语的中心语，三部词典都用“迹象”，定语部分说明的词义特征，《现汉》和《汉大》一致，《规范》则加上“刺激感官”。“感想”释义词语的中心语，《现汉》《汉大》用“思想反应”，《规范》用“想法”，定语说明的词义特征，三部词典一致，都强调“由接触外界事物引起”。

分析上述词的释义可以看到，释义都注重于词义所含的语义特征，如“喜好的”“有利的”等等，所关涉的持有者、针对者等，出现的情况不一样。在“兴趣”中完全没有出现，在“益处”中，《现汉》采用针对者出现在“对”介词结构之后的表述，“印象”中持有者、针对者并未采用分别出现在“对”介词结构前后的表述，这同选择的说明角度有关，这种选择是恰当的。“感想”中持有者未出现，针对者也未出现在“对”介词结构之后，这也是由选择的说明角度决定的。由此可见，这类词词义中关涉的两种名词性成分在释义中是否出现，如何表述，服从于确切、简明释义的需要，不可能要求一定要用某种格式来表述。

下面谈第二个问题，二价名词进入语句，是否必定“要求配价成分共现”？我们以“意见”为例。“意见”有二义，《现汉》的解释如下:①名对事物的一定看法或想法。②(对人、对事)认为不对因而不满意的想法。

①义作宾语

谈谈你对工作的意见。
咱们来交换交换对工作的意见。

②义作宾语

对这种粗暴的做法,我有意见。

以上“意见”的持有者、针对者都出现。

①义作主语

我的这个意见还不太成熟。
他们俩的意见有些分歧。

②义作主语

他的意见很尖锐。
大家的意见很大。

以上“意见”的持有者出现,针对者未出现。还可以有这样的用例:

有意见就快提!
意见?没有。

以上“意见”的持有者、针对者都没出现。

由此可见,这类词的两项配价成分在语言中出现的情况是随语境而变的,即使在一个句子中其出现、不出现也视语境而变。因此从这类词在语句中应用来看,笼统地说“要求配价成分共现”也不符合语言事实。

四

有文章[③]提出,在对表动作行为的词的释义中,要注重“核心动词”的使用。什么是这类词释义中的核心动词？我们先来看该文据这个观点对《现汉》中几个词提出的修改意见。

涂　《现汉》原释：“①使油漆、颜色、脂粉、药物等附着在物体上。”建议修改为：“通过摩擦使物体表面附着上一些东西。”修改理由：1. 认为原用的“使……”并非“涂”词义所持有，需另用核心动词“摩擦”；2. 通过同义词语义场的分析，发现“涂”的核心动词是“摩擦”。

捣和舂　“捣”《现汉》原释：“用棍子等的一端撞击。”“舂”《现汉》原释：“把东西放在石臼或乳钵里捣去皮壳或捣碎。”建议修改为：“**捣**　用棍子等的一端撞击物体。**舂**　把物体放在石臼或乳钵里（用槌）撞击，使去皮壳或碎裂。”修改理由：1.《现汉》原释义“捣”和“舂”的核心动词不一致，一为“撞击”，一为“捣”。2. 原释义核心动词不同，无法显示词义差别，故改为一致。

该文的观点，涉及对一般语文词典释义性质的认识，涉及对使用扩展性词语释义中包含的词义成分性质的认识，下面以上文举出的这三个词的释义为例子来讨论这些问题。

先看其他重要语文词典对这三个词的解释。

涂　①使颜色、油漆等附着在物体上。

（《新华字典》[第10版]，以下简称《新字》）

把泥、灰、油漆或者药物等抹在物体表面。　（《规范》）

把颜色或油漆等抹在其他东西上面。

（《现代汉语学习词典》，以下简称《学习》）

捣　砸，舂，捶打。　（《新字》）

用棍棒等工具的一端撞击或捶打。　（《规范》）

舂；捶击。　（《学习》）

舂　捣去皮壳或捣碎　（《新字》）

用杵在石臼或乳钵里捣谷物等，使去皮或破碎。　（《规范》）

把谷类的皮、壳捣掉。 (《学习》)

上述语文词典对这几个词的释义可以指出这几点：

1. 有用同义近义词释义的，如《新字》释“捣”，且用三个词，是一个义项组；《学习》释“捣”，用两个词，也是一个义项组。

2. 用扩展性词语释义的，皆用以表动作行为的词为中心的谓词性词语释义，但各词典选用的表动作行为的词并不相同，如“涂”，《现汉》《新字》用“使……附着”，《规范》《学习》用“抹”；释“捣”，《现汉》用“撞击”，《规范》用“撞击或捶打”；释“舂”，《现汉》《新字》用“捣去”或“捣碎”，《规范》用“捣”。

3. 各词典释义除选用的表动作行为的词有不同外，附加的限制成分说明也有差异，如《规范》说“舂”是“用杵”为工具，《现汉》不说明这一点，《学习》则完全不说明所用的工具。

词的释义是用语言解释语言，要求确切、明白、简洁。语言的丰富表述手段决定了词的释义不是只有一种方法，语词的运用也多有变化。上述各词典对这几个词的解释也是如此。该文提出的对《现汉》的修改，就“捣”“舂”来说，也只是一种选择。而“涂”中所加的“摩擦”，在释义词语中并未出现在动作行为应处的位置上，动作行为仍是“使……附着”。“摩擦”放在介词“通过”之后，说明的是一种方法，这种说明，未必妥当。“涂指甲油”“涂眼影膏”中的“涂”，说是“通过摩擦”，难以接受。

扩展性词语释义所包含的词义内容，就是词义成分、词义特征；它们组织在一定的语句模式中，以各种语义关系相结合而说明整个词义。用核心动词指称释义中表动作行为的词，并不恰当。理由是：1. 核心动词是语法分析句子成分关系，区别句子的主要成分、次要成分使用的术语，而词义成分各表示一个词的不同词义特征，它们以各种语义关系结合在一定的模式中。它们对说明词义特征都是重要的。例如“掐　用拇指和另一指头使劲捏或截断。”(《现汉》)其中不仅动作行为“捏”“截断”重要，其手的部位限制“用拇指和另一指头”，其力量程度的限制“使劲”同样重要，更能显出词义的特征，有什么理由区分为中心和非中心成分呢？2.许多词的释义可以选择包含一个动作行为，也可以使其更展开，包含多个动作行为，如“观光”，《现汉》释为：“参观外国或外地的景物、建设等。”《新华词典》(2001年修订本)释为：“到外国或外地去参观访问。”《现汉》释义中包含有一个动作行为“参观”，《新华词典》释义中包含三个动作行为“到”“参观”“访问”，哪一个是该词的核心动词呢？又怎么能限制词典的不同运用呢？3.该文称核心动词是在一个同义词场中确定的，但是一个同义词场包括多少个词有争论，它们每个词都可以有多种释义，从中确定释义的核心动词，其主观性难以得到共识是显然的。

对语文词典释义的探讨批评对词典改进释义有重要作用，但不可轻易否定合理的、有根据的释义，不可轻易限制多种释义方法的运用。有创新的探讨改进植根于深入细致的研究。

附　注

① 参看白鸽、施春宏《现代汉语词典》中作格动词释义情况的考察与思考，《辞书研究》2012年第1期。

② 参看许晓华《二价名词的词典释义和配例》，《辞书研究》2012年第4期。

③ 参看张少英《核心动词的使用与释义模糊性的关系研究》，《辞书研究》2011年第6期。

参考文献

1.汉语大词典编辑委员会、汉语大词典编纂处《汉语大词典》，汉语大词典出版社 1993。

2.李行健主编《现代汉语规范词典》,外语教学与研究出版社、语文出版社 2010。

3.商务印书馆辞书研究中心修订《新华词典》(2001 年修订版),商务印书馆 2001。

4.孙全洲主编《现代汉语学习词典》,上海外语教育出版社 1995。

5.中国社会科学院语言研究所编《新华字典》(第 10 版),商务印书馆 2004。

6.中国社会科学院语言研究所词典编辑室编《现代汉语词典》(第 6 版),商务印书馆 2012。

(原载《辞书研究》2014 年第 6 期)

义项的性质与分合

确定义项是词典编纂中遇到的最复杂的问题之一。本文试图从我国已出版的几本现代词典对汉语实词义项的处理，探讨义项的性质和分合中的一些问题。

一、义项的性质

语音的单位可以依次划分为音节、音位、音素；其最小单位为音素。语法的单位可以依次划分为句子、词组、词、语素；其最小单位为语素。语义的单位可以依次划分为句义、词组义、词义、语素义①；其最小单位为词义和语素义的义项。由此可以说，义项是语义的最小单位②。义项有两个最显著的特点：第一，它必以一定的语音形式为其物质外壳，但多义词、多义语素的各个义项，并无不同的语音形式来区别它们。在语言中，同音义项比同音词更为普遍。第二，不同的语素、不同的词的不同义项都有概括性，但其内容的概括范围和概括程度有很大的差别。如：

宇宙 ①包括地球及其他一切天体的无限空间。

（《现代汉语词典》，以下简称《现汉》）

粒子 目前人类所知道的构成物体的最简单的物质，包括电子、正

电子、质子、中子、光子、介子、超子、变子、反粒子等。 (《现汉》)

比较这两个词的意义,前者是整体的极限,后者是部分的极限(就目前科学认识的水平来说),概括范围相差悬殊。

又如:

山 地面形成的高耸部分。 (《现汉》)

黄山 在安徽南部。最高处莲花峰海拔1860米。

(《新华词典》,以下简称《新华》)

这两个词的意义比较起来,前为一般,后为个别,概括的程度不同。

但作为义项,它们的地位是相等的:都是意义的一个单位,使语素或词能以其代表的意义,在语言中起作用。

由于多义语素、多义词的各个意义,并无不同的语音形式来区别,就产生了确定义项的问题。义项的确定,受到下列因素的制约:

(1) 语言运用的实际情况,即语素和词在运用中表现出的不同意义,这是确定义项的客观根据。

(2) 确定义项标准、原则的差别,使义项的处理有分合、详略、繁简的不同,这往往决定于不同词典的性质(历史词典、现代词典、详解词典、简明词典等)、对象和要求。

这两个因素,不少文章已谈了很多很好的意见,不再重复。我认为,还有第三个因素,对义项的合、分也起相当作用,这就是由于义项的表述(同义项的确定是一件事的两面),是用语言来解释语言,一个语言符号(语素、词)的意义,用另一个或多个语言符号的意义来表示,由于语言符号内容的千差万别(上面所说的义项的第二个特点在这里起作用),其结合构成的词组、句子的内容是各色各样的,这就使得对于同一语素同一词的意义内容,可以从不同的角度,用不同的语言符号和不同的语言符号的结合来表述,由此就出现了不同辞书对同一语素、同一词义项的划分，有概括范围、概括程度上的差别。例如：

洞 《汉语词典》(以下简称《汉语》)作：① 深穴。② 孔。《现汉》作：①(～儿)物体中间的穿通的或凹入较深的部分。《四角号码新词典》(以下简称《四角》)(1977年修订本)作：①窟窿：例山洞。

《汉语》分开的两个义项，《现汉》《四角》都合为一个义项。义项意义相比，《现汉》《四角》的概括范围比《汉语》大。《现汉》用定义式释义，指出洞虽有“穿通的”“凹入较深的”两种，但都是“物体中间……的部分”。《四角》则以能概括“洞”的“穴”“孔”两义的一个近义词“窟窿”来说明。《现汉》在一个义项中把洞区别为两种情况，同《汉语》所立的两个义项也不相当，《汉语》义项①深穴，指的是物体中间凹入深的部分，义项②孔，指的是物体中间穿通的部分和凹入而口径小的部分。

我们不想评述这些义项的分合、表述哪种做法更好一些，只是要指出，用语言符号解释语言符号的意义，则可利用语言符号多种表达的可能，能分能合(还可以有不同的分合)，出现概括范围、概括程度的差异。

上面所说的影响义项分合的三个因素地位并不相等。(1) 语言运用的实际情况是基本的，决定性的，它决定义项的客观性和真实性。(2) 确定义项标准、原则的差别引起分合等等的不同，反映了义项是人们主观对客观语言材料进行分析归纳的产物。语言表述的多种可能使第三个因素并不独立于(2)之外，它在(2)中起作用，使(2)成为可能。当人们根据不同的标准原则划分义项时，正是利用了语言多种表述的可能。

语素、词意义的全部内容，显示在它所可能有的全部组合中，其中的差别，也只有在这些组合和组合所出现的语境中才能最清楚地显示。义项的确定、划分、表述，只是一种概括的近似的描写，不可能穷尽其一切个别情况。

二、义项分合差异的几种类型

这里讨论的义项分合差异的几种类型，不包括收入不收入某些义项的差异，比喻义是否独立的差异，区别不区别同音词和多义词所产生的义项差异这几种情况，而是指在词、语素的各个意义都收入的情况下，不同的词典分合仍然不同。常见的类型有：

（1）表示事物现象的词和语素，类的分合不同。如：

院 《现汉》作：②某些机关和公共场所的名称；③ 指学院。《四角》作：②某些机关、学校或公共场所的名称。例 法～|学～|电影～。《新华》同《四角》。

即，《现汉》分成两类，立两个义项，《四角》《新华》则合成一类，立一个义项。

烟 《现汉》作：①烟草，②纸烟。《四角》作：④烟草，烟草制品 例 香烟。《新华》同《四角》。

《现汉》把原料"烟草"和它的制品"纸烟"分为两类，立两个义项，《四角》《新华》则合为一个义项。

（2）表示事物现象的词和语素，整体和部分的分合不同。如：

香蕉 《现汉》作：①多年生草本植物，叶子长而大，有长柄，花淡黄色，果实长形，稍弯，味香甜。产在热带或亚热带地区。②这种植物的果实。《四角》作：多年生草本植物，产在热带或亚热带，果实长形，稍弯，果肉软甜可吃。《新华》同《四角》。

香蕉及其所结的果实，是整体和部分的关系。《四角》《新华》

对“香蕉”一词所指，只作整体的说明，《现汉》则把整体（香蕉这种植物本身）和部分（所结的果实）分立两个义项。

（3）表动作行为的词和语素义项分合的不同。

表动作行为的词，其意义有时含有一定的动作发出者，一定的关系对象，以及对于动作行为运用的工具、方式、数量、时间、空间等等的限制[③]。这类词义项的划分，常因是侧重动作行为本身的共性，还是侧重其中有一定的动作发出者，一定的关系对象，动作行为运用的工具、方式、数量、时空的限制的差异，而有分合的不同。如：

说 《现汉》作：①用话来表达意思：我不会唱歌，只说了一个笑话。②解释：一说就明白。（这里“解释”意为“说明某事的含义、原因、理由等”。）《新华》同《现汉》。《四角》作：①用话来表达解释。[例]说明。

《四角》侧重动作行为的共性（用话表达）定为一个义项，《现汉》《新华》则主要根据“说”的“解释”义有特定的关系对象（说的是“某事的含义、原因、理由等”）而分立另一个义项。

封锁 《现汉》作：①（用强制力量）使跟外界断绝联系：经济～。②（采取军事措施）使不能通行：～边境。《四角》作：采取强制措施使与外界断绝联系或来往。《新华》同《四角》（表述略有差异）。

《四角》《新华》强调“封锁”这个动作行为的共性，立为一个义项，《现汉》则主要从动作行为的方式有特殊限制（“采取军事措施”），分出义项②。

织 《现汉》作：①使纱或线交叉穿过，制成绸、布、呢子等。②用针使纱或线互相套住，制成毛衣、袜子、花边、网子等。《四角》作：用丝、纱、麻、毛线等编织成绸、布、呢子或衣物等。《新华》同《四角》（表述略有不同）。

《四角》《新华》着眼于“织”这种动作行为的共性，确定为一个义项，《现汉》则看到由于工具（是否用针），行为方式（穿过还是套住),关系对象(这里指制成物是布、绸、呢子等衣料,还是毛衣、袜子等衣物)的不同,而分为两个义项。

表动作行为的词义项分合差异的一个典型的例子是"打"义项的划分。除基本义相同外,《现汉》根据"打"在不同的组合中表示的动作行为各方面的差异,再分为22个义项(从③义项到㉔义项),《四角》《新华》则把这些都归结为一个义项,用"表示某些动作行为"(《四角》)"指某种动作行为"(《新华》)来概括。

(4) 表性质、状态的词和语素义项分合的不同。

表性质、状态的词有不少意义只适用于某种特定对象④,在确定义项时,就出现了侧重于意义有不同的适用对象而分,和不强调这个差别而合的差异。如:

> **瘦** 《现汉》作:① 脂肪少;肉少(跟"胖"或"肥"相对)。②(食用的肉)脂肪少(跟"肥"相对)。《四角》作:①脂肪少,肌肉不丰满,与"肥""胖"相对。例~肉|~弱。《新华》同《四角》。

《四角》《新华》定为一个义项,《现汉》则根据适用对象的差异,而分出②义(只指"食用的肉")。

这类词所表示的一些意义内容,有时也可以强调其表示的性状的共同点而合,有时又可以强调因运用对象不同所表示的性状有某些差异而分。各家的分合也可有不同。如"深",《现汉》《四角》《新华》下列义项分合不同:

> ③ 深奥:由浅入~|这本书很~……
> ④ 深刻;深入:~谈|影响很~
> ⑤(感情)厚;(关系)密切:~情厚谊|两人的关系很~
> ⑧ 很;十分:~知|~信|~恐…… (《现汉》)

> ② 程度高。例 学问~|阶级感情~

⑤ 极，很。例～信不疑|～表同情

⑥ 深入，深远。例～谈|影响很～ （《新华》）

④ 程度高的。例 ～入浅出|交情～ ～信 （《四角》）

《四角》的一个义项，略相当于《现汉》四个义项、《新华》三个义项。《四角》的处理，是强调其表示的性状的共同点，《现汉》《新华》分为几个义项，是根据这个词的这个意义用于学术内容、交谈、感情、关系以及一般情况所表示的性状有差异。《现汉》《新华》分合的角度也有不同：《现汉》之④相当于《新华》之⑥，⑧相当于⑤，但《现汉》之③⑤，《新华》又合为②。

（5）其他

常见的如：词的主动、被动意义分合的差异。如：

舒服 《现汉》作：①身体或精神上感到轻松愉快：睡得很～。②能使身体或精神上感到轻松愉快：窑洞又～，又暖和。《四角》作：身体或精神上感到轻松愉快。

《现汉》把“舒服”区分为主动、被动意义，立两个义项，《四角》则不分。

变 《现汉》作：②改变（性质、状态）；变成：后进～先进。③使改变：～农业国为工业国。《四角》作：①变化，更改。例落后～先进|穷则思～。《新华》作：①性质、状态或情形跟原来不同。例～质|后进～先进。

《现汉》区分主动、被动意义，《四角》《新华》皆不分。

还有由于词性或词的句法作用变化引起的词义差异，有的词典对一部分这样的词区分出不同的义项，有的则不区分。如：

丰富 《现汉》作：①（物质财富、学识经验等）种类多或数量多。② 使丰富。《四角》则作：充足，种类多或数量大。

“丰富”为形容词，《现汉》根据它有动词用法而区分出②义，

《四角》则不分。

上面我们谈了义项分合不同的几种类型,只是举例,远不能概括所有情况。

三、关于义项分合评价的标准

义项的确定在符合语言实际的基础上,分合仍有差异,有否评价其是否适当的标准呢?我们认为,主要应该根据词典的性质、任务来定其优劣,而不能孤立地用一种性质词典的标准原则去衡量另一种不同性质的词典。从上面我们分析过的例子来看,《现汉》对义项的分析要比《四角》《新华》细,这是符合其中型语文词典的性质任务的。《四角》《新华》对很多一般语词的义项合多于分,这又决定于这两部词典"以语文为主,兼收百科"的性质。

我们认为,义项的确定、分合,应该能完成为词典的性质、任务决定要考察的语言事实(现代的或断代的或历史的词、语素)的语义描写。词典所确定的词义、语素义义项,至少应该能对收录的词语的意义(除失落或有特殊变异的之外)作出正确的解释。在这方面,《现汉》义项的确定和分合,有很多是做得较好的。如"淡"立的义项是:

① 液体或气体中所含的某种成分少;稀薄(跟"浓"相对)
② (味道)不浓;不咸
③ (颜色)浅
④ 冷淡;不热心
⑤ 营业不旺盛
⑥ 〈方〉没有意味的;无关紧要的

各义项皆有例证。又收入 15 个词作为词条。这 15 个词中,除三个词中“淡”的意义失落(音译词“淡巴菰”中的“淡”)或有特殊变异(“淡菜”中的“淡”和“淡竹”中的“淡”)外,其余十二个词中的“淡”义,在义项中都有反映,根据所确定的义项对各个词中的“淡”作出了正确的解释:

淡泊　淡薄　(释义略)“淡”为④义

1. 密度小　“淡”为①义
2. 味道不浓　“淡”为②义
3. (感情、兴趣等)不浓厚　“淡”为④义
4. (印象)因淡忘而模糊　“淡”为①的比喻义

淡季　淡漠　“淡”为⑤义

1. 没有热情;冷淡　“淡”为④义
2. 记忆不真切;印象淡薄　“淡”为①的比喻义

淡青　“淡”为③义　**淡水鱼**　“淡”为①义
淡然　“淡”为④义　**淡忘**　“淡”为①的比喻义
淡水　“淡”为①义　**淡雅**　“淡”为③义
淡水湖　“淡”为①义　**淡月**　“淡”为⑤义

但也有一些词义项的处理,有可商榷之处。如“严”立四个义项:

① 严密;紧密　③ 指父亲
② 严厉;严格　④ 姓

而所收词“严冬”解释为“极冷的冬天”,“严寒”解释为“(气候)极冷”。这两个词中“严”的“极……”义在所立义项中无反映(义项②不能完全概括这个意义),不如另立义项“程度深的,厉害”(《四角》)、“厉害的,高度的”(《新华》)妥当。而《现汉》在“严”下所收的“严厉”“严明”“严整”“严正”中,语素“严”都解释为“严肃”,又未立“严肃”义项。这就使得立的义项不能完全对收入的词、语素作出解释。

不同性质的词典对各类词、语素义项的划分可以不一致,但在一部词典中,分合的原则应该一致,对情况相近的词和语素的义项的处理更应该如此。这,在我们这里提到的几部词典中,也有一些

词或语素的义项的处理可以斟酌。如：

“丰富”“端正”同为形容词而可作动词用,《四角》于“端正”一词中为其动词用法立义项③使端正。例～态度。而“丰富”一词的动词用法《四角》并不另立义项(见上)。我们看不出要作不同处理的明显理由。

“低”一词,《现汉》《四角》《新华》都把其基本义①从下向上距离小,和引申义②在一般标准或平均程度之下,③等级在下的,分为不同的义项(《新华》将《现汉》《四角》之②③ 合并,见上),“低”的反义词“高”,《现汉》《四角》也把其基本义①从下向上距离大,和引申义③在一定标准或平均程度之上,④等级在上的,分立。而《新华》则把“高”的基本义和这个意思的引申义合为一个义项:①离地面远,上下距离大,与低相对。泛指等级在上超过一定水准的。《新华》处理“低”“高”义项的原则不一致(也可以理解为《新华》的“高”①是把有联系的义项归并在一起),我们也看不出这样做的明显理由。

上面谈过《现汉》根据“污秽”“污浊”这样的形容词可以指代有这种性状的事物而另立指示有关事物的义项,而同样性质的“凶险”“清幽”并不另立指代有关事物的义项,我们也看不出其中分合不同的充分理由。

附　注

① 语素能独立运用的是词,这时语素义等于词义,不能独立运用的也叫词素,这时语素义等于词素义。由多个语素构成的复合词,其语素义和词义的关系则有着复杂的情况,参看拙作《词义和构成词的语素义的关系》,《辞书研究》1981 年第 1 期。

② 准确地说,语素义义项是语义的最小单位。如“共存”,由两个语素构

成一个词,其词义为两个语素义相加:"共同存在"(《现汉》)。但这里为了说明的方便,语素义义项和词义义项的差别可忽略不计。又,国外有一种理论,认为语义的最小单位是意义的构成成分(components of meaning),参看 G. Leech *Semantics*,1977,第六章 Components and Contrasts of Meaning。本文对此不加讨论。

③ 详见拙作《词的释义方式》关于动作行为的词的释义部分,《辞书研究》1980 年第 2 期。

④ 参看拙作《词的释义方式》关于表性质状态的词的释义部分。

(原载《辞书研究》1981 年第 3 期)

词义单位的划分和义项

一

词义单位是什么的问题，长期以来缺乏有根据的分析。人们在解读古籍、编纂字典词典的过程中不断地区分出词的不同意义，这就为人们从理论上认识词义单位的问题提供了丰富的感性材料。人们用“一义”“另一义”“具有一个意义”[①]“有两个以上的意义”[②]的说法指称词义的单位。类似的说法也可以在西方语义学、词汇学的著作中看到。例如乌尔曼(Ullmann, S.)说：“同一个词可以具有许多个不同的意义（a number of specialized sense)。”[③]阿尔诺利德(Арнольд，И. В.)说：“(英语)最常用词意义的平均数（the average number of meaning for each of those most frequent words)有 25 个。”[④]有较多的学者借用词典划分词义的单位“义项”来表示词义的单位。王力主编《古代汉语》上册第一分册在“怎样查字典辞书”一节中说：“《辞源》《辞海》就不同了，一个字有几个意义都用数目字标出……”[⑤]已暗含着把义项作为词义的单位。笔者在十年前所写的《义项的性质和分合》[⑥]一文中也以“义项”作为词义单位。

笼统地说义项是词义的最小单位是有毛病的。义项原是词典、词典学使用的概念，而词典中义项的内容不是单一的，至少可以分为三种类型。

1. 一个义项是一个意义。包括：

(1)单义词的义项。如：

光压:射在物体上的光所产生的压力。(见《现代汉语词典》,以下简称《现汉》)

(2) 经过细致分析确定的多义词的义项。如：

浅 ①从上到下或从外到里的距离小。②浅显。③浅薄。④(感情)不深厚。⑤(颜色)不浓。⑥(时间)短。(见《现汉》)

2. 一个义项包含几个相近的意义。如：

轻 ③数量少;程度浅:年纪轻|工作很轻|轻伤。 (《现汉》)

“年纪轻”“工作很轻”的“轻”义是“数量少”,“轻伤”的“轻”义为“程度浅”。

路 ⑦种类;等级:这一路人|哪一路病?|头路货|二三路角色。(《现汉》)

“这一路人”“哪一路病”中的“路”意为“种类”,“头路货”“二三路角色”中的“路”意为“等级”。

3. 一个义项是某方面意义的概括,其下可细分为不同的意义。如：

打 ②指某种工作。(例)打(捉)鱼|打(买)油|打(收)粮食|打(织) 毛衣|打(画)格子|打(捆)行李|打(发出)电报|打(做)短工。(《新华词典》,以下简称《新华》)

这三种类型的义项所包含的意义内容是不一样的。可以这样设想:把第一种类型叫义项(狭义的义项),把第二种类型叫义项组,把第三种类型叫义项目。只有第一种类型的义项(狭义的义项)是经过细致分析后所得到的词义单位,才是词义的最小单位。

笔者在《义项的性质和分合》一文的附注②中举出一个例子:“共存”由两个语素构成一个词,其词义为两个语素义相加:“共同存在。"由此得出结论:"准确地说,语素义义项是语义的最小单位。"现在看来,在分析词(包括语素)义的最小单位时,不应该从合成词的词义和语素义的关系来讨论问题。词(包括语素)义单位的划分,是分析它在不同组合中意义的同异,这种组合可以是句子、词组,也可以是合成词。经过细致分析后概括出的一个个词义、语素义就是词义、语素义的最小单位。因此"共"的"共同"义,"存"的"存在"义,"共存"的"共同存在"义都是词(或语素)的最小单位。说"共存"中包含有语素"共"和"存"的意义,是分析合成词同构成它的语素义的关系问题,同词(语素)义最小单位的分析问题,不在一个平面上。

如果以狭义的义项作为词义的最小单位,则它有下列性质:

1. 它以一定的语音形式为其物质外壳。语言中同音的义项比同音词多得多。

2. 它都有概括性,但其概括范围、概括程度有很大的差别。如山——山脚、脸——鼻子、手——手心,它们基本义的概括范围不同,前是整体,后是其中的一部分;液体——水、粮食——米、金属——铁,它们的基本义概括程度不同,前一个概括程度比后一个高,前可以包括后。作为义项,它们的地位相等,使词(或语素)以其代表的意义在语言中起作用(词义和语素义的作用不同)。

3. 有某种程度的相对性。有些意义在一定条件下可以合并起来,用更概括的语言表述。如:

矮 ①身材短:矮个儿。②高度小的:矮墙|矮凳。　(《现汉》)

不高。低。(例)矮墙|矮一头。

(《四角号码新词典》,以下简称《四角》)

4. 存在某个词义义项,表示某种语言把某个意义"词化(lexicalize)"。词化指某个意义用词来表示,非词化指某个意义用词语表示。例如汉语有“客饭”一词,英语要说“a meal specially prepared for visitors at a canteen”,英语有 megalopolitan 一词,汉语要说“特大城市的居民”。“客饭”“megalopolitan”把有关的意义“词化”了。

有些学者把词义的最小单位称为“义位”。高名凯先生曾在其所著《语言论》中使用过[7],指的是一个词位的意义。多义词的不同意义高先生称作“词位义位义素”。用“义位”指称词义的最小单位是近年来使用的[8]。笔者认为,词义的最小单位都有上述性质,不因名称不同而改变。笔者仍倾向于用狭义的义项作为词义最小单位的名称。它在词典中有形式的标志(如由释义有时加书证构成,多义词的义项有标号等)。它区别于词典中广义理解的义项,是指经过细致分析后所得到的最小的词义单位。

二

单语词典中多义词用多个义项表示它的不同的词义单位,双语词典中对象语用说明语来解释,对象语的词在说明语中往往也分出多个义项来说明其意义。这种现象易使人把双语词典义项同单语词典中的义项视为相同性质的东西[9]。其实它们的性质是很不相同的。以汉语和景颇语的对比为例[10]。汉语的“饭”和景颇语的“shat”相当,可以说它们的意义一样。但汉语的“洗”相当于景颇语中四个词,在《汉景词典》中用四个义项来解释,能否说“洗”有四个义项,有四个词义单位呢?景颇语的“Iabu”,相当于汉语的两个词,在《景汉词典》中用两个义项来解释,能否说“Iabu”有两个义项,有两个词义单位呢?更典型的是,相当于汉语“叫”①义项意义的词,在景颇语中有18个,因此分为18个义项来解释,能否认为汉语“叫”的①义,可以再分为18个意义单位呢?

汉语	景颇语
饭	shat
洗	① gashin　洗碗
	② myit　洗脸
	③ bunghkrut　洗头
	④ hkrut　洗衣服
①　裤子	labu
②　裙子	
叫①人或动物的发音器官发出较大的声音，表示某种情绪、感受或愿望	① maron　人叫
	② kyek　小孩叫
	③ gatek　母鸡叫
	④ krik　蝈蝈叫
	⑤ goi　公鸡叫
	⑥ wau　狗叫
	⑦ npye　羊叫
	⑧ npo　黄牛叫
	⑨ nyot　水牛叫
	⑩ shabam　老虎叫
	⑪ nyau　猫叫
	⑫ grut　麂子叫
	⑬ hong　象叫
	⑭ chyayap　小鸡叫
	⑮ ngut　猪叫
	⑯ kak　乌鸦叫
	⑰ kang　马鹿叫
	⑱ gri　野猫叫

回答是不能。我们认为，一个词的词义单位(用狭义的“义项”表示)是在一个语言系统内部对词义的划分。在一个语言系统内部，人们根据这个语言的词汇系统、词义系统，根据这个语言系统内部形成的概念、观念来区别每个词在不同场合所表示的不同意义而归纳出词义单位，在词典中记录下来，成为义项。双语词典词义对比分出的义项，往往不合本族人的词义单位的观念。如以使用普通话的汉人的观念来说，洗碗、洗脸、洗衣服、洗头的“洗”是一个意义，“洗”不因其动作支配对象不同而分出

不同的意义单位。“叫”指包括人和所有动物发音器官发出声音，不因其施动者是大人还是小孩，是人还是动物，是什么样的动物而区分出不同的词义单位。同样，我们也可以推断，在景颇人的观念中，“labu”是穿在下身的东西，不因汉人区分为“裤子”和“裙子”而分为两个词义单位。其次，一种语言的某个词相当于不同语言几个词所表示的意义是不同的。如据北京外语学院编《汉英词典》(1981)相当于汉语“叫”①义的有 cry(叫喊，鸟兽叫)、shout（大声叫）、bar（狗叫）、bleat（羊叫）等，据上海外语学院编《汉俄词典》(1989)，相当于汉语“叫”①义的有 кричать、петь（发出声音）、лай собаки（狗叫）、пение птицы（鸟叫）、стрекот цикад(蝉叫)等。我们按照汉语同哪一种语言的对比来确定某个词有多少个意义呢？实际上，双语词典“义项”的划分是寻求不同语言的词的等价关系时出现的，犹如不同货币的兑换。一种货币“一元”相当于不同货币的比值是不同的，但在这种货币系统中“一元”则是它的货币单位。

词义单位的划分是在一个语言系统内部进行的。在这一点上，它同某种语言语音系统的单位——音位——的确定有某种相似之处。人们把在本族语言中有辨义作用的语音特征作为区别音位的根据，在别种语言中，同样的语音特征没有辨义作用，就不成为区别音位的根据。

三

在同一个语言系统内部，相隔较长时间的不同历史时期，人们对同一词的词义单位的划分也有明显的差别。拿汉语来说，只要对比一下古人对某一词意义的解释和今人对这个词意义的解释就可以发现这一点。

对语言中的某个词,不会一开始就出现对它的不同意义的详尽分析和说明。就汉语来说,是历代学者在解读古籍的过程中,在不同时期为不同目的而编纂工具书的过程中,逐步把见于不同古籍的某个词的不同意义分析、概括出来的。把同一个词的这方面的材料汇集在一起,就反映了这种词义分析、归纳的过程。清《康熙字典》、阮元的《经籍纂诂》、朱骏声的《说文通训定声》等辞书,在这方面为我们提供了丰富的材料。近人编的《中华大字典》,在利用古籍提供材料的基础上,对词义的划分已引入近人的观念。现代人编的《现汉》《辞海》(修订本)、《辞源》(修订本)、《汉语大字典》《汉语大词典》,更是有意识地对词义进行细致、科学的分析,力求准确、完备或较完备地说明词义。下面我们以"地"的本义及有关的某些引申义的分析来说明这种情况。

《经籍纂诂》汇集关于"地"的解说材料最丰富,近60条。其中有许多收录的是古代的哲学家、思想家对地的本性、性质的不同理解,并不是语词的意义。也有不少是重复的。真正属于语词意义的不多,说明其本义及相关的引申义的更少。重要的有:

土也　　《广雅·释地》

土之别名也　　《白虎通·五行》

谓神州及社稷　　《大戴礼·保傅》"下无取于壂"注

邱陵原隰陂隰总而曰地　　蔡邕《月令章句》

地,元气初分,轻清阳为天,重浊阴为地,万物所陈列也。从土也声……　　《说文》

这说明,引述的材料所在的时期人们所理解的"地"是主要的构成物"土",中国的地域"神州",各种地貌变化的组合物("邱陵原隰陂隰总而曰地")、万物存在的广大空间("万物所陈列也")。

近人编的《中华大字典》说明了"地"的不少语词义(多处据《经籍纂诂》所收材料),令人注目地补充了下述意义:

㈢地球。广大之土块形如球。围绕太阳。自西向东运行。亦行星之一也。吾人生息于其上。

这反映了在当时"地球"一词及其概念进入、存在于汉语之中,"地"有了新义,可用"地球"来说明"地"的这个意义。

现代人编的《现汉》《辞海》《辞源》《汉语大字典》《汉语大词典》对"地"这个范围的意义的分析说明大同小异,现列表比较于下:

《现汉》	《辞海》	《辞源》	《汉语大字典》	《汉语大词典》
① 地球;地壳	①地球的表	㈠大地,	①大地,地面	①大地。……
② 陆地	面层;地壳	地面	②陆地	亦指地球
③ 土地;田地	②地区;	㈡区域,	③田土	②地面;陆地
④ 地面	国土	领土	④疆土	③领土,属地;地区
⑤ 地区	③土地;	㈢田土	⑤地点;处所	④土地;田地
⑥ 地点	田地		⑥地区	⑤地方;场所

引来说明这些意义的书证,除个别义项外(如地球、地壳义),最早的都可在先秦西汉古籍中找到。现列出《汉语大字典》所引上述各义最早的书证如下:

① 大地,地面。……《说文·土部》:"地,万物所陈列也。"《易·乾》:"本乎天者亲上,本乎地者亲下,则各从其类也。"

② 陆地。……《诗·小雅·斯干》:"乃生女子,载寝之地。"

③ 田土。……《管子·权修》:"地之生财有时,民之用力有倦,而人君之欲无穷。"

④ 疆土。《周礼·地官·大司徒》:"诸公之地,封疆方五百里。"

⑤ 地点;处所。……《荀子·儒效》:"无置锥之地,而王公不能与之争名。"

⑥ 地区。

⑥ 义《汉语大字典》未引古籍书证,但据《汉语大词典》"③领土,属

地;地区”项下所引书证,则唐韩愈《梁国惠康公主挽歌》之二:“秦地吹箫女,湘波鼓瑟妃”中之“地”正可作“地区”解。这就说明这些意义绝大多数已包含在先秦、汉代的语言中,但是除了个别意义同古代辞书著录的相当之外(如《汉语大字典》“①大地,地面”条引《说文》“地,万物所陈列也”为证,二者相当),其余的在古书注疏和辞书中都找不到相当的或相关的解说。怎么解释这种现象呢?

今人编的辞书概括的义项有相当一部分同古人的概括是一致的。事实上现代辞书所立的许多义项,是以古人对古代语言材料的分析为根据的。有些义项记录的是词的新义(如“地”之“地球”义),当然只能见于后人所编的辞书。但上面所列“地”的各个意义,都不能理解为“地”的新义。原来随着社会生活、思想意识、语言词汇的发展,人们对客观事物的区分越来越细,许多概念、观念的区分越来越细,对词义的划分也越来越细。特别是出现了表示新概念、新观念的词语时,人们会利用这些新的词语去帮助区分词的意义内容,分出新的词义单位。上述现代人所编的几部词典,用“大地”“地方”“陆地”“田土”“疆土”“地点”“处所”等词语说明已包含在古代语言中“地”的意义,正是利用了主要是近代、现代语言中新产生的这些词(例如,据《汉语大词典》,“大地”一词见于北魏温子昇《寒陵山寺碑序》,广泛使用在现代。章炳麟《驳康有为论革命书》:“非大地万国所谓宪也。”“地方”之某一区域义,较早的书证见于清昭梿《啸亭杂录·傅阁峰尚书》:“尔国震于天威,即献阿尔泰山地方,中国受之……”),同时也就是利用这些新概念、新观念,区分出古人未能或不可能分析归纳出的意义来。

由此可见,词义单位的划分不仅是在一个语言系统内部进行的,而且是在这个语言系统内部一定时期的词汇系统、词义系统中进行的。语言的词汇、词义系统的变化，一定时期形成的概念、观念的影响，对词义单位划分的作用是很明显的。因此相距远的历史时期人们对词义的分析、概括可能有显著的差别。这种情况是认识词义单位、义项性质的一个重要方面。

附　注

①② 见王力主编《古代汉语》上册第一分册，62 页，中华书局 1962。

③ Ullmann，S.：*Semantics：An Introduction to The Science of Meaning*. 1962，p. 162.

④ Арнольд，И. В.：Лексикология современного английского языка. 1966，p. 177.

⑤ 同①，68 页。

⑥ 见《辞书研究》1981 年第 3 期。

⑦ 见高名凯《语言论》，203—210 页，科学出版社 1963。

⑧ 见唐超群《义项・义位・概念》，《辞书研究》1985 年第 6 期；蒋绍愚《古汉语词汇纲要》，第二章第三节义位，北京大学出版社 1989。

⑨ 唐超群《义位・义项・概念》一文，以《汉英词典》中“诉说：tell；relate：recount”等为例，说明义项和义位不能一一对应，包含有汉语的“诉说”可据英语的解释区分为不同义位的理解。

⑩ 例子取自徐桂珍《编纂〈汉景词典〉和〈景汉词典〉的几个问题》，《辞书研究》1983 年第 6 期。

（原载《辞书研究》1995 年第 1 期）

表名物词义项划分的一些问题

表名物词义项的划分，在众多讨论义项处理的论文中，占有相当的地位。大家有许多共同的认识，对某些现象的解释和某些义项的处理又有不同的意见(见下)。现在我国大型的《汉语大字典》已全部出齐，《汉语大词典》也已发行大半。加上原有的各类词典，包括古代的和现代的，为我们分析义项问题提供了非常丰富的材料。本文想以古今各种词典对"人"一词词义划分材料的分析为中心，讨论表名物词义项划分的一些分歧意见。

一

有的同志认为《现汉》"人"有义项"①能制造工具并使用工具进行劳动的高等动物"，再分出义项"④指某种人：工人|军人|主人|介绍人"是"多余的，也是错误的"。认为"工人、军人、主人、介绍人确实是某种人，而不是其中四个'人'字包含有'某种人'的意义"。认为这是"由于不理解普通名词既是公名又是通名"，而"滥立义项"。认为如果据此类推，那就可以用"茶杯""酒杯"为例证，给"杯"建立"指某种杯"的义项了[①]。

这个批评乍看是有道理的。但对比更多的词典对"人"义项的处理后又不能不令人深思。《辞海》同《现汉》一样也立了"②指某种职业或身份的人。如工人；主人；客人”的义项。集中众多学者才华智慧、借鉴以前辞书编纂得失而编成的《汉语大字典》《汉语大词典》也建立了同《现汉》《辞海》这个义项相当的义项：

> ② 指某人、某种人或某些人。如：猎人；主持人；北京人；共产党人。《左传·襄公三十一年》：“人谓子产不仁，吾不信也。”《韩非子·说林上》：“今有人见君，则睐其一目。”《宋史·欧阳修传》：“修论事直切，人视之如仇。”（《汉语大字典》）
>
> 指特定的某种人或某个人。《孟子·离娄上》：“人不足与适也，政不足与间也。”孙奭疏：“孟子言小人在物，不能事君，不足适责也……”《东观汉记·城阳恭王祉传》：“岁余，遭旱，行县，人持枯稻，自言稻皆枯，吏强责租……”（《汉语大词典》）

这种现象怎么解释呢？笔者认为，对事物大类、小类、个体划分、辨别的细致程度，是以社会生活的需要，人们利害关系、思想表述、交际交流的需要而不同的。人们由于生存、发展、斗争的需要，对自身各种群体、个体的划分是最细致的。“人”一词，在不同的上下文中、不同的语境中指的数量范围，哪一个群体，哪一些人，或者是某个人，是很重要的（如上引《汉语大字典》中《左传·襄公三十一年》书证中之“人”是指某种人、某些人。《韩非子·说林上》书证中之“人”是指“某个人”等）。词典为此立这个义项，正是反映了这种需要。而一般的动物、植物、器物（如“杯子”）及其他事物现象的名称，在不同的上下文、不同的语境中指示的对象也有不同的数量范围的区别，可以自然辨识，词典一般不会立义项加以区分。

在上述词典所举的用例、书证中，一种是“人”在一定上下文中特指某些人某个人的（如上引《左传·襄公三十一年》例，《孟子·离娄上》例），一种是“工人”“军人”“猎人”“主持人”这些词或词组中之“人”。认为“工人”“猎人”等整个语言单位才指“某种人”，而其中的中心语“人”并不包含有“某种人”的含义这个意见也不完全正确。“工人”“猎人”等确是指某种人,但其中心语“人”已带上了修饰限制成分,“人”已受到修饰成分的限制,已不是指一般的人、普遍的人了。因此这些语言单位中充当中心语的“人”已是指某些人、某种人,只不过离开了修饰成分它不能表示是何种属性的[如“做工的”(工),“打猎的”(猎),“当主持的”(主持)]人罢了。因此《辞海》的“指某种职业或身份的人”的说明不如“某些人、某种人”的说明确切。可见这样的例证仍是可用的。

如果根据普通名词既是公名又是通名,通名所指不宜同公名所指分立义项的原则来观察“人”其他义项的处理,还会产生更多的困惑。

《现汉》立⑧指人手、人才:我们这里正缺人。《辞海》立⑦人才。指有才智或有高尚品质的人。《左传·文公十三年》:“子无谓秦无人。”《辞源》立义项④杰出的人才(书证略,下同)。《汉语大字典》立义项⑦人才。《汉语大词典》立义项③人才;杰出人物。④指人手,干事的人。这些义项都是相当的,指“人”中“杰出人物”或“干事的人”,是“人”这个大类中的小类。

《现汉》立义项③成年人:长大成人。《辞海》立义项⑤成年人。《荀子·儒效》“[周]成王冠,成人。”《汉语大词典》立义项⑧指成年人。这些义项一致,是指人中生理发育到成人阶段的人,也是“人”这个大类中的小类。

《辞海》立义项⑥指人民。《后汉书·皇甫规传》:“夫君者,舟也;人者,水也。”《汉语大词典》立义项⑥民,百姓。⑦众人;一般人。这些义项相当,是指国家社会中“人”成员的主体部分。

这些义项所指的都是“人”中的根据不同标准划分的群体。如果仅仅根据普通名词既是公名又是通名，通名用法不宜分立义项的原则，则可能把这些义项视为多余的，而且也会提出为何不照此原则处理动物、植物、器物等表名物词义项的疑问。那样做不是会使义项增加好多倍吗？但词典编纂者并没有这样做，这种现象怎么解释呢？这还是要从人类社会生活的需要，人们思想表述、交际交流的需要去找原因。在社会生活、历史的发展中出现了不同利益、要求、特性的人群的区分，“人”一词在不同的上下文、不同的语境中可指具有不同鲜明特性的某种人、某类人，甚至某个人。在阅读理解、交际交流中把它们加以区分是十分必要的。翻开《经籍纂诂》，我们可以看到古书注疏、古代辞书中对“人”一词特指对象的说明。下面摘引其中的一部分内容：

1. 人者众辞也(《谷梁・庄十七年传》)(宣十五年传)
2. 人谓朋友九族也(《论语・宪问》)修已以安人集解引孔注
3. 人谓人君百里诸侯也(《老子》)人多使巧注
4. 人犹臣也(《史记・燕召公世家》)而以启人为吏索隐
5. 人内史也(《仪礼・聘礼记》)主人使人与客读诸门外注
6. 人谓百姓(《管子・君臣下》)是故以人役上注
7. 人谓贤人(《荀子・王制》)王夺之人注
8. 人谓道人也(《老子》)人之所畏注
9. 人谓凡人小人也(《孔子・仲尼》)人之游也注
10. 人谓匹夫匹妇贱身(《左氏・昭七年传》)犹能冯依于人注

其中《中华大字典》采人立为义项的有 1.(《中华》义项③) 2.(《中华》义项④) 3.(《中华》义项⑤) 8.(《中华》义项⑥) 9.(《中华》义项⑦)。对比我们上面列举的当代编成的各词典立的义项，不难看出，“人民”义同“6. 百姓”相当，“人才”“杰出人才”义同“7. 贤人”相当。而对一般的表动物、植物、器物及其他事物现象的名物词，其特指对象在上下文、一定语境中可以自然地区分辨识，词典一般并不为之分设义项说明。但在一定条件下,重要的特指仍是要区分出来的。如《现汉》“党”:①政党。在我国特指中国共产党。“面”:①粮食磨成的粉,特指小麦磨成的粉。

二

表名物的词在一定的上下文、一定的语境中,所指对象的部位方面可以不同[②]。如:

这车真大。“车”侧重指车的体积容量。

这车真结实。“车”侧重指车的构造质量。

这车真漂亮。“车”侧重指车的型式装饰。

这是因为名称的作用正如费尔巴哈所说的是“表明对象特征的代表,以便从对象的整体性来设想对象”[③]。某个名称代表某类对象,是代表了它的整体,但在不同的上下文不同的语境中,可侧重指示这类对象的不同的部位和方面。这种情况一般不会影响到义项的划分。上面所说的“车”在不同语境中侧重指示的内容,词典并未分为不同的意义,一般只设一个义项来说明,如《现汉》:① 陆地上有轮子的运输工具。

但“人”这个词,在这方面义项的划分表现出它的特殊性。《中华大字典》“人”条所立义项不同于以前辞书的一条是:

犹言性质也。(苏轼文)其为人刚愎不逊。

这个“人”是指某人的“性质”(今云“品性”)。循此发展,《现汉》为“人”设立的义项有:

⑥ 指人的品质性格或名誉:丢人|这个同志人很好|他人老实。

⑦ 指人的身体或意识:这两天人不大舒服|送到医院人已经昏迷过去了。

其后所出词典也立了类似的义项，如：

人品。宋王安石《临川集》八六《祭欧阳文忠公》文："……读其文，则其人可知。"（《辞源》）

⑧ 指人的品性行为。《孟子·万章下》："颂其诗，读其书，不知其人，可乎？"

⑨ ……亦指人的健康状况：这两天人很不舒服。（《辞海》）

⑦ 指人的品性行为。

⑧ 人的身体。（《汉语大字典》）

⑨ 指人的品性行为。

⑩ 指人的名誉面子。

⑯ 指人的身体。（《汉语大词典》）

上面列举的这些义项，其内容正是"人"一词在不同的上下文不同的语境中所指关于人的不同部位方面的：人的身体、意识、品性、行为、名誉、健康状况等。这反映出由于认识思维的发展，概念观念区分越来越细，人们对"人"的不同部位方面的状况的区分越来越细，这种区分在阅读理解，思想表述，交际交流中越来越重要，词典为这些"人"所指的不同方面不同部位的区分设立义项，正是反映了这种思维、语言的发展和表达、理解、交际的要求。

对"人"一词义项的这种区分，也在一定范围中一定程度上用到某些其他名物词上。我们举表植物的词为例。

香蕉 ① 多年生草本植物，叶子长而大，有长柄，花淡黄色，果实长形，稍弯，味香甜。产在热带或亚热带地区。

② 这种植物的果实。（《现汉》）

洋葱 ① 多年生草本植物，花茎细长，中空，白色，地下有扁球形的鳞茎，白色或带紫红色。是一种蔬菜。

② 这种植物的鳞茎。（《现汉》）

香蕉的果实本是香蕉的一部分，洋葱的鳞茎本是洋葱的一部分，但这一部分为人们所食用，作为产品在市场中销售，同人的生活发生密切关系,需要分清这种植物的名称指示的是植物的整体还是它的这一部分。阅读、理解、表述、交际都需要作这样的区分。词典为之分立义项,正是反映了这种要求。

对上面说到的这种现象有不同的认识。汪耀楠同志认为《现汉》“香蕉”分出两个义项,《四角》只列相当于《现汉》①的义项,是义项的取舍问题④,即《四角》只取义项①,而《现汉》则兼收义项②。这样理解恐怕会陷入理论上的困难。

上面我们说过,表名物的词在一定的上下文中都可侧重指示对象的某一部位方面。汪同志也举了一个典型的例子,“桃”在不同的上下文、语境中可以指桃树、桃子、桃花。这些特指内容在具体语言环境中一般是可以分清的。这对许多表示植物(李、杏、梅等)的名物词都是一样的。词典对同人们关系密切的植物一般只立指示这种植物,指示这种植物的果实的义项,有时也加立指其花朵的义项。更多的是只立指这种植物的义项。我们能否说未立指示果实、指示花朵的义项的词典是舍去了这些义项的内容呢?许多词典为“人”一词所立的指示人的不同部位不同方面义项的内容,从理论上讲,也可以推及于某些动物(如牛)。我们举些例子:

这头牛很暴躁,“牛”侧重指牛的性情。

这头牛长得真壮。“牛”侧重指牛的躯体。

这头牛昏过去了,“牛”侧重指牛的“意识”。

显然不可能像对“人”一词那样,为“牛”的这些意义立义项。能否对比“那边牵来一头牛”的用例(其中“牛”指牛的整体),而认为舍去了这里列举的“牛”一词的意义呢?同样指人的其他词,如“战士”,在不同的上下文、语境中侧重指示的内容也是不同的。如“这位战士很壮实”中,“战士”侧重指战士的体格;“这位战士待人和气、谦虚”中，“战士”侧重指战士的品性；“这位战士昏过去了”中，“战士”侧重指战士的意识。但词典不可能像对“人”一词那样，为“战士”一词侧重指示的内容分立义项，虽然“人”“战士”这两个词，在不同的上下文、语境中所指内容的差别是一样的。能否将“战士”和“人”比较，“战士”一词未立和“人”相当的义项，是舍去了这些义项呢？

合理的解释是承认一般表名物的词作为指示对象整体的代表，在一定的上下文、语境中，有表示所指对象不同部位不同方面的作用。对一般表名物的词，并不因此而分出不同的义项。由于社会生活的发展，人们对事物的区分越来越细，概念的区分越来越细，人们在一定的上下文、语境中是可以区分出名物词所指的这些不同部位不同方面的。只是这种区分对社会生活、对思想表述、对阅读理解、对交际交流显得非常必要时，词典才在不同程度上反映这种要求，将这些特指不同部位不同方面的意义划分出来，设立义项，而人们对“人”一词所指的不同部位不同方面的内容，尤为关注，区分得也最细。

在这里还需回答汪同志提出的一个问题。汪同志以“这一片香蕉长得很好”“今年市上的香蕉很多”的用例中，前一句中的“香蕉”是指这种植物，后一句中的“香蕉”是指这种植物的果实，据“义例必须吻合的原则”，认为《现汉》《四角》设立义项的差别“只能说是取舍”。对此我们的看法是，词典中证明某个意义的用例，都是经过挑选，最典型地体现所概括的意义的。但我们不能忘记了，词典中某个义项所概括的意义，是词的各种用法中共同的东西。换句话说，义项所概括的是“一般”，各种用法（在一个义项范围中的变化）是“个别”。“一般”和“个别”是不会完全相等的。据笔者的初步观察，就语素构词的情况来说,语素共义(义项所概括)、语素变义(在同一义项范围内构词中所表示的不同意义),就有一致、种类、关联等不同关系[⑤]。某个词义义项表示的意义在语言运用中的变化就更加复杂,就表名物词来说,笔者曾指出有指示的数量范围、部位方面、具体对象的不同变化[⑥]。而这些变化,就一般表名物的词来说,是不会为其分立义项的。一部分表示植物的表名物的词,分出了指这种植物、这种植物的果实,甚至这种植物的花朵的义项,对那些只立指某种植物义项的词,能否说,其所立的义项不能概括其在一定的上下文中指示其果实、花朵的意义呢?显然不能。合理的解释是:指示某种植物和指示其果实义项分立的,是词典把这个词指示其整体和指示其某一部分的内容区分为不同的意义,只立指某种植物义项的,其花、叶、果实、习性、功用等作为这种植物的特征包含在这个义项的内容中,这样的义项是概括了这个词在一定的上下文、语境中偏重指示其某一部分(如果实等)的意义的。

附　注

① 周锺灵《略论〈现代汉语词典〉的释义》,《辞书研究》1980年第1期;吴永德《词义的确定与义项的建立》,《辞书研究》1984年第2期。

② 参看拙著《现代汉语词汇》,第三章词的概括性,北京大学出版社1985。

③《列宁全集》第三十八卷,436页,人民出版社1959。

④ 汪耀楠《"义项分合"说质疑》,《辞书研究》1984年第4期。

⑤ 参看拙文《词义和构成词的语素义的关系》,《辞书研究》1981年第1期。

⑥ 参看拙著《现代汉语词汇》,第三章二、词义在运用中所表现的差别,北京大学出版社1985。

(原载《辞书研究》1993年第3期)

对在现代汉语词典中标注词性的认识

《现代汉语规范词典》(以下简称《规范词典》)在贯彻国家有关语言文字规范的各项规定方面,做了大量细致、具体的工作。对规范语言文字的应用,无疑会起重要的作用。词典在语言单位的划分、词性标注、义项划分、词语解释、义项关系说明等方面,都倾注了编写学者的心血,不少地方很有特色,显示了我国现代汉语词典编写学术上的进步。

描写性、规范性的现代汉语词典应该有多种类型。规范要以描写为基础,规范就是一种正确的描写。《规范词典》无疑是其中很有特色的一部。这类词典可以各有侧重的方面,其中也有共同需要解决的问题。下面着重讨论在现代汉语词典中标注词性的问题。

在现代汉语词典中标注词性不自今日始。1930 年出版的《王云五大辞典》就按义项标注词性,1981 年出版的《重编国语辞典》也是这样做的。由于在现代汉语中划分词和非词、划分词类并非易事,有许多学术问题未解决好,以吕叔湘、丁声树为代表的我国一代治学严谨的学者编纂的《现代汉语词典》,没有给实词标注词性。随着我国学者对这个问题研究的深入,也随着学习现代汉语的迫切需要,现在有可能也应该在词典中标注词性。《现代汉语学习词典》(以下简称《学习词典》)(上海外语教育出版社,1995)这样做了,《现代汉语规范字典》(以下简称《规范字典》)(语文出版社,1998)和现在出版的《现代汉语规范词典》也这样做了。

笔者认为,分析在词典中标注词性的问题有不同的层次。首先,现代汉语中字所代表的语言单位有的是词,有的是不成词语素,是给所有字所代表的有实义的语言单位的每个义项都标上词性呢,还是只给字所代表的词、字所代表的多义词的词义义项标上词性呢?《学习词典》是后一种做法,《规范词典》是前一种做法。其次,是否可以在有实义的字的所有义项标上"名""形""动"的词性后,再区分为两种情况:一种标注的是词义义项,那么"名""形""动"分别代表的是名词、形容词、动词;另一种标注的是不能单说独用的义项(即语素义义项),那么"名""形""动"分别代表"名词性""形容词性""动词性"。《规范字典》"凡例"中说:"语素义的词性,只表示它在合成词中的性质,并不表示由它组成的合成词都具有这种性质。"这个说明似乎可以作上述理解。

下面先讨论第一层次中的问题。对《学习词典》的做法,吕叔湘认为是"区分字能不能单用,也就是区分词和非词"(见所写该书"序"。作者按:这样做也区分了某字代表的多义词有的义项是词义义项,有的是语素义义项)。《规范词典》的做法起码形式上在词典中没有作这种区分。《现代汉语词典》对实词都不标词性,《规范词典》对所有实词、实义语素都标词性,产生的客观效果是一样的:在形式上未区分字能不能单用,也没有区分多义词有的义项是词义义项,有的义项是语素义义项。尽管编写词典的学者学术观点并非如此。

成词语素的义项、多义词的词义义项标词性,非成词语素的义项、多义词的语素义义项不标词性，这种做法有一个顺理成章的作用：不标词性的义项都是语素义，它是存在于其构成的合成词、固定语中，它不是词义义项，它不能单说或独用。下面分析两个例子。

妈

《学习词典》：

Ⅰ[名]〈口〉母亲（多用于谈话时称呼）。[例]～，快煮饭，我肚子饿了。（“名”句10）/～的话你要记着。（“名”句子）Ⅱ[素]①称女性长辈或年长的已婚妇女：姑～/姨～/大～。②称中年或老年的女仆：张～/李～。

《规范词典》：

①名〈口〉妈妈▷我～不在家|爹～。→②名对长一辈亲属中已婚女性的称呼▷大～|姑～|舅～。③名对年长的已婚女性的尊称▷张大～。④名旧时对中老年女仆的称呼▷王～。

婆

《学习词典》：

[素]①（～儿）指某些职业妇女：媒～儿/接生～儿。②年老的妇女：老太～/⊗苦口～心。③丈夫的母亲：公～/～媳。

《规范词典》：

①名老年妇女▷老太～|老～～。→②名丈夫的母亲▷～家|公～|～媳。→③名某些地区指祖母或亲属中跟祖母同辈的妇女▷外～|姑～|姨～|叔～。→④名旧时指从事某些职业的妇女▷媒～|巫～|产～|牙～。

在“妈”一例中，《学习词典》说明它的①义是词义义项，词性属名词，[素]下之①义（大体相当《规范词典》之②③义）和②义（相当于《规范词典》之④义）都是语素义，例词显示了它存在于哪些合成词中。这些意义都是不能单说或独用的，例如单说“妈”不能指称“姨妈”“张妈”。《规范词典》把它的②③④义全标上“名”，则有可能理解为它们同①义一样是可以单说或独用的。《现代汉语词典》

“妈”下之③义说明为:“旧时连着姓称中年或老年的女仆:王～|鲁～。”这个解释说明了这个意义的组合条件(“妈”单用不能称中老年女仆),《规范词典》不说明这个条件而标为“名”,则更容易理解为它同“妈”的①义性质一样。

在“婆”的例子中,《学习词典》标注“婆”为[素],即不成词语素,表示“婆”的各个意义都是语素义,不再标注词性,各个意义仅存在于其构成的合成词、固定语中。《规范词典》把“婆”的各个意义皆标为“名”,则有可能使人理解,它的各个意义同“妈”的①义一样,是可以单说或独用的。

下面讨论上面提出的第二层次中的问题,即给所有义项都标上“名”“形”“动”以后,再赋它以不同的含义。笔者认为,这样做会产生如下问题。

首先,相当多的读者没有能力做编者所希望有的区分,也可能有为数不少的读者把标上“名”“形”“动”的义项都当作名词、形容词、动词,而以为它们是能单说或独用的。

其次,把语素义划分为不同义项后,就认定某个义项是名词性的(或动词性、形容词性),这种分析是否合理?我们来分析一些例子。

牧

《规范字典》:

动放养牲畜。▷～马|～童|～场|畜～|放～。

《规范词典》:

动放养牲畜。▷～马|～童|畜～|游～。

《规范字典》《规范词典》标注这个意义的“牧”为“动”,所举例词中“牧马”“畜牧”“放牧”“游牧”中的“牧”可以认为它表示的意义是动词性的,但例词中的“牧童”“牧场”中的“牧”,就难以认为它表示的意义是动词性的，如果这样解释，这两个词就是支配式的合成词，而它们是偏正式合成词，其中“牧”表示的是限制、形容性的意义。《规范词典》收入的合成词“牧草”“牧笛”“牧歌”“牧工”“牧户”“牧民”“牧人”“牧主”等，其中的“牧”都是属于这个义项意义中的“牧”，如果认为其中的“牧”是动词性的，则这些词都要解释成支配式，而这些词都是偏正结构，其中的“牧”表示的是限制、形容性的意义。《汉语大词典》收有“牧民”一词，其①义为“治民”，引《国语》至《警世通言》例句，则认为此义的“牧民”在古代汉语、近代汉语中是一个词。其中的“牧”义为“统治”“治理”，表示的是动词性的意义，这个意义的“牧民”是支配结构。其②义解释为“牧区中以畜牧为主要职业的人”，也即《规范词典》所收“牧民”的意义。这个意义中的“牧”义为“放养牲畜”，但按它组成的合成词所表示的词义，难以解释它表示的是动词性的意义，这个意义的“牧民”是偏正结构，其中的“牧”表示的是限制、形容性的意义。

笔者认为，语素的同一意义（在一个义项范围中的意义）在构词中表示的语义范畴是有变化的。它随着构成的词指示对象的不同、随着组合的另一语素意义的不同而变化。如上述“牧”的同一意义，在“牧马”“畜牧”中表示的是行为范畴的意义，而在“牧童”“牧民”等词中，表示的是性状范畴的意义。因此给语素义标上固定的“名”“形”“动”的标志，往往不能全面合理地说明语素义在构词中意义的变化。

词义义项的词性标注同语素义表示的语义范畴性质是不同的。在现代汉语词典中如何有区别地进行描写，在什么类型的词典中去描写，值得进一步探讨。

（原载《语言文字应用》2004 年第 2 期）

略谈《现代汉语词典》(第5版)标注词类的作用

《现代汉语词典》(第5版,下简称《现汉》)在区分词和非词的基础上标注词类,这样做包含着三个方面的划分:一是现代汉语语言单位和古代汉语语言单位的划分;二是在现代汉语的平面上词和非词单位的划分,明确区分词、大于词的单位和小于词的单位;三是不同词类的划分,把词分为12类。标注是以义项为单位进行的。对收入《现汉》的全部义项都经过审视,确定标注。《现代汉语学习词典》(下简称《学习》)虽然先于《现汉》在区分词和非词的基础上标注词类,但由于收词和收入的义项都有较大的限制,全面而趋向于穷尽地这样做的当推《现汉》。

如果联系一下我国学者对现代汉语语言单位性质研究的历史,可以看到,《现汉》的工作是在实践中全面地实现了占主流地位的学者对现代汉语语言单位的认识。从看到的材料来看[①],章士钊1907年在《中等国文典》中清楚地区别了"字"和"词":"是一字可为一词,而一词不必为一字。"周辨明1922年在《词的界说》中说:区别词和字是教育上的重要问题。中国向来不讲词,只讲字,近来许多人觉得在教授上讲字是根本的错误,所以就提倡讲"词",这种醒悟是我国教育界一个最可喜的现象。黎锦熙在1922年的《国语中基本语词的统计研究》中说:"我们要作一番客观的统计研究工夫,必须先从国语的本质上找出我们语言中表示整个观念的真正单位来。这单位,有时用上就是'单字',有时却是数字联成的复音词。"以后王力、吕叔湘等学者,以及1949年以后成长起来的多数语言学者,都接受现代汉语中存在"词"这种语言单位的观点。但是根据比较科学的标准,将一个个字所代表的语言单位、将语言单位代表的不同义项一一审视,区分其是词义、非词的意义,一一作出鉴定,加以标注,却是还没有做到的。吕先生说,曾设想在《现汉》中按义项都标上词类,由于存在种种困难而没有做。

以义项为单位分析不同的语言单位,分析不同义项的性质,包括所属不同的词类,即使是在当时的研究论文中,也未多见。如吕叔湘的《单音形容词用法研究》(1982),列出140多个单音形容词,其中有"大""小""黑""红""真""假"等,分别分析它们的用法,包括程度修饰、修饰名词、做"动+得"的补语、做谓语等共9项,基本上都是分析这些单音词的基本义。笔者曾分析过"红"的结合能力,"红"在《现汉》中区分为5义,其中属于词义义项的有三义——①表颜色义,②象征顺利、成功受人重视义(唱戏唱红了),③象征革命或政治觉悟高义(又红又专);非词义义项的有二义——①象征喜庆的红布(挂红),②红利(分红)。三个词义义项皆为形容词的意义,但其用法有明显的差别[②]。朱德熙的《现代汉语形容词研究》(1956)分析形容词充当状语时举的例子中有"直走、直说",但两个"直"并不属于同一个义项,"直走"之"直",《现汉》释为"⑧副一直;径直;直接:~达|~到|……~朝村口走去"。"直说"之"直",《现汉》释为"⑥形直爽;直截:……心~口快|~呼其名|他嘴~,藏不住话"。这种情况,有时对所论述的问题没有明显的影响,但反映了学者研究语言单位性质时,往往不是以义项为

单位的。现在《现汉》以义项为单位,区分现代汉语、古代汉语的语言单位,区分现代汉语的词和非词,区分词义义项和非词义义项,词义义项则标上所属的词类,而且是全面地、趋向穷尽地来做。这件事若没有里程碑的意义,至少也有界碑的意义。下面以“风”字为例,比较《学习》《现代汉语规范词典》(下简称《规范》)、《现汉》的释义。

《学习》:

Ⅰ[名]①自然界空气流动的现象。[例]~刮大了(“名”句1)|天太热,我出去吹点儿~。(“名”句2)|刮了几天的北~,气温降得很低(“名”句2)②信息;风声。[例]你先给他吹个~,让他有个思想准备。(“名”句2)|这件事千万不能漏一点儿~。(“名”句2)Ⅱ[素]①让风吹干吹净:~干|~鸡|~肉|⊗晒干~净。②像风那样快或普遍流行的:~发|~行。③风气:作~|校~|学~|文~|⊗节约成~。④景象:~光|~景。⑤传说的;捕风捉影的:~闻|~言~语。

《规范》:

①名由于气压差异而产生的空气流动现象▷~太大|春~|刮~|~力。→②名风俗;风气▷移~易俗|民~。③名指民歌▷国~|采~|土~。→④名外在的姿态;作风▷~采|~貌|~格|学~。→⑤形传闻的;不确实的▷~言~语|~闻|~传。⑥名传播出来的消息▷他向我透了一点~|通~报信|口~。→⑦名景象;景色▷~景|~光|~物→⑧名中医指“六淫”(风、寒、暑、湿、燥、火)之一,是致病的一个重要因素▷~寒|~湿|祛~化痰。→⑨动使用风力(吹干或吹净)▷~干|晒干~净。⑩形风干的▷~鸡|~肉。

《现汉》:

①名跟地面大致平行的空气流动的现象,是由于气压分布不均匀而产生的。②动借风力吹(使东西干燥或纯净):~干|晒干~净。③借风力吹干的:~鸡|~肉。④像风那样快:~发|~行。⑤风气;风俗:蔚然成~|移~易俗|不正之~。⑥景象:~景|~光。⑦态度;姿态:作~|~度|~采。⑧(~儿)名风声;消息:闻~而动|刚听见一点~儿就来打

听。⑨传说的；没有确实根据的：～闻|～言～语。⑩指民歌(《诗经》里的《国风》，是古代十五国的民歌)：采～。⑪中医指一种致病的重要因素或某些疾病：～湿|羊痫～|鹅掌～。⑫(Fēng)名姓。

比较三部词典的释义，在我们所讨论问题的范围中可注意的有三点：

1.《学习》《现汉》对现代汉语中的词义义项标注词类，语素义义项不标词类(《学习》标为[素]，《现汉》不作任何标注)，《规范》每个义项都标注词类。对《规范》这种做法产生的问题，笔者已有专文分析[③]，主要是：(1)读者没有能力把标上"名""形""动"的义项区分为现代汉语、古代汉语语言单位两种情况；(2)语素的同一义项在构词中表示的语义范畴是有变化的，它随着构成的词指示对象的不同，随着同它组合的另一语素意义的不同而变化。因此给语素义标上固定的"名""形""动"标志，往往不能全面合理地说明语素义在构词中的变化。

2.除姓氏义外，《现汉》收入11义，《规范》收入10义(缺《现汉》之"④像风那样快")，《学习》收入7义(缺《现汉》之"⑦态度；姿态""⑩指民歌""⑪中医指一种致病的重要因素或某些疾病")。由此可见《学习》由于词典的性质，收义有去有留.《现汉》在现代汉语应用的层面上收义是比较周全的。

3.在义项的处理和标注中存在差异。《学习》"Ⅱ[素]①让风吹干吹净"相当于《现汉》之"②动借风力吹(使东西干燥或纯净)"和"③借风力吹干的"。《学习》的处理，反映出编者并不认为"让风吹干净"为词义义项，而认为"风干""风鸡""风肉"中的"风"为语素义，故概括为一个义项，不标词类。《学习》的处理有根据，《现汉》②义标为"动"，所举例中"风干"是合成词，"晒干风净"是固定语，未见有“风”单说独用的例子。另一差异处为:《规范》“⑧名中医指‘六淫’之一”,相当于《现汉》“⑪中医指一种致病的重要因素或某些疾病”。《规范》标“名”,根据是其义作为术语义(中医学的)可独用。《现汉》之⑪实为二义,未标词类,所举用例的“风”义为“某些疾病”,此义仅存于所构成的合成词、固定语中。这种由于义项处理不同,引起标注词类不同的现象,应该是常见的,反映了学术观点的不同,所据的语言事实不同。

《现汉》这种趋向于穷尽地按义项标注词类的努力不可能一下子达到周密完善,下面就看到的例子提出一些问题。一部分事物的名称有同义的单音名和合成词两种,单音名一般不单说(如“李”和“李子”),但在书面语中有时可以独用,《现汉》对这部分语言单位标注词类不统一,“松”“杨”“鸭”等都标注为“名”,“筷”“剪”(名词用法)不标注。但据《应用汉语词典》,“筷”有“摆碗筷”“添筷不添菜”的用法;“剪”有“刀剪俱全”的用法。历史词语中的古器物名(有些今仍用)《现汉》不标注词类,但也有不一致的,如“埙”(一种乐器)标注为“名”,“瑟”则不标注。历史词语中的古行政区名,《现汉》一般不标注词类,但也有不一致的,“府”“郡”不标,“道”却标注为“名”。在足够规模的语料库中对这些语言单位的应用进行统计调查,可能是统一标注并标注准确的较好的途径。对某些名词用作定语产生的意义变异分出义项,如何确定其词类,也应有一致的考虑,如“英雄③形属性词。具有英雄品质的:～的中国人民”“模范②形可以作为榜样的;值得学习的:～事迹|～人物”。词类标注有差异,但二义皆作修饰语。

附　注

① 符淮青《汉语词汇学史》,59、60、68页,安徽教育出版社1996。

② 符淮青《语素“红”的结合能力分析》,《语文研究》1983年第2期。

③ 符淮青《对在现代汉语词典中标注词性的认识》,《语言文字应用》2004年第2期。

(原载《辞书研究》2006年第2期)

略论词典释义中的继承和抄袭

词典(包括字典,全文同)一般都是在继承前代及先出词典的成果的基础上编成的。这在词典的释义中也有明显的表现。后代辞书吸收前代辞书的释义成果,使立义有历史的、语言的根据,义项汇集更加丰富,这是人所共知的事实。编得好的词典在继承中总是有鉴别,有增益,有改进,有发展。继承不等于抄袭。由于人们看到不少后出的词典多采用前代词典的词语释义,因而对于划清何为继承何为抄袭的界限感到迷惑。我认为,认识这个问题应该联系我国词典编纂的历史,区分古人编的词典同现代人编的词典产生的不同的社会条件,具体分析编纂者的工作情况和处理语言材料的方式,才能有一个恰当的认识。

一

我国古代词典是在传统语言文字学(即小学)产生、发达的条件下编纂的。其中的语词释义总汇有训诂学的巨大成果。它主要是服务于“明经”“明古”的。王力说:“小学本是经学的附庸,最初的目的在于‘明经’,后来范围扩大,也不过限于‘明古’,先秦的古义,差不多成为小学家唯一的对象。”[①] 我国多数古代辞书主要收集解释先秦古籍、历代文籍中古语词的意义。对于古语词意义的辨析说解，我国学者形成了穷求字义所出、释义信而有征的优良传统。汉儒（主要是古文经学派学者）力揭今文经学派依据隶书字形解说字义经义穿凿附会、向壁虚造的谬误，清儒力矫宋儒解说字义凭空臆说、游谈无根的弊端。这个优良传统也很好地反映在词典字义的说解中。好的词典立义必有根据，有的注意标明出处。因此古代词典对语词的解释，有许多大量收集引用先出词典或古籍注疏中的说解。有的为体制、篇幅所限，则只罗列意义，不举书证例证，后出的编得好的词典总是有增益有改进。下面以历代词典对“讲”的释义为例来说明这方面的情况。

《尔雅》未收“讲”字，但《释天》下小类中有“十一讲武”，中有“讲”字。《说文》：“讲，和解也。从言，冓声。”分析了字形，说明了许慎认为的“讲”的本义。梁顾野王《玉篇》为统一各字书中存在的解释和字形上的分歧，奉旨编纂。该书广收字义，说解详博。原书已失，现据残卷本引述其对“讲”的解释如下：

> **讲**　古项反。《论语》：“学之不讲，闻义不能从也。”野王按：讲谓讨论以解说训诂也。《左氏传》：“讲事不令。”杜预曰：“讲，谋也。”《国语》：“一时讲武。”贾逵曰：“讲，习也。”又曰：“仁者讲功。”贾逵曰：“讲犹论也。”《史记》：“沛公之有天下，业以讲解。”苏林曰：“讲，和也。”《说文》：“和解也。”《广雅》：“讲，读也。”

《玉篇》把古籍说明的意义都收集在一起，这是一个很大的进步。他为“讲”立了六义，这六义是：

①　讨论以解说训诂，这是野王据所引《论语》分析概括的意义。

②　谋也，据《左氏传》杜预注。

③　习也，据《国语》贾逵注。

④　论也，据《国语》贾逵注。

⑤ 和也,据《史记》苏林注,又据《说文》。

⑥ 读乜,据《广雅》,但无例证。

宋代修订的简本《玉篇》为一般应用的需要而作了删节,一般只列义项。宋司马光等编的《类编》收入“讲”之“和解”义、“谋”义、“习”义,可能编者认为这些是“讲”最常用的意义,韵书《广韵》收录“讲”之“告”义、“谋”义、“论”义、“和解”义,未超过《玉篇》(其中“告”义《玉篇》所无,疑属“论”义范围,见下文《康熙字典》的处理)。

明梅膺祚编《字汇》,创立新的部首编排法,收词释义注重实用,因宜于一般人查考而风行一时。有多人为其作补。明吴任城《字汇补》是其中较著名的。明张自烈(一说清廖文英,一说张著廖买为己有)[②]《正字通》虽说在《字汇》的基础上编成,但作者认为《字汇》“罕所折衷”“或似而乱真”“或略而未备”[③],内容有较多的调整补充。我们比较一下这几部词典对“讲”的解释。

> 古项切,音港。论也,谋也,究也,告也。《说文》:“和解也。”徐曰:古人言讲犹和解也。(《字汇》)
>
> 又居侯切,音媾,和也。《史记·甘茂传》:“樗里子与魏讲罢兵。”注:讲读曰媾。(《字汇补》)
>
> 居养切,音港。相与论说也,究也。《易·兑象》:“君子以朋友讲习。”又讲官,侍皇帝讲读经史。宋程颐札子云:“经筵臣寮侍者皆坐,而讲者独立,于礼为悖。乞今后特令坐讲,不惟义理为顺,所以养主上尊儒重道之心。”又蔡邕释诲:武夫奋略,战士讲锐。注:讲,习也。又讲解怨争亦曰讲,《说文》专训和解泥。(《正字通》)

比较上述说解可以看到:《字汇》立论、谋、究、告、和解诸义,只“究”义是新的(疑此义属“习”义范围,见后《康熙字典》的处理),其他皆同前代词典。《字汇补》补充了“讲”的另一音读,认为“讲”义为“和”(即“和解”)时音媾。《正字通》先对“讲”的“论”义作了具体说明“相与论说也”,把它同“究”义列在一起,是认为此二义相近相关，后引例证。又为“讲”的“习”义引例证和旧注。再又批评《说文》训“讲”为“和解”是拘泥，认为“讲”也应包括“讲解怨争”义。更又为“讲”立“讲官”义，引宋程颐札子中的语句作例证。实际上“讲官”非“讲”义，“讲官”是“讲”构成的一个合成词。这种处理是在某字首下收入含有此字的合成词、固定词组等。从上面这个例子中可以看到，康熙批评“《字汇》失之简略，《正字通》涉于泛滥”[④]，又有学者批评他“又喜排斥许慎《说文》”[⑤]，是有些根据的。

《康熙字典》是张玉书等奉旨编纂的。它总汇旧籍，旁罗博征，自称“无一义之不详”[⑥]。康熙明确要求“增《字汇》之阙遗，删《正字通》之繁冗”[⑦]，明言字典是在继承前代辞书的基础上编成的。《康熙字典》对字义的收集远比以前词典丰富，“讲”字也是如此：

> **讲** 《唐韵》《集韵》《韵会》《正韵》并古项切，音港。《说文》：“和解也。”徐曰：古人言讲解犹和解也。《战国策》：“今君禁之而秦未与魏讲也。”又《广雅》：“论也。”《广韵》：“告也。”《礼·礼运》：“讲信修睦。”疏：谈说也。又：讲于仁。疏：犹明也。又，《玉篇》：“习也。”《增韵》：“究也。”《易·兑卦》：“君子以朋友讲习。”《左传·隐五年》：“故春蒐夏苗秋狝冬狩皆于农隙以讲事也。”《周礼·夏官·校人》：“冬献马讲驭夫。”注：讲犹简习。又《广韵》：“谋也。”《左传·襄五年》：“诗曰：讲事不令，集人来定。”杜注：逸诗也，言谋事不善，当聚致贤人以定之。又官名。《唐书·百官志》：“国子有直讲四人，以经术讲授。”又《旧唐书·职官志》：“集贤殿书院有侍讲学士。”又山名。《山海经》：“泰室之山北三十里曰讲山。”又与“顜”通。《前汉·曹参传》：“萧何为法，讲若画一。”《史记》作“顜”。又《字汇补》：居候切，音媾，和也。《史记·甘茂传》：“樗里子与魏讲罢兵。”注：讲读曰媾。《说文》本作讲。

《康熙字典》对“讲”义的说明可分为九项：①和解也，②论也，告也（按：字典将此二义放在一起，是认为二义相近），③明也，④习也，究也（按，此二义放在一起，是认为二义相近），⑤谋也，⑥官名，如直讲、侍讲学士，⑦山名，讲山，⑧与“顜”通，⑨据《字汇补》，说明

“讲”当“和”解时，另有音切，音“媾”。同前代词典比较，《康熙字典》的释义可以注意下列几点：

1. 它全部汇集了前代词典古籍注解对“讲”义的说明，一一交代出处(所据词典名，或何书何注)，因此它比以上所引词典收集的义项都要丰富。

2. 尽可能提供例证。就“讲”字而论，例证许多是新收集的。如“和解”义，《玉篇》引《史记》，《康熙字典》引《战国策》，时代更早。“习”义，《玉篇》引《国语》，究也，《正字通》引《易》，《康熙字典》采《易》之例，又增《左传》《周礼》之例。

3. ⑥⑦义都是合成词义。在字头下收含有该字的合成词，在《康熙字典》中更普遍了。

从上面的说明中可以指出下列几点：

1. 古代词典多是一字释一字(一词释一词)。古义、僻义用今语常语(当时的)解释，一词释一词是方便的、足够的[8]。这种做法也扩展到一般意义的解释。由于可供选择的同义近义词有限，有些难以更换，后出词典的释义差不多都是照字汇录前代词典的释义(如上述“讲”义，各词典都释为“论也”“谋也”“习也”等)，这就给后人一种印象，似乎词典释义都是辗转相抄的。

2. 大型词典大量收集先出词典或古籍注疏中的说解，每义尽量交代出处(所依据的词典或何种古籍注疏)，引述例证。这体现了古代词典穷求字义所出，释义信而有征的科学态度和优良传统，同时也体现了对前代学者的尊重。

3. 一些实用型的词典受篇幅、体例所限，多罗列义项，不说明或少说明出处根据。其中仍有编者作较多补充的(如《字汇补》《正字通》之对《字汇》)。

另外，还要看到这些辞书出现的社会条件，由于书写、印刷、其他物质条件的限制，不论是国家主持的还是个人编纂的词典，都是耗资巨大的学术文化事业，能拥有这类词典的只能是少数人。因此词典编纂出版在当时难以成为经济效益可观的商业活动，不容易出现现代社会中著作权的纠葛。这是同现代社会情况完全不同的。

二

现代人编的以解释古汉语语词为主的词典，它的释义当然要继承古代词典的成果，借鉴今人的成果。可以利用现代社会创造的物质文化条件，更好地处理继承、吸收、改进、发展的关系。在这方面，迄今为止规模最大的《汉语大字典》《汉语大词典》为我们提供了很好的经验。有些人从释义到例证一字不差地从已出版的一些大型词典中抄来，拼入自己编的词典中，当然是抄袭行为。对这方面的问题，本文不想多作讨论。

值得重视的是如何划清现代人编的现代汉语词典的继承和抄袭的界限问题。

上文谈到古代辞书多解释古代文籍中古语词的意义，对魏晋以后、唐宋明清产生的古白话语词、近代汉语语词，很少收录解释。这些语词好多成为现代汉语词汇的重要组成部分。明清俗语专书对其中的俗语词作了一些收录考释的工作。海禁打开，西学东渐，我国社会政治经济文化面貌遽变，现代汉语词汇的面貌也有很大变化。全面系统地收集解释现代汉语的语词是个全新的工作、全新的课题。清末兴起国语运动，“五四”运动主张白话文，反对文言文，标志着汉民族共同语的加速发展。社会的发展“要求语言的发展能同它相适应","我们需要的是一个统一的普及的无论在它的书面形式或是口头形式上都具有明确规范的汉民族共同语"。二十世纪 20 至 40 年代,直接受国语运动驱动编纂的《国语辞典》,为便于学习应用现代语言而编的《王云五大辞典》开始大量地系统地收集解释现代汉语的语词,它们和古代辞书有明显的不同:(1) 以解释现代语言词语为主,因此收入大量双音节以上的词语;(2) 有鉴于"一字释一字""训解含混不清"之弊,多用多字描写说明词义;(3) 释义语言注意浅显明白,多用白话。中华人民共和国成立后,在政府的领导支持下,我们才编成了促进民族共同语规范化的词典,这就是国务院责成科学院语言研究所词典编辑室编成的《现代汉语词典》。这部词典在词语释义方面面临着新的课题。正如当时郑奠等一批学者所指出的:"到目前为止,我们还没有一部在词义解释上(按,特别是对现代汉语词语意义的解释)十分完善的词典。"在吕叔湘、丁声树等多位专家学者的努力下,《现代汉语词典》(以下简称《现汉》)对现代汉语语词的解释,在吸收前人成果的基础上,比以前出现的各种对现代语言词语的释义要科学、恰当、周到得多。笔者曾著文论述了《现汉》在这方面的成就。其中"用多个词语具体说明词义,防止互训""一字释一字""用规范的现代汉语解释词义"是一切古代辞书、新中国成立以前编成的解释现代语言词语的词典所不可能具有或不全具有的优点。

《现汉》出版在物质文明远比古代社会发达的条件下。当代印刷出版业高度发展,教育普及,有文化者只要愿意都可能拥有一册。经营《现汉》的出版发行,成为有相当经济效益的商业活动。当代社会以法律形式保护著作者和发行者的正当权益。我们正是在这种同古代完全不同的社会条件下来认识、划分现代人所编的词典的释义是继承还是抄袭的界限问题。

《现汉》编成出版发行后，后出的描写现代汉语语词的词典，有不少释义和《现汉》相同，或声明直接使用《现汉》的释义。这有多种原因。

1.《现汉》用多个词语说明词语的意义，但已用多个词语说明意义的词可以用来解释别的词（如“泄露”释为“不应该让人知道的事情让人知道”，“泄漏”则用“泄露”来解释）。后编的词典，有不少多用同义近义词释义，而同义近义词的挑选是很有限的，这样就同《现汉》用同义近义词释义的条目相同，或者就是径直使用《现汉》的同义近义词释义。

2.《现汉》对合成词有一部分用对释语素义的方法来释义（如“整洁”释为“整齐清洁”，“备荒”释为“防备灾荒”），用包含被释词的一个语素的合成词分别对释合成词中各个语素义而解释词义的做法，也难以有多种选择，不少词典乐于使用这种简便的释义方式因而同《现汉》一致，或者就是径直使用《现汉》的这种释义。

3. 我国长时间没有制定著作权法，对词典编纂中如何实施著作权法也缺乏经验，管理无力，一些人急功近利，无偿使用《现汉》的成果，有些人乐此不疲，大量剽窃而名利双收。

应该指出，《现汉》对词语的释义虽然达到很高的水平，但并不是不可逾越的最高境界。我在1994年2月新闻出版署召开的座谈会上说：“由于对词义有共同认识的前提下，人们可以从不同的角度，用不同的方法、不同的措词表达词义，强调的方面、详略也可有差异，有创造性的编者正是在这方面发挥自己的才能，使词典的释义各具特色。我们只要比较几部编得好的词典的好的释义，就可以发现各家的释义各有所长，可以互相补充。”下面我们举些例子来说明。

抓

① 手指聚拢,使物体固定在手中:一把抓住|他抓起帽子往外就走。(《现汉》)

② 用手握取。(例)抓米。(《四角号码新词典》,以下简称《四角》)

① 用手或爪拿取。(例)抓一把米|鹰抓燕雀。(《新华词典》,以下简称《新华》)

三部词典都具体说明了“抓”这个动作的情状,都说明这个动作是用手进行的。但在说明动作特征时,《现汉》着眼于“使物体固定在手中”这个特点,《四角》《新华》则着眼于“握取”“拿取”这个特点。《新华》更指出这个动作不仅用“手”(人)也可以用“爪”(动物)来进行,并用例句显示。

看

使视线接触人或物。(《现汉》)

瞧,用眼睛注视一定的对象或方向。(《四角》)

《现汉》把着眼点放在“视线”上,故说“接触”,《四角》把着眼点放在“眼睛”上,故说“注视”,《现汉》说明动作行为的对象是“人或物”,《四角》则改称“对象”,而且补充“方向”,这是一个重要的补充(如“朝东看”“朝外看”都是“注视……一定的方向”)。

红教

藏族地区喇嘛教的一派。八世纪到九世纪流行。(《现汉》)

也叫宁玛教派。我国西藏地区喇嘛教中最古老的一个教派。因喇嘛着红色法衣得名。创立于八世纪,一度盛行。十五世纪黄教出现后,势力渐衰。(《新华》)

《新华》释义比《现汉》丰富,这符合其百科兼语文词典的性质。其中说明“因喇嘛着红色法衣得名”值得称道。《现汉》释义未交代这一点,使人不知为何叫红教。

而有的词典明显是剽窃《现汉》和其他词典的成果编出来的,

海南出版社出版的《新现代汉语词典》就是如此。下面用该词典中的一些例子来说明。

腌臢 ②[心里]别扭；不痛快(晚到一步，事没办成，腌臢极了)。

全同《现汉》。

啊哈

a： 表示惊讶(啊哈，原来是你呀)

b： 表示赞叹(啊哈，这活儿做得真不错呀)

c： 表示已经明白(啊哈，你又在捉弄人)

d： 表示得意(啊哈，这下你输了)

全抄自《现汉·补编》(只删去“叹词”、C项例句最后数字“我才不上当呢！”)。

许多表示人物，动植、矿物，器具等名物词的释义，不同词典常据词典的性质、读者对象而在释义中选择不同的特征，《新现代汉语词典》不少是照录《现汉》和其他词典的。如：

壁虎 爬行动物，身体扁平，四肢短，趾上有吸盘，能在壁上爬行。吃蚊、蝇、蛾等小昆虫，对人类有益。也叫蝎虎，旧称守宫。

赑屃 传说中的一种动物，象龟。旧时大石碑的石座多雕刻成赑屃的形状。

全同《现汉》。

部分词语内容丰富，释义成为长注，若独立构拟释义，文字是不可能完全相同的。而在《新现代汉语词典》中，我们看到不少长注同《现汉》一字不差，一望而知是抄袭的。如：

白日见鬼 原比喻官署清闲、冷落。陆游《老学庵笔记》卷六：“工屯虞水，白日见鬼。”(工屯虞水：指工部、屯田、虞部、水衡四个官署)。现在用来比喻出现不可能出现的事。

编者按 编辑人员对一篇文章或一条消息所加的意见、评论等，常常放在文章或消息的前面。

以上文字全同《现汉》。

《新现代汉语词典》中还有一部分词的释义同《现汉》,只增或减无关紧要的少数字。如:

果汁 用鲜果的汁制成的饮料。

《现汉》作:

用鲜果的汁水制成的饮料。

《新现代汉语词典》只把“汁水”改为“汁”。

众多的例子表明,难以否认《新现代汉语词典》有大量的抄袭行为。

后出的词典总是在继承前人编出辞书的成果(包括释义的成果)的基础上编成的,但我们要揭露以继承之名行剽窃之实的恶劣行为。

附 注

① 《新训诂学》,见《王力文集》第19卷,172页,山东教育出版社1990。

② 参看刘叶秋《中国字典史略》,136页,中华书局1992。

③ 见《正字通》吴源起序。

④ 见康熙四十九年三月初九日“上谕”。

⑤ 见《四库全书总目提要》经部小学类存目一。

⑥ 见御制《康熙字典》序。

⑦ 同④。

⑧ 参看拙著《词的释义方式剖析》(下),《辞书研究》1992年第2期。

(原载《辞书研究》1995年第3期)

抄袭和借鉴

关于辞书的抄袭和借鉴的议论，一段时间以来集中在词的释义问题上。笔者曾在《略论词典释义中的继承和抄袭》（载《辞书研究》1995年第3期）一文中，联系我国辞书的历史，说明认识这个问题要区分古人编的词典同现代人编的词典所具有的不同社会条件，具体分析编纂者的工作情况和处理语言材料的方式，才能有一个恰当的认识；说明应该重视现代人编的现代汉语词典的抄袭和借鉴、继承的界限问题。最近有机会接触被指控抄袭的词典和编得比较好的几部语文词典，本文想着重举些例子来具体分析词典释义中的抄袭和借鉴的问题。

一

下面分析几部词典对几个词的释义：

板胡

拉弦乐器。胡琴的一种。琴筒多用椰壳或木料制成，面板用桐木，琴杆用乌木或红木。二弦，按五度或四度关系定弦，发音高亢。为梆子戏的主要伴奏乐器，故又名“梆胡”。亦用于独奏或合奏。

（《辞海》）

拉弦乐器，琴筒多用椰壳制成，面板用桐木。两根弦，发音高亢。是梆子戏等地方戏曲的主要伴奏乐器，也用于独奏或合奏。

（《新华词典》，以下简称《新华》）

胡琴的一种,琴筒呈半球形,口上蒙着薄板。发音高亢。

(《现代汉语词典》,以下简称《现汉》)

胡琴的一种,琴筒呈半球形,口上蒙着薄板。发音高亢。

(《现代汉语大词典》,以下简称《现大》)

对比各词典的释义可以看到,《新华》对"板胡"的释义是在《辞海》释义的基础上压缩调整而成,删去了制琴杆木料、定弦法、又名等内容,也添加调整了个别词语(如"梆子戏"后加"等地方戏曲")。《现大》对"板胡"的释义则同《现汉》字字相同。

氨水

氨的水溶液。一种速效性氮肥。一般含氮为15%—20%。可作基肥和追肥。容易挥发,切忌同农作物茎叶接触,以免灼伤。使用时宜先稀释,并须深施立即盖土。一般贮藏于密闭容器中。低浓度的氨水可作外用药。 (《辞海》)

氨的水溶液。含氮17%—20%,是一种速效性氮肥。低浓度的氨水可作药用。 (《新华》)

氨的水溶液,无色,有臭味,是一种化学肥料,工业上用途也很广。也叫"氢氧化铵"。 (《现汉》)

氨的水溶液,无色,有臭味,是一种化学肥料,工业上用途也很广。也叫"氢氧化铵"。 (《现大》)

双比各词典的释义可以看到,《新华》的释义是取《辞海》释义中说明氨水性质、功用、成分的最主要的内容,含氮的比例有修改,表述的语句也略有调整。而《现大》对"氨水"的释义同《现汉》也是字字相同。

板眼

② 音乐名词。传统唱曲时,常以鼓板按节拍,凡强拍均击板,故称该拍为板;次强拍和弱拍则以鼓签敲鼓或用手指按拍,分别称为"中眼""小眼"(在四板子中的前一弱拍称"头眼",后一弱拍称"末眼"),合称板眼。乐曲节拍由一板一眼构成者称"一眼板",即二拍子;由一板三眼构成者称"三眼板",即四拍子;无固定板眼者则称"散板";有板有眼者通

称“流水板”。(下说明工尺谱板眼记号略) (《辞海》)

指戏曲音乐中的节拍。强拍击板,叫“板”,次强拍和弱拍击鼓,叫“眼”。合称板眼。 (《新华》)

① 民族音乐和戏曲中的节拍,每小节中最强的拍子叫板,其余的拍子叫眼。如一板三眼(四拍子)、一板一眼(二拍子)。 (《现汉》)

① 民族音乐和戏曲中的节拍,每小节中最强的拍子叫板,其余的拍子叫眼。如一板三眼(四拍子)、一板一眼(二拍子)。 (《现大》)

比较几部词典的释义可以看到,《辞海》详细地说明了“板眼”得名之由,说明板眼的各种节拍的不同构成情况,而《新华》只是简要说明了“板眼”得名之由,解释了“板眼”一词的含义,表述语句也不同。而《现大》对“板眼”的解释则字字跟《现汉》相同。

《辞海》是兼收语词重在百科的词目宏富的综合性大词典。1962 年出了《辞海·试行本》16 分册,1965 年又出《辞海·未定稿》。《新华》是语文兼百科的小型词典,1971 年始编,百科词目释义多从《辞海》得到借鉴。从上面释义的对比可以看到,《新华》根据自己的性质、篇幅从《辞海》等辞书中吸取自己需要的内容,释义词句多有调整,也有重新概括作出解释的(如“板眼”条)。而号称《现代汉语大词典》的这部词典,按理在词语释义内容上应该提供比《现汉》更多的信息,即使不增加释义内容,也应该独立构拟释义词句;而上引三词长长的释义,一字不差地照抄《现汉》。在这里何者为借鉴,何者为抄袭,似乎不必费词。

二

语文词目的释义,许多词典都借鉴《现汉》。但借鉴并不等于抄

袭。试对比几部词典对“哀”字头下一批词语的释义。(《新现》系指王同亿主编、海南出版社出版的《新现代汉语词典》)

哀怜

对别人的不幸遭遇,表示同情。(《现汉》)

对别人的不幸遭遇,感到难受,表示同情。(《新华》)

对别人的不幸遭遇表示同情。(《现大》《新现》)

哀号

悲哀地号哭。(《现汉》)

悲哀而大声地哭叫。(《新华》)

悲哀地号哭。(《现大》《新现》)

哀鸣

悲哀地哭叫。(《现汉》)

悲哀地哭叫。(《新华》)

悲哀地哭叫。(《现大》《新现》)

哀荣

指死后的荣誉。(《现汉》)

人死后的荣誉。(《新华》)

死后的荣誉。(《现大》《新现》)

哀思

悲哀思念的感情。(《现汉》)

悲哀的感情;悲哀的思念。(《新华》)

悲哀思念的感情。(《现大》《新现》)

哀启

旧时死者亲属叙述死者生平事略的文章,通常附在讣告之后。(《现汉》)

旧时一种由死者亲属叙述死者生平及临终情况的文章,一般均附在讣闻之后发送亲友。(《新华》)

旧时死者亲属叙述死者生平事略的文章,通常附在讣告后面。(《现大》《新现》)

哀戚

悲伤。 (《现汉》)

悲伤、忧愁。 (《新华》)

悲伤。 (《现大》《新现》)

上面列举的“哀”字头的7个词的释义中,《新华》和《现汉》全同者只“哀鸣”一条,其他词释义可看到借鉴的痕迹,但并非字字相同。有的增加些内容,如“哀怜”“哀思”“哀启”诸条,其他表述字词有增减调整。而《现大》和《新现》除“哀启”释义最后二字将《现汉》的“之后”改为“后面”外,其他词释义皆字字与《现汉》相同。

用同义近义词释义时,可供挑选的同义近义词有限(如上“哀戚”例),用对释语素义方式释义时,可供挑选的同义近义词语也有限(如上“哀号”“哀鸣”《现汉》的释义)。而这两种释义方式,因为简明快当,许多词典都乐于应用,因此用这两种方式释义时,雷同者较多。但在这里,难以孤立地从由于使用同义词释义或使用对释语素的方式释义而造成释义雷同的观点来分析问题。一部词典同已编成的词典释义相同的数量很大,有很多注例一字不差,有很多长注一字不差,这就应该从词典编纂者的工作态度、工作方法方面来考虑问题的性质了。在本文所举各例中,究竟是由于剪贴拼凑而成为抄袭,还是由于用了某些释义方式而造成雷同?明眼人应不难分辨。

三

词典的释义如果能在借鉴的基础上根据语言事实、词典性质的需要有所改进,则是一种创造性的劳动。在这方面不乏好的例

子。如:

爱慕

由于喜欢或敬重而愿意接近:~虚荣/相互~。 (《现汉》)

因喜爱而追求或愿意接近。 (《新华》)

霭

云气:烟~/暮~。 (《现汉》)

① 云气,轻烟。〔例〕暮~。 ② 气象上也称轻雾。 (《新华》)

"爱慕"例,《新华》在《现汉》的基础上说明"爱慕"的行为中包含有"追求""接近"两种行为,更切语言实际("爱慕虚荣"例中"爱慕"就有追求义)。"霭"例,《新华》据《现汉》在①义中补"轻烟"一解,又立②义,全面地说明了"霭"的含义,也体现了《新华》语文兼百科的性质。

有一部分为帮助青少年学习的语文词典,词语的释义借鉴《现汉》。为照顾青少年理解的特点,并不机械搬用《现汉》释义,而是尽量使释义通俗明白。如:

农夫

旧指从事农业生产的男子。 (《现汉》)

农村中种庄稼、饲养牲畜家禽的男子。

(《学生汉语四用词典》,中国少年儿童出版社出版)

捏合

使凑合在一起。 (《现汉》)

把本来不合适或不相称的人或物凑合到一起。

(《学生汉语四用词典》)

在这里,《学生汉语四用词典》的释义是适合它以青少年为读者对象的要求的。

由此可见,对语词的释义,有功力的编者总是注意借鉴但又不是抄袭完事的。笔者曾在《词典释义的比较》(载《辞书研究》1990

年第 1 期）一文中，分析过编得好的几部词典在释相同词义时具体释义形式的不同。它们可以是释义方式的不同；可以是释义方式基本相同而词语运用不同；也可以是解释同一意义而内容并不相等。该文还提出把词义解释同词义出现的语境、语法格式、习惯格式结合起来的新认识和新要求。只要下功夫在这方面追求开拓，在借鉴的基础上，总会有所前进和创新。

一段时间以来出现了释义“共识”论及“趋同”论。这里不想分析这些理论，只想说明用这些理论证明“抄袭有理”是说不通的。释义中当然有共同的认识和相一致的地方，从上面我们分析的释义材料中可以看到这一点。但是，由于借鉴而出现的一致之处与由于抄袭而字字相同的现象，它们的界限是清楚的。

辞书的编纂始终要有借鉴，但难以由此而证明“抄袭有理”。

（原载《辞书研究》1995 年第 6 期）

词义和构成词的语素义的关系[①]

准确确定一个词的意义，一般要综合考察它表示的概念内容，它同别的词的搭配情况，以及它能充当什么句子成分，等等情况。但词义同构成词的语素义也有一定的联系，因此分析语素义对确定词义也有相当的作用。词义和语素义的联系是各种各样的，复杂多变的。其中也存在某种规律性。说明这种规律性对了解语言符号同意义联系的复杂性也有帮助。本文试图对这个问题作一些探讨。

由于汉语中单音节词、多音节的单纯词只含有一个语素，语素和词义的联系是另一种情况[②]，本文主要考察由多个（主要是两个）语素构成的合成词的语素义和词义的关系。这种考察有两个条件：①各个语素在现代汉语中的意义已作出归纳，②词义已作出较好的解释。我们认为《现代汉语词典》，以下简称《现汉》已初步完成这个任务，因此，本文材料主要以它为根据（下文用例未注明出处者皆引自《现汉》），也参考其他词典。

一、词义和语素义关系的类型

词的意义由词典中释义的词语说明，词典中各个词头的义项就是语素义。词的释义可以借助于解释语素义，如："器材　器具和材料。"也可以主要不借助于解释语素义，特别是对词作"百科性”[3]的释义的时候[4]。但是大多数词的释义，总是或多或少地联系语素义的解释。如果以词的语素义为中心，则释义的内容可分为下列几个部分：1. 语素义内容，2. 词的暗含内容，3. 为表述需要而补充的内容，4. 知识性附加内容。如：

> **合唱**　由若干人分几个声部共同演唱一首多声部的歌曲，如男声合唱，女声合唱，混声合唱等。

其中，“共同”即“合”的语素义，“演唱”即“唱”的语素义，“共同演唱”是词的语素义内容。“分几个声部”“多声部的歌曲”是词的暗含内容，暗含内容是语素义完全不包含而词义必须具有的内容。例如这里，歌唱中如果不是“分几个声部”唱“多声部的歌曲”就不叫合唱。上面释义中“由若干人”“一首”是为表述需要而补充的内容，这些内容语素义也不包含，也不是词义所必须具有的，是为了表述清楚、完整而加上去的。词义解释中删去暗含内容释义就不准确，删去表述需要的补充内容只影响表述的明确、完满。上面释义中“如男声合唱，女声合唱，混声合唱等”是知识性附加内容，它同样是语素义所不包含的。它同表述需要的补充内容的区别是，后者同语素义内容结合说明词义，它则独立于语素义的说明之外。

我们以 Z 代表词义，c 代表语素义内容，a 代表词的暗含内容，b 代表表述需要的补充内容，s 代表知识性附加内容，则上面的释义可分析为：

合唱　由若干人｜分几个声部｜共同｜演唱｜一首｜多声部歌曲，｜如男声合唱，女声合唱，混声合唱等。

$$Z(c_1\ c_2) = b + a + c_1 + c_2 + b + a + s$$

词的释义中 c，a，b，s 组成的情况可以分为下面几个类型。

Ⅰ. $Z = c_1 + c_2$ 即词义等于语素义之和，$c_1 + c_2$ 只表示语素义

按次序相加,其间可以是不同的语法关系。如:

平分　平均分配。
c_1 c_2　c_1 c_2

平地(偏正式)　平坦的土地。
c_1 c_2　c_1 c_2

平地(支配式)　把土地整平(=整平土地)。
c_1 c_2　c_1 c_2

Ⅱ. $Z=c_1=c_2$　即词义、两个语素义三者同义。如:

哀伤　悲伤(哀　①悲伤;悲痛。
c_1 c_2　c_1 c_2　伤　③悲伤。)

狡黠　狡诈。(狡　狡猾。
c_1 c_2　c_1 c_2　黠　聪明而狡猾。)

Ⅲ. $Z=c_1+c_2+a$　即词义等于语素义内容之和加上词的暗含内容。如:

平年　农作物收成平常的年头。
c_1 c_2　a c_1 c_2

刻毒　说话刻薄狠毒。
c_1 c_2　a c_1 c_2

Ⅳ. $Z=c_1+c_2+b$　即词义等于语素义内容加上为表述需要补充的内容。如:

哀怨　因委屈而悲伤怨恨。
c_1 c_2　b c_1 c_2

作案　个人或集团进行犯罪活动。
c_1 c_2　b c_1 c_2

Ⅴ. $Z=c_1+c_2+a+b$　即词义解释中包含语素义内容、暗含内容和表述需要的补充内容。如:

反话　故意说出与自己思想相反的话。
c_1 c_2　a b c_1 c_2

海损　货物在海运中受到的损失。
c_1 c_2　a c_1 b c_2

评奖（c_1 c_2）　通过（b）评比（c_1）对先进的（a）给以（b）奖励（c_2）。

Ⅵ．$Z=c_1+c_2+(a)+(b)$[⑤]$+s$　即词义解释中以上各类加上知识性附加内容。除了在本节开头举的例子外，再如：

电车（c_1 c_2）　用电作动力的（c_1）公共（a）交通工具[⑥]（c_2），电能从架空的电源线供给，分无轨和有轨两种（s）。

这个词新版《四角号码新词典》（以下简称《四角》）作：

利用电力（c_1）行驶的（b）城市公共（a）交通车辆[⑦]（c_2），分无轨和有轨两种（s）。

《汉语词典》作：

藉电力（c_1）行动（b）之车（c_2）。

对比释义的内容，则《汉语词典》完全没有 s，《四角》的 s 比《现汉》少“电能……供给”的内容。由此可见，s 是可以伸缩的。

Ⅶ．$Z=c_1+c_2$的引申或比喻义。如：

铁窗（c_1 c_2）　安上（a）铁栅（c_1）的窗户（c_2），借指监狱。

反目　不和睦（多指夫妻）。

“铁窗”指监狱，“反目”指夫妻不和睦，相当于修辞格中的借代，以相关的事物现象代替另一事物现象。词义是构成词的语素义的引申。

风雨（c_1 c_2）　风（c_1）和雨（c_2），比喻艰难困苦。

铁牛　拖拉机。

这两个例，“风雨”“铁牛”的词义是构成它的词素义的比喻用法。

上面所举的七种情况，语素义同词义都有联系。其中有四种情况，代表了语素义和词义关系的三种类型：

Ⅰ. $Z=c_1+c_2$ ⎫
Ⅱ. $Z=c_1=c_2$ ⎭ 第一种类型:语素义直接地完全地表示词义;

Ⅲ. $Z=c_1+c_2+a$——第二种类型:语素义直接地但部分地表示词义;

Ⅳ. $Z=c_1+c_2$的引申比喻义——第三种类型:语素义和词义的联系是间接的,语素义间接表示词义;

汉语中还存在这样的合成词,其中一个语素完全不用它原有的意义来表示词义,即

$Z(c_1\ c_2)=c_2$(或 c_1)$+(a)+(b)+(s)$ 如:

反水 叛变。
$c_1\ c_2$ c_1

船只 船(总称)
$c_1\ c_2$ c_1

其中语素"水"的语素义在"反水"中没有表现,"只"的原有的语素义,在"船只"中没有表现。这可以叫作部分语素在构词中失落原义,是合成词语素义和词义关系的第四种类型。属于这类型的词还有白菜、打尖、电池、电视、平金(一种刺绣)等等(加点的语素在所举的词中已失落原义)。

汉语中也出现了这样的合成词,构成词的所有语素的意义都不显示词义。这有两种词:一种是构成词的所有语素意义已完全失落,语素的现有意义同词义没有联系。如:

东西 dōng·xi 泛指各种具体的或抽象的事物。

二百五 讥称有些傻气,做事莽撞的人。

冬烘 (思想)迂腐,(知识)浅陋。

另一种是一批音译词,如沙发、摩托、安培、法拉(电容单位)等等。这些音译词每个音节本身可以表示语素,有它自己的语素义,但在

这里完全不用它原有的语素义。这两种词属语素义和词义关系的第五种类型(所有语素的意义都不显示词义)。这类词,有人已把它们看作单纯词(如沙发,摩托)或性质接近单纯词了。

可以看出,从第一种类型到第五种类型,语素的原有意义在词义中所占的地位是逐渐递减的。

二、语素在构词中的变异

语素在构成合成词中有不同的变异,这种变异很复杂,其情况可大致说明如下:

(一) 意义上的变异 语素在不同的词中意义有细微的差别。我们把词典所归纳的义项的意义叫语素共义,把在构词中出现的变异(注意,是在同一义项范围内的)叫语素变义。语素变义的表述可用各种同语素共义同义近义或相关的词语,因此可有不同的措辞。我们着重注意的是语素共义和语素变义的同和异。语素变义是个别的,一时的,语素共义是变义中共同的东西。语素共义和语素变义的关系一般可分为三种类型:

1. 关联关系 即语素共义和语素变义有各种关联。如"艺"表示两个语素义:①技巧,技术。②艺术。在以下各词中"艺"都用"艺术"义,但意义有差别(划杠词语为"艺"在其构成的词中所具有的意义):

艺林 <u>艺术界</u>或<u>文艺图书</u>聚集的地方。

艺龄 <u>艺术活动</u>的年龄。

艺名 <u>演出时</u>用的别名。

艺苑 <u>文学艺术</u>荟萃的地方。

语素共义“艺术”和语素变义(划杠词语所示)有不同的关联。

2. 种类关系 语素变义和语素共义是种类关系,语素共义一般为类(大),语素变义一般为种(小)。如:

文本 文件的某种本子(多就文字措词而言),也指某种文件。

文稿 文章或公文的草稿。

文集 把作家的作品汇集编成的书(可以有诗有文)。

这里“文”的语素共义为“文章”,它同语素变义的关系是类和种的关系。

商品 为交换而生产的劳动产品。

战利品 战争或战役中从敌方缴获的武器、装备等。

艺术品 艺术作品,一般指造型艺术的作品。

这里“品”的语素共义为“物品”,它同语素变义的关系也是类和种的关系。

3. 借代比喻关系 语素共义和语素变义之间的关系相当于修辞上的借代比喻,如:

眉目 眉毛和眼睛,泛指容貌。

“眉”“目”为容貌的一部分,这里以“眉目”指容貌,是借代。

落墨 落笔。

“墨”为笔所用,这里以“墨”指笔,是借代。

鳞爪 鳞和爪,比喻事情的片断。

林立 象树林一样密集地竖立着,形容很多。

眉批 在书眉或文稿上方空白处所写的批注。

以上各例,语素变义分别是“鳞爪”“林”“眉”的语素共义的比喻用法。

(二) 作用上的变异

这首先指语素在构成的不同的词中所处的语法地位不同,因而表义作用也不同。例如：

尘封 （陈述式） 搁置已久，被灰尘盖满。

尘肺 （偏正式） 工业病，某些工业的生产过程中，能产生有害的灰尘，如果防护得不好，进入肺脏，肺中灰尘逐渐增多，使肺结疤，弹性减弱，劳动力也逐渐减退，并容易感染肺结核、肺炎等。也叫灰尘肺。

尘垢 （并列式） 灰尘污垢。

这里语素“尘”皆有“灰尘”义，在“尘封”中“尘”相当于主语，“封”是灰尘造成的，相当于谓语；在“尘肺”中“尘”为偏，表示这种疾病的病源和性质；在“尘垢”中它和“垢”并列，分别表示不同的秽物。

其次指语素所构成的同类型结构（同为偏正、联合、陈述等）的词中，由于同它结合的语素不同，所构成的词反映的事物现象不同，因而表示的意义也不同。例如，以“电”为词头，并以“有电荷存在和电荷变化”这一语素义构成的偏正式的词中，“电”可以表示：

㈠ 生电： 电池、电瓶、电源、电鳗等。

㈡ 用电： 电车、电铲、电灯、电镐、电钻、电话、电焊、电烫、电解、电疗、电椅、电扇、电视、电影、电网、电铃、电炉、电脑、电钟、电镀等。

㈢ 电本身： 电波、电场、电感、电光、电晕、电泳、电位、电抗、电流等。

㈣ 同电发生关系的（器材）： 电料、电木、电键、电钮等。

㈤ 以电为研究对象的： 电学等。

语素在构词中作用的变异是最复杂的，要具体的词具体分析。

（三）特殊的变异

特殊变异指变异的各种特殊情况。这里指出两种最明显的事实。

1. 语素义完全消失　这指的是某个语素原有的意义在它构

成的一些词中完全没有表现,词义完全由另一语素表示,如:

作别 分别。
c_1 c_2 c_2

作成 成全。
c_1 c_2 c_2

打扫 扫除,清理。
c_1 c_2 c_2 c_2

打猎 在野外捕捉鸟兽。
c_1 c_2 a c_2 a

在上面这些词中,语素“作”“打”的意义完全消失,词义由另一语素表示。

2. 语素义完全改变 这指的是某些语素原有的意义在其构成的某些词中完全没有表现,但词义又并非完全由另一语素表示,因此不能说这个语素完全没有意义,但又不能说词义减去另一语素的意义等于这个语素新获得之义,只能说这个词作为一个整体表达了它的整个意义[8]。如:

大米 稻子的子实脱壳后叫大米。

白菜 二年生草本植物,叶子大,边缘呈波状,花淡黄色。品种很多,是营养丰富的蔬菜之一。

其中“大”“白”就属这类语素。这样的语素还有“反水”中之“水”,“南瓜”中之“南”,“牛膝”中之“牛”,等等。

以上所说语素在构词中意义上的变异、作用上的变异、特殊变异,核心是意义变异,作用变异结果也是意义变异,特殊变异是意义变异的特殊情况。语素的变异,说明要把语素的意义看成是灵活多变的,词典所归纳的义项,概括了语素变义中共同的东西,只不过相当于数学上的最大公约数而已。唯其如此,它所构成的词才能适应反映各种意义差别的需要。

三、词的暗含内容

现在来谈词的暗含内容。上面说过,词的暗含内容指词义必须具有而完全不包含在构成词的语素义之中的内容。词的暗含内容有几种情况:

1. 暗含语素义所表示的动作行为、性质状态的主体。如:

上场 演员或运动员出场。

景气 经济繁荣。

通顺 (文章)没有逻辑上或语法上的毛病。

2. 暗含语素义所表示的动作行为的特定的关系对象。如:

开脱 解除(罪名或对过失的责任)。

雷害 农业上指由于雷击引起的植物体的破坏死亡。

3. 暗含语素义所表示的动作行为的时间、空间、数量、工具、方式等等的限制。如:

开犁 一年中开始耕地。(时间)

连载 一个作品在同一报纸或刊物上连续刊载。(空间)

拘禁 把逮捕的人暂时关起来。(数量)

吹打 用管乐器和打击乐器演奏。(工具)

聚敛 重税搜刮。(方式)

4. 暗含语素义表示的事物的存在范围、各种性状等等的限制。如:

反派 戏剧小说中的坏人。

例言 书的正文前头说明体例等的文字。

拼盘 用两种以上的凉菜摆在菜盘里拼成的菜。

上面所说的这些只是举其大类,并不详尽。而且这几种情况是有交叉的。如上面3之"连载"还暗含有行为的特定关系对象

"作品",这个关系对象的数量"一个"。"拘禁"还含有特定的关系对象"逮捕的人"。

词有暗含内容说明语言用合成词作为事物现象的名称时,由于事物现象性状的纷繁多样,只能用语素反映其中的一些特征(如"拼盘"说明其所反映的事物是用"盘"装的,是由几样东西"拼"成的,等等)。语素在这里的作用不仅表示它所反映的事物现象的某些特征,而且也能标志它所反映的整个事物现象。然而仅是标志而已,就意义来说,词义中就有语素义所不能包含的内容,解释词义时应该说明。

四、实践意义

研究词义同构成它的语素义关系的一个重要的实践作用是,能帮助我们通过恰当说明语素义来正确解释词义。

我们看到,有一部分词能通过对释语素义或揭示语素义的引申比喻义来说明词义,而相当多的词要根据语素义的变异,要揭示词的暗含内容去说明词义,有时,要有表述需要的某些补充内容或加上知识性的附加内容,释义才显得完整。在这方面,《现代汉语词典》比以前编成的词典有很大的进步。例如,以揭示词的暗含内容来说,它做得相当细致,释义比以前编成的词典准确得多。下面是《现汉》和《汉语词典》(以下简称《汉语》)对几个词释义的比较:

盘货 商店等清点和检查实存物资。(《现汉》)
清查货物。(《汉语》)

硬朗 (老人)身体健壮。(《现汉》)
谓身健。(《汉语》)

上面划杠的词语是词的暗含内容,《汉语词典》全缺,释义就显得粗疏。

但《现汉》区分词的暗含内容(a)和表述需要的补充内容(b)似

乎不够严密。它有时加括号以表示 b，如：

平定 平息（叛乱等）。

平淡 （事物或文章）平常；没有曲折。

但有些属于 a 的内容，也加括号，如上之“硬朗”释义中“老人”加括号。以此对比：

反串 戏曲演员临时扮演自己行当以外的角色。

上场 演员或运动员出场。

后两词释义中“戏曲演员”“演员或运动员”不加括号，而“硬朗”释义中“老人”加括号，我们看不出其间的区别。“硬朗”释义中的括号看来是不必要的。

有时属于 b 内容的，《现汉》也不加括号，如：

调解 劝说双方，调解纠纷。

候补 等候递补缺额。

我们认为“调解”释义中之“双方”“纠纷”，“候补”释义中之“缺额”应加括号。

词的暗含内容和表述需要的补充内容有时不易区分，我们认为，如果对确定词的暗含内容掌握得严一些，是会增加词的释义的准确性的。

本文开头我们说到，研究语素义和词义关系的一个前提是各个语素在现代汉语中的意义已作出归纳，但了解了其间的关系，反过来又对归纳语素的意义有启发。语素共义和语素变义有同有异，如果这个异很明显，而且有规律地出现在多个词中，那就有可能考虑单独立一个义项，如语素“军”，《现汉》立两个义项：①军队，②军队的编制单位。但比较下列两组词：

甲组 语素“军”义为“军队”	乙组 语素“军”义为“军事”
军徽 军队的标志。	军备 军事编制和军事装备。

军纪	军队的纪律。	军机	军事机宜。
军民	军队和人民。	军令	军事命令。
军务	军队的事务。	军情	军事情况。

按《现汉》目前的处理,"军队"为语素"军"的共义,"军事"为其语素变义。这里共义变义虽有联系,但其差异很明显,而且"军事"一义已经有规律地出现在多个词中,所以应立"军事"为语素"军"的另一义项。

研究词义同构成它的语素义的一个重要理论意义是,说明语素和词等语言符号同意义联系的某种规律性。

根据一般语言学者的意见,单纯词(一个语素构成的词)同意义的联系是自由的。(按:多义单纯词的后起义受原有义的制约,并不是完全自由的)多个语素构成的合成词同意义的联系是不自由的,是有理据的。有理据即存在某种规律。这个规律性可以从不同角度说明[9]。从我们的粗浅的描述来看,在汉语中,语素义同词义的关系可分成:语素义直接完全表示词义,语素义直接部分表示词义,语素义间接表示词义,表词义的语素有的失落原义等类型,最终也出现了语素义完全不表示词义这种类型。语素有共义,体现了语素的概括性,其复杂的变异使它构成的词能适应区别意义的各种需要,这又是它的灵活性。词有暗含内容,同样也说明了语素和词的概括性和灵活性。从用语素来标志词的丰富内容来讲,是语素和词的概括性;从语言能以不同语素反映事物现象不同的特征,语素构成了词,又能标志词所反映的整个事物现象来讲,又说明了语素和词的灵活性(自行车,脚踏车,单车,用不同语素从不同特征上命名,都能代表同一事物)。人头脑形成的意识内容是无限的,而语素是有限的。在语素和词的平面上,以有限表示无限,就产生了语素和词的概括性和灵活性。

附 注

① 我们把词义看成是由它的概念义(即词表达的概念内容)和附属义(即词所具有的感情、语体、风格、形象色彩)构成。本文所说词义只指概念义。

② 单义的单纯词语音形式和意义的联系是自由的,多义的单纯词后起义同原有意义的关系一般是由思维联想规律作用所产生的关联性联系和相似性联系。如:

口 ①人及动物进食发声的器官。③户口。④关隘曰口。(《辞源》)

“口”的③是从①发展来的,口是人的一个重要器官,就以这个器官作为计算人的单位,这是关联性联系。④也是从①发展出来的,人的口和关隘作用有相似之处,④同①是相似性联系。这里不考虑假借义。

③ “百科性”的释义说明词所反映的有关对象的知识,同语文性的释义相对,后者只解释词的语言意义。

④ 这同采取何种释义方式解释词义也有关系。如:

荒僻 荒凉偏僻。 (对释语素义)

人烟稀少,离闹市远。 (描述词所表示的情状,语素义在释义中有显示,但不构成一对一的关系)

⑤ 加括号表示或缺。

⑥⑦ 这里,《现汉》用上位概念“交通工具”解释语素“车”,二者不等义,《四角》则用同义词“车辆”加属性修饰语“交通”释“车”,意义相当。

⑧ 这同所谓“剩余语素”的情况不同,剩余语素只同某个确定的语素结合,如“菠菜”之“菠”,“糍粑”“糌粑”之“糍”“糌”,“穇子”之“穇”。

⑨ 有人从语素成分和词的结构类型同意义的联系上把有理据的词分成三个类型:

1. 语音造词 词的声音同表达对象的声音相似,如汉语的哗哗、潺潺、沙沙等。

2. 形态造词 词的意义以构成它的成分的意义为基础,如汉语的备荒、平年、海损等。

3. 意义造词 词的意义是构词成分的意义的比喻用法,如汉语的鳞爪、风雨、窠臼等。

(原载《辞书研究》1981年第1期)

语素"红"的结合能力分析

国外语言学界有人提出过词的"价"（lexical valency）[①]的概念，分析语言成分的"价"叫作"价的分析（valency analysis）"。"价"指"一个语言成分的结合能力"[②]，"即在同一平面上能同它同时出现的其他成分的类型"[③]。词的价指"词同其他词可能有的结合能力"[④]。他们所说的"价"，我们叫作"结合能力"。其精神同流行于欧美的分布分析（distributional analysis）是相通的。

这种观点启发我们对语素（包括成词的和不成词的）的结合能力进行具体的描写。可以把这同意义的分析结合起来，使意义的分析更加细致。对于成词语素来说，这样做也就是具体说明了它在各种意义上的用法。吕叔湘先生主编的《现代汉语八百词》对不少虚词的分析实际上也是具体分析虚词在各个意义上的结合能力。深入地对一个个实义成词语素在各个意义上可能有的结合能力进行分析则还不多见，本文试图通过对语素"红"在各个意义上的结合能力的分析，在这方面做一些探索。

对现代汉语的语素来说，结合能力的分析可以包括三方面的内容（不成词语素则只可能有下面1的分析）：

1.语素构词能力分析。语素在其构成的复合词中有人称词素（如"红"在"红潮""猩红"中是词素），语素可以用词义（语素在这个意义上能作为词来运用）构词，也可以用词素义（语素在这个意上不能作为词来运用）来构词[5]。语素的各个意义是如何构成各个词的，用什么方式，数量如何，这是构词能力分析要描写的内容。

2.词的语法性质分析。成词语素属某个词类，则有该词类的语法性质，而具有该词类所共有的结合能力。各词类中还有次类，属于各次类的词就具有该次类的语法特点，具有该次类的结合能力。

3.词在各个意义（此处指词义）上的结合能力。同属一个词类，不同意义的词结合能力不同，一个词在不同意义（此处指词义）上结合能力也不同。

语素构词能力分析要收集语素所构成的全部词汇，这可以利用各类词典和韵书。本文主要描写语素“红”在现代汉语中的结合能力，所以材料主要以《现代汉语词典》所收的词，和《诗韵新编》所收的一部分词为根据。描写构词能力需要有一套分析的方法，本文所用的方法下面具体谈。词的语法性质分析和各个意义上的结合能力分析要做大量的词语配搭试验。从可能性来说，这几乎是无限的。但任何科学研究都讲典型分析、抽样检查，我们试图以文字改革出版社编的《普通话三千常用词表（初稿）》所收的词为配搭试验范围。有这个范围，可以扩大，可以缩小。这样，就可以在占有相当材料的基础上做出概括。

“红”的构词能力

《现代汉语词典》（下简称《现汉》）所收“红”的义项有：①象鲜血或石榴花的颜色：～枣｜～领巾。②象征喜庆的红布：披～｜挂～。③象征顺利、成功或受人重视、欢迎：～运｜开门～｜满堂～｜他

唱戏唱～了。④象征革命和政治觉悟高:～军|～五月|又～又专。⑤红利:分～。

《现汉》收入以“红”为第一词素的词条99个,除“红男绿女”是成语外,其余都可看作是词而列入我们的分析范围。《现汉》收以“红”为末了一个词素的词19个,《诗韵新编》所收词语以“红”为末了词素可看作词而《现汉》未收的有3个(嫩红,晕红,东方红)。我们的分析就以这120个词为根据。

我们首先想到的是将这些词按所含的“红”的意义和构词方式进行较粗的分类,得下表:

①义构成的词

偏正式　红＋□　～茶　～柳　～狐　～潮　～蛋　～汞
～花　～净　～螺　～麻　～棉　～木　～苹　～娘⑥　～砒
～旗⑦　～契　～青　～曲　～壤　～色⑧　～烧　～苕　～豆
～生　～薯　～树　～松　～糖　～藤　～铜　～土　～星
～眼⑨　～样　～叶　～鱼　～晕　～藻　～磷　～装　～颜
～果　～尘

□＋红　大～　朱～　嫣～　通～　殷～　猩～　桔～
血～　洋～　银～　品～　潮～　绯～　粉～
鲜～　枣～　桃～　肉～　口～　嫩～

红＋□□　～宝石　～花草　～头绳　～模子　～小豆
～锌矿　～蜘蛛　～骨髓　～麻料　～缨枪
～血球　～土子　～领巾　～药水　～三叶

红□＋□　～绿灯　～点颏　～枪会

红□＋□□　～衣主教　～巾起义

红□□＋□　～十字会　～新月会

联合式　～润　支配式　～脸[10]　～眼[11]　陈述式　晕～　东方～

附加式　～扑扑　～通通　～艳艳　～不棱登

②义构成的词　支配式　披～　挂～

③义构成的词　偏正式　～榜　～货　～角　～人　～火

陈述式　满堂～

④义构成的词　偏正式　～军　～心　～旗[12]　～帽子

联合式　～专

⑤义构成的词　偏正式　～利　支配式　分～

但假如只停留在上述的分析描写上，我们说不清下列各词中"红"意义的变化和作用的差别：

"红豆"之"红"，指鲜红色。　"红花"之"红"，指黄红色。

"红装"之"红"，表面指"红色的（装饰）"，实际泛指"艳丽的（装束）"，这个词还可指"青年妇女"。

因此，我们要进一步分析"红"的各个意义在构成不同的词中意义的变异。下面的分析，用的基本是笔者在《词义和构成它的语素义的关系》[13]一文中所提出的语素共义、语素变义及其关系所持的观点。语素共义指义项所概括的意义，语素变义指复合词中语素所出现的意义差别。语素共义和语素变义的关系很复杂，在复合词中，它们的关系常见的有这几种类型：

Ⅰ.一致关系：如军①军队。　军徽　军队的标志。　军纪　军队的纪律。

Ⅱ.种类关系：语素共义大，是类；语素变义小，是种。如文①文章。　文本　文件的某种本子。　文件　公文、信件等。

Ⅲ.关联关系：语素共义和语素变义意义上有各种联系。如艺

②艺术。　艺林　旧时指艺术界或文艺图书聚集的地方。　艺名　艺人演出用的别名。

Ⅳ.借代关系：

落墨　落笔。　这里“墨”指笔,是借代。这里复合词一个语素是借代用法。

眉目　眉毛和眼睛,泛指容貌。　“眉目”指容貌是借代用法。这个词的全部语素都是借代用法。

Ⅴ.比喻关系：

林立　象树林一样密集地竖立着。　这个词的一个语素“林”是比喻用法。

鳞爪　鳞和爪,比喻事情的片断。　这个词的全部语素都是比喻用法。

Ⅵ.部分语素义模糊：

电视　①利用无线电波传送物体影像的装置。②用上述装置传送的影像。“电视”的这两个意义中,“视”的现有意义都没有表现,但不能说它没有意义,什么意义,很难概括,因此说语素“视”的意义在这个词中模糊了。

南瓜　一种瓜。不同地区有倭瓜、老倭瓜、北瓜、番瓜等名称。

语素“南”在这个词中意义模糊了。

Ⅶ.部分语素义消失:窗户　“户”义消失。　忘记　“记”义消失。

Ⅷ.全部语素意义消失:冬烘　(思想)迂腐,(知识)浅陋。二百五　讥称有些傻气,做事莽撞的人。

“冬”“烘”“二”“百”“五”在这两个词中语素的原有意义完全消失。

按照这些关系类型,根据"红"的各个意义在不同构词方式构成的词中产生的变异去分类,得下表:

①义构成的词

偏正式

Ⅰ.一致关系:~茶 ~潮 ~蛋 ~豆 ~矾 ~汞 ~果儿 ~教 ~净 ~棉 ~木 ~娘(昆虫) ~砒 ~契 ~青 ~曲 ~壤 ~苕 ~生 ~薯 ~树 ~星 ~眼(眼病) ~样 ~叶 ~鱼 ~晕 ~藻 ~旗(旗子) ~色(颜色) 大~ 朱~ 嫣~ 通~ 殷~ 猩~ 桔~ 血~ 品~ 潮~ 绯~ 粉~ 鲜~ 枣~ 桃~ 肉~ 嫩~ ~点颏 ~骨髓 ~模子 ~头绳 ~外线 ~锌矿 ~血球 ~药水 ~枪会 ~缨枪 ~绿灯 ~蜘蛛 ~三叶 ~麻料儿 ~十字会 ~衣主教 ~新月会 ~巾起义

Ⅱ.种类关系:~磷(红,指粉末暗红色) ~铃虫(红,指幼虫淡红色) ~螺(红,指壳内橘红色) ~土子(红,指暗红色或淡红色) ~萍(红,指叶暗红色) ~小豆(红,指种子暗红色)

"红"同"淡红""橘红""暗红"是类和种的关系。

Ⅲ.关联关系: ~狐(红,指狐毛赤褐色) ~花(红,指花黄红色) ~麻(红,指花粉红或淡紫色) ~烧(红,指黑红色) ~松(红,指雄花黄红色) ~铜(红,指紫红色) ~花草(红,指花紫红色)

在这些词中,"红"所指是同红颜色有各种关系的间色,故称同红的关系是关联关系。

Ⅳ.借代关系:~皮书(指某些国家政府议会公开发表的有关国情的重要文件,语素"红皮"为借代用法) ~毛坭(水泥,"红毛国”原指今荷兰,因“其人……须眉皆赤”(见《明史·和兰传》)。此处“红毛”泛指外国,是借代用法) ～颜(指貌美的女子,两个语素都是借代用法) ～装(指艳丽的装束,又指青年妇女,前义“红”为借代用法,后义两个语素都是借代用法) ～旗(指无产阶级革命,又指先进单位,二义皆两个语素的借代用法) ～领巾(指少先队员,为三个语素的借代用法) ～尘(指繁华社会,又指人世间,二义皆两个语素的借代用法)

联合式 Ⅰ. 一致关系 ～润

支配式 Ⅳ. 借代关系 ～脸(指害羞,又指发怒,二义皆两个语素的借代用法) ～眼(指发怒,为两个语素的借代用法)

陈述式 Ⅰ. 一致关系 晕～ 东方～

附加式 Ⅰ. 一致关系 ～扑扑 ～通通 ～艳艳 ～不棱登

②义构成的词 支配式 Ⅰ. 一致关系 披～ 挂～

③义构成的词 偏正式 Ⅰ. 一致关系 ～榜 ～货 ～人 ～角 ～运 ～火

陈述式 Ⅰ. 一致关系 满堂～

④义构成的词 偏正式 Ⅰ. 一致关系 ～军 ～心 ～色(指革命) Ⅱ. 借代关系 ～帽子 联合式 Ⅳ. 借代关系 ～专

⑤义构成的词 偏正式 Ⅰ. 一致关系 ～利 支配式 Ⅰ. 一致关系 分～

下面这些词中“红”的意义模糊:

～煤(指无烟煤) ～霉素(该抗菌素为白色或淡黄色结晶) ～糖(糖为褐黄色,赤褐色,或黑色,有些地方叫黑糖或黄糖)

～案（厨工的分工上指做菜的工作）

这些词属于上面说的Ⅵ，部分语素义模糊类型。

“～娘”一词则属Ⅷ、词的全部语素义消失类型。红娘原为《西厢记》中崔莺莺侍女名，为何叫红娘，未详。后泛指促成美满姻缘的人（不限于女子），现在有时竟可以指起这种作用的组织或机构。这是因作用相同而词义扩大。而语素“红”“娘”则完全不反映这种作用，因此说这两个语素的意义在这个词中完全消失了。

从上面的分析可以看出：

1. 语素“红”最有构词能力的是①义，共构有97个词，占“红”构词总数的80%强。最能产的构词方式是偏正式，“红”的各个意义用偏正式构词86个，占构词总数的71%强，其中①义用偏正式构词75个。

2. 正是在“红”的①义以偏正式所构的词中，典型地表现出语素共义和语素变义的各种关系；反过来也可以说，正是由于语言传统中存在有语素共义和语素变义关系的这些类型，才大大增强了“红”的构词能力。

3. 语素“红”的③ ④义有一定构词能力，它们构成的词多数也是偏正式，语素共义和语素变义多是一致关系。但实际上，③ ④义是从①义发展出来的，③ ④义是①义的借代用法或比喻用法。如“红火”，按字面“红”为①义，但这里“红”为比喻用法，则成了③义。“红旗”若指“红色的旗子”则“红”为①义，若指“无产阶级革命”，则“红”为④义，这里④义是①义的借代用法。只是这两个发展出来的意义固定下来，并且有了构词能力，才有了独立义项的资格。

4. “红”的② ⑤义构词能力比③ ④义弱，这同② ⑤义是词素义义项，③ ④义是词义义项有一定关系。

在上面分析的基础上,我们也可以就《现代汉语词典》对语素“红”义项的概括和在释词中对语素义的说明提出一些讨论。

1. 有些词中语素“红”的意义,《现汉》所立义项仍未能概括,如:

红白喜事　男女结婚的喜事,高寿的人逝世也叫喜丧,统称红白喜事。

红盘　正月的价格。

这两个词中的“红”似指“喜庆、吉利”。

口红　化妆品,用来涂在嘴唇上使颜色红润。　洋红　粉红色的颜料。

银红　在粉红颜料里加银朱调和而成的颜色。

这三个词中的“红”表的是名物,同“披红”“挂红”中的“红”作用相似,但义不同。

这五个词未列入上面分析“红”在构词中意义的变异的词表中。

2.《现汉》对下列各词中“红”的意义未做说明:

～票　旧时戏剧或杂剧演出者赠送给人的免费入场券。

～杉　常绿乔木,高可达三十米,叶子有披叶形或椭圆形两种,球果椭圆形,表皮有鳞片,木材致密。

～铃虫　昆虫,成虫是灰褐色的小蛾……幼虫褐色,蛹长椭圆形,有光泽(《新华词典》则作“幼虫淡红色”)。

～教　藏族地区喇嘛教的一派,八世纪到九世纪盛行(《新华词典》作“因喇嘛着红法衣得名”)。

3. “红旗”一词的义项《现汉》作:①红色的旗子,是无产阶级革命的象征。②竞赛中用来奖励优胜者的红色旗子。③比喻先进的。

义项的划分有毛病:①的“红色的旗子”和“是无产阶级革命的象征”实为二义,前一义的“红”同语素共义一致,后一义的“红”(包括“旗”)是语素的借代用法。又②义讲的只是“红色的旗子”的一种功用,“红色的旗子”还有别的功用。③义非语素“红”“旗”的比喻用法,而是借代用法;先进单位常常奖以红旗,就以红旗指代先进单位。根据语素共义和语素变义的关系“红旗”的义项似应作:①红色的旗子。②指无产阶级革命。③指先进单位。

4.《现汉》说“红藤”即白藤,不当,实际上棕红色者为红藤,白色者为白藤。

“红”作为词的结合能力

下面分析“红”作为词的结合能力。“红”的五个义项中,①象鲜血或石榴花的颜色,③象征顺利、成功或受人重视,④象征革命和政治觉悟高等三个义项是词义(“红”在这三个意义上可作为词来使用),②象征喜庆的红布,⑤红利等两个义项是词素义(“红”在这两个意义上不能作为词来运用,这两个意义只存在于复合词或固定结构中)。因此分析“红”作为词的结合能力,实际上是分析“红”的① ③ ④义的结合能力。因为“红”是形容词,其基本功能是做定语,谓语,补语,在某些特殊条件下也能做主语,宾语,下面就以语法功能为纲,考察“红”在这三个意义上的结合能力。

一、做定语

①义的“红”加在表示有这个属性(不管是天然的还是后加的)的事物现象的词之前,如:～天　～太阳　～云　～石头　～蝴蝶　～鸟　～树　～花　～杏　～牡丹　～桌子　～箱子　～汽车　～字儿　～信纸　～表格　～裙子

但下面这些是复合词:～河　～雨　～楼　～墙　～豆腐

有些事物虽有“红”的属性,但习惯上不用“红”做定语: *～

桃花　*～田地　*～矿物

这种用法的“红”,后加“的”较少说(可以说): ～的天　～的太阳　～的云　～的石头

“红+的+名”意义一般等于“红+名”,如:红的石头=红石头,红的天=红天。但对于有些名词,这两种格式中的“红”意义并不相等:

红杏≠红的杏(红杏指红颜色的杏,红的杏,指成熟因而变红的杏。)

红柿子≠红的柿子(红柿子指红颜色的柿子,红的柿子指成熟因而变红的柿子。)

“红的杏”“红的柿子”中的“红”潜含着“成熟了的”的意义。

③义做定语,只能加在月份之前,如:～一月　～二月　～三月　～四月

但不能用于年、季节、星期、日之前:*～1981年　*～春　*～星期一　*～7日

④义做定语,只能加在一些特殊月份(有重大革命节日的月份)之前,和某些职业的名称之前:～五月　～十月(若说“～一月”,则“红”为③义,若说“～五月”,则④义占优势,一般不会想到是指③义)　～教授　～专家

但后一种用法不能类推,下列搭配都不允许:*～部长　*～司机　*～售货员　*～师傅

二、做谓语

①义做谓语　把①义做定语的偏正结构中的“定”“中”两部分位置颠倒一下,就得“红”①义做谓语的主谓结构:天～　太阳～　云～　石头～　蝴蝶～　鸟～　树～　花～　牡丹～　桌子～

箱子～　汽车～　字儿～　信纸～　表格～　裙子～

但要区别：1. 有些偏正式是词组，倒过来的主谓式是复合词：～杏——杏红（复合词）

2. 有些偏正式是复合词，倒过来的主谓式是词组：

红脸（复合词）——脸红（词组）

3. 有些偏正式和倒过来的主谓式都是复合词：

红枣——枣红　红火——火红

③义做谓语

1. 将“红”做定语的词组倒过来：

一月～　二月～　三月～　四月～

2. 要求的主语比做定语要求的中心语广泛得多，如：

生意～（起来了）　后加“起来了”自然，单加“了”也可以。

商店～（起来了）　后加“起来了”自然，单加“了”也可以。

老王～（起来了）　后加“起来了”自然，单加“了”也可以。

这伙人～（起来了）　后加“起来了”自然，单加“了”也可以。

但不能说：～生意　～商店　～老王　～这伙人。

④义做谓语

1. 不能将“红”做定语的词组倒过来，说成“五月红”“十月红”，这样说的“红”一般想到的是③义，而不是④义。“教授红”“专家红”也少说。

2. 要求的主语是另一些词语：

中国～了　中国（一片）～　（加“一片”为自然）

世界～了　世界（一片）～　（加“一片”为自然）

连队～了　连队（一片）～　（加“一片”为自然）

3. 这个“红”能带数量宾语：赣水那边～一角　～一点　～一片

3 中的“红”,同支配式复合词“～眼”“～脸”中的“红”,有“使红”的意义。

三、做补语

①义能做结果补语,要求的谓语动词很有限制,是一些意义上表示能产生“红”的结果的动词,如:

染　染～　染得～　染不～　　刷　刷～　刷得～　刷不～

变　变～　*变得～　*变不～

这样的动词还有:擦,抹,涂,泡,冻,烫,等等。

③义做补语只能存在于一定的格式中:

(他)唱戏唱～了　单说“唱红了”不成话。

(他)说书说～了　单说“说红了”不成话。

(他)写字写～了　单说“写红了”不成话。

以这种“红”义做补语的动词一般是表示从事某种艺术,技艺活动的,但这种用法也只限于“动＋宾＋动＋红了”的格式。

④义很少做补语,有时用作补语,意含讽刺、否定:他参加革命,变～了　他学习马列主义,变～了

四、做主语

1. ①义可以做主语,谓语为“是”,“是”义为“属于”:～是一种颜色　　～是一种视觉

③ ④义都不能这样用。

2. 在反身指代义[14]上也可做“是”的主语,“是”义也为“属于”:～是形容词　～是一个音节　～是一个字　～是一个表颜色的概念

五、做宾语

1. ①义可以做肯定意义上的“是”的宾语:这就是～　　那不

是～

①义可以做“等同”意义上的“是”的宾语：红是红　　绿不是红

①义可以做“象”的宾语：这象红　　那不象红

③ ④义都不能这样用

2.在反身指代义上做“有”的宾语：形容词有红　　形声字有红

可以将上述分析扼要总结为下表：

一、做定语

①义　～＋名（有红属性的名物词），但*～桃花，*～田地。

③义　～＋月份名，但*～年，*～星期，*～日。

④义　～＋有重大革命节日的月份名。　　～＋少数职业名称名（不能类推）。

二、做谓语

①义　名（有红属性的名物词）＋～。

③义　名（限于人、生意、商店等）＋～（了）。月份名＋～。

④义　名（限于世界、中国、连队及一些机关团体的名称）＋（一片）＋～。

名（同上）＋～＋数量宾语（一点，一片）。　　*十月～，*五月～，*专家～。

三、做补语

①义　动（染、刷、抹、擦等）＋～或＋（得/不）＋～

③义　限用于“唱戏唱～了”的说法中

④义　少用。

四、做主语

①义做主语,谓语为“是”。反身指代义可以做主语,谓语为“是”。③ ④义不能。

五、做宾语

① 义做宾语,谓语为“是”“象”。反身指代义做宾语,谓语为“有”。③ ④义不能。

结　论

通过这种对语素“红”结合能力的描写,我们看到了:

(1)语素“红”以什么意义、什么构词方法,构成了什么词,构词中语素义的不同变异,语素共义和语素变义的不同关系。

(2)“红”在不同词义义项上语法功能,配搭能力的差别。

通过这种描写,我们可以说明词典义项分析和概括、词义解释的合理性和不足之处,同时对词的用法也可以进行更细致的说明。

附　注

①②③④И. В. Арнольд Лексикология Современного Английского Языка (*The English Word*),第二章 Methods of Lexicological Research,第四节 Research Procedures,1966。

⑤ 成词语素有词义,也可能有词素义。如“海”的(1)义“大洋靠陆地的部分”,是词义,语素“海”在这个意义上可以作为词来使用,如“我看见海了”。这个意义也可以存在于复合词中,如海参、海蜇。“海”的(4)义“古代指从外国来的”是词素义,“海”在这个意义上不能作为词来使用,在现代,这个意义存在于其构成的复合词和固定结构中,如海枣、海棠、海外奇谈。不成词语素只有词素义,如“骇”,义为“惊惧”,这个意义在现代只存在于复合词“惊骇”,固定结构“骇人听闻”等之中。

⑥ 虫名,身上有红斑。

⑦ 红色的旗子。

⑧ 红的颜色。

⑨ 病,眼白发红。

⑩ 害羞:小姑娘见人就～。发怒:我们俩从来没红过脸。

⑪ 发怒。

⑫ 指无产阶级革命,又指先进单位。

⑬ 见《辞书研究》1981 年第 1 期。

⑭ 我们把词指代自身的作用叫作反身指代义。在"红是一个词"这句话中,"红"指示的是它自身。

(原载《语文研究》1983 年第 2 期)

“打”义分析

一

“打”在汉语中是意义最纷繁的词之一。如何分析它的意义？在词典中为它立几个义项？一直是有讨论的。本文试图就这个问题作一些探讨。

“打”的本义是“击”。《广雅·释诂》:“打,击也。”《魏书·张彝传》:“以瓦石击打公门。”又引申出“攻打”义。《梁书·侯景传》:“我在北打贺拔胜,破葛荣。”后来“打”搭配的范围越来越广,它的构词能力越来越强。以“打”作为头一个语素构成的词语,宋以前的如(据修订本《辞源》):“打旗”(北朝游戏的一种。见《北史》),“打毬”(曰蹴鞠。见南朝梁宗懔《荆楚岁时记》),“打稽”(拦路抢劫。见《隋书·刑法志》),“打鱼”(捕鱼。见唐杜甫《杜工部诗史补遗》),“打弡”(藏钩之戏。见唐段成式《酉阳杂俎》),“打钱”(掷钱为戏,赌博的一种。见唐司空图《司空表圣诗集》),“打夜狐”(捕狐狸,引申为跳鬼驱祟,见《旧唐书·敬宗纪》),“打毻毷”(祛除烦闷。见唐李肇《唐国史补》下),“打头风”(逆风。见唐白居易《长庆集》)等。宋代出现的有(释义、出处从略):

打包　打坐　打乘　打并　打脊　打春　打马　打秏　打揲
打量　打活　打碑　打当㈡　打暖　打号　打睡　打标　打诨

打粮　打断　打叠　打十三　打交道　打灰堆　打如愿　打油诗
打酒坐　打旋罗　打斋饭　打成一片　打草惊蛇　打鸭惊鸳鸯

辽金有:打砌,打桃,打惨,打草店,打牙,打令等。这当然是不完全的。在"打"组成的这么多词语中,有一部分"打"字的本义"击",引申义"攻打"几乎完全消失。欧阳修认为这是世俗的误讹:"今世俗言语之讹,而举世君子小人皆同其谬,惟'打'字耳。其义本谓'考击',故人相殴、以物相击,皆谓之打。而工造金银器亦可谓之打可矣。盖有槌击之义。至于造舟车者曰'打船''打车',网鱼曰'打鱼',汲水曰'打水',役夫饷饭曰'打饭',兵士给衣粮曰'打衣粮',从者执伞曰'打伞',以糊粘纸曰'打粘',以丈尺量地曰'打量',举手试眼之昏明曰'打试'。至于名儒硕学,语皆如此。触事皆谓之打。"(《归田录》)宋吴曾从字形上去分析"打"的意义:"予尝考《释文》云:'丁者,当也'。'打字'从手从丁,以手当其事者也。触事谓之打,于义亦无嫌矣。夫岂欧公偶忘《释文》云耶?予尝见宋景文公云,'凡义有未通者,当以偏旁考之'。予于'打'字得之矣。"(《辨误录》)吴曾对"打"字的上述解释未明确肯定"打"的本义是"击",欧阳修则用这一本义去衡量"打"后来的各种用法而得出世俗误讹的结论。吴所说的"打"的"以手接触"义只应该看作是"打"的本义和后来发展出来的各种用法所生的意义中的共同之点,显示了本义同后出的各种意义的联系。但宋以前出现的"打"构成的词语中,有不少"打"不能用"以手触事"来解释。如:

打坐　僧道盘腿闭目而坐,使心入定,称为打坐。宋李曾伯《可斋杂稿·西江月·宜兴山闲即事》词:"竟日蒲团打坐,有时藜杖闲行。"

打乖　使弄聪明。宋邵雍《伊川击壤集(九)·安乐窝中打乖吟》:"安乐窝中好打乖,打乖年纪合挨排。"

打量　㊀估计,认为。宋范成大《石湖集(十四)·甘雨应祈诗之三》:"说与东江津吏道,打量下晚涨痕来。"

此外“打话”(对话)、“打号”(喊号子)、“打睡”(睡倒)、“打诨”(诙谐取笑)、“打交道”(彼此来往)、“打毷氉”(祛除烦闷)、“打头风”(逆风),等等,所表示的动作行为都同手无关。这些词语中“打”的意义,吴曾以形释义的做法解释不通。明梅膺祚在《字汇》中指出“打”字有很多意义,但并未作具体分析:“俗用打字义甚多,如打叠,打听,打扮,打睡之类,不但打击而已。”

用“打”为头一个语素构成的词语在元明清近代越来越多。

元代有:

打火　打抹　打捏　打挣　打散㊀　打紧　打算㊀　打颏　打稿　打点㊁　打搅　打擂台　打髀殖　打破沙锅璺到底等

明代有:

打手　打仰　打行　打劫(围棋术语)　打花　打鬼　打躬　打扫　打当㊀　打踅　打点㊀　打抽丰　打椵椵　打骸垢　打情骂趣等

清代有:

打千　打本　打尖　打趣　打降　打牲　打伤　打散㊁　打算㊁　打醮　打旋磨　打饥荒等

陆澹安先生所编《小说词语汇释》(主要是明清近代小说中出现的),收入以“打”为头一个语素构成的词语 162 个,其中,修订本《辞源》《辞海》未收的不少,如:“打七”(信佛的人在地藏王诞日请僧尼念经七天)、“打叉”(交叉)、“打瓦”(儿童投掷瓦块的游戏)、“打仗”(打算,“仗”借作“帐”)、“打中火”(吃午饭)、“打牙儿”(掉弄唇舌,说俏皮话)、“打大头脑”(结交有势力地位的人)、“打太平拳”(挥冷拳),等等。陆先生所编《戏曲词语汇释》(主要收全元戏曲词语)收以“打”为头一个语素构成的词语 105 个,也有不少为《辞源》《辞海》《小说词语汇释》所未收,如“打勾”(赎买,勾借作购)、“打快”(赶快)、“打唏”(打喷嚏)、“打换”(调换)、“打耳喑”(附耳密语)、"打胡哨"(打唿哨)、"打勤劳"(做工)、"打谩评诐"(又打又骂)、"打破盆只论盆"(说话只限本题)等。

这些词语许多在今天都消失了,有一部分流传下来,有一些古今形式相同,但意思不同(如"打把式〔打把势〕"原义为"打秋风",今义为"练武术"。"打劫"唐有"袭击"义,今义为抢夺财物)。

《现代汉语词典》收入以"打"为头一个语素组成的词语有"打把势""打靶"等 168 个;以"打"为末一个语素或中间语素组成的词语,据中国人民大学傅兴岭、陈章焕主编《常用构词字典》,有

挨打　鞭打　抽打　吹打　单打　毒打　短打　该打　攻打　开打
拷打　磕打　猛打　扭打　殴打　拍打　扑打　敲打　摔打　双打
厮打　铁打　痛打　武打　责打　包打听　单打一　干打鱼　驴打滚
大打出手　倒打一耙　精打细算　宽打窄用　零打碎敲　满打满算
屈打成招　歪打正着　插科打诨　趁火打劫　趁热打铁　围城打援
无精打采　一网打尽　零敲碎打　稳扎稳打

共 48 个。两项共 216 个词语代表了"打"构成的词语中今天活在口头和书面上的语言单位。

"打"作为词还有在造句中所表现出来的意义(后面分析)。现代编的辞书多已能应用新的语言学观点,根据"打"在造句中和构词中的情况对"打"的意义作具体的分析,确定"打"的不同义项。由于各种词典的性质、任务不同,对"打"的义项作了不同的处理。下面对比几部辞书对"打"(不包括介词的"打")意义的分析说明:

辞源	辞海	新华字典	现代汉语词典	新华词典
㈠撞击 ㈡攻打,殴打 ㈢某些动作的代称	①敲击;拍打 ②攻击;攻打 ③与某些动词结合成为一个词,表进	①击。(引)放射 ②表示各种动作,代表许多有具体意义的动词	①用手或器具撞击物体:～门 ②器皿蛋类等因撞击而破碎:碗～了	①击,敲 ②指某种动作 例　打(捉)鱼

<table>
<tr>
<td>行之意。如：打扫，打扮
④习惯上各种动作的代称，如：打水（取水）打鱼（捕鱼）打伞（张伞）打草稿（起草）</td>
<td>1.除去：～皮
2.毁坏、损伤：衣服被虫～了。
3.取、收：～鱼|～柴
4.购买：～车票|～酒
5.举：～伞
6.揭开，破开：～鸡蛋
7.建造：～井
8.制造，做：～镰刀|～毛衣
9.捆扎：～铺盖卷
10. 涂抹：～蜡|～桐油
11.玩耍，玩弄：～扑克|～篮球
12.通，发：～个电话|～电报
13.计算：精～细算
14.立，定：～下基础
15.从事或担任某些工</td>
<td>③殴打；攻打：～架|～援
④发生与人交涉的行为：～官司|～交道
⑤建造，建筑：～墙
⑥制造（器物、食品）：～刀|～烧饼
⑦搅拌：～卤
⑧捆：～包裹
⑨编织：～草鞋
⑩涂抹；画；印：～蜡|～格子|～戳子
⑪揭；凿开：～开盖子|～井
⑫举；提：～旗子|～灯笼
⑬放射；发出：～雷|～炮|～电话
⑭付给或领取（证件）：～介绍信
⑮除去：～旁杈|～枝
⑯舀取：～水|～粥
⑰买：～油|～车票
⑱捉（禽，兽）等：</td>
<td>打（买）油
打（收）粮食
打（织）毛衣
打（画）格子
打（捆）行李
打（发出）电报
打做（短工）
③器皿等撞击破碎</td>
</tr>
</table>

作：～短工|～游击 16.表示身体上的某些动作：～手势|～冷战 ③与某些动词结合为一个动词：～扫|～搅	～鸟|～鱼 ⑲用割、砍等动作来收集：～柴|～草 ⑳定出；计算：～草稿|～主意 ㉑做，从事：～杂儿|～游击 ㉒做某种游戏：～球|～扑克 ㉓表示某些身体上的动作：～手势|～哈欠 ㉔采取某种方式：～官腔|～比喻|～马虎眼

几部词典都为“打”的本义也是基本义“撞击”单立义项，这是相同的。不同之处有：

1.“打”的引申义“攻打”，《辞源》《辞海》《现代汉语词典》皆分出，《新华字典》《新华词典》不分立。

2.“打”的“器皿等撞击破碎”义《现代汉语词典》《新华词典》单立义项，《辞源》《辞海》《新华字典》未单立义项。

3.最大的不同是，《现代汉语词典》把“打”的其他不同意义，作为独立义项处理，立了④—㉔义项，《新华字典》虽然也分析了“打”的其他不同的意义，但只立了两个义项来概括，其中②包括了16个不同的意义，③则把“打”同某些动词结合成为一个动词的作用作为一个义项。《辞海》的处理类似《新华字典》，其义项③等于《新华字典》之③，其④等于《新华字典》之②，但指出“打”在同某些动词结合成为一个词时,“打”有“表进行”的意义。《辞源》只立义项㊂,概括“打”的其余意义,不再分析其具体意义。《新华词典》在这一点上同《辞源》,但所立义项②中举例具体分析“打”的不同意义。几部词典义项的关系是《现代汉语词典》④—㉔=《新华字典》②③=《辞海》③④=《辞源》㊂=《新华词典》②。

《现代汉语词典》把“打”的义项分得很细,但仍有同志批评“没有把‘打’的意义全部包括。如打伞、打帘子在《现代汉语词典》中便找不到十分准确的解释。把这样的‘打’放在‘举’义下,似乎也不够确切。‘打帘子’未必就是举帘子。若把‘打灯笼’‘打伞’‘打帘子’等同起来作‘举’义例证,若要细加分析,这三个打,又未必相同。”[①]

如何分析“打”的意义,在词典中如何说明“打”的意义,各种词典对义项的分合可以不同,什么样的分合要好一些,下文根据“打”在造句中的意义和在复合词、某些固定结构中的表义作用进行分析,提些参考意见。

二

下面先考察在现代汉语中“打”用来造句所有的各种意义。“打”是动词,最主要的作用是作谓语。下面我们考察“打”充当谓语时(包括主谓结构中的谓语)能同它结合的宾语,主语,动词、形容词补语,它同不同的词充当这些成分相结合时所具有的意义。

考察的办法是做大量的搭配试验。我们基本上以中国文字改革委员会研究推广处编的《普通话三千常用词表》(初稿)中所收的词作为搭配范围,必要时增加搭配的词语。

确定词、语素的各个意义,一般是在大量收集该词、语素所构成的复合词、词组、句子的基础上，分别找出它在不同的复合词、词组、句子中可以替换解释的同义近义词。例如在“打鼓”“打石头”中，“打”可以替换解释为“撞击”，在“打杈”“打顶”中，“打”可以替换解释为“除去”。也可以不用同义近义词，而具体说明它的意义，如“撞击”可说成是“用手或器具撞击物体”，在找不到可以替换解释的同义近义词时，只能具体说明。以上的做法一般用在词、语素的意义能单独分解出来加以说明的情况下。在词、语素的意义不易单独分解出来加以说明的情况下，一般是联系它所结合的语言成分的意义说明其表义作用。如《现代汉语词典》把“打官司”“打交道”之“打”解释为“④发生与人交涉的行为”，把“打球”“打扑克”之“打”解释为“㉒做某种游戏”，其中“与人交涉的行为”“某种游戏”等词语，显然是同“打”结合的语言成分的意义。有时为了归并，不具体说明词、语素在各种组合中的不同意义，而只说明其某方面的共同表义作用。如《辞源》“打”的义项㊂某些动作的代称。

这几种做法各有各的作用。第一种做法是主要的，第二种做法有一定的运用条件，第三种只能在必要时用。我们在下面确定“打”在用来造句时的各种意义时，用的是第一种做法。“打”同不同的宾语、主语、补语结合时的不同意义，分别说明于下：

（一）不同的词作宾语，“打”的意义不同。

①“打”义为“撞击”

能充当“打”这个意义的宾语的词很多。如：～铁　～石头　～苍蝇　～核桃　～人等，但不是没有限制。在其宾语是“鸟”“鱼”“野猪”时，“打”义要视语境而定，有时可以解释为“撞击”，一般要解释为“捕捉”，这是“打”的另一义项了。

②“打”义为“攻打”

能充当这个意义的“打”的宾语的是表示可当被进攻目标对象的事物的词,如:

～反动派　～碉堡　～陆军

(在谈军事进攻的场合):～工厂,～银行,～城市

③“打”义为“撞破”

“打”的这个意义宾语有相当的限制,只限于蛋类、瓷、陶、玻璃等器皿,如:

打了蛋了　　打了盘子了　打了玻璃了

金属器皿、一般物品不能用,例如不能说:

* 打了铝锅了　* 打了铜盆了　* 打了收音机了

④“打”义为“制造”

这个意义的“打”的宾语有相当的限制,只限于木器、某些金属器、某些食品等,如:

～箱子　　～家具　　～刀　　～钳子　　～烧饼

不能说:

* ～点心　　* ～沙发

⑤“打”义为“编织”

这个意义“打”的宾语有相当的限制,只限于手工编织的某些物品,例如:

～毛衣　　～手套　　～网　　～麻绳

不能说:

* ～布　* ～衣服　* ～床单

⑥“打”义为“玩,做游戏”

这个意义的“打”的宾语有相当的限制,能说:

～篮球　～羽毛球

～扑克　～麻将　～牌

不能说：

*～象棋　*～剑

⑦“打”义为“捆扎”

这个意义的“打”的宾语有相当的限制，能说：

～包裹　～铺盖卷　～行李　～背包

不能说：

*～箱子　*～口袋　*～纸盒

⑧“打”义为“买”

这个意义的“打”的宾语有很大的限制，能说：

～油　～酒　～醋　～车票

不能说：

*～啤酒　*～汽水　*～牛奶　*～衣服　*～东西

⑨“打”义为“挖”

这个意义的“打”的宾语有很大限制，能说：

～洞　～井　～眼

不能说：

*～水池　*～湖　*～水库

⑩“打”义为“涂抹”

这个意义的“打”的宾语有很大限制，能说：

～蜡　～肥皂　～桐油

不能说：

*～墨　*～胶水　*～泥　*～紫药水

⑪“打”义为“取”

这个意义的“打”的宾语有很大限制，能说：

～稀饭　～米饭　～汤　～开水　～菜

不能说：

*～馒头　*～面条　*～红烧肉

⑫“打”义为“砍取”

这个意义的“打”的宾语有很大限制，能说：

～草　～柴

不能说：

*～树枝　*～庄稼

而“打麦子”“打稻子”的“打”又是“撞击”的意思了。

⑬“打”义为“建造”

这个意义的“打”的宾语有很大限制，能说：

～墙　～坝　～地基

不能说：

*～墙壁　*～堤坝　*～地板

⑭“打”义为“举”

这个意义的“打”的宾语有很大限制，能说：

～旗子　～标语牌　～伞　～灯笼

不能说：

*～杠铃　*～石担　*～篮子

⑮“打”义为“捕捉”

这个意义“打”的宾语有相当的限制，能说：

～鱼　～鸟　～野猪　～老虎

不能说：

*～虾　*～螃蟹　*～海蜇

⑯“打”义为“搅拌”

这个意义的“打”的宾语有很大限制，能说：

～卤　～糨子　～浆糊

不能说：

*～泥　*～蜂蜜　*～药水

⑰“打”义为“发射，发出”

这个意义的“打”的宾语有很大限制，能说：

～枪　～炮　～电报　～电话　～信号

不能说：

*～火箭　*～导弹　*～信　*～通知

“把火箭打下来”“把导弹打下来”中的“打”，义为“撞击”。

⑱“打”义为“发生”

这个意义的“打”的宾语有很大限制，能说：

～雷　～喷嚏

不能说：

*～雨　*～雪　*～唾沫

⑲“打”义为“除去”

这个意义的“打”的宾语有很大的限制，能说：

～枝　～顶　～旁杈

不能说：

*～叶子　*～花　*～污垢　*～斑点

⑳“打”义为“写”

这个意义的“打”的宾语有很大限制，能说：

～草稿　～报告　～叉　～十字

不能说：

*～文章　*～诗　*～字

㉑“打”义为“做”

这个意义的“打”的宾语有相当的限制，能说：

～手势　～短工　～长工　～临时工

不能说：

*～杂事　*～清洁工　*～工人

㉒“打”义为“计算”

这个意义的“打”的宾语有很大的限制，可以说：

～算盘　～二百元

不能说：

*～钱　*～物资

㉓“打”义为“用……说”

这个意义的“打”的宾语，只限于“比方”“比喻”“官腔”。

㉔“打”义为“画”

这个意义的“打”的宾语只限于“表格”“表”“格子”“线”等。

㉕“打”义为“付、领”

这个意义的“打”的宾语只限于“介绍信”“证明书”等。

㉖“打”的意义为“谜底指”

这个意义的“打”的宾语，只限于说明谜底的词语：～个字　～一物品　～一城市名。

㉗“打”义为“印”

这个意义的“打”的宾语只限于“戳子”“印章”“公章”等。

㉘“打”义为“使……亮”

这个意义的“打”的宾语只限于“手电”。

“打摆子”“打前失”等是述宾结构的复合词，其中“打”的意义在分析复合词语素义时再分析。

(二)上述“打”的各个意义，都可以带上指人或有关的指物的主语(不再详列例子)。

若用“老张打石头”“老张打鱼”的格式，则“打”的意义随着所带宾语的不同而变化。若用上述格式中的宾语做主语，如“油打了”“毛衣打了”，则“打”的意义随着主语的不同而变化。但有一些义项“打”所带的宾语不能提到主语的位置上，如不能说：* 杂工打了，* 比方打了，* 手电打了。

这说明，“打”的意义随着句中出现的它的意义上的受事对象（上例中的石头、鱼、油、毛衣等）的变化而变化。

（三）“打”后带动词的情况和意义

1.“打”后不能加双音动词，只有“打离婚”例外。

2.“打”后加动词一般组成表结果的动补结构和表趋向的动补结构。在这种组合中，“打”的意义决定于组合中出现的它的意义上的受事对象，而“打”的某个义项能否用某个动词作补语，决定该义项表示的动作行为有否补语所表示的结果或趋向。下面举两个例子。

在“打跑了＋A”“B＋打出去”的结构中，A 为宾语，B 为主语，但在意义上都是“打”的受事对象。A，B 不同，“打”的意义也不同，但“打”的许多义项，不能带“跑”或“出去”作补语，见下表：

	A	“打”的意义
打跑了＋	小王	①撞击＋
	敌人	②攻打＋
	鸡蛋	③撞破－
	书架	④制造－
	毛衣	⑤编织－
	球	⑥玩 做游戏＋
	行李	⑦捆扎－

(续表)

	油	⑧买－
	洞	⑨挖－
	肥皂	⑩涂抹－
	米饭	⑪取 －
	草	⑫砍取－
	墙	⑬建造－
	伞	⑭举 －
	鱼	⑮捕捉－ ①撞击＋
	卤	⑯搅拌－
	枪	⑰发射 发出－
打跑了＋	哈欠	⑱发生－
	旁杈	⑲除去－
	报告	⑳写－
	短工	㉑做 － ①撞击＋
	算盘	㉒计算－
	比方	㉓用……说－
	格子	㉔画 －
	证明书	㉕付，领－
	一个字	㉖谜底指－
	公章	㉗印 －
	手电	㉘使……亮－

“＋”代表可以出现的意义。

“－”代表不可以出现的意义，下同。

从表中可以看出，在这个格式中，仅义项①撞击，②攻打，⑥玩，做游戏能够出现，而义项的不同，又决定于“打”意义上的受事对象“A”的不同。

B		“打”的意义
坏人		①撞击＋
部队		②攻打＋
盘子		③撞破－ ①撞击＋
书架		④制造－
毛衣		⑤编织－
球		⑥玩， 做游戏＋
行李		⑦捆扎－
油		⑧买 －
洞		⑨挖 －
肥皂		⑩涂抹
米饭		⑪取 －
草		⑫砍取 －
墙		⑬建造 －
旗子	＋打出去了	⑭举 ＋
鱼		⑮捕捉 －
卤		⑯搅拌 －
炮 电报		⑰发射 发出＋
哈欠		⑱发生－
旁杈		⑲除去 －
报告		⑳写 －
短工		㉑做 －
算盘		㉒计算 －
比方		㉓用……说－
格子		㉔画 －
介绍信		㉕付 领 －
一个字		㉖谜底指－
公章		㉗印 －
手电		㉘使…亮－

这里B是主语,但考察的是它作为“打”的受事对象时“打”的意义。从表中可以看出,在这个格式中,仅义项①撞击,②攻打,⑥玩,做游戏,⑭举,⑰发射,发出,⑳写,能够出现,而义项的不同,又决定于“打”意义上的受事对象B的不同。

3.“打”后能出现的动词限制很严,常见的如:

打伤(牲口)　打死(人)　打灭了(灯)

打断(腿)　打塌了(墙)

以上“打”义为①“撞击”

(敌人)打进来了 (我们)打出去了

以上“打”义为②“攻打”,或其比喻用法。

打中了(靶子)　打飞了(子弹)

以上“打”义为⑰“射击”

(球)打赢了　(球)打输了

以上“打”义为⑥“玩,做游戏”。

四、“打”后带形容词的情况和意义

1.“打”后不能加双音形容词组成词组。

2.“打”后加形容词(或加“得”再加形容词)一般组成表结果的动补结构。“打”的意义决定于组合中出现的它的意义上的受事对象,而“打”的某个义项能否以某个形容词作补语,决定于该义项所表示的动作行为能否有补语所表示的结果。下面以“A+打够了”和“A+打得好”的格式为例,具体说明这一点。“A”代表主语,但意义上是“打”的受事对象。

A		“打”的意义
石头	+打够了	①撞击+
碉堡		②攻打+
鸡蛋		③撞破+
箱子		④制造+
毛衣		⑤编织+
球		⑥玩，做游戏+
行李		⑦捆扎−
油		⑧买 +
井		⑨挖 +
肥皂		⑩涂抹+
米饭		⑪取 +
草		⑫砍取 +
墙		⑬建造 −
旗子		⑭举 −
鱼		⑮捕捉 +
卤		⑯搅拌 +
炮 电话		⑰发射+ 发出−
哈欠		⑱发生−
旁杈		⑲除去 −
报告		⑳写 +
短工		㉑做 −
算盘		㉒计算 +
比方		㉓用……说−
格子		㉔画 +
介绍信		㉕付_ 领
字		㉖谜底指−
公章		㉗印 −
手电		㉘使……亮−

从表中可以看出，在这个格式中可以出现“打”的很多义项，义项的不同决定于“打”意义上的受事对象 A 的不同。

A		“打”的意义
这一拳		①撞击＋
这个战役		②攻打＋
这个蛋		③撞破－
书架		④制造＋
毛衣		⑤编织＋
球		⑥玩， 做游戏＋
行李		⑦捆扎＋
油		⑧买 －
井		⑨挖 ＋
漆		⑩涂抹＋
米饭	＋打得好	⑪取 －
草		⑫砍取 －
井		⑬建造 ＋
旗子		⑭举 －
鱼		⑮捕捉 －
卤		⑯搅拌 ＋
炮 电话		⑰发射＋ 发出＋
哈欠		⑱发生－
旁杈		⑲除去 －
报告		⑳写 ＋
短工		㉑做 －
算盘		㉒计算 ＋
比方		㉓用……说＋
格子		㉔画 ＋
介绍信		㉕付 － 领
字		㉖谜底指－
公章		㉗印 －
手电		㉘使……亮－

从表中可以看出，在这个格式中可以出现“打”的很多义项，义项的不同决定于“打”意义上的受事对象A的不同。

3.“打”后能加的形容词有很大的限制，常见的如：

(眼睛)打瞎了　(棍子)打弯了

(眼睛)打红了　(鼻子)打坏了

以上“打”义为①撞击

(敌人的计划)给打乱了

(敌人的坦克车)给打坏了

以上“打”义为②攻打

(箱子)打大(小)了

(镯子)打粗(细)了

(镰刀)打长(短)了

以上“打”义为④制造

(炮)打高(低)了

(炮)打远(近)了

以上“打”义为⑰发射

(球)打高(低)了

(球)打远(近)了

以上“打”义为⑥玩，做游戏

从以上的考察我们看到：“打”在造句中的意义主要决定于组合中出现的它的意义上的受事对象，这在“打”后加名词性词语作宾语时表现得最明显，“打”后加动词、形容词作补语时也是这样。“打”后加动词、形容词作补语的组合是有限制的，其中“打”最常出现的意义是①撞击，②攻打，④制造，⑥玩，做游戏，⑰射击，发出。

三

下面分析“打”在构成的复合词、固定结构中的意义或表义作

用。分析范围以当代存在的词语为主,必要时也联系过去出现的词语。分析的方法和步骤是:

1. 区分复合词中"打"后的语素是名词性的,还是动词性的,还是形容词性的。

2. 根据笔者提出的语素共义语素变义关系的观点[①]考察"打"在其中的意义或表义作用。

3. 根据"打"在其中的意义或表义作用提出建立义项的意见。

(一)"打"后语素是名词性的

"打"后的语素是名词性的,而整个复合词是动词,"打"有表示不同的具体动作行为的意义。但有不同的情况:

(1)能分解"打"的语素义加以说明的:

"打"义为"撞击":

打铁　打夯　打场　打手　打更　打火　打架　打桩　打钎
打字　打火机　打字机　打屁股　打群架　打家劫舍等

以下是"撞击"的比喻用法:

打边鼓　打退堂鼓

"打"义为"练":

打把势　　练武术

打拳　　练拳术

"打"义为"除去":

打杈　打顶　打胎　打毷氉(祛除烦闷)　　(见《辞源》)

"打"义为"压、注射":

打针　　打气

"打"义为"合":

打伙　　打总儿　　打成一片

“打”义为“放射”：

打冷枪　　打炮

“打”义为“制定，考虑”：

打谱（订出计划）　打样（定图样）　打主意

以下各词（或义项）中“打”各有意义：

打天下　　用武力夺取政权　　“打”义为“攻打”

打包　　打开包着的东西　　“打”义为“打开”

打苞　　孕穗　　“打”义为“孕”

打底子　①画底样　“打”义为“画”

　　　　②起草稿　“打”义为“写”

打卦　　根据卦象推算吉凶　“打”义为“推算”

打短儿　穿短装　“打”义为“穿”

打谎　撒谎　“打”义为“撒”

打价　还价　“打”义为“还”

打浆　搅拌纸浆　“打”义为“搅拌”

打泡　手脚磨损起泡　“打”义为“磨”

打网　①织成网状物　“打”义为“编织”

　　　②撒网（打鱼）　“打”义为“撒”

　　　③比喻做圈套　“打”义是①②的比喻用法。

打圈子　转圈子　“打”义为“转”

打头　带头，占先　“打”义为“带”

打扇　扇扇子　“打”义为“扇”

打马虎眼　故意装糊涂骗人　“打”义为“装作”

打食　（鸟兽）到窝外寻找食物　“打”义为“寻求”

（《辞源》收“打粮[2]”［搜求粮食］，“打”义同此）

打印　盖图章　“打”义为“印(动词)”

打油　①零星地买油　“打”义为“买”

　　　②榨油　　　　“打”义为“榨”

打眼　钻孔　　“打”义为“挖”

以下“打”义只能笼统解释为“发生”“做”：

打奔儿　①说话或背诵接不下去，中途间歇。

　　　②走路时腿脚发软或被绊了一下，几乎跌倒。

打鸣　(公鸡)叫。

打嗝儿　呃逆或嗳气。

打愣儿　发呆；发愣。

打前失　(驴、马)前蹄没站稳而跌倒或几乎跌倒。

打闷雷　比喻不明事情底细，闷在心里猜疑。

打盹儿　小睡。

打瞌睡　打盹儿。

以上“打 ”可以解释为“发生”，这指不由自主地出现的行为。

打醮　旧时道士设坛念经做法事。

打千　旧时的敬礼，右手下垂，左腿向前屈膝，右腿略弯曲。

打短儿　做短工。

打榧子　把拇指紧贴中指面，再使劲闪开，使中指打在掌上发声。

打官司　进行诉讼。

以上“打”可以解释为“做”，这指行为是自主进行的。

(2)不能分解“打”的语素义加以说明的：

打眼　惹人注意。

打眼　买东西没看出毛病，上了当。

打喳喳　小声说话，耳语。

打哈哈　开玩笑。

打饥荒　比喻经济困难或借债。

打交道　交际。

这种“打”我们认为是意义模糊了。

下面几个词，“打”和同它结合的语言成分意义都模糊了：

打尖　　旅途中休息吃点东西。

打点　　①收拾、准备（礼物，行装等）

②旧时送人钱财，请求照顾。

（二）“打”后语素是动词性的

这类词绝大多数是动词，有个别有名词用法（如打扮，打算）。这类词中，“打”的意义或表义作用可分为三种情况：

1. 少数复合词中“打”有“撞击”义：

打击　打印（打字油印）　打通　打出手

2. 少数复合词中“打”有“攻打”义：

打援　打败　打下

“打倒”之“打”为“攻打”的比喻用法。

3. 多数复合词的意义就是同“打”结合的动词语素的意义（或其比喻引申义），“打”义无定论。如：

打扮　打比　打岔　打动　打赌　打发　打滑　打横　打劫

打开　打捞　打量　打猎　打流　打埋伏　打磨　打算

打听　打挺儿　打围　打向　打响　打消　打斜　打造

打招呼　打住　打转　打坐　打游击　打埋伏

这些词中的“打”是什么意义呢？有不同的看法。《新华字典》立义项“③与某些动词结合为一个动词：打扫，打搅，打扰”，据此则是认为只有构词作用,没有词汇意义。《辞海》立义项“③与某些动词结合成为一个词,表进行之意”,这是认为它既有构词作用,又有“表进行”的意义。《现代汉语词典》绝少用这类词作说明义项意义的例词,也无同《新华字典》《辞海》义项③相当的义项,只在义项㉑做,从中列入例词“打游击”“打埋伏”,据此则可以认为,《现代汉语词典》似乎不认为这类词中的“打”起的是构词作用,而是有具体的词汇意义的。

我们觉得,把它看作非能产的构词成分比较合理。在历史上,以“打”加动词性语素构成很多双音和多音的动词,如《辞源》所收的:

打仰　㊀身朝后仰　打睡　睡倒

打抹　示意　打断　判决

打并　准备　打旋磨　周旋奉承

打挣　㊀挣扎　打哄　聚闹也(此见旧《辞海》)

打勘　刑讯

如《戏曲词语汇释》所收的:

打勾　赎买　“勾”借作“购”

打拍　振作

打旋　绕一转　打截　打劫

打唤　叫唤　打认　辨认

打报　通报　打调　挑拨

打睃　看　打醒　搅醒

打灭　取消,消灭　打搀　岔嘴

打梦　做梦　打攘　胡搅

如《小说词语汇释》所收的:

打叉　交叉　打拢　合拢

打合　邀人合作　打噤　因怕冷害怕而咬牙发抖

打拴　包扎

打换　调换

在现代，除《现代汉语词典》所收的还活在口头书面上的一些以外，其他都不用或少用了。而“打”也已不能自由地加其他动词语素构成这类词了。

“打”在这类词中的意义解释为“进行”等义，有一部分词适用，如打劫、打捞、打猎、打扫等，有一部分词不适用，如打比、打动、打发、打开、打响、打住等。实际上解释为“进行”同后面动词语素的意义是重复的，因为既是表示一种动作，当然这种动作是在进行，而有些行为动作并无持续性，说“进行”就显得别扭了（如打开、打住等）。我们认为，把这种“打”看作意义虚化消失的成分比较好。汉语有这样的复合词，其中，部分语素的意义完全消失，如“老师”“老虎”之“老”，“忘记”中之“记”，“作别”中之“作”，等等，“打”加动词性语素构成的动词，其意义主要由后面的动词性语素表示，“打”义消失，是这种情况中很典型的一种。

（三）“打”后是形容词性的

这类词很少。如：

打破　突破限制　　“打”义为“撞击”“攻打”的比喻义

打皱　起皱　　“打”义为“发生”

打紧　要紧　　“打”义无法分解

以上见《现代汉语词典》，以下见《辞源》：

打乖　使弄聪明　　“打”义为“使弄”

打暖　打得火热　　“打”义无法分解

打紧　㈡紧急时　　“打”义无法分解

㈢实在　　“打”义无法分解

以下见《戏曲词语汇释》:

打快　赶快　　　　　“打”义无法分解

打惨　凄切　　　　　“打”义无法分解

无法单独分解语素义的“打”,我们认为是意义模糊了。

下面是“打”作为末一个语素或中间的语素所构成的词语中“打”的意义:

撞击:鞭打　抽打　拍打　吹打　毒打　拷打　扭打　开打　殴打　磕打　敲打　摔打　厮打　扑打　短打(戏曲演员穿短衣开打)　单打一　大打出手　倒打一耙　屈打成招

攻打:一网打尽　稳扎稳打　围城打援

制造:铁打

玩,做游戏:单打,双打

捕捉:干打鱼

计算:精打细算　宽打窄用　满打满算

“打”义消失或模糊:包打听　驴打滚　插科打诨　无精打采

四

根据以上的分析,我们觉得,对于详解性的词典,“打”的义项的确定和说明应该是:

第一,造句中出现的各个固定的意义,应该单独设义项,即使同这种意义的“打”结合的词有很大限制。例如“这个谜语打一个字”中的“打”,义为“谜底指”,“打手电”的“打”义为“使……亮”,都只同特定的词语结合,但这样的“打”的意义,应设立义项。因为造句中出现的固定意义是有一定的普遍性的。

第二,只存在于复合词、固定结构中的语素义(一般叫词素义)设立义项应该从严。"打"在复合词、固定结构的语素义同其在造句中的意义一致的,根据第一点所说的立的义项,就能把它概括。只在复合词、固定结构中出现的意义,应该是有一定构词能力的,较普遍的,才考虑立义项。从上面的分析来看,这样的语素义仅有"合"(打伙,打总,打成一片),"制订考虑"(打谱,打样,打主意),"压入,注射"(打针,打气),是否设立义项,还可斟酌。仅见于某一复合词或固定结构中的意义不宜单立义项,在词语的具体释义中,进行解释就可以了。

第三,明确承认"打"加动词语素构成的大批复合词中,"打"是一个失去构词能力的构词成分,其意义已完全虚化,或者说已消失了具体的意义。承认"打"构成的一部分复合词中,"打"的意义已经模糊。对于这两种"打",不要勉强单独去解释它的意义。

第四,"打"的各个可以在造句中出现的义项,出现的范围有很大的差别。"打"在句子中的意义主要决定于同时出现的它在意义上的受事对象,现在通行的主要用同义近义词说明"打"的意义,又平列各义项的做法,不能反映这种差别。较好的做法是在释义中力求抓住特点,尽可能表示各义项存在应用的范围。如"纺织"可换为"手工编织(某些物品)""画"可改为"划(格子,直线等)"。

现在把可以考虑确定的"打"的义项及其说明写在下面。

①用手或物体撞击:~石头,~蛇,~鼓。

比喻用法:电~了人了。

②攻打:~援,~反动派,~下堡垒。

比喻用法:~到国际市场上去。

③器皿、蛋类等撞击而破碎:碗~了,蛋~了。

④手工制造(木器,某些器物、食品):~家具,~刀,~烧饼。

⑤手工编织(某些物品):~毛衣,~麻绳,~网。

⑥拍、击(某些物品)而进行运动、游戏:~篮球,~足球,~牌。

⑦捆扎(某些包装物):~行李,~铺盖卷。

⑧购买(某些液体食品,车票等):~油,~酒,~车票。

⑨挖(某类洞穴):~洞,~井。

⑩涂抹(某些用品):~蜡,~肥皂,~桐油。

⑪取(某些食品,水):~米饭,~汤,~水。

⑫砍取(柴、草):~柴,~草。

⑬建造(墙坝):~墙,~坝。

比喻用法:~下基础。

⑭举或竖起(某些物品):~伞,~旗,~帘子。

⑮捕捉(鱼,鸟等)。

⑯搅拌(某些液状物):~卤,~糨子。

⑰发射(某些武器),发出(电讯)等:~枪,~炮,~电报,~电话。

⑱发生(某些自然现象、身体动作):~雷,~哈欠,~摆子~愣儿。

⑲除去(枝状物的尖端):~旁杈,~顶。

⑳写(草稿,报告等):~稿,~报告,~一个勾。

㉑做(某些动作,工作,事情):~手势,~短工,~杂儿。

㉒计算:~算盘,精~细算,~二百元。

㉓用……说:~比方,~官腔。

㉔画(格子,直线等):~格子,~一个表。

㉕付、领(证件):～介绍信。

㉖谜底指:这个谜语～一个字。

㉗盖(印章):～戳子。

㉘使(手电)亮:～手电。

㉙构词成分(放在动词性词素前面):～扫,～搅,～猎,～埋伏。

义项确定的是词、语素意义中共同的东西,分合中的分歧是难免的。成于思《〈汉语大字典〉义项问题初探》指出“打伞”“打灯笼”“打帘子”中的“打”不同,我们体会“打伞”之“打”是“举而张开”,“打灯笼”之“打”是“提着,举着”,“打帘子”之“打”是“竖起、散开(帘子)”,我们认为这几个“打”的意义中仍有“举、竖起”的共同成分,算作一个义项,是语素共义,三者之不同视为语素变义(同一义项中的)。

上面这些义项,不同的词典也可以根据需要做不同的合并。我们觉得,几个能自由地在句子中运用的义项最好能独立。就是:①用手或物体撞击,②攻打,④手工制造(某些物品),⑥拍、击(某些物品)而进行运动、游戏,⑰发射(某些武器)、发出(电讯等)。本文第二部分的分析说明,有这几个意义的“打”,能较自由地带动词、形容词补语,而带其他意义的“打”则没有这样强的活动能力。“打”的“构词成分”作用这一义项,不宜归并于其他义项或取消。“打”的表示各个具体动作行为义项归并在一起时,不宜笼统说“某些动作的代称”,因为这种说法,不能清楚地表明,“打”代称某些动作行为是有条件的,有限制的。

附　注

① 成于思《〈汉语大字典〉义项问题初探》,《辞书研究》1980 年第 3 期。

② 参看拙作《词义和构成它的语素义的关系》,《辞书研究》1981 年第 1 期;《语素“红”的结合能力分析》,《语文研究》1983 年第 2 期。

(原载《词典和词典编纂的学问》,上海辞书出版社 1985)

合成词中指人的语素

汉语合成词中指人的语素多得令人吃惊。由“人”构成的表各种人的合成词就不去说了。相当多的语素原来单用就指各类人，后来又用它构成指各色各样的人的合成词。如“工”原指工人、手工劳动者，即《论语·卫灵公》“工欲善其事，必先利其器”中的“工”，后来构成的木工、瓦工、泥工、小工、零工，都是指手工劳动者，近代出现的车工、铆工、电工、焊工、装配工就是现代机器生产的劳动者了。“匠”原指有某种技术的工匠，王充《论衡·量知》：“能斫削柱梁谓之木匠，能穿凿穴埳谓之土匠，能雕琢文书谓之史匠。”由“匠”构成的花匠、石匠、鞋匠、泥瓦匠中的“匠”还沿用这个意义，而“巨匠”“名匠”的“匠”则指在某方面造诣深的人。再如“生”(学生、门生、书生等)、“士”(名士、谋士、文士等)、“师”(教师、画师、工程师等)、“员”(店员、雇员、教员等)。

有些语素是通过借代作用而指人的。如“迷”有一义为“沉迷”，沉迷于某物某事的人就以“迷”称之。“戏迷”指沉迷于戏者，“球迷”指沉迷于球者，“影迷”指沉迷于电影者，还有棋迷、歌迷、舞迷等，这是用人的嗜好、行为来指称人。“男”“女”本指人的性别，也可以转而用以指男性的人、女性的人，如义男义女、童男童女、信男信女。“才”原指才能，构成的英才、奇才、通才、文才皆指有才能的人。

有些语素是通过比喻用法而指人的。如“鬼”(淘气鬼、吸血鬼、胆小鬼)、“虫”(寄生虫、可怜虫、懒虫)、“货”(蠢货、笨货、骚货)、“犬”(丧家犬、鹰犬)等。

有些语素通过词性转换,由指人性状的形容词,转而用作指人的名词,再作为语素构成指人的词。如“老”,原指年岁大,后用以指年岁大的人,这个意义构成了一批指各种老人的词:耆老、遗老、孤老等。“少”也经历了同样的过程,构成了一批表年轻人的词:遗少、恶少、阔少等。

有些语素在构成的合成词中指的常是一类人,如带“汉”的常指男子:大汉、好汉、铁汉、单身汉、庄稼汉;带“娘”的则用以指女子:新娘、伴娘、干娘、老娘;带“童”的则指孩子、少年:儿童、报童、书童、牧童、顽童。有些语素构成的合成词所指的人有明显的不同,妙手、好手指受人敬佩的人,黑手、凶手指为人憎恶的人,舵手则指领袖人物。

这些词的感情色彩大都决定于修饰的语素所表示的人的品性、作用、地位。如能工、巧匠、天才、名师、行家,修饰的语素表示精通某种专业、有过人的智慧、享有盛誉,自然是褒义的;木匠、电工、农夫、艺徒等,修饰的语素只表示职业、工作,无所谓褒贬,自然是中性词;而暴徒、歹徒、独夫、奸夫、懒汉、恶少,加在前面的语素表示坏的品德行为,自然是贬义的了。还有少数表示人的语素本身就是贬义的,这类多是有比喻用法的语素,如“蠢货”“笨货”的“货”,把人贬低为物;“寄生虫”“糊涂虫”“懒虫”的“虫”,把人视为无用之虫;“丧家犬”“鹰犬”之“犬”,将人比作受主人支使作恶的狗。

还有一个现象值得注意。这些语素在构词中意义有时出现变异。如“汉”指“男人”,但“门外汉”则可用于女性。“家”构成的合成词原都指掌握某种知识，从事专门工作的人，而“病家”一词的“家”，则已无从事工作掌握知识义。“匠”原指有专门技术的人，构成的词一般是中性的（名匠、巨匠有褒义，见上），但后来出现了“剃头匠”（比较“理发师”）、“教书匠”（比较“教师”）的说法，又是贬义的了。这说明社会生活发展，语言也跟着发展；语言发展一般有常规，在各种因素作用下，又会发生变异，这是可以理解的现象。

（原载《语文建设》1991 年第 12 期）

“看”和“看见”等词义的同异和制约

“看”《现代汉语词典》(下简称《现汉》)解释为“使视线接触人或物”,“看见”《现汉》解释为“看到”。《现汉》用“看”来解释“瞧”“瞅”,说明“瞧”是口语词,“瞅”是带有方言色彩的词。《现汉》用“看到、看见”来解释“见”“瞧见”“瞅见”。据此可以认为,“看”“瞧”“瞅”同义,“见”“看见”“瞧见”“瞅见”同义。

“看”和“看见”有什么不同呢?《现代汉语八百词》说明①:“看”表动作本身,“看见”表动作的结果,二者不能随便换用。

他看了半天,什么也没看见。(×……什么也没看)

这就产生了一个问题,“看”的词义中有没有“看到”的意义呢?有没有包含看的结果的内容呢?

又,“看”同“瞧”“瞅”,“见”同“看见”“瞧见”“瞅见”,除了来源和语体的差别外,在应用上有无差别呢?它们之间形成了什么制约关系?本文想对这些问题作一些分析。

一

先讨论“看”和“看见”意义的差别。

我们先引述不同词典对“看”的解释。《汉语大词典》作:“以视线

接触人或事物"，刘叔新主编《现代汉语同义词词典》作："指视线接触人或事物"，都和《现汉》的解释相同。有两部词典的解释有不同。《辞海》作：眼睛注视一定的对象或方向。如：看报；看齐。《四角号码新词典》作：用眼睛注视一定的对象或方向。[例]看报|向远处看。

词典说明词的意义时，常因选择的角度不同，强调、省略的内容不一样，概括、具体程度有差别，对同一个词的释义有差异②。通过比较，可以发现其中互相补充的地方。《现汉》说明"看"的注视对象是"人或物"，同样的内容，《辞海》《四角》说是注视"一定的对象"，但《辞海》《四角》说明"看"可以是注视"方向"，这是《现汉》释义中没有说明的内容。用例除了两部词典所举的外，常说的如"看前方""向南看去""看右边""看上头"等都说明把某个方向作为注视对象，是"看"的普通用法③。而"看见"在这一点上同"看"的词义有明显的差别。"看见"不能用于"感受方向"。如：

他看东方。	✓	他看右边。	✓
他看见东方。	×	他看见右边。	×
他看东方的一轮红日。	✓	他看右边一个人。	✓
他看见东方的一轮红日。	✓	他看见右边一个人。	✓

从这个比较中可以知道，"看"的对象可以是具体的事物，也可以是方向，"看见"只用于感受具体的事物。

"看"是否包含"看"的结果的内容，从词典的释义中难以看清楚，我们来分析一下一些常见句子中"看"所指的具体内容。

① 他在看飞机。

② 他在看书。

③ 他在看画儿。

④ 他在看电影。

⑤ 他看了半天，什么也没看见。

上述各句子中"看"的具体内容，可以说明如下：

① 中的“看”目光向着飞机,感受到飞机的形象。

② 中的“看”目光向着书,感受到语言符号,理解欣赏它的内容。

③ 中的“看”目光向着画儿,感受到画中形象,理解欣赏它的内容。

④ 中的“看”目光向着银幕,感受到变动的画面,听到声音,理解欣赏它的内容。

⑤ 中的“看”目光向着一定的物体方向,未感受到一定的物体。从这些例子可以看出,“看”的具体内容在不同的上下文不同的语境中有不同的情况。为了说明这种现象,我们想应用词义的“孳生特征”的概念。这个概念是德国学者里普加(L. Lipka)提出来的[④]。他说明,词义的“孳生特征”是由上下文和非语言的环境产生的特征,它们是补充性的,非固有的。里普加用它来说明词义的共时的、历史的变化。他说明词义的孳生特征在发展中可能变为固有特征,某些固有特征在语言运用、发展中可能消失。用词义的孳生特征的观点来解释“看”在上面各个例句中所表示的不同内容,可以说,在“看电影”中“听到声音”这个内容,在“看书”“看画儿”“看电影”中“理解欣赏它的内容”这些意义,都是孳生特征,它们依存于语境。而从例句①②③④来看,应该肯定“感受到一定的对象”是“看”固有的特征。但在一定的上下文中,一定的条件下,这个固有特征可以消失。如⑤中的“看”。可以说,用眼睛在或长或短的时间内注视物体并感受到物体,在不同的语境中又可能伴随有别的感官(如耳朵)活动,心理活动(如理解欣赏)这种行为,现代汉语是用“看”这个词来标志的。词典在说明它的意义时,只能说明这类行为共有的、常有的特征。分析同义、近义词时,应该考察语言的应用情况,把词典释义中未展开的、略去的内容,包括某些孳生

特征,表述出来。因此应该肯定,"看"的词义中包含有"感受到一定的对象"内容,"看"的词义包含有看的结果的内容。只是这个固有特征在一定条件下可以消失。比较下列例句:

⑥ 他看东方,看见了太阳。

⑦ 他看东方,看太阳。

⑧ 他看屋外,看见了那棵树。

⑨ 他看屋外,看那棵树。

⑥⑧中的"看",无"感受到……"的意义。"看见"则有"感受到物体"的意义。⑦⑨第二个"看",有"感受到物体"的意义。这说明"看"在一定条件下,如在同"看见"连用而相对比时,"看"失去了"感受到……"的意义,但不能说"看"的行为本身不包含这个意义。

把"看见太阳"换为"看太阳","看见那棵树"换为"看那棵树",都包含有"感受到物体"的内容;从中可以看到,"看"和"看见"的词义内容的界限并不是截然划开的,它们词义概括的角度、概括的重点不同,它们词义有别,又有一些共同点。

二

现在讨论"见"和"看见"。"见"是先秦已有的词,是多义词,它的基本义"眼睛感受到注视的对象"同"看见"一样。"看见"是近代汉语产生的词,如果不考虑它的比喻用法(如"看见未来的光明"),它是单义词。

在表示"眼睛感受到注视的对象"的意义上,"看见"比"见"用得普遍,在不少格式中,"见"的这个基本义已不能出现。请看例句:

⑩ 他抬头看,看见了云层中的飞机。

⑪ 他往黑处看,看见一个人影。

上两例中多用“看见”,少用“见”。

⑫ 你坐在后排,能看见台上的演出吗?

⑬ 你去天津,能看见老张吗?

⑭ 他坐在前排,应该看见台上的演出。

⑮ 他去天津,应该看见老张。

⑫⑭例中的“看见”不能换为“见”。⑬⑮中的“看见”换为“见”,“见”的意思是“会见、会面”。也就是说“见”的基本义不能出现在⑫到⑭这样的组合中。

⑯ 王某刚开抽屉,就让他看见了。

⑰ 王某刚进门,就被他看见了。

上两句中的“看见”,不能换成“见”,这说明,“见”的基本义不能出现在被动式中。由此可以说,“见”基本义的用法同“看见”比较起来,已受到很多的限制。“见”的其他义则不受“看见”的排挤。如:

⑱ 他的球不见了。

⑲ 他的孩子不见了。

⑳ 你能见老张吗?

㉑ 你应该见老张。

㉒ 这种药怕见光。

㉓ 冰见热就化。

⑱⑲中的“见”意为“存在、出现”,⑳㉑中的“见”意为“会见,会面”,㉒㉓中的“见”意为“接触”。这些“见”都不能换为“看见”。

“见”还有一些语素义(如“成见”“固执己见”中之“见”意为“观点、意见”,“见背”“见弃”中的“见”有称代第一人称的作用等),显示它因为来源早,在长期发展中积累起来众多的意义。

可以看到,在现代汉语中表示“眼睛感受到注视的对象”的意义常用的、普遍使用的是“看见”一词。“见”这个意义的应用已受到“看见”的排挤,已有不少的限制。“见”的其他意义的应用则不受“看见”的影响。

三

下面讨论“看”“瞧”“瞅”。

“看”是先秦就有的词，魏晋以后产生了现在的基本义，在历史发展中产生了多个意义。“瞧”“瞅”是近代汉语中出现的词。一般的看法是，“瞧”为口语词，“瞅”是带有方言色彩的词。但“瞧”也已发展出多个意义，“瞅”在普通话中未发现有他义。可用下表说明：

意　义	例　句	看	瞧	瞅
① 注视，看到	他看了那个人一眼。	✓	✓	✓
② 诊治	他去看病。	✓	✓	×
③ 看望	他去看朋友。	✓		×
④ 表示提醒	别跑，看摔着了。	✓	×	×
⑤ 表示试一试	写写看。	✓	×	×

在“注视、看到”的意义上，如果细致分析它们的应用场合，则可以看到，随着上下文和语境的不同，出现了不同的词义的孳生特征，三个词意义用法也仍是有区别的。我们把这三个词代入下面例句中□的位置上，得下表：

	看	瞧	瞅
他往屋里□了一眼。	✓	✓	✓
他在□球赛。	✓		×
他在□画儿。	✓		×
他在□书。	✓		×
他在□电影。	✓		×

上面“✓”表示绝对能用，“×”表示绝对不能用，空格表示一般少用或不用。上面我们说明“看画”“看书”中的“看”，有“理解欣赏”的

孳生特征,“看电影”中的“看”(“看球赛”中的“看”也一样)有“听到声音”的孳生特征,“瞧”少用或不用于“看”带有这些孳生特征的场合,“瞅”则绝对不能用。

类似的差别也可在“看见”“瞧见”“瞅见”中见到。“看见”是标准语中最通用的词,应用广泛,产生了比喻用法。“看见光明”“看见出路”已是常见的用法。其中的“看见”难以用“瞧见”“瞅见”替换。

四

现在对这些词的制约关系作一些分析。

1. 在上古汉语中,“视”和“见”分别表示“注视”和“眼睛感受到”两种视觉活动的状态⑤。现代汉语说:看了,没看见。上古汉语说:视而不见。二词的区别段玉裁已指出来了。《说文》“见,视也”。段注:“析言之,有视而不见者,浑言之,则视与见一也。”中古以后,“看”有了“视”的意义,发展到现代,“看”成为表示“注视”义的最重要、最常用的词,在“注视”义上,“看”已完全排除了“视”作为词的地位,“视”本身也已不是可以独立应用的词,它的“注视”义只保留在一些合成词和固定结构中,如:“视觉”“视力”“视而不见”“熟视无睹”。

2. “见”是上古汉语已有的词,近代汉语中出现了“看见”一词。在现代,“看见”和“见”并用。“看见”是用两个同义语素构成的合成词,但并非并列结构,而是述补结构,“见”表结果。这个词更确定地表示了“眼睛感受到”的概念意义,这比用单纯词“见”表示要清楚、明确得多。“看见”得到普遍应用。在现代,同“看见”比较起来,“见”的基本义的不少用法已受到限制。但“见”的基本义的应用,尚未完全被“看见”所排除,“见”的基本义的某些用法同“看见”构成可供选择的同义表述。“见”的其他义未受“看见”影响。可以看到,“见”和“看见”的关系同“视”和“看”的关系是不同的。

3. 近代汉语中出现的“瞧”“瞅”同“看”的基本义构成同义表述。但“看”是标准语中的通用词、常用词,这使“瞧”“瞅”只能以语体、区域色彩上的补充作用而取得存在的地位。“瞧见”“瞅见”是按“看见”的模式构成的合成词,三者是同义表述,“看见”是标准语中的通用词、常用词,这也使“瞧见”“瞅见”以其语体、区域色彩上的补充作用而取得存在的地位。

4. “看”在标准语中是表示“注视”行为的最主要的词,应用于不同的上下文、语境中,因而可以具有不同的词义的“孳生特征”。“瞧”“瞅”在这方面受到限制。“看见”在标准语中是表示“眼睛感受到”的最主要的词,由于广泛应用而生出比喻用法,“瞧见”“瞅见”在这方面则受到限制。

附　注

① 吕叔湘主编《现代汉语八百词》,298 页,商务印书馆 1980。

② 参看拙文《词的释义方式剖析》(上),《辞书研究》1992 年第 1 期。

③ 孟琮等编《动词用法词典》把这些用法归入处所宾语。“处所”易同“一定对象”“事物”相混,说“方向”则迥然有别。

④ L. Lipka, Inferential features in Historical Semantics, 见 J. Fisiak 编 *Historical Semantics and Historical Word-Formation*, Mouton 1985, p. 340—341. 原称“Inferential feature”现据其意试译为“孳生特征”。

⑤ 上古汉语表示“看到”义还可用“睹”,此义还留在成语“熟视无睹”中。

(原载《汉语学习》1993 年第 5 期)

同义词研究的几个问题[①]

建国以来,同义词的研究取得很大成绩。理论的说明由浅到深,由粗转精,积累了不少辨析材料。20 世纪 80 年代以来,编成了几部有一定影响的同义词词典。由于辨析词义的异同是复杂的工作,这种分析又难做到严格的形式化,在理论说明、具体辨析方面仍存在分歧,不尽完善。本文拟就下列三个问题作些讨论:一、同义词词义内容的说明;二、在组合中分析同义词;三、不同目的的同义词分析。

一

同义词的"同"指什么?一般用"意义相同、相近"的说法,有学者认为是表示的概念相同[②],有学者认为是"反映的对象一致"或"所指事物对象的同一"[③]。这些说明都是把词义的构成要素"二分",所谓"二分"就是把词的语音外壳作为词义构成要素的一方,词的所指对象为另一方。词的所指对象可以用不同的名称来指称,例如"意义""概念""反映的对象""所指事物对象"等等。

随着人们对词义认识的深入,学者对词义的说明逐步深入。由奥格登(C. K. Ogden)和瑞恰慈(I. A. Richards)提出的语义"三角图"将词义的构成要素区分为三(即 symbol 指号,thought or reference 思想或指示活动，referent 被指示的东西），西方语言学者多在“语义三角图”的基础上说明词义内容。英国学者莱昂斯(J. Lyons)在所著《语义学》(*Semantics* I)一书中综合语言学家、哲学家的观点，对词义内容做了更细致的分析。其要点是[④]：

1. 把语言单位区分为词位(lexemes)、词位变体(forms)和应用中的词语(expressions)。如原形的 find(找到)代表一个词汇单位的词，是词位，现在时的 find，过去时和过去分词的 found 是词位变体；find 和 found 用在具体上下文中就是应用中的词语。

2. 把词语的意义细分为 sense：词位和应用中词语的意义；reference：应用中词语的具体所指，词位无这个内容；denotation：词位指示的客观存在对象；referent：应用中词语所指客观对象。

试以汉语“书”一词解释这些区分。词典说明“书”是“装订成册的著作”，这是 sense，作为词位和应用中的词，“书”都有此义。“我去买书”“他家里书很多”中的“书”是应用中的词，它可有单称、普称、定指、不定指的区别，这是 reference 的变化（按，莱昂斯所说的这些变化，主要属于词义的指示范围，应用中词义的变化不限于此，详后）。作为词位的“书”指示客观所有的书，这是“书”的 denotation，应用中的“书”指示的客观对象是它的 referent。

在这个分析的基础上，莱昂斯指出同义词的同是指词位意义(sense)相同：“同义词是 sense 相同，并非 reference 相同。”[⑤]“两个或更多的词语可以有相同的 sense，如果它们在言辞中互相替换而不改变言辞的描述义。”[⑥]这种说明对同义词的词义（按，这里指概念义或理性内容）的分析有相当的启发。它启发我们：1)词义内容不只简单归结为“意义”“概念”“所指对象”等等，而是区分为词位义、词位义的客观所指、应用中词的意义、应用中的词的具体所指。2)同义词只是词位义相同,它们在应用中的词义内容是有变化的。下面举例讨论这种现象。

“年龄”“年纪”“岁数”可以看作一组同义词。《现代汉语词典》(以下简称《现汉》)对这三个词的解释是:

年龄　人或动植物已经生存的年数:入学～|退休～|根据年轮可以知道树木的～。

年纪　(人的)年龄;岁数:～轻|小小～,懂什么?|他是一把～的人了。

岁数　(～儿)人的年龄:妈是上了～的人了|他今年多大～了?

《现汉》的释义可看作是对这三个词词位义的说明。下面分析这几个词在几个句子中的应用。

在(1)“他今年多大______了?”中,这三个词都可以用,这时这三个词成了应用中的词,具体所指相同,而且同它们的词位义是一致的。

在(2)“根据年轮可以知道树木的______”中,只能用“年龄”,不能用“年纪”“岁数”,这是由它们的词位义有不同决定的。

由此可以说,(1)显示了它们词位义一致的地方,(2)则显示了它们词位义的差别。

在(3)“妈是上了______的人了”中,可以用“年纪”也可以用“岁数”,但不能用“年龄”。在(4)“他是一把______的人了”中,只能用“年纪”,不能用“年龄”“岁数”。

(3)(4)中不能用“年龄”不能从词位义找到解释。实际上(3)(4)中的“年纪”“岁数”是指“人生存较长的年龄”。也就是说,当“年纪”“岁数”作为应用中的词出现在一定的组合中,它的具体所指已不完全等于词位义,而是发生了变化。而“年龄”作为应用中的词,出现在(3)(4)这种组合中并无这种变化。这样“年龄”不能用于(3)(4)这种组合中就不是从词位义中找到原因,而是从应用中的词具体所指可以发生变化找到原因。(4)中的“一把年纪”中的“年纪”不能换为“岁数”,也不能从词位义找到原因。可以从两个角度说明这种现象,一是“一把年纪”是一种固定的搭配;二是“岁数”出现在“一把______”中不能如它出现在“上了______”这种组合中那样,具体所指变为“人生存较长的年龄”。

再如,“边境”“边陲”是一组同义词。《现汉》对这两个词的解释是:

边境:靠近边界的地方。　　边陲:〈书〉边境。

在(5)“战士守卫着祖国的______”中,二者皆可用。这两个词在这里作为应用中的词的具体所指同词位义是一致的。但(6)“中缅边境”不能换成“中缅边陲”,(7)“祖国边陲”不能换成“祖国边境”,这从两个词的词位义找不到解释。实际上在(6)的组合中“边境”指“两国靠近国界的地方”,在(7)的组合中“边陲”指“靠近国界的本国领土”,它们的具体所指已发生了变化[⑦]。

由此可见,将词义内容区分为词位义、应用中的词的具体所指等不同的方面,对说明同义词的词义关系,同义词在应用中有时可替换,有时又不可替换的情况有明显的帮助。

二

同义词的同异包括词位义、应用中的词义变化、用法的不同等都是在组合中实现的。在组合中分析同义词至关重要。

在组合中分析同义词,“替换”试验是主要方法。不能把“替换”仅仅作为鉴定同义词是否同义的方法[⑧],而应把它作为进行多方面对比分析的方法。

在组合中分析同义词有许多问题可以讨论,本文着重讨论下列几个问题。

1. 组合中词的语义范畴有变化

20世纪50年代周祖谟和张世禄讨论过同义词词性是否应该相同的问题。周认为同义词应该词类相同。张认为"不同词类的词,只要意义近似,也就可以属于同义词"⑨。以后多数学者认为同义词应该词性相同,也有学者指出在一定条件下某些不同词类的词可以构成同义关系。我们来分析一下周祖谟和张世禄讨论过的一组同义词"光辉"和"辉煌"。"光辉的成就/战果"可以说成"辉煌的成就/战果",因此可以认为它们是同义词。但一般认为"光辉"是名词,"辉煌"是形容词,词性不同。《现汉》对这两个词的解释如下:

光辉 ①闪烁耀目的光:太阳的~。②光明,灿烂:~前程。

辉煌 光辉灿烂:灯火~|金碧~◇战果~|~的成绩。

按照这种解释,"光辉"有二义,②义为形容词义,这样,它的②义同"辉煌"构成同义词,不是词性不同。但如果我们在组合中展开分析,可以有新的认识。

"光辉"带定语充当中心语组成的结构可充当主、宾语:

(1)太阳的光辉照耀大地。 (2)人民永沐伟大思想的光辉。

(1)(2)中的"光辉"不能换为"辉煌"。

"辉煌"可充当谓语:

(3)灯火辉煌。 (4)战果辉煌。 (5)成就辉煌。

(3)(4)(5)中的"辉煌"不能换为"光辉"。

"光辉""辉煌"做定语的比较:

(6)辉煌的战果。 (7)辉煌的成就。 (8)辉煌的成绩。

(6)(7)(8)中的“辉煌”可换为“光辉”。

(9)辉煌的灯火。　　(10)辉煌的水晶宫。

(9)(10)中的“辉煌”不能换为“光辉”。

又(6)(7)(8)中,“辉煌”前可再加程度副词“很”“非常”,若换为“光辉”则不可。

由此可见,“光辉”只是在以“战果”“成就”等充当中心语的定中结构中同“辉煌”可以互相替换而所指不变。它不能做谓语[(3)(4)(5)所示],充当定语时它也不能再加“很”“非常”这些程度副词[(6)(7)(8)所示]。因此可以说,“光辉”仍是一个名词。名词能充当定语(加“的”或不加),在(6)(7)(8)中能同充当定语的“辉煌”相替换,但为什么在(9)(10)中不能同充当定语的“辉煌”相替换呢?可以这样解释:“光辉”是一个名词,其词位义属体词性语义范畴(形式标志是:其词位义以体词性扩展词语释义),当它充当定语而修饰“战果”“成就”等词时,其具体所指发生了变化,义为“光明灿烂(的)”,属表性状的语义范畴(形式标志是:它处在定语的位置上,起修饰限制作用)。这样,它同“辉煌”在这里的具体所指相同。而在(9)(10)这样的组合中“光辉”不能生出这种变化。因此我们认为,“光辉”是名词,《现汉》为它立的②义,仅仅是它在一种组合中发生的变异而已。从这个例子也可以看到,词性不同的词,在一定的组合中,可以因具体所指发生变化,语义范畴变化而同义。

再如“红”是形容词,“红色”是名词,按同义词应该词性相同的见解,它们不是同义词。在下列句子中它们可以替换而所指相同。

(11) 她穿一件红上衣——红色(的)上衣

(12) 衣服镶上了红边——红色(的)边

在下列句子中这两个词不能替换:

(13)这块布染红了——*染红色了

(14)这块布染成红色了——*染成红了

(15)他喝了酒,两颊变红了——*变红色了

(16)他喝了酒,两颊泛起了红色——*泛起了红

(13)(15)中作为补语的"红"不能换成"红色",(14)(16)中作为宾语的"红色"不能换成"红"("红"可作为表心理活动动词的宾语)。这可以说是"红""红色"词性不同,构不成同义词。

但在(11)(12)中,"红""红色"皆作定语,它们可以替换,替换后所指完全相同,可以认为,在这种组合中,它们表示的不同语义范畴的对立消失,"红色"原表体词性语义范畴,在(11)(12)的组合中,变成表性状语义范畴,同"红"一致了。这个例子说明,不同词性的词,在一定组合中可因语义范畴对立消失而同义。

2. 显示同义词组合的差别

从聚合、组合关系来看,同义词是聚合词群。但这种聚合词群的成员,在各种可能有的组合格式的同一位置上,并不都能同时出现。其差异是各种各样的。例如上举"年龄""年纪""岁数"这组同义词,在"他今年多大______?"中这三个词都能出现,在"妈妈是上了______的人了"中,只能出现"年纪""岁数"。在"他是一把______的人了"中,只能出现"年纪"。同义词的细致辨析,正是要在这些方面下功夫。下面再举一例。

《现汉》释"见"义为"看到;看见",释"看见"为"看到","看见"和"见"词位义相同,是同义词。从下面的句子可看到它们组合上的差别:

(17)他抬头看,看见了云层中的飞机。　(18)他往远处看,看见一个人影。

上二句多用"看见",少用"见"。

(19)你坐在前排,能看见台上的演出吗? (20)他坐在前排,应该看见台上的演出。

上二句“看见”不能换为“见”,这表示“见”表示“看见”义时,其所构成的谓词性结构,不能作助动词“能够”“应该”的宾语。

(21)你去天津,能看见老张吗? (22)他去天津,应该看见老张。

在上二句中,“看见”若换为“见”,则“见”义为“会见;会面”,在《现汉》中是“见”的⑤义。这表明“见”在表“会见,会面”义时,其构成的谓词性结构可以充当助动词“能”“应该”的宾语。

(23)只见水静如镜,岸柳如丝。 (24)此诗为他见了友人一画有感而作。

上二句中“见”换为“看见”显得不协调,用“见”更合语体的要求。

由此可知在组合中,同“看见”比较起来,“见”的基本义的不少用法已受到了限制,“见”的基本义多用于书面语色彩浓的组合中[10]。

3. 在组合中辨析词的词位义

有时通过组合分析,可以更好地辨析词的词位义,对某些有争论的问题,作出更合理的解释,例如“改良”和“改善”,有学者认为是词义相同而不能替换的同义词,有学者认为既然二者不能替换,就不是同义词。下面就此作一番讨论。

《现汉》对这两个词的解释如下:

改良 ①去掉事物的个别缺点,使更适合要求:~土壤|~品种。②改善。

改善 改变原有情况使好一些:~生活|~两国邦交。

为“改良”立②“改善”义,却无用例。在“改善”条列举的用例中,“改善”不能换为“改良”。

张志毅《简明同义词典》对这两个词的差异之处说明如下:

改良　着重指改得更好一些(去掉个别缺点)。对象常是较具体的东西,如品种、土壤、作物等,有时也是技术、生活等。

改善　着重指改得更完善、更好一些。对象常是较抽象的事物,如生活、关系、条件、待遇、状况、方法、工作等。

张着重说明两个词所用对象不同,已显示了这两个词组合的重要差别。又如:

(25)地方对军队的关系必须改善。

(26)技术的改良有助于提高产品质量。

(27)群众的生活这些年来大大改善了。

(28)经过几年努力,我们改良了果树的品种。

(29)改善工作条件,改善投资环境,促进经济发展。

(30)改良社会,改良文学,开发民智。

上述六个句子中的"改善"和"改良"都不能互换。这样,我们可以有理由认为,这两个词经常结合的意义上的受事对象应该进入词位义的说明:

改善　改变关系、生活、条件等的原有情况,使更好。

改良　改变品种、土壤、技术、环境等的不足之处,使更良好。

从这两个词以上词位义的说明中可以看到,它们在"改而变好"这一点上义同,在改变的对象方面则有明显的差别。这样,这两个词的同异和不可替换从词位义得到说明,避免用它们是不可替换的同义词或不是同义词这类简单的说法。

三

比较不同的同义词典,可以发现,不同的词典所确定的各组同义词的成员有一部分是一致的,也有不少是不一致的。例如,张志毅编著的《简明同义词典》以"盯、看、瞧、望"为同义词,刘叔新主编的《现代汉语同义词词典》以“看、望、瞧、瞥、瞅、视、观、顾”为同义词，又另以“看见、见、瞥见、睹”为同义词。

笔者曾用“词义成分—模式”分析说明过汉语表眼睛活动的词群中各成员的意义，上面这些词的词义是[11]：

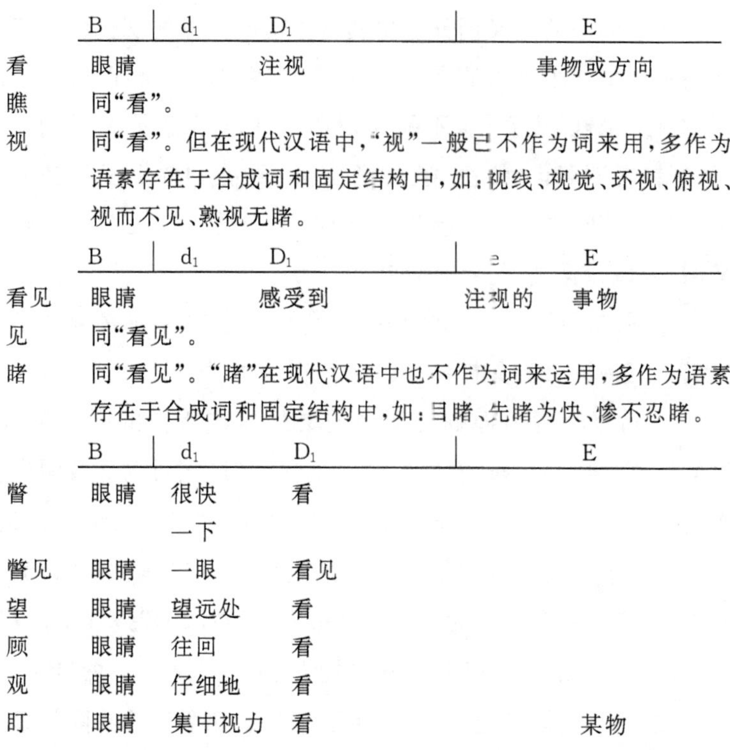

	B	d_1	D_1	E
看	眼睛		注视	事物或方向
瞧	同“看”。			
视	同“看”。但在现代汉语中，“视”一般已不作为词来用，多作为语素存在于合成词和固定结构中，如：视线、视觉、环视、俯视、视而不见、熟视无睹。			

	B	d_1	D_1	e	E
看见	眼睛		感受到	注视的	事物
见	同“看见”。				
睹	同“看见”。“睹”在现代汉语中也不作为词来运用，多作为语素存在于合成词和固定结构中，如：目睹、先睹为快、惨不忍睹。				

	B	d_1	D_1	E
瞥	眼睛	很快一下	看	
瞥见	眼睛	一眼	看见	
望	眼睛	望远处	看	
顾	眼睛	往回	看	
观	眼睛	仔细地	看	
盯	眼睛	集中视力	看	某物

以上“顾”“观”在现代汉语中一般不作为词来用，多作为语素存在于合成词和固定结构中，如：回顾、环顾、顾影自怜、瞻前顾后；观看、观望、隔岸观火、坐井观天。

根据上述说明，“视”“睹”“顾”“观”不应作为现代汉语词的成员看待。“看”“瞧”义同；“看见”“见”义同；“瞥”“瞥见”义近；“望”含有空间限制的内容，同“瞻望（抬头往远处看）”“张望（向四周或远处看)"义更接近;"盯"含有特定的关系对象的内容,同"注视(注意地看)"义更接近。这说明在词汇成员众多、词义区分细致的词群中,要恰当地说明词的同义关系需要在更大的词汇系统、词义系统中进行分析。

颜色词中的同义词分析也属这种情况。例如现代汉语表"红"的颜色词是一个很大的词群,其中有形容词(红、鲜红、绯红)、区别词(大红、朱红、宝石红,不能作谓语)、状态形容词(红彤彤、红丹丹、红艳艳)、名词(红色、绛色、茜色)。这些词的出现就是为了表示红颜色范畴中的细微差别,如何在这个词汇词义系统中确定同义词,应该根据更严格的标准[12]。

综观汉语同义词研究的发展,我们认为,因目的需要的不同而形成了三种同义词分析:

1. 古代学者为理解古籍中词义的异同所作的同义词分析。这就是《尔雅》为代表的、以"×××,×也"形式对词义共同内容所作的概括。其中有同义词,如"流、差、柬,择也"(《尔雅·释诂》),有的用来解释的词是被解释的词的上位词,如"禋、祀、祠、蒸、尝、禴,祭也。"(《尔雅·释诂》)其中"禋"是烟祭,"祠"是春祭,"蒸"是冬祭,"尝"是秋祭,"禴"是夏祭,"祀"是永久祭祀。"祭"是这些词的上位词。有的"×也"只是概括了被释的几个词的共同的意义内容。如"曩、尘、伫、淹、留,久也。"(《尔雅·释诂》)其中"曩"意为从前、过去,表示过去较长的时间;"尘"通"陈",指时间长久,表性状;"伫"为久立,"淹"为久留,"留"为停止在某处时间长,此三词皆表行为。"久也"之"久"是对这些词包含的共同意义内容的概括[13]。

2. 为指导语言应用,对现代语言词义、用法异同所作的同义词分析。建国以来的同义词研究,多考虑语文教学、促进语言规范、指导语言应用的需要。其特点是：确定同义词较宽松，多考虑指导应用的需要，不同的同义词词典确定的同义词有较多差异；出现了罗列众多同义、近义、相关义词目，以供应用中挑选的词典。

3. 为研究词汇、词义系统所作的同义词分析。随着学者对同义词这种现象认识的深入，出现了词汇、词义系统中分析同义词的研究，上文已指出这一点。刘叔新在《汉语描写词汇学》中提出同义词是一种“结构组织”的观点⑭，也体现了从词汇、词义系统中确定、分析同义词的要求。但是明确、深入地从这个要求分析同义词，还有待于作进一步的探讨。如何在词汇、词义系统中，从聚合、组合关系两个角度分析同义词，无疑还有很多工作可以做。

附　注

① 本文为提交1999年7月中国语言学会第十届年会暨国际中国语文研讨会论文。

② 见周祖谟《汉语词汇讲话》，46页，人民教育出版社1959；石安石《关于词和概念》，《中国语文》1961年第8期。

③ 孙常叙《汉语词汇》，220页，吉林人民出版社1957；刘叔新《同义词和近义词的划分》，见南开大学中文系语言学教研室编《语言研究论丛》，天津人民出版社1980。

④ J. Lyons：*Semantics* I，Cambridge University Press Reprinted 1978，p. 50-52，p. 174-208.

⑤ 同④，199页。

⑥ 同④，202页。

⑦ 此例取自北京大学中文系罗曼玲硕士学位论文《现代汉语同义词的词义分析和组合分析》，1998。

⑧ 刘叔新在《现代汉语同义词词典》“导言”中提出“同形结合法”代替“替换”，如“招待”分别加上“来宾”“来客”，招待来宾＝招待来客，则“来宾”“来客”为同义词。但换一个角度看，“招待”是不变的词，“来客”“来宾”仍是

互相替换。

⑨ 张世禄《词义和词性的关系》,见张世禄《张世禄语言学论文集》,326页,学林出版社1984。

⑩ 参看拙文《"看"和"看见"等词义的同异和制约》,《汉语学习》1993年第5期。

⑪ 参看拙文《汉语表眼睛活动的词群》,《中国语言学报》1995年第6期。

⑫ 参看拙文《汉语表"红"的颜色词群分析》(上、下),《语文研究》1988年第3期,1989年第1期。

⑬ 参看拙著《汉语词汇学史》,21—22页,安徽教育出版社1996。

⑭ 刘叔新《汉语描写词汇学》,287页,商务印书馆1990。

(原载《中国语文》2000年第3期)

构词法研究的一些问题

我国古代关于词的构造问题只有一些朴素的认识。19世纪中晚期以后，随着西方学术思想的传入，我国学者对外国语言学有了了解，开始借鉴梵语六合释的分析和西方语言词语结构的分析来说明汉语词的构造。清末开始的“国语运动”提出了研究现代语言的迫切需要，构词法的研究受到学者的重视。新中国成立以后为实现语文工作的三大任务的需要全面地推进了汉语的研究和语言的教学，构词法的研究更加深入。近一个世纪以来，汉语构词法的研究已经历了相当长的材料积累和理论探讨的过程，取得了很多重要的成果。20世纪90年代以来，有学者对原来构词法研究的成果和方法提出一系列质疑，并尝试作了新的分析。在这个时候，对构词法的研究作一个历史的回顾，从理论探讨和实践应用方面检讨它的得失，有利于在更广阔的背景上作新的开拓。

一、构词分析的五个平面

我们认为，迄今构词分析（广义的说法，包括一般所说的构词法、造词法分析等）的内容可区分为五个平面。

1. 构词成分性质的平面。对构词成分的性质可以从不同联系、不同角度来划定、概括,划分为词根、词缀是一种概括,区分为实词素、虚词素又是一种概括,划定为名词(或名词性成分)、动词(或动词性成分)、形容词(或形容词性成分)又是另一种概括。

2. 构词成分关系、结构的平面。这个平面更存在多种分析的可能。如认为构词成分间有“同义”“对待”关系,“复合”“限定”关系等,若认为其间关系有普遍性,就出现结构类型的划分,如可划分为并列、偏正、述宾、述补、主谓、附加等类型,或归纳为向心、离心结构两大类型。又有学者认为其间的关系可从语法、语义两个角度划分。有学者认为合成词的结构是语法关系,有学者认为其间只有语义关系,等等。

3. 构词成分表示词义方式的平面。有学者提出“银币”和“银耳”同属偏正式,“银币”是银是币,“银耳”则非银非耳①,这就是构词成分表示词义的方式不同。前者可认为是直接的,即构词成分的意义同词义有直接联系;后者可认为是间接的,即构词成分通过某种修辞手段表示词义。

4. 构词成分在构词中的意义及其变异的平面。词典工作者解释合成词中构词成分的意义时作了大量这方面的工作。如“军纪”“军旗”“军民”中的“军”解释为“军队”,“军令”“军情”“军机”中的“军”解释为“军事”(见《现代汉语词典》,以下简称《现汉》)。“村姑”有两义,一为“乡村的年轻女子”,一为“粗野的女子”。“村夫”也有两义,一为“乡下人”,一为“粗俗的人”(见《汉语大词典》)。可知“村”在这两个合成词中有时指“乡村”,有时指“粗俗”。有学者从构词理论上说明了这种现象(详后)。

5. 构词成分表示词义的信息量的平面。词典工作者联系构词成分的意义解释合成词的词义时做了大量这方面的工作。如：

> 暗房 1旧称产妇的卧室。
> 2有遮光设备的房间。可以在里面作处理照相底版等工作。（例句略）
>
> （《汉语大词典》）

1义中之“产妇”，构词成分并不表示。2义中“有遮光设备”“可以……处理照相底版”等内容，构词成分也未表示。但解释词的意义时必须指出。这表明这个词的构词成分只表示了词义的部分内容。也有学者在构词分析中从理论上说明这种现象（详后）。

下面简单回顾一下构词研究的发展，看一看有代表性的学者在构词分析中是在哪一个平面上进行的。

《马氏文通》(1898)没有专章讨论构词法，但不少地方涉及构词法。下面摘引有关的一些内容：

> 名字诸式 名字骈列……双字同义者，如规模、威仪、形容、纪纲……其对待之名，率假借于动静诸字。如古今、是非、升沉、通塞……加字成名：……有时加一状字，如“不”字“无”字于静字、名字之先，而并为一名者。《左隐元》：多行不义——“义”静字也，“不”字先之，并成一名，而指不义之事。

静字有两字同义者，如：……贤良、端庄、圣明、优游……有两字对待者，随所用为类耳，如：穷通、安危……公私、纵横……

动字骈列 对待两字连用者，如：……兴亡……沉浮、悲欢……抑扬……双字同义者，如：观瞻、登临……搜寻……奔驰……

《马氏文通》上述构词分析，是在第一、第二平面上进行的：1.把构词成分分为名字、静字、动字、状字等，这是分析构词成分的性质。2.“骈列”“加字”等概括，骈列下又有“双字同义”“两字对待”

的分类,这是分析构词成分的关系和结构。

薛祥绥在《中国言语文字说略》(《国故月刊》1919 年第 4 期)中借鉴梵语六合释分析汉语的复合词。认为汉语同于“六合释”的有四类:1. 复合,2. 限定,3. 假借,4. 带数。每类下又有次类。下引“限定”“假借”“带数”类说明的一些内容:

限定　取一词以限定他词之义复合成语。

1. 两词相接,其一附以说明他词之格。如“剑盒”“弓韬”,义即剑之盒,弓之韬,明其领格是也。

2. 以状词限定名词成新词者:白壁、猛虎。

3. 名词与状词相合成一状词:雪白、橙黄。

4. 状词与状词相合成一疏词:圣德、精微。

假借　二词相结为一字,其义所指乃在所属之人,如头秃者为“秃头”,足跛者为“跛足”。

带数　1. 数词与名词合为一词,如“三坟”“五典”。2. 二数字结合成词者,如“二八”(指虞廷十六相),“四七”(指光武二十八将)。

对薛的分析可以指出下列几点:1. 状词、名词、数词等是对构词成分性质的说明。2. “限定”类的概括,“两词相接,其一附以说明他词之格”等说明,是对构词成分关系、结构的分析。3. “假借”类等同于今天理解的词义是构词成分的借代用法,是对构词成分表示词义方式的说明,属后来学者所说的修辞学造词中的借代法。

黎锦熙在《复合词构成方式简谱》(《国语旬刊》1929 年第 11 期)中先把复合词构成分为三大类型:合体的(如仿佛、依稀,按,此类大多属单纯词)、并列的、相属的。并列类下又分同义、对待、重叠三次类。次类下又分双名(如同义中之“地方”),双动(如对待中之“呼吸”),重形(如重叠中之“常常”)。相属类下又分两名相属、动名相属、形名相属、动副相属、带词尾等次类。下引两名相属、形名相属的分析，以见一般。

1. 两名相属（一为主名，一为形附）

A. 以上名别下名（下名是主，上名依属）

a. 别性　例如　男仆　女工　母鸡

b. 标类　例如　酒缸　夜市　经书

c. 明质　例如　板门　草绳　铁桥

d. 喻型　例如　蚂蚁　人参　狗熊

B. 以下名辅上名（上名是主，下名依属）

a. 定时空　例如　早上　晚间　码头

b. 表形质　例如　光线　眼球　乳浆

c. 表复数　例如　我们　汝等　彼辈

……

2. 形名相属（形以饰名，黏合为一）

A. 以上形别下名

a. 普通的　例如　青年　苍头　喜事

b. 数量的　例如　一己　四海　（大地也）

又如“一个”“两条”“八捆”（皆数词合量词）

B. 以下形辅上名　例如　橘红　……

黎的分析，是新中国成立以前最细致最系统的构词法分析。上面引述的内容，主要也是在第一、第二平面上进行的。“名”“动”“形”“词头”“词尾”等划分，是对构词成分性质的说明。“并行”“相属”“以上名别下名”等说明，是对构词成分关系、结构的分析。

我们再看黎在《简谱》中的下述说明：

并列的复合词

1. 同义(或同类)的(比类合谊,融为一词)

A. 双名　例如　地方　身躯

B. 双动　例如　典当　回旋

C. 双形　例如　便当　光明

2. 对待的(两字相反,浑括成义)

A. 双名　例如　东西(物件)　寒暑(周年)

B. 双动　例如　呼吸(气息)　忧乐(感情)

C. 双形　例如　长短(度也)　多寡(量也)

这段说明,包含有分析构词成分意义变异的内容(属第四平面的分析),所谓“比类合谊,融为一词”,说的是构词成分的意义作用在这里的特殊之处。这里也包含有分析构词成分表示词义方式的内容(属第三平面的分析),所谓“两字相反,浑括成义”,举的例词中有以“东西”表“物件”,以“寒暑”表“周年”,说的是以两个相反意义的构词成分表示一个整体的意义,后来学者一般把这叫作部分表示整体的借代用法。

黎在新中国成立后出版的《汉语语法教材》(商务印书馆1959)中,在他原来研究的基础上提出“汉语构词法基本系统”,从“词的创造方法”来分析词的结构,包括“句法构词”“形态构词”“语音构词”(一般构成复音单纯词)三种类型。其“句法构词”分析,一般属于第一、第二平面内容的分析,不再详述。

新中国成立以后,构词法研究成果丰硕。20世纪五六十年代有影响的几家是:1. “暂拟汉语教学语法系统”中的构词法分析;2. 陆志韦等的《汉语构词法》;3. 孙常叙在《汉语词汇》中关于“汉语造词法”的说明。这些学者的研究内容为大家所熟悉,我们只想指出其分析涉及上述不同平面的内容。

“暂拟汉语教学语法系统”中“汉语构词法”的分析：1. 在构词成分性质分析的平面，它不全面区分构词成分的语法性质(但有动词素、名词素、形词素的说法)，而把构词成分区分为实词素、虚词素，把出现在合成词中的虚词素称为辅助成分。2. 在构词成分关系、结构分析的平面，提出了联合式、偏正式、主谓式、动宾式、实词素加虚词素等类型。

陆志韦等的《汉语构词法》的分析：1. 在构词成分性质分析的平面，从不同角度提出了“语素”“前置成分”“后置成分”这些概括，又将全部构词成分区分为动词、名词、形容词等语法类。2. 在构词成分关系、结构平面的分析上，根据构词成分的语法类、词的结构层次、构成的词的词性分类。大的类型有：偏正格、后补格、动宾格、主谓格、并列格、重叠格和带有前置成分、后置成分的词等类型。

孙常叙在《汉语词汇》中提出的造词法分析：1. 在构词成分性质分析的平面上，提出“词根”“非词根”“词缀—前缀、后缀”等单位的名称。2. 在构词成分关系、结构平面的分析上，提出了“词组结构”(夏季、落花生)、“短句结构”(地震、民主)、“附注”(“鱼”附注于“鲤”造出“鲤鱼”)、“重叠”“加前缀”(阿叔、老大)、“加后缀”(架子、作家)等类型。3. 在“语义造词法”中提出“比拟造词”类型，如“螺蛳”，原指田螺，后指工业上用的螺旋钉，后写成螺丝钉。这种说明属于上述第三平面构词成分表示词义方式的分析。

以后任学良的《汉语造词法》(中国社会科学出版社 1981)提出修辞学造词法(运用修辞手段创造新词)，又分比喻式(银耳、油水)，借代式(须眉、巾帼)，夸张式(千古、万一)，婉言式(后事、有喜),综合式(板鸭、鹅卵石)等,同非修辞手段造词相对,这才构成上述第三个平面构词成分表示词义方式的较完整的分析。20 世纪 90 年代,刘叔新在《汉语描写词汇学》中分析组合型的造词有“直指”(商品、手枪)、“喻指”(风云、心腹),也属这个平面的分析。

从上面的说明来看,我国学者在构词法、造词法的研究中,大都集中在“构词成分的性质”“构词成分的关系、结构”这两个平面。有学者也进入了“构词成分表示词义方式”这个平面。

关于构词分析中第四个平面“构词成分在构词中的意义及变异”的分析,可以见到一些零星的说明。如崔复爰在《现代汉语词义讲话》(山东人民出版社 1957)中对偏义词的分析:“国家”偏重于“国”的意义,“动静”偏重于“动”的意义,另一个词素的意义比较轻些,甚至被吞并了。郭良夫在《词汇》(商务印书馆 1985)中也指出:偏义复合词中无意义的成分原来是有意义的,后来磨损了,只起陪衬作用。符淮青在《现代汉语词汇》(北京大学出版社 1985)第九章“词义和构成词的语素义的关系”中比较系统地探讨了语素(构词成分)义在构词中的意义及其变异的问题。认为语素义在构词中的变异有不同的情况:1. 意义上的变异,在合成词中语素义同有关义项的意义除有一致关系这种情况外,还有种类关系、关联关系、比喻关系、借代关系等。2. 作用上的变异,一种情况是,语素在不同的词中所处的语法地位不同,表义作用不同(“尘封”主谓式,尘,相当于主语,表示“封”是“尘”造成的。“尘肺”偏正式,“尘”修饰限制“肺”,指出病源性质)。另一种情况是,在同一语素构成的同类型(如同为偏正式)的合成词中,由于结合的语素不同,所构成的词反映的事物现象不同,因而语素的表义作用也不同(“电池”“电车”同为偏正式,“电池”中的“电”表示生电,“电车”中的“电”表示用电)。3. 特殊变异,一是语素的意义完全消失(“作别”,分别,“作”义消失);一是语素义完全改变(“淡竹”,“淡”已不用原义,又不能说没有意义)。

关于构词成分表示词义的信息量的分析(上述第五个平面的分析),我们说过,词典工作者在解释词语意义中在这方面作了大量工作,但理论上的说明则少见。符淮青在上述论著中比较具体地分析这方面的情况。说明除了构词成分能直接完全表示词义(“平分”,平均分配)这种情况之外,词义还具有构词成分完全没有表示的内容(当时称为“暗含内容”)。并指出,这是由于语言用合成词作为事物现象的名称时,由于事物现象的纷繁多样,只能用构词成分反映其中的一些特征(如“拼盘”,说明它所反映的对象是用“盘”装的,是由几样东西“拼”成的,等等)。构词成分在这里的作用不仅表示它所反映的事物现象的某些特征,也能标志它所反映的整个事物现象。然而仅是标志而已,就意义来说,词义中就有构词成分所不能表示的内容。

二、构词法分析的作用

公允地评价我国学者对汉语构词法的研究成果,应该联系构词法研究在语言理论研究和指导实践工作的作用来分析。我们认为,我国学者对汉语构词法研究的重要作用表现在下列几个方面。

1. 提供了描写汉语多个构词成分组成的语言单位的结构的理论根据和分析方法。尽管在开始或在一段时期中这种分析有种种缺陷,但不能否认,现有的对汉语构词法的分析,对断代的、专书的构词法研究,仍是人们对语言构造规律性的一种理性认识,它是

人们对语言结构认识提高的表现。黎锦熙在《复合词构成方式简谱》的结语中大概说:

这个"复合词构成方式简谱",是根据语音和文法上的词品,来说明一切复合词是怎样结构的。从来训诂学家只注意1类合体的复合词,如王国维氏的《联绵字谱》,所搜虽少,颇具系统;至于第2并行,第3相属,这两种复合词,前贤都不曾注意,仅胡以鲁氏《国语学草创》中略为述及。这谱太简,尚不足尽其条理也。

黎氏指出:1. 训诂学家未分析过复合词(指其中后来称为合成词的部分,数量极大)的构造;2. 他的《简谱》是说明一切复合词是怎样结构的;3. 这谱太简,尚不足尽其条理,提出了深入分析复合词结构的要求。新中国成立后,不管是"暂拟教学语法系统"中的"汉语构词法"分析,还是陆志韦等的《汉语构词法》的分析,都描写了汉语大量语词的结构。

周荐根据通行的构词法理论和分析方法,对《现代汉语词典》中全部双音节词32346个做了分析,把受句法模式影响的词归入定中(如人祸、珠网),状中(如路祭、函购),支配(如怀古、守岁),递续(如拔取、请教),补充(如压倒、荡平),陈述(如肠断、官司),重叠(如伯伯、弟弟),并列(如原委、牙齿)等八大类。无法归入上述模型的共1109个,如弱冠、天牛、的话等,占3.4%。这说明通行的构词法分析虽然有各种缺陷,但仍不能否认其较强的解释能力。

有不少学者运用通行的构词法理论和分析方法,研究汉语构词法的发展,研究某一历史时期、某些古籍的构词法。前者如史存直《汉语词汇史纲要》(华东师大出版社1989)、潘允中《汉语词汇史概要》(上海古籍出版社1989)中的分析[②],后者如程湘清对先秦双音词、《论衡》《世说新语》中的双音词,张双棣对《吕氏春秋》构词的研究[③]。都取得了重要的研究成果。

2. 构词法的研究对词典收入的语言单位性质的确定、划分有着重要的指导作用。我国传统字典收入的是字,并不区分字所代表的不同语言单位,对多字组成的语言单位的性质也不明确。现代语言学的构词法研究区分了字和词,区分了词和词组,区分了固定词组和自由词组,这对词典收入什么样的语言单位,科学地区分不同的语言单位有深刻的影响。以《现汉》编纂为例,《现》在确定收入的语言单位的性质时,致力于解决汉语字、词素和词之间,词和词组之间的联系和区别,陆志韦等的《汉语构词法》提出结构分析法(扩展法)作为确定词的界线和形式的标准,摆脱了传统"词义""概念"等尺度的束缚,《现汉》在一定程度上接受了这种观点的影响[④]。

一些学者深入地分析了某些结构相同的词和词组的区别。例如张寿康在《构词法和构形法》(湖北教育出版社 1985)中对"看见"和"办好"区别的分析。这一类语言单位,中间都能加"得""不",如何区分呢?张作了这样的比较:

办(好)	办得(好不好)
看(清楚)	看得(清楚不清楚)
看见	看得(见不见)×
记住	记得(住不住)×

"办好"后的"好","看清楚"后的"清楚",可以构成肯定否定式,"看见"后的"见","记住"后的"住",不能构成肯定否定式,所以"办好","看清楚"是词组,"看见""记住"是词。

再如张对关于支配式是词还是词组的分析:A. 支配式合成的是名词,如戒指,则一定是合成词;B. 支配式带宾语的,如出席、结果,也是词;C. 支配式是吸收的文言词,如失色,洗尘,其间结合紧的,也是词;D. 支配式构成的形容词,如吃紧、齐心,也是词;E. 支配式中“洗澡”“革命”“跳舞”这一类,是离合动词,合用是词,拆开用是动宾词组。构词法中这种细致的分析,无疑对词典确定收入词语的性质,有重要的启发。

3. 构词法的分析对正确解释词语的意义有重要的作用。请看《现汉》对下列词语意义的解释:

(1) 尘垢　　灰尘和污垢
(2) 真诚　　真实诚恳
(3) 浅见　　肤浅的见解
(4) 轻信　　轻易相信
(5) 畏难　　害怕困难
(6) 保健　　保护健康
(7) 年迈　　年纪老
(8) 礼成　　仪式结束
(9) 藏书$_1$　　收藏图书
(10) 藏书$_2$　　图书馆或私人收藏的图书

(1)(2)词的结构是并列式,释义词语的结构也是并列式;(3)(4)词的结构是偏正式,释义词语的结构也是偏正式;(5)(6)词的结构是支配式,释义词语的结构是述宾式;(7)(8)词的结构是陈述式,释义词语的结构是主谓式;(9)“藏书$_1$”的结构是支配式,释义词语的结构是述宾式;(10)“藏书$_2$”的结构是偏正式,释义词语的结构是偏正式。我们不能认为被解释的词的结构同释义词语的结构相同是一种偶合,应该说正是由于正确分析了合成词的结构,采用了同合成词结构一致的释义词语,才正确解释了词的意义。

至于我们上面说明过的,词典工作者在词语解释中注意分析构词成分的意义及其变异,区分其意义作用的不同,注意分析构词成分表示词义的信息量,把词义包含而构词成分未表示的内容说明出来，这些工作我们认为是属于构词分析的范围的，只不过缺少系统的理论概括和说明罢了。

4．构词法的分析是词义理据说明的基础，词语文化义说明的重要凭借。“须眉”表男子，“巾帼”表女子，“鹰犬”指帮凶，“银耳”指一种食品，这些词词义理据的说明要以对“须眉”“巾帼”等的构词分析为基础，并说明这些词的构词成分表示词义方式的不同。

苏新春在说明词语命名中的文化内涵时认为[⑤]，词的命名在命名方式的取向上总是表现出与某种抽象文化观念或思维方式相联结的独特价值。以具体实在表象可触的客观事物作为心理延伸的基点，作为蕴含丰富内涵的词义的外形，是汉语造词的主要特色之一。如汉语里很多直接出现喻体的比喻词，“活菩萨”指心肠慈善待人宽和的人。“菜篮子”从家庭主妇的手中物，变成指称牵涉广大市民副食品生产、销售、消费、运输的富于政治内涵的代名词。苏对词语命名的文化内涵的论述，也是联系了构词成分（词义的外形）表示词义的特色作出分析的。

三、构词研究中的不同意见

在构词法的研究中，20世纪90年代以前学者主要在构词类型的划分[⑥]、词缀范围的宽窄[⑦]这两方面存在不同意见。90年代以后，一些学者对原来构词分析的理论和方法，提出较多的质疑。刘叔新虽然认为“词的内部不存在句法关系”，但仍认为，“（词的）结构项之间的结合关系类似于句法成分之间的关系”。其构词类型的划分虽有所调整，多数只是变换了名称。黎良军则认为，合成词的“语素序”“是没有句法性质的一种约定性顺序”[⑧]。“分析合成词的结构,只能是分析它们的语义结构”[9]。他提出了构词的语义结构类型:互限式(道路),反义概括式(男女),类义互补式(爪牙),分别提示式(病房),因果式(打败),物动式(卷烟),短语词化式(百姓),截取古语式(动辄)等。徐通锵则对原有构词法研究的理论和分析方法取否定态度。他认为:“一谈起构辞法,人们就会想到述宾式、述补式、主谓式、联合式、偏正式这些名称,认为它是语法结构的一部分。这是仿效印欧系语言的语法理论来研究汉语而得出的一种结论,实在是张冠李戴,可以说是汉语构辞研究的一个误区。”[10]他提出了自己的构辞法理论和分析方法,认为“汉语辞的构造最主要的是语义问题,需要重点弄清楚辞内字与字之间的语义关系”[11]。认为汉语构辞法大的类型有二,一是向心结构,如斑马、川马、海马、木马,“马”位置居后,是语义核心;一是离心结构,如马鞭、马车、马枪、马靴,“马”位置居前,非语义核心。

我们认为,我国学者对汉语构词法的研究,已经历了一个相当长的材料积累、理论分析的过程。构词法研究提供了认识汉语多个构词成分组成的语言单位结构的理论根据和分析方法。尽管这些分析描写存在种种问题,但不能否认,现有的汉语一般语词的构词法分析,汉语历史构词法的分析,断代、专书的构词法分析,是人们对语言构造一种理性认识的成果。由不认识到达到这种认识,就是一个重大的进步。本文第二部分论述了现有的构词法分析有它的较强的解释能力,它在语言理论研究和指导实践工作中发挥着重要作用。后人可以在这个基础上作深入的探讨,也可以提出新的理论和新的分析法,但不宜采取无视事实,根本加以否定的态度。对徐提出的理论和分析方法,我们不想作全面的讨论,只想摘引他分析过的一个例子,探讨其理论和分析方法的解释能力:

……以“烧”为后字的字组为例，根据陆志韦和现行的语法理论，应有如下的结构：

偏正式：低烧　高烧　红烧　干烧　延烧

动宾式：发烧　退烧

主谓式：火烧

联合式：焚烧　燃烧　煅烧

这样，以“烧”为核心字的一种统一的语义结构就被肢解为几种相互没有联系的“式”。其实，这里没有四种不同的语法构词法，而只有一种向心的语义结构，其中“烧”为“心”，前字都只是表示“烧”的一种方式。以“火烧”这一字组为例，语法构词法由于把“火”看成“名词”，认为它置于“动词”之前就成为一种“主谓式”。其实，如以“烧”为核心考察“火、高、红、低、退、发”等的关系，就不难发现“火”只是“烧”的一种方式：不用油，把表面没有芝麻的饼放在饼铛一类的器具上，下面用火加热烧烤[12]……

本文的第一部分论述了构词分析的五个平面，不同方向的构词法研究涉及不同的平面。从理论的说明和实际的应用来看，单一平面的构词法研究都是有局限的。陆志韦对“烧”为后一构词成分的合成词的分析，也只是分析了第一个平面“构词成分的性质”（所属的语法类）和第二个平面“构词成分的关系、结构类型”（偏正、动宾等）。徐的分析，在我们看来，主要也只是分析了字组的第一个平面：构词成分（徐不承认有“词”，姑且用这个名称，所指对象是清楚的）的性质，是核心字还是非核心字；分析了字组的第二个平面：构词成分的关系、结构类型，是向心结构还是离心结构，两种结构的字组意义关系不同。所不同的是，徐强调构词成分的语义关系和语义结构，不认为其间存在语法关系和语法结构。我们认为,构词成分之间的关系和结构类型的分析,是离不开构词成分意义、作用的分析的。至于认为其间存在的是语法关系还是语义关系,或者两种关系都存在,或者是别的关系,我们宁可把这看作是学术见解的不同,命名的不同。重要的是看一看这种理论和分析的解释能力。我们认为,徐的这种分析存在下列问题:

1. 未区分这些语言单位中"烧"的不同意义,只笼统地说是"烧"的意义。根据《现汉》的解释,可以把这些语言单位中"烧"的意义说明如下:

(1)使东西着火　　"燃烧""焚烧"中的"烧"属此义

(2)加热或接触某些化学药品、放射性物质等使物体起变化　"煅烧"的"烧"属此义

(3)烹调方法,先用油炸,再加汤汁来炒或炖,或先煮熟再用油炸　"红烧"的"烧"属此义

(4)烹调方法,就是烤　　"火烧""干烧"中的"烧"属此义

(5)发烧　　"发烧"的"烧"属此义

(6)比正常体温高的体温　　"高烧""低烧""退烧"中的"烧"属此义

我们认为上述含"烧"的合成词中的"烧"表示了六种不同的意义,在分析构词成分的意义关系时,应该分别考察在其前的构词成分同这些不同义的"烧"的意义关系,不宜把"烧"作为一个意义单位而笼统地说"其中'烧'为心,前字都只是表示'烧'的一种方式"。"发烧"的"烧",表示的是一种变化的范畴,"高烧""低烧""退烧"的"烧",《现汉》解释为"比正常体温高的体温",表示的是一种体词性范畴的意义,它们同在其前的构词成分关系的差异是明显的。统视"烧"为核心字,说前字是表示"烧"的方式的这种分析,无助于解释这种差别。"火烧"作为词的意义是指一种食品,它如何能表示食品,陆、徐的分析,

都不作说明。

2. 徐用向心结构、离心结构来概括汉语字组语义结构的类型，向心结构、离心结构的概念，美国学者布龙菲尔德用过，主要指合成短语是否和构成它的成分具有同样的功能[13]，徐已赋予这两个概念以新的内容，用来概括语言单位（字组）内部的意义关系。由于语言单位构成成分之间意义关系的复杂性，存在从不同角度、不同联系分析的可能性，所以徐的分析不能认为是唯一可能有的分析。在一个语言单位中，后置的成分是不是一定就是核心，前置的成分是不是一定就是修饰这个核心的呢？从不同角度、不同联系上可以有不同的分析。下面举两个同这相关的分析的例子。

"红花"……"红"附加在"花"上。这关系可以叫作附加的关系。"红"是"附加词"，附加在"花"上。……（在"吃饭""在家"中），"饭"是"被动"的，"家"是"被介"的。"动""介"跟"被动""被介"的看法包含好些西洋哲学在里头。倒过来说，"饭"跟"家"也可以是限制"吃"跟"在"的，因为"吃饭"就不能是"吃别的东西"，"在家"就不能是"在地里"[14]……

牛吃草

牛　受行为的限制（不是跑或叫），受行为对象的限制（是吃草不是喝水）。

吃　受行为主体的限制（不是马吃、羊吃），受行为对象的限制（不是吃麦子的、吃庄稼的，而是吃草的吃）。

草　受行为的限制（是吃的草，不是割的草），受行为主体的限制（同牛发生关系的，不是同人或马发生关系的）。

这三个词互相结合起来,限制了整句话的意义范围,说的是“牛吃草”这种现象[15]。

由此可见,从最一般的意义关系上说,结合在一起的语言成分,往往都可以从相互限制意义范围的角度来分析其意义关系,并不一定是位置在前的才起限制作用,位置在后的才是受限制的。下面是另一些对语言单位构成成分意义关系从不同角度、不同联系上作不同分析的例子:

> “酒缸”“夜市”和“光线”“眼球”今天一般都分析为前偏后正的偏正结构,但黎锦熙却分为两类,“酒缸”“夜市”是“下名是主,上名依属”,“光线”“眼球”是“上名是主,下名依属”[16]。
>
> “病房”“卷烟”一般也分析为偏正式,黎良军把前者分析为“分别提示式”,后者分析为“物动式”。

这都说明,由于语义关系的复杂性,不同学者从不同角度、不同联系观察语言单位构成成分之间的关系,会作出不同的说明。

3. 徐认为“斑马”和“马鞭”不同,前者“马”居后,为核心,是向心结构;后者“马”居前,非核心,是离心结构。但如果把“皮鞭”“马鞭”“教鞭”放在一起考察,又可以说“鞭”居后,是核心,“马鞭”又可以归入向心结构。其间的纠葛,如何划清?

传统的构词法研究,经多位学者之手,已应用于众多词语的分析。如本文第二部分所述,它在语言的理论研究和指导实际应用上,起着重要的作用。徐的说明,多是举例性质的,其理论的解释能力和作用,有待于应用中进行检验。

我们认为,从理论说明和实际应用的要求来看,合成词的构词法(包括造词法等)的研究,应该包含本文第一部分提出的五个平面的内容。相对于原来的构词法分析，这可称为“扩展的构词法研究”。当然在研究中可以以某些平面为重点，但却不能认为它就是构词法研究的全部。我们认为，第四平面的研究即“构词成分在合成词中的意义及其变异”的研究是基础性的研究，对合成词中构词成分的意义及其变异作出合理的说明，第二平面的研究“构词成分的关系、结构类型”的概括才有可能进行。第三平面“构词成分表示词义的方式”实际是第四平面的一种类型，构词成分可以直接表示词义，也可以间接表示词义，而其中又有种种差别。第一平面“构词成分的性质”只能在第二平面、第四平面分析的基础上进行概括，这里允许从不同角度来确定构词成分的性质，例如全部构词成分可以称为“语素”，满足一定条件者可称为“词根”，在一定条件下可称为“词缀”“附加成分”等等。第三、五平面即“构词成分表示词义的方式”“构词成分表示词义的信息量”的说明，在合成词理据的分析和词语的释义中是必不可少的。

构词分析五个平面的研究可简示如下：

A　B－－－－C

合成词　　　词义

五个平面：

1. A B 的性质

2. A B 的关系、结构

3. A B 表示 C 的方式

4. A B 实际是 A_1B_1 或 A_2B_2，A_1A_2 是 A、B_1B_2 是 B 的变体；A_1A_2 之义是否等同于 A 义，B_1B_2 之义是否等同于 B 之义，它们的意义、作用有何变异？

5. A B 表示 C 的信息量：是全部还是部分，如果是部分，表示了哪些内容,C有哪些内容AB未表示?

我们认为,从“A B——C”的关系来说,只有完整地分析五个平面的内容,才是完成了这种关系中的构词分析,而每一个平面或其综合研究,都有可能作出新的开拓。

附　注

① 任学良《汉语造词法》,3页,中国社会科学出版社1981。

② 参看符淮青《汉语词汇学史》,229—231、234—236页,安徽教育出版社1995。

③ 同上,280—281、284—285页。

④ 参看董琨《试谈〈现代汉语词典〉成功的历史经验》,见吕叔湘、胡绳等《〈现代汉语词典〉学术研讨会论文集》,48—49页,商务印书馆1996。

⑤ 苏新春《文化的结晶——词义》,25—26页,吉林教育出版社1994。

⑥ 参看李行健《汉语构词法研究中的一个问题——关于“养病”“救火”“打抱不平”等词语的结构》,《语文研究》1982年第2期。

⑦ 参看吕叔湘、朱德熙、张寿康、马庆株等关于词缀问题的论著。

⑧ 黎良军《汉语词汇语义学论稿》,145页,广西师范大学出版社1995。

⑨ 同上,146页。

⑩ 徐通锵《语言论——语义型语言的结构原理和研究方法》,362页,东北师范大学出版社1997。

⑪ 同上,363页。

⑫ 同上,386—387页。

⑬ 布龙菲尔德《语言论》,袁家骅等译,239—241页,商务印书馆1980。

⑭ 陆志韦《陆志韦语言学著作集(三)》,29页,中华书局1990。

⑮ 符淮青《现代汉语词汇》,38页,北京大学出版社1985。

⑯ 黎锦熙《复合词构成方式简谱》,《国语旬刊》1929年第12期。

(原载《词汇学的理论与实践》,商务印书馆2001)

汉语表“红”的颜色词群分析

一

颜色词曾吸引许多语言学家的注意，很多人比较不同语言颜色词的异同[①]。他们多注意各语言的词表示颜色范畴的多少及其对应关系，对颜色词群中众多的词意义的异同则不大注意进行分析。各语言中表颜色的词既然是一个词群，如何用词汇场、语义场的理论来说明，也很值得探索。英国语言学家莱昂斯设想词汇中的词群存在层次结构，并形象地表示如下[②]：

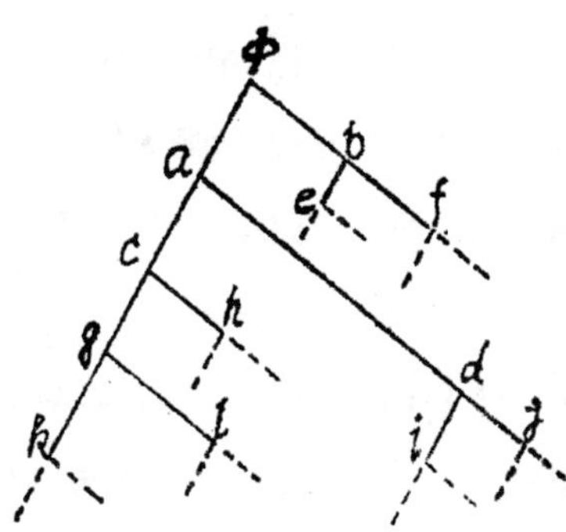

这是一个树形图，字母表示存在的词，线上方的词是上位词，下方的词是下位词。虚线表示可能分出更低一级的下位词。树根的“φ”表示在这个位置上可能不存在一个词，它可以代之以准上位词[③]。莱昂斯说，由于甚至在英语中也明显地缺乏这种普遍的上下位关系，只能肯定，这种层次结构至少在部分词群中是存在的。莱昂斯还认为可以对遮盖(cover)同一概念场(Conceptial field)的词汇场(lexical field)进行历时的比较，他提出有五种可能，并图示如下[④]：

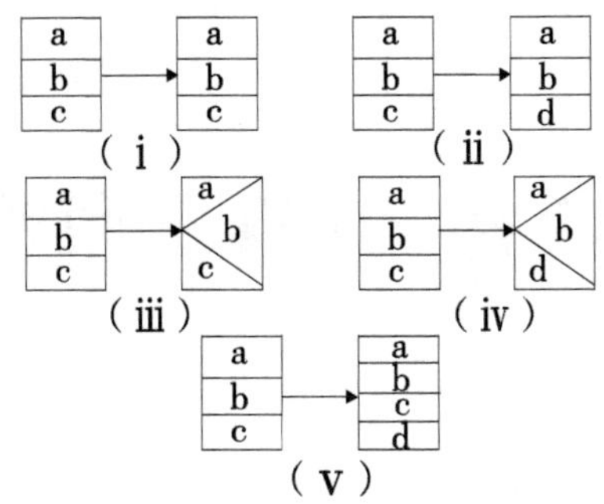

(i)表示某一词汇场中的词及它们的意义关系都没有变化。(ii)表示词汇场中部分词变化,但它们的意义关系没有变化。(iii)表示词汇场中的词没有变化,但概念场的内部结构有某些变化。(iv)表示词汇场中一个或多个词已被更换,概念场的内部结构也发生了变化。(v)表示词汇场中添加或失掉了一个或多个词,概念场的内部结构也有改变。

笔者受上述研究和观点的启发,对汉语中表“红”的颜色词群作了考察,发现古代汉语和现代汉语表“红”颜色词群中词的构成,词群中各词的意义内容、意义关系,词群中词的语法性质,都有明显的差别。通过这些方面的比较和分析,可以具体说明汉语表“红”颜色词群的发展。

过去词汇和词义的研究,多数以一两个词为中心,被称作原子主义的研究方法(atomistic approach),以较大的词群作为分析和比较的对象还不多见。本文在这方面的探讨只是一个尝试。由于历代出现的词汇还未经过很好的整理,现代运用的许多词的来源变化不大清楚,本文在历时的比较中只能简单地作古代(主要是汉以前)和现代的对比。

下面的说明仍用词群的概念，不用词汇场、概念场的概念。

二

在古代汉语中收集表“红”的颜色词时，我们发现，不能受现代汉语中常见的用一词表示一种或浓或淡的色彩这种模式的限制。古代汉语中反映事物“红”的属性“词化”（lexicalize，指某种意义用词来表示）的内容，并不都如现代汉语那样，以某一词表示一种颜色范畴，或同一范畴下或浓或淡的色彩。古汉语中反映事物“红”的属性，有红属性的事物，有四种类型的词。

甲类，表示含有红色的事物的词。如：

瑕 （碬）《说文》：“瑕，玉小赤也。”《文选》晋木玄虚（华）《海赋》：“瑕石诡晖，鳞甲异质。”注：“瑕，玉之小赤色者也。”

霞（又作瑕、蝦、赮、）《说文》新附：“霞，赤云气也。”屈原《远游》：“漱正阳而含朝霞。”《汉书·扬雄传》上：“噏清云之流瑕。”师古曰：“瑕，谓日旁赤气也。”

騢 《说文》：“騢，马赤白杂毛。”《尔雅·释畜》：“彤白杂毛，騢。”注：“即今之赭白马。”《诗经·鲁颂·駉》：“薄言駉者，有骃有騢。”

鰕 《说文》：“鰕，魵也。”段注改为：“鰕，鱼也。”并云：“谓今之蝦。蝦略有红色。”《本草纲目》四四鳞三鰕：“鰕，音霞，俗作蝦，入汤则红色如霞也。”

这是一组同源词[5]，古音相同而意义相近。段玉裁说：“凡叚声多有红义。”（“騢”字注）“凡叚声如瑕鰕等，皆有赤色。”（鰕字注）

乙类，由特指某类物的红色（或含有红色）变为指一般的红色的词。如[6]：

缙 《说文》：“缙，帛赤色也。”浅赤色。《急就篇》：“烝栗绢绀缙红繎。”

绯 《说文》:“绯,帛赤色。”红色。韩愈《送区弘南归诗》:“佩服上色紫与绯。”又,“绯桃”即桃花,以其色红,故称。唐唐彦谦《绯桃》诗:“烈火绯桃照地春。”

红 说文:“红,帛赤白色。”古指浅红色,后泛指红色。宋玉《招魂》:“红壁沙版。”王注:“红,赤白色。”《史记·司马相如传·大人赋》:“红杳渺以眩湣兮,”索隐引晋灼:“红,赤色貌。”

缬 《说文》:“缬,帛赤黄色。”浅红色。《仪礼·既夕礼》:“缬綼緆。”注:“一染谓之缬,今红也。”

缇 《说文》:“缇,帛丹黄色。”段注:“郑注草人(按指《周礼·地官·草人》)曰:赤缇,缬色也。…缇者,成而红赤。按红赤者,赤而白。”橘红色。《史记·滑稽列传》西门豹:“为治斋宫河上,张缇绛帷,女居其中。”

绀 《说文》:“绀,帛深青而扬赤色。”段注:“‘扬’当作‘阳’,犹言表也。……按此今之天青,亦谓之红青。”天青色,深青透红之色。《庄子·让王》:“子贡乘大车,中绀而表素。”

緅 《说文》新附:“緅,帛赤青色也。”深青透红的颜色。《周礼·考工记·画缋》:“三入为纁,五入为緅。”注:“染纁者,三入而成,又再染以黑则为緅。”

下列两个词,《说文》只说明它指示某种颜色,未说明它们原有特指某类物颜色的意义:

纁 浅绛也。

绌 绛也。段注:“此绌之本义,而废不行矣。”

但从《说文》“缬”字下的解释“一染谓之缬,再染谓之赪,三染谓之纁。”段注:“古以茜染之者谓之韎,谓之缇。以朱及丹秫染者谓之缬、赪、纁。韎亦谓之缬。”《说文》:“絑”字段注:“郑注礼经曰:凡染绛一入谓之缬,再入谓入赪,三入谓之纁,朱则四入与。”可以看出,这组表红(或含红)颜色的词,可能最初是特指用颜料将某类物(主要是帛类)染上各种深浅的红色或含红的颜色,后才用来泛指一般的红(或含红)的颜色的。

下列各词特指某事物是红色或含有红色：

缲 《说文》：“缲，帛如绀色或曰深缯。”段注：“深缯疑有伪舛。缯不得言深也。”修订本《辞源》作：“深青带红色之帛。”按，比较上述“縓”“绀”等词的词义，这个词的意义似是：帛深青带红色。

觳 《说文》：“觳，日出之赤。”

赧 《说文》：“赧，面惭赤也。”《孟子·滕文公下》：“未同而言，观其色赧赧然。”注：“赧赧，面赤心不正貌。”

糖 赤色。人面色紫曰糖，或作糖。见宋赵叔向《肯綮录》。俗称紫棠色，“棠”当作“糖”。

丙类，特指颜色为红或能染红的某类物，又指红色的词。如：

朱 说文：“朱，赤心木也。”大红色。《广雅·释器》：“朱，赤也。”《诗·豳风·七月》：“我朱孔阳，为公子裳。”《论语·阳货》：“恶紫之夺朱也。”《说文》又有“絑”字，释为“纯赤也”。段以为凡经传言“朱”皆当作“絑”，“朱”其假借字也。朱骏声认为“絑”字后出，为“赤心木”引申之义。王力认为“朱”“絑”实一词(《同源字典》153 页)。

丹 《说文》：“丹，巴越之赤石也。”赤色。丹浅于赤。《国语·吴语》：“皆赤裳赤旃丹甲朱羽之矰，望之如火。”注：“丹，彤也。”

茜 茜草。《史记·货殖列传》：“若千亩卮茜。”大红色。茜草根可作大红色染料，故可用以借指。李商隐《和郑愚赠汝阳王孙家筝妓》二十韵：“茜袖捧琼姿，皎日丹霞起。”字又作“綪”，《说文》“綪，赤缯也。从茜染，故谓之綪。”段注：“綪，即茜也。”字又同“蒨”。

彤 彤管(笔)的简称。《诗经·邶风·静女》：“静女其娈，贻我彤管。”笺：“彤管，笔赤管也。”南齐王融《三月三日曲水诗》序：“书笏珥彤，记言事于仙室。”朱红色。《国语·周语下》：“夫宫室不崇，器无彤镂，俭也。”韦注：“彤，丹也。”

绛 绛草。《文选》左思《吴都赋》：“草则藿纳豆蔻……纶组紫绛。”注：“绛，绛草也。”深红色。《说文》：“绛，大赤也。”段注：“今俗所谓大红也。”《墨子·公孟》：“昔者楚庄王，鲜冠组缨，绛衣博袍，以治其国。”

赭 赤色的土。《说文》：“赭，赤土也。”《管子·地数》：“上有赭者，下有铁。”赤色。《诗·邶风·简兮》：“左手执籥，右手秉翟，赫如渥赭。”

疏:“且其颜色,赫然而赤,如厚渍之丹赭。”

丁类,单纯表示不同深浅的红色的词。如:

赤　红色。《释名·释采帛》:“赤,赫也。太阳之色也。”《礼记·月令·孟夏》:“驾赤骝。”疏:“色浅曰赤,色深曰朱。”按:这说明赤比朱(深红)浅,并不说明赤是浅红。

赫　赤色鲜明貌。《说文》:“赫,火赤貌。”段注作“大赤貌。”“赤之盛,故从二赤。”《诗·邶风·简兮》:“左手执籥,右手秉翟,赫如渥赭。”

䞓　赤色。《管子·地员》:“其种大苗细苗,䞓茎,黑秀,箭长。”注:“䞓,即赤也。”

赪　赤色。《仪礼·士丧礼》:“赪裹,著组系。”注:“赪,赤也。”《释名·释首饰》:“赪粉,赪,赤也。染粉使赤,以著颊上也。”字又作赪,赪。《尔雅·释器》:“再染谓之赪。”疏:“赪,浅赤也。”谢朓《望三湖》:“积水照赪霞,高台望归异。”

赩　赤色。《说文》新附:“赩,大赤也。”楚辞《大招》:“北有寒山,逴龙赩只。”注:“赩,赤色无草木貌。”

赣　《说文》:“赣,赤色也。”

缥　深红色。《急就篇》:“烝栗绢绀缙红缥。”师古注:“缥者,红色之尤深,言若火之然也。”按:缥,《说文》释为“丝劳也。”段注:“劳,《玉篇》作萦。盖《玉篇》为是。与下文纡义近也。”则此为另一词。

缊　浅红色。《礼·玉藻》:“一命缊韨幽衡,再命赤韨幽衡。”注:“缊,赤黄之间色,所谓韎也。”按:《说文》:“缊,绋也。”指乱麻,为另一词。

上面分为四个类型列举了古汉语中表“红”颜色的单音节词。这四类词的意义各有特点。甲类表示含有红色事物的词,词义着重于对事物进行概括,红的属性的意义附着在事物的意义上,不能分割开。乙类由特指某类物的红色(或含有红色)变为指一般的红色的词,词义着重在对于红的(或含红的)属性进行概括,但开始表红的属性的意义还同某类事物结合在一起,特指某类事物的红的属性,这就有可能使表红属性的意义脱离具体的某类事物发展为表示一般事物的红的属性，表现为词义的进一步抽象概括。丙类特指颜色为红或能染红的某类物，又指红色的词，一般来说，指物的意义较早，指红属性的意义在后，表现为词义的分解。这是由于思维联想规律的作用，用物的名称作为某个属性的名称。丁类单纯表示不同深浅红色的词，词义纯粹是对事物红的属性的概括反映。

上面各类型的词绝大多数在汉代以前都产生了。多数在先秦和汉代的古籍中都可找到印证。也就是说，在汉以前(“糖”除外)四大类型的词组成了表示“红”(或含红)的性状或事物的词群[⑦]。

下面我们根据上引对各词意义的解释，分析这个词群中各词的意义内容和意义关系。

甲类词是表名物的词，其意义内容可从所属事物类别(类)和特征(种差)两方面去分析，列表说明如下：

	特　征	类　别
瑕	有赤色	玉
霞	赤　色	云气
騢	赤白色	马
蝦	略有赤色	水虫[⑧]

这类词的意义可用“种差+类”的方式来说明，如瑕，有赤色之玉。霞，赤色之云气。

乙、丙、丁类词是表性状的词，总的来说，虽然都表示了红(或含红)的色彩，但在表示色彩的浓淡，亮度，是纯色还是多色、有无其他内容(表色彩以外的内容)、有无适用对象的限制方面，是不同的。下面就从这些方面，列表说明这些词的意义内容。各词在辞书、古注中无特别说明色彩浓淡或明亮程度的，都入表中“浓度”“亮度”中的“中”类。“→”号表示词义由一种情况变为另一种情况。

	浓度			亮度			纯色	多色	其他内容	适用对象
	浓	中	淡	明	中	暗				
缙			+		+		+		—	帛→一般
绯		+			+		+		—	帛→一般
红		+←	—+		+		+		—	帛→一般
縓			+		+		+←	—赤黄	—	帛→一般
缇		+			+		+←	—丹黄	—	帛→一般
绀		+			+			红青	—	帛→一般
緅		+			+			深青透红	—	帛→一般
缲		+			+			深青带红	—	帛
纁			+		+		+		—	—
绌	+				+		+		—	—
𧹞		+			+		+		—	日出
赧		+			+		+		面（惭）	人面
赯		+			+		+		—	人面
朱	+				+		+		—	—
丹			+		+		+		—	—
茜	+				+		+		—	—
彤		+			+		+		—	—
绛	+				+		+		—	—
赭		+			+		+		—	—
赤		+			+		+		—	—
赫	+			+			+		—	—
赨		+			+		+		—	—
䞓			+		+		+		—	—
赩	+				+		+		—	—
[illegible]		+			+		+		—	—
繎	+				+		+		—	—
缊			+		+		+		—	—

从上面分析的词的意义内容看，古汉语表红的颜色词群内部的意义关系可说明如下：

1. 甲类词虽在词源上有联系，但意义是并列关系，没有一个共同的能概括它们表示的红的属性的意义和事物的意义的上位词，按照莱昂斯的表示方法，可以表示为：

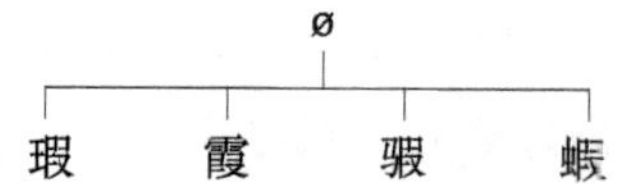

2. 乙、丙、丁类词中，词义表纯色的、词义无其他内容、适用对象又无特殊限制的，可以构成同义近义关系，它们有：朱、丹、茜、彤、绛、赭、赤、赫、赨、䞓、赩、赣、纁、縓、缊等，缙、绯、红、缥、缇适用对象由帛变为一般物，由表多色变为表纯色（缥、缇）后也可加入。其中浓度亮度相同的是同义关系，朱、绛、茜、赩、绌、縓是表色彩浓的同义词，彤、赭、赤、赨、赣是表色彩浓度中等的同义词，丹、䞓、纁、缊是表色彩淡的同义词。“赫”不仅表红色浓，且表示色彩鲜亮，可入“朱”组。“缙”的适用对象由专用于帛变为适用于一般物后可入“丹”组，“缥”的适用对象由用于帛变为适用于一般物，由表示多色变为表示纯色后可入“丹”组，同理，“绯”可入“彤”组，“缇”“红”也可入“彤”组。

3. 乙、丙、丁类词中，最有资格当上位词的是表示的色彩浓度、亮度等都是中等的彤、赭、赤、绯、缇、红、赨、赣这一组。从语言运用的情况来看，我们认为“赤”是上位词。因为在《说文》等辞书和古注的释义中，它可以充当类别词。如：

说文：绛，大赤也。

　　　赫，火赤貌。段注作：大赤貌。

《尔雅・释器》疏：赪，浅赤也。

以上“赤”是中心语，充当类别词，“大”“浅”等是限制修饰“赤”的成分。“赤”在甲骨文中已出现，它的意义纯粹是对颜色范畴的概括，在《说文》等辞书和古注中说明事物红的属性时用得最多的是“赤”（参见前引例），它成为乙、丙、丁类词的上位词是有意义内容和语言运用上的原因的。其他同“赤”同义的词（彤、赭等）有可能成为

上位词,但未见到它们在释义中充当类别词的材料,存而不论。这样,乙、丙、丁类词内部的意义关系可表示为:

(彤、赭、绯、缇、红、赨、⿰赤倝)赤(同义)
- 朱、绛、茜、赩、绌、⿰纟然、赫(色浓)(同义)
- 丹、䞓、纁、缊、缙、縓(色淡)(同义)
- ⿱𣪊赤、赧、⿰赤唐(适用对象有限制)(并列)

4. 表多色的词有绀(红青)、缲(深青带红)、⿰纟致(深青带红),组成这个词群的另一组,三词义近,其中无上下位关系。

这些词在古代书面语中运用的情况很不一样。其中⿰赤倝、⿱𣪊赤、绌、⿰纟致、缲等只见于《说文》,未找到书面语材料证明。到了现代,这些词大多数已消亡,有一部分以不成词语素的身份存在于它构成的合成词中,只有“红”仍然是词。可以列表说明如下:

消亡:缙、縓、缇、⿰纟致、缲、纁、绌、⿱𣪊赤、赨、赩、⿰赤倝、⿰纟然、缊、赫(古义的)

变为不成词语素:

朱　朱墨　朱笔

丹　丹枫　丹桂　丹顶鹤

茜　茜纱　茜裙　茜草

彤　彤弓　彤云

绛　绛腊　绛紫

赧　赧然　赧颜

⿰赤唐　紫⿰赤唐

绀　绀青

赪　赪色

赤　赤红　赤松　赤铜　赤小豆

在书面语中有时还能当词用

词:红　也能作为语素构成红土、红叶、殷红、猩红等词表名物词的一组，“騢”已消亡，“霞”“瑕”在现代是不成词语素，但意义已发生变化，“霞”指彩色的云，不专指红色的。“瑕”指玉上面的斑点，比喻缺点，本义已不为一般人所知。“虾”仍是词，所指对象虽然未变，但“略有红色”之义已消失了。这反映了语言中表红属性的性状词普遍应用，影响到了表名物词中带有表红属性意义的单纯词意义内容的变化，其中的表红属性的内容逐渐消失。在需要表示这个事物的红属性的时候，要另外加上表示红属性的语素或词，如红霞、红虾。

三

现代汉语表“红”的颜色词群同古汉语有很大的不同。下面从组成词群的词的构成、意义内容、意义关系和词的语法性质等几方面加以说明。

现代汉语表红的颜色词群不是如古汉语那样，由多个不同来源⑨的单音节词组成，而主要是用从古汉语中接受下来的词“红”作为词根，派生出一大群合成词（红色、大红、绯红、红艳艳等，详下），它们组成了以“红”为核心的同族词群。这些词在构词上可分几种情况：

（甲）一部分词由表红颜色的不成词语素（在古汉语中曾经是词）加上“红”构成，如：红赤（赤红）　绯红　绛红　茜红　赭红　朱红

（乙）一部分词由表示带红色的事物的语素加上“红”构成，如：猩红　橘红　枣红　桃红　肉红　宝石红　海棠红　玛瑙红　胭脂红

（丙）一部分词由表示程度或性状的语素加上“红”构成，如：

大红　通红　嫣红　嫩红　焦红

（丁）一部分词由“红”加后加成分构成，如：红艳艳　红橙橙　红彤彤　红丹丹

（戊）一部分词由表“红”和表其他颜色的语素，或表带有红颜色的事物的语素加上“色”构成，如：红色　朱色[10]　绛色　茜色　红褐色　红栗色　红紫色　红铜色　茶红色　酱红色　紫檀色　血牙色

在这些词中有一部分语素的结合并不稳固；甲乙丙类都能在后面加上“色”变成同其本身同义的语言单位；必要时也可以用其他表示带有红颜色的事物的语素加“色”组成新的语言单位。这样就出现了许多组等义的形式，如：玛瑙红　玛瑙色　樱桃红　樱桃色　炭红　火炭红　炭红色　糟红　酒糟红　糟红色

以上说明，现代汉语表“红”的颜色词在构词上有严整的系统性，其组合是灵活、能产的。

如果分析这些词的意义内容，可以看见一个明显的事实：现代汉语表红的颜色词，都是表示红的（或含红的）不同深浅、亮度、色调的词，不再存在特指颜色为红或能染红的某类物，又指红色的词（如古汉语中的“朱”类），表示含有红色事物的单纯词（如“瑕”类）[11]，绝大多数词的适用对象也不限于某一类物（如“缙”类）。表示的意义内容显得更加丰富，对“红”范畴下的色彩的区分更加细致，有些词还带有鲜明的感情色彩。下面将表红的颜色词群分成几组，分别说明。下面列出的词和词的释义分别采自《现代汉语词典》《同义词林》（梅家驹等编）、《常用构词字典》（傅兴岭等编）、《颜色词例释》（章银泉编）。

“红”组

红　象鲜血或石榴花的颜色。

赤红　(红赤)红色。　　　　惨红　惨淡的红色。

绯红　鲜红。　　　　　　　殷红　带黑的红色。

嫣红　鲜艳的红色。　　　　焦红　暗红的颜色。

通红　很红，十分红。　　　酡红　如酒醉时脸上出现的红色。

鲜红　鲜明的红色。　　　　艳红　鲜艳的红色。

红润　红而滋润(多指皮肤)。嫩红　浅红色。

根据上述释义，也可以用我们分析古汉语中的词的做法，列表说明它们的意义内容。词的适用对象不限于一类物的在表中都标记为“—”(各个词在运用中所能形容的对象仍可能是有差别的，在细致分析时应该指出，这里从略)。栏目中增加“色调”一项。按照光学理论，各种颜色可从光的波长、色调、饱和度(即浓度)、亮度等方面互相区分。“色调”决定于物体反射光的波长，是物体反射光在质方面的特征。这里所说的色调，特指相当于某种物体所具有的红色。亮度中特强的用“鲜明”“鲜艳”等说明，一般的只标“+”号。

	浓度			亮度			纯色	多色	色调	其他内容	适用对象	感情色彩
	浓	中	淡	明	中	暗						
红		+			+		+			—	—	—
赤红		+			+		+			—	—	—
绯红		+		+			+			—	—	—
嫣红		+		鲜艳			+			—	—	—
通红	+				+		+			—	—	—
鲜红		+		鲜明			+			—	—	—
红润		+			+		+			滋润	皮肤	—
惨红			+			+	+					—
殷红		+			+			带黑		—	—	—
焦红		+				+	+			—	—	—

(续表)

	浓度			亮度			纯色	多色	色调	其他内容	适用对象	感情色彩
	浓	中	淡	明	中	暗						
酡红		+			+		+		象酒醉脸色	—	—	—
艳红		+		鲜艳			+			—	—	—
嫩红			+		+		+			—	—	—

“大红”组

大红　很红的颜色。

朱红　比较鲜艳的红色。

猩红　象猩猩血那样的颜色。

橘红　象红色橘子皮一样的颜色。

血红　鲜红。

粉红　红和白合成的颜色。

枣红　象红枣的颜色。

肉红　象肌肉的浅红色。

品红　比大红较浅的颜色。

火红　象火一样的红色。

桃红　象桃花的颜色;粉红。

红青　(绀青)黑里透红的颜色。

炭红　象燃烧中的木炭那样鲜红的颜色。

霁红　陶器中一种红,美而有光泽的颜色。

水红　比粉红略深而比较鲜艳的红色。

洋红　一种粉红色的颜料,又指粉红色。

油红　红而有光泽的颜色。

宝石红　象宝石那样红而鲜亮的颜色。

高粱红　象高粱成熟后那样的褐红色。

海棠红　象海棠那样的鲜红色。

鸡血红　象鸡血那样的鲜红色。

酒糟红　象酒糟那样的暗红色。

荔枝红　象荔枝那样的紫红色。

榴花红　象石榴花那样的橙红色。

玛瑙红　象红玛瑙那样红而鲜丽的颜色。

女儿红　象小红萝卜那样红而娇艳的颜色。

胭脂红　象胭脂那样的红色。

樱桃红　象樱桃那样的鲜红色。

根据上述释义,可以列表(见273页)说明它们的意义内容。

“红艳艳”组

红艳艳　形容红得鲜艳夺目。

红橙橙　形容颜色鲜红耀眼。

红丹丹　形容颜色很红。

红光光　形容颜色红而有光。

红乎乎　颜色很红。

红堂堂　形容颜色艳红。

红鲜鲜　形容颜色非常鲜红。

红嫣嫣　形容颜色红而鲜艳。

红彤彤　形容很红。

红巴渣　颜色红(含厌恶意)。

红不棱登　红(含厌恶意)。

红扑扑　形容脸色红。

根据上述释义，可列表（见 274 页上表）分析它们的意义内容。

“红色”组

红色　红的颜色。

红晕（晕红）　中心浓而四周渐淡的一团红色。

红潮（潮红）　两颊泛起的红色。

绛色　深红色。

茜色　大红色。

肉色　浅黄中带红，象人的皮肤那样的颜色。

妃色　淡红色。

砖红色　象红砖那样的颜色。

红珊瑚色　象红珊瑚那样的颜色。

红铜色　象红铜那样的颜色。

茶红色　象红茶水那样红而鲜艳的颜色。

酱红色　象红酱那样的褐红色。

椒红色　象红辣椒那样的颜色。

金红色　象黄金那样红而鲜丽的颜色。

乳红色　红而柔和的颜色。

柿红色　象柿子那样红的颜色。

檀红色（檀色）　象檀香木那样的浅红色。

锈红色（铁红色）　象铁锈那样的褐红色。

杏红色　黄中带红的颜色。

血牙色　浅红色。

银红色　在粉红里加银朱调和的鲜红颜色。

紫檀色　象紫檀木那样的红棕色。

紫糖色　脸色红中带紫。

红褐色　褐而红的颜色。

红紫色　又红又紫的颜色。

紫红色　深红中略带紫的颜色。

红棕色　棕而红的颜色。

	浓度			亮度			纯	多	色	其他内容	适用对象	感情色彩
	浓	中	淡	明	中	暗	色	色	调			
大红	+				+		+			—	—	—
朱红		+		鲜艳			+			—	—	—
猩红		+			+		+		象猩血	—	—	—
橘红		+			+		+		象红橘皮	—	—	—
血红		+		+			+		象鲜血	—	—	—
粉红			+		+		+			—	—	—
枣红		+			+		+		象红枣	—	—	—
肉红			+		+		+		象肌肉	—	—	—
品红			+		+		+			—	—	—
火红		+			+		+		象火	—	—	—

（续表）

	浓度			亮度			纯	多	色	其他内容	适用对象	感情色彩
	浓	中	淡	明	中	暗	色	色	调			
桃红			+		+		+		象桃花	—	—	—
红青		+			+			含黑		—	—	—
炭红		+		+			+		象燃烧炭火	—	—	—
霁红		+		+			+			—	陶器	—
水红		+		鲜艳			+			—	—	—
洋红			+		+		+			—	—	—
油红		+		+			+			—	—	—
宝石红		+		鲜亮			+		象红宝石	—	—	—
高粱红		+			+			含褐	象成熟高粱	—	—	—
海棠红		+		+			+		象海棠花	—	—	—
鸡血红		+		+			+		象鸡血	—	—	—
酒糟红		+				+	+		象酒糟	—	—	—
荔枝红		+			+			含紫	象荔枝	—	—	—
榴花红		+			+			含橙	象石榴花	—	—	
玛瑙红		+		鲜丽			+		象红玛瑙	—	—	—
女儿红		+		娇艳			+		象小红萝卜	—	—	—
胭脂红		+			+		+		象红胭脂	—	—	—
樱桃红		+		+			+		象樱桃	—	—	—
红艳艳		+		鲜艳			+					
红橙橙		+		鲜亮			+				—	
红丹丹	+				+		+				—	
红光光		+		+			+				—	
红乎乎	+				+		+				—	
红堂堂		+		鲜艳			+				—	
红鲜鲜	+			鲜亮			+				—	
红嫣嫣		+		鲜艳			+				—	
红彤彤	+				+		+				—	
红巴渣		+			+		+				—	贬

（续表）

	浓度			亮度			纯	多	色	其他内容	适用对象	感情色彩
	浓	中	淡	明	中	暗	色	色	调			
红不棱登		＋			＋		＋				—	贬
红扑扑			＋		＋		＋				人脸	—

根据上述释义，它们的意义内容可列下表分析：

	浓度			亮度			纯	多	色	其他内容	适用对象	感情色彩
	浓	中	淡	明	中	暗	色	色	调			
红色		＋			＋		＋			—	—	—
红晕	中心＋		四周＋		＋		＋			—	—	—
红潮		＋			＋		＋				面颊	—
绛色	＋				＋		＋			—	—	—
茜色	＋				＋		＋			—	—	—
肉色			＋		＋			带浅黄	象人皮肤	—	—	—
妃色			＋		＋		＋			—	—	—
红珊瑚色		＋			＋		＋		象红珊瑚	—	—	—
红铜色		＋			＋		＋		象红铜	—	—	—
茶红色		＋		鲜艳			＋		象红茶水	—	—	—
酱红色		＋			＋			带褐	象红酱	—	—	—
椒红色		＋			＋		＋		象红辣椒	—	—	—
金红色		＋		鲜亮			＋		象金子	—		
乳红色		＋			＋		＋			柔和	—	—
柿红色		＋			＋		＋		象红柿子	—	—	—
檀红色			＋		＋		＋		象檀香木	—	—	—
锈红色		＋			＋			带褐	象铁锈	—	—	—
杏红色		＋			＋			带黄	象红杏	—	—	—
血牙色			＋		＋		＋		象血牙	—	—	—
银红色		＋		鲜明			＋			—	—	—
砖红色		＋			＋		＋		象红砖	—	—	—

（续表）

	浓度			亮度			纯色	多色	色调	其他内容	适用对象	感情色彩
	浓	中	淡	明	中	暗						
紫檀色		+			+			带棕	象紫檀木	—	—	—
紫糖色		+			+			带紫			人脸	—
红褐色		+			+			带褐		—	—	—
红紫色		+			+			带紫		—	—	—
紫红色	+				+			略带紫		—	—	—
红棕色		+			+			带棕		—	—	—

从上面四组词意义内容的分析来看，现代汉语表红的词区别红色的深浅、明暗等同古汉语是一致的，但词的数量要大得多。而色调的细致区分，表多色词的增多，则是明显地不同于古汉语的地方。

先看区分色调的词。“红”组有酡红，“大红”组有猩红、橘红、血红、枣红、肉红、火红、桃红、炭红、宝石红、高粱红、海棠红、鸡血红、酒糟红、荔枝红、榴花红、玛瑙红、女儿红、胭脂红、樱桃红等，“红色”组有肉色、红珊瑚色、红铜色、茶红色、酱红色、椒红色、金红色、柿红色、檀红色、锈红色、杏红色、血牙色、砖红色、紫檀色等。它们的构成一般是由表示带红色事物现象的语素加“红”或加“红”又加“色”构成。这就在色彩的浓度和亮度之外，再从色调上加以区分，使语言中的词更能细致地反映现实生活中各种红的色彩。这是人们区分色彩能力提高在语言上的反映。这类词同“红”“红色”的不同在于，“红”“红色”只能引起一般表象（事物的共同特征所形成的表象），猩红、桔红、宝石红等则能引起个体表象（一个或一类事物作用于人的感觉器官留下的印象），后者更易于唤起人的具体感受。血红、雪白、蜜甜之所以比说红、白、甜给人更强烈的印象，正是由于添上了能唤起个体表象的语素，使人感到这个红是血一样的红，雪一样的白，蜜一样的甜，感受更深更鲜明。

表多颜色的词增多也是细致地反映现实生活中丰富多样的色彩的表现。有的词在区分色调中已包含有区分纯色和多色。如“高粱红”中含褐，“荔枝红”中含紫，“榴花红”中含橙，“肉色”于浅黄中带红，“紫檀色”红中带棕等。有一部分表多颜色的词就是由“红”和表示别的颜色范畴的语素加“色”构成的，如红褐色、红紫色、红棕色等。

下面说明现代汉语表红的颜色词群中各个词意义的关系。如果只笼统地认为它们表示的色彩都是属于“红”范畴的，似乎也可以认为它们都有同义近义关系（表示多色的词除外），但它们对于色彩的区分如此之细，使我们确定同义关系时不能不根据更严格的标准。比较这些词表示的红色的浓度、亮度和其他意义内容，可以看作同义的，首先应该是表示的浓度亮度相当的词。如：

色浓的：通红　大红；红丹丹　红乎乎　红通通；绛色　茜色
色淡的：粉红　桃红　洋红　肉红　品红；血牙色　妃色
色明的：绯红　嫣红　鲜红　艳红；朱红　血红；红艳艳　红橙橙　红堂堂
中等的：红　红色　赤红
含多色的：红褐色　酱红色；紫檀色　红棕色
贬义的：红巴渣　红不棱登

上面各类中分组列举，是因为这些词的词性（详下）有不同。对于多数表示的浓度亮度都属中等，但有不同色调的词，由于它们的产生就是为了表示差别，这里就不把它们列入表中了。

从上下位关系来看，“红色”最有资格充当绝大多数词的上位词，因为它可以在“种＝种差＋类”的释义公式中充当类别词，这对“红”组、“大红”组、“红艳艳”组、“红色”组中的词都合适（表多色的词除外）。如：

绯红　鲜明的红色。　　　　红橙橙　鲜明耀眼的红色。

大红　很浓的红色。　　　　　绛色　浓的红色。

“红橙橙”的释义一般要在其前加“形容”二字,这是为了更好地表示它的情状意味。词典也不一定用这里拟写的释义,但应该承认这是可以接受的。

“红”一般只能充当“红”组、“大红”组中的一部分词的类别词,如:

通红　很红;十分红。|大红　很浓的红。

不能充当“红艳艳”组“红色”组中的词的类别词。下面的释义不能接受:

*红橙橙　(形容)鲜明耀眼的红　　　*绛色　浓的红

“赤红”虽然和“红色”和“红”同义,但一般不用作类别词:

*通红　很赤红;十分赤红。　　　*红橙橙　(形容)鲜明耀眼的赤红。

*大红　很浓的赤红。　　　　　　*绛色　浓的赤红。

由此似乎可以说,上位词的确定,不仅要根据词义,还要看语言的应用情况。

但严格地说起来,“红色”是名词,“红”组的词,“大红”组的词,“红艳艳”组的词都不是名词,所以“红色”只可以看作是表“红”颜色词群的准上位词,“红”是这个词群中一部分词的上位词。

现代汉语表红的颜色词群的特点还应从语法性质上加以说明。按照语法性质,它们可分为四组。

“红”组是性质形容词[12],能作修饰语,能直接作谓语,有的还能作补语,以“通红”为例:

通红的脸　　　　两颊通红　　　　脸冻得通红

“大红”组性质近于区别词,不能直接做谓语,主要做名词的修饰语(加“的”或不加“的”)或末后加“的”做“是”的宾语,以“大红”为例:

大红(的)上衣　　　　＊上衣大红　　　　上衣是大红的

“红艳艳”组是状态形容词[13]，作定语、谓语、补语都要在末后加“的”，以“红扑扑”为例：

红扑扑的脸　　　　脸红扑扑的　　　　脸冻得红扑扑的

＊红扑扑脸　　　　＊脸红扑扑　　　　＊脸冻得红扑扑

“红色”组是名词，能作定语(加“的”或不加“的”)，不能直接作谓语，能受数量词“一片”“一点”等的修饰，以“红色”为例：

红色(的)上衣　　　　＊上衣红色　　　　白上衣上有一点红色

古汉语表红的颜色词群，甲类是名词，主要是对事物的概括，现代汉语表红的颜色词群，“红色”类是名词，纯粹是对色彩的概括。在古汉语中，乙、丙、丁类词都表性状，是形容词，它们之间的语法性质没有发现明显的差别，现代汉语中“红”组、“大红”组、“红艳艳”组虽然都表性状，但语法性质有不容忽视的差别。

这种差别，同词群中词的增多、表达的意义更丰富一样，是语言表达手段发展的一个重要方面。这种情况，使我们要说明描写事物红的性状时，可供选择的词和句式(用语法性质不同的词，有时要变换句式)都更多了。例如要表述某人喝了酒脸红这个意思，可以有不同的说法：

他喝了酒，通红(红红、酡红、绯红、血红、桃红、红光光、红堂堂、红扑扑、紫红色)的脸。(以上表红的词作定语)

他喝了酒，满脸通红(绯红、红红的、红光光的、红堂堂的、红扑扑的)。(以上表红的词作谓语)

他喝了酒，脸喝得通红(红红的、红光光的、红堂堂的、红扑扑的)。(以上表红的词作补语)

他喝了酒，两颊泛起了血红色(紫红色、红晕、红潮)。(以上表红的词作宾语)

从我们对古代汉语、现代汉语表红的颜色词群的分析，可以看到其中成员、词的意义内容、意义关系和语法性质的不同。语言的词汇和语法发展的一个重要原因是使其表达手段更加丰富、灵活，我们从汉语表红的颜色词群的古今对比中可以具体地看到这一点。

附　注

① 参看 S. Ullmann: *Semantics: An Introduction to The Science of Meaning*, p. 246—247; G. Leech: *Semantics*, p. 28—38, 234—237; J. Lyons: *Semantics* I, p. 246; E. R. Pamer: *Semantics* p. 73.

② 参看 J. Lyons: *Semantics* I. p. 297—299.

③ 莱昂斯把 taste（味觉）{sweet（甜）/ sour（酸）/ bitter（苦）} 之间的关系叫准聚合关系（quasi-paradigmatic relation），因为 taste 是名词，sweet 等是形容词，他把 sweet 等称为准下位词（quasi-hyponym）（见 *Semantics* I p. 297），我们因而也可以把 taste 称为准上位词，sweet 等仍称为下位词。

④ 参看 J. Lyons: *Semantics* I. p. 255—256.

⑤ 王力《同源字典》，145—146 页，商务印书馆 1982。

⑥ 材料主要据《说文》和修订本《辞源》，下同。

⑦ 我们还发现了古汉语中表“红”颜色的双音组合。如：

赤红　韩非子《内储说下》：“奉炽炉，炭火尽，赤红而炙熟。”

朱朱　韩愈《感春诗》：“晨游百花林，朱朱兼白白。”

血色　白居易《琵琶行》：“血色罗裙翻酒污。”

也有用另外一些表名物的词来表示红色的，如：

檀　罗隐《牡丹》：“艳多烟重欲开难，红蕊当心一抹檀。”

胭脂　杜甫《曲江对雨》：“林花着雨胭脂深，水荇牵风翠带长。”

它们有的是词组，有的只是修辞用法，都不列入我们分析的词之中。但可以看到，现代汉语中的一些表红颜色的词正在从中生成。

⑧ 此处类别词采用《说文》或古注中所用的词，鰕，段注为“鱼也”，又曰“长须水虫”，此处用“水虫”。

⑨ 其中绛、红、绀是同源词，赭、赤、朱也是同源词，见王力《同源字典》，

604页，153页。

⑩ 朱色、绛色、茜色、肉色、妃色等不是“红”的同族词。

⑪ 现代汉语中有表示带红颜色事物的合成词，如朱笔、丹枫、茜纱等，但这些词是由表示红色的语素和表示事物的语素构成，事物的属性和事物本身是分割开的，同古汉语的“瑕”类词不一样。这些词不在我们的分析之列。

⑫⑬ 参看朱德熙《语法讲义》，73页、75页，商务印书馆1982。

（原载《语文研究》1988年第4期，1989年第1期）

汉语表眼睛活动的词群

对某种语言一定时期的词汇系统、词义系统的探讨近年在西方语义学著作中受到重视，但理论上的说明、框架式的描述比较多，具体深入的描写比较少。对表动作行为的词的词群的分析更罕见。人们常用“层次(hierarchies)”的概念来分析词汇系统①，但很多表动作行为的词很难用“层次”来说明。分析词汇系统需要以对词群中一个个词的意义分析为前提，一度受推重的构成成分分析法 (componential analysis) 对付表动作行为的词的词义往往显得力不从心②。本文想以汉语表眼睛活动的词群(主要是汉以前的和现代汉语的词)为例，提出一种表动作行为的词词义的分析方法和说明表动作行为的词词群系统的方法。

一

词义分析，可以归纳一定数量的“词义因素”，使之作不同的组合来说明词义，构成成分分析法就是这样做的。笔者认为可以通过自然语言对词义的解释来分析词义。笔者曾在《表动作行为的词的意义分析》一文中，根据词典的释义，归纳出表动作行为的词意义构成模式如下图：

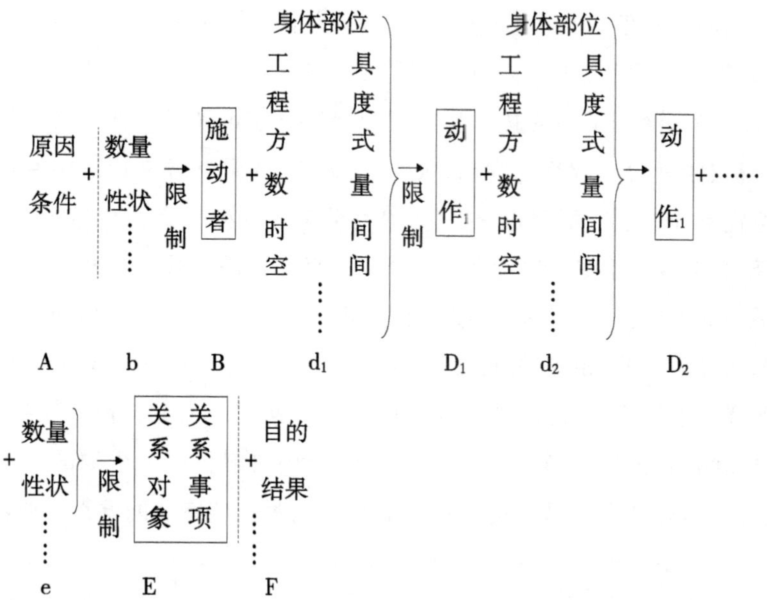

用符号表示则为：$A+bB+d_1D_1+d_2D_2+\cdots+eE+F$，表动作行为的词意义的不同，正是由于“模式”中各项出现的情况及其内容不同。其中 D_1 为必然项，否则就不是表动作行为的词了。省略号表示还可能有 D_3。如：

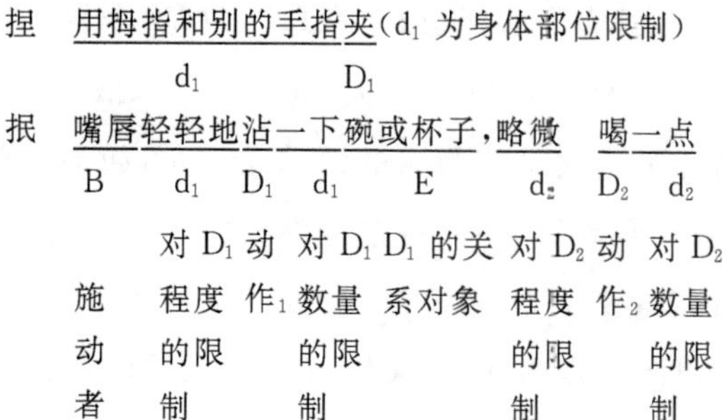

这种概括和分析，现在看来，有待于进一步完善。由于词的释义是用语言解释语言，由于语言表述的多种可能性，用不同的词语

不同的句式解释同一个意义时,其意义构成模式就会发生变化。如"睁",《现代汉语词典》(以下简称《现汉》)、《辞海》《新华词典》(以下简称《新华》)皆解释为"张开眼睛",《四角号码新词典》(以下简称《四角》)则解释为"眼睛张开","眼睛"一词在释义词语中所处位置不同,就分属于"模式"中的"关系对象"(处于宾语位置上)和"施事者"(处于主语位置上),而"睁"的意义构成模式也因此而分属不同的类型。上文虽论证过用不同的词语、不同的方式解释同一个意义是等值的、相当的,但在具体分析中仍有一些问题。又由于词典释义重简明,往往只说明词所代表的对象的一部分特征,一些不言而喻的内容往往略去。再由于不同的词典解释同一个词的同一意义时,有时又表现出强调某些特征,忽略另一些特征的差别。如:

抓　手指聚拢,使物体固定在手中。　(《现汉》)
　　用手握取。　(《四角》)
　　用手或爪拿取。　(《新华》)
　　用手或爪取物。　(《辞海》)

几部词典都说明了"抓"这个动作的特征。它们都说明了这个动作是"用手"进行的,但《现汉》着眼于"使物体固定在手中"这个特点,《四角》《新华》《辞海》着眼于"握取""拿取""取"这个特点。《新华》《辞海》更指出这个动作不仅用手(人)也可以用"爪"(动物)来进行。这样,在具体分析表动作行为的词的意义时,如果拘泥于某部词典的释义,拘泥于释义的不同的措词,就会产生很多困惑。

笔者现在认为:

1. 上述表动作行为的词"意义构成模式"中所列入的各项,有相当的普遍性,整个"模式"代表的是带动词的谓词性结构,解释表动作行为的词,最常用的是谓词性结构。可以把这个"模式"作为分析表动作行为的词的意义的框架。

2. 表动作行为的词可以有复杂、多方面的内容,最能显示词的意义特点的内容一般在释义中有说明,不同词典释义内容的差别,可以是由于注重某些特征或略去某些特征,因此在确定某个词意义内容的特征时应该比较不同的词典,并考察语言的应用情况。

3. 确定某个词的意义特征后,可以根据上述"模式"说明词义,为便于比较,必要时可以对词典的释义词语做些变换(但意思要准确)。

4. 由于词义说明的多种可能性,根据自然语言对词义的表述来分析词义,只能视为是相对的、近似的。

下面以"睁""眨""看青""盯"作为例子,说明我们的分析方法。

睁　释义见上。

眨　眼睛很快地闭上又立刻张开。　(《现汉》)

眼睛很快地一闭一张。　(《四角》)

眼睛一闭一开。　(《辞海》)

眼皮一开一合。　(《新华》)

几部词典对这两个词的解释相当一致。根据这些解释,可作如下分析:①"眼睛"可处理为B(施动者),也可处理为E(关系对象),按照汉语的表达习惯、人们的心理,两种处理都可以接受。为便于比较,现处理为施动者。②《新华》解释"眨"施动者用"眼皮",这是措词的不同。说"眼睛"可以包括眼皮,可统一称"眼睛"。③《现汉》《四角》释"眨"都说明了"闭上""张开"两个行为有时间上短促的特征,《辞海》《新华》不强调这个特征,《现汉》《四角》的说明更细致。根据这些分析,这两个词的意义可说明如下:

	B	d_1	D_1	d_2	D_2
睁	眼睛		张开		
眨	眼睛	很快地	张开	很快地	闭上

又如：

看青　看守正在结实未成熟的庄稼，以防偷盗或动物损害。（《现汉》）

看守、保护快要成熟的庄稼。（《新华》）

看守快要成熟的庄稼，以防偷盗或动物损害。（《四角》）

这个词《现汉》《四角》的解释比较一致，说明动作行为的内容时，说明了这种行为的目的是“以防……”，《新华》则用“看守、保护……”的措词，略去说明目的的词语。因为“看守”中含保护意，而“看青”一词词义带有鲜明的目的性，故词义可分析如下：

	B	D_1	e	E	F
看青	（人）	看守	快要成熟的	庄稼	以防被盗受损

再如：

盯　把视线集中在一点上。（《现汉》）

集中视力看。（《四角》）

注视，注意看。（《新华》）（《辞海》）

几部词典的解释意义虽然接近，但措词差别较大。可以根据词义内容，变换词语，说明如下：

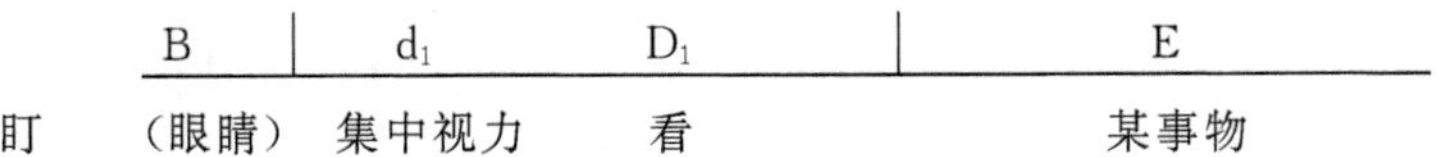

	B	d_1	D_1	E
盯	（眼睛）	集中视力	看	某事物

我们把这种词义分析定名为“词义成分—词义构成模式”分析。对“睁”来说，“眼睛”“张开”是词义成分，“眼睛”“张开”结合起来是词义的构成模式，“眼睛”是施动者，“张开”是行为。简写为$B+D_1$。对“盯”来说，“集中视力”“看”“某事物”都是词义成分，它们结合起来是词义构成模式，“看”是行为，“集中视力”说明行为情态上的特征，“某事物”是关系对象，有确定的关系对象，是“盯”词义的特征。简写为 d_1D_1+E。上面分析中“看青”“B”项下之

“(人)”,“盯”B 项下之“(眼睛)”,也是词义成分,它们在一定的语境中是不言而喻的,或者是由于解释语词的隐含作用而可以想到的,在词典释义中常略去。

这里所说的词义成分,其数量内容可因不同的词而变化。在词典释义中出现的一般都是最能显示词义特点的成分。最能显示词义特点的词义成分按照自然语言表述规则的结合就成为词义构成模式。表动作行为的词的词义成分是在一定的项目中变动的,不同的词,以具有不同项目的词义成分、不同内容的词义成分、词义成分的不同结合为特征,故可以归纳为不同的类型,即不同的词义构成模式。

二

现代汉语表眼睛活动的词有 90 个左右,汉以前这类词也近 90 个。可分为两大类型:1. 表眼睛活动而不包含视觉内容的,这类词数量较少;2. 表眼睛活动产生视觉的词,这类词数量多,内容丰富。现根据几部词典的释义,考察语言的运用,用上述方法分组分析它们的意义。

1. 表眼睛活动而不包含视觉内容的词

睁	见上	
瞪	用力睁大(眼)。	(《现汉》)
	睁大眼睛。	(《新华》)(《四角》)
瞪眼	①睁大眼睛。	(《现汉》)
眯	眼皮微微合上。	(《现汉》)(《新华》)(《四角》)
	眼皮合缝。	(《辞海》)
眯缝	眼皮合拢而不全闭。	(《现汉》)

眏	眨巴眼,眼睛很快地开闭。	(《现汉》)
	眨眼,眼睛很快地睁闭。	(《新华》)
	眨眼,眼睛很快地一开一闭。	(《四角》)
眨	见上	
眨巴	眨。	(《现汉》)
挤咕	挤(眼)。	(《现汉》)
瞽	丧失视觉。	(《现汉》)
	眼睛失明。	(《四角》)
	眼睛看不见东西,失明。	(《辞海》)
目眩	眼花。	(《现汉》)(《新华》)

根据上述释义,这组词各个词的"词义成分—词义构成模式"可说明如下:

	B	d_1	D_1	d_2	D_2	E
睁	眼睛		张开			
瞪	眼睛	用力	睁大			
瞪眼	眼睛	用力	睁大			
眯	眼睛	微微	合上			
眯缝	眼睛	微微	合上			
眏	眼睛	很快地	张开	很快地	闭上	
眨	〃	〃	〃	〃	〃	
眨巴	〃	〃	〃	〃	〃	
挤咕	〃	〃	〃	〃	〃	
瞽	眼睛		丧失		视觉	
目眩	眼睛		发花			

说明:①"眼睛"统一处理为施动者。②D_1 D_2 项下词语的不同,表示动作行为的差异,如"睁"的 D_1 是"张开","瞪"的 D_1 是"睁大",后者是大张开,含有动作的程度的特征,进一步辨析时应注意。③这里只分析理性意义(概念义)的异同,语体色彩、感情色彩、用法的不同等皆从略。

汉以前属于这一类型的词有：

瞋　《说文》："瞋，张目也。"《辞源》："张目。……《庄子·秋水》：'瞋目而不见丘山。'"

盱　《说文》："张目也。"《辞源》："㊀张目。《易·豫》：'盱豫，悔。'"

瞤　《说文》："目动也。"《辞源》："㊀目动。俗谓眼跳。旧题汉刘歆《西京杂记》三：'夫目瞤得酒食。'"

瞚　《说文》："开阖目数摇也。"《辞源》："目动、眨眼。同'瞬''眴'。《庄子·庚桑楚》：'终日视而不瞚，偏不在外也。'"

瞑　《说文》："翕目也。"《辞源》："㊀闭目。《左传》文元年：'谥之曰灵，不瞑，曰成，乃瞑。'"

矉　《说文》："恨张目也。《诗》曰：'国步斯矉'。"《辞源》："恨而张目。……今《诗·大雅·桑柔》作：'国步斯频。'"

眴　《辞源》："眼睛转动貌。《大戴礼·本命》：'(人生)三月而彻眴，然后能有见。'注：'眴，精也，转视貌。'"

眩　《说文》："目无常主也。"《辞源》："两眼昏黑发花。《战国策·燕》三：'左右既前斩荆轲，秦王目眩良久。'"

附：作用于眼睛的词：

眯　《说文》："草入目中也。"《辞源》："物入目中。《庄子·天运》：'夫播穅眯目，则天地四方易位矣。'"

眔　《说文》："掐目也。"段注："掐，搯也，吴语吴世家皆云'子胥以手抉目'是也。"

䁾　《说文》："目蔽垢也。"

根据上述释义，可分析如下：

	B	d_1	D_1	d_2	D_2	E
瞋	眼睛		张开			
盱	眼睛		张开			
瞤	眼睛		跳动			
瞚	眼睛	很快地	张开	很快地	闭上	
瞑	眼睛		闭上			
矉	眼睛	怨恨地	张开			
眴	眼睛		转动			

	B	d_1	D_1	d_2	D_2	E
眩	眼睛		昏黑 发花			
眯	物		进入			眼睛
眍			挖			眼睛
覞	垢物		障蔽			眼睛

比较现代汉语和汉以前这个类型的词可以看到:①表同样意义的词,汉以前和现代汉语词汇成员完全不同。盱、睊、瞋、眴等已完全消失,“瞋”“瞑”“眩”只以不成词语素的身份存在于“瞋目”“死不瞑目”“目眩”等词语中。②现代汉语中的词或词的现在的意义,是汉以后出现的。如:

睁　今义见于元。《雍熙乐府》十四元王德信《集贤宾・退隐曲》:“睁着眼张着口尽胡诌。”

瞪　本义为直视。《文选》汉王文考《鲁灵光殿赋》:“齐首目以瞪眄,徒脈脈而狋狋。”后谓怒目直视为瞪,现代的基本义是睁大眼睛。

眨　今义见于宋。《景德传灯录》二九德敷《问答须知起倒诗》:“眨眼参差千里莽,低头思虑万重滩。”

瞎　今义见于唐。唐《孟东野诗集》七《寄张籍诗》:“西明寺后穷瞎张太祝,纵尔有眼谁尔珍。”

睞　目动。同“睞睞”。见《集韵》。

眯　今义的“眯”可能是“眯瞝”的简化。“眯瞝”,眼皮微合,似视不视的神气。明玩花主人《妆楼记》押问:“可笑他眯瞝目,枉有睛。”

“瞪眼”“眯缝”“眨巴”“挤咕”等双音词都是后代产生的。

2. 表眼睛活动产生视觉的词

又可分为两组:(1)表眼睛活动产生视觉行为本身的词,(2)表眼睛活动产生视觉而有各种不同情况的词。先看第一组。

(1)表眼睛活动产生视觉行为本身的词

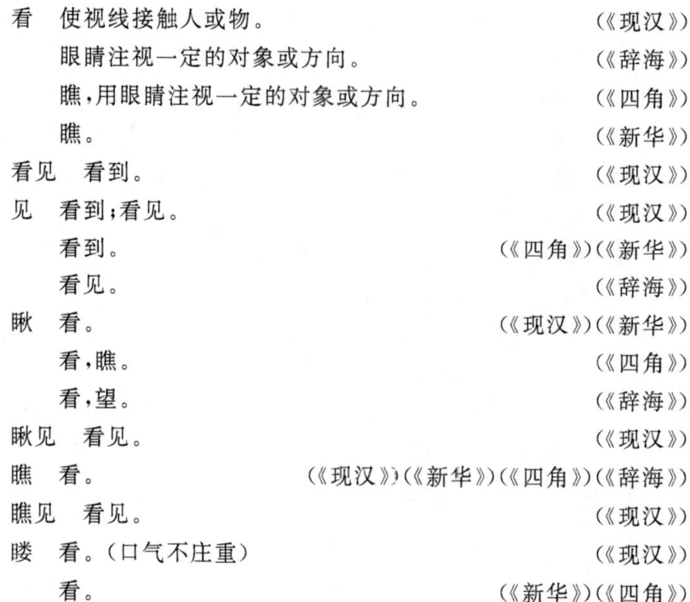

看　使视线接触人或物。（《现汉》）
　　眼睛注视一定的对象或方向。（《辞海》）
　　瞧，用眼睛注视一定的对象或方向。（《四角》）
　　瞧。（《新华》）

看见　看到。（《现汉》）

见　看到；看见。（《现汉》）
　　看到。（《四角》）（《新华》）
　　看见。（《辞海》）

瞅　看。（《现汉》）（《新华》）
　　看，瞧。（《四角》）
　　看，望。（《辞海》）

瞅见　看见。（《现汉》）

瞧　看。（《现汉》）（《新华》）（《四角》）（《辞海》）

瞧见　看见。（《现汉》）

瞜　看。（口气不庄重）（《现汉》）
　　看。（《新华》）（《四角》）

根据上述释义，可分析如下：

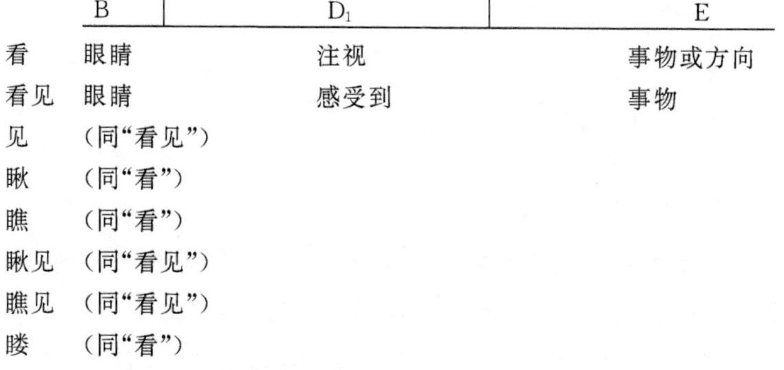

	B	D_1	E
看	眼睛	注视	事物或方向
看见	眼睛	感受到	事物
见	（同“看见”）		
瞅	（同“看”）		
瞧	（同“看”）		
瞅见	（同“看见”）		
瞧见	（同“看见”）		
瞜	（同“看”）		

汉以前属于这一组的词有：

视　《说文》：“瞻也。”《辞源》：“看。《书·太甲》：‘视远惟明，听德惟聪。’”

见　《说文》：“视也。”《辞源》：“看见。《诗·王风·采葛》：‘一日不见，如三秋兮。’《礼·大学》：‘心不在焉，视而不见。’”

相　《说文》:“省视也。”《辞源》:“视。《诗·鄘风·相鼠》:‘相鼠有皮,人而无仪。’”

省　《说文》:“省,视也。”《辞源》:“察看。《易·观》:‘先王以省方观民设教。’”王力《同源字典》:“在视的意义上,‘省’与‘相’同源。”

睹　《说文》:“见也。”《辞源》:“看见。《庄子·秋水》:‘今我睹子之难穷也……’”

睼　《说文》:“迎视也。”《文雅·释诂》:“题(即睼),视也。”《辞源》:“视。《文选》汉班孟坚《东都赋》:‘弦不睼禽,辔不诡遇。’”

瞀　《广雅·释诂》:“视也。”《辞源》:“㊀视。《后汉书·马融传·广成颂》:‘右瞀三途,左概嵩狱。’”

瞭　《说文》:“察也。”《广雅·释诂》:“视也。”《辞源》:“视,察。《文选》南朝宋颜延年《赠王太常诗》:‘聆龙瞭九渊,闻凤窥丹穴。’”

根据以上释义,可分析为:

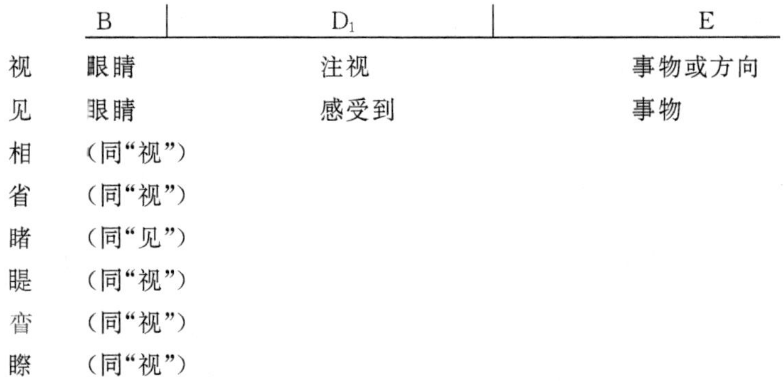

	B	D_1	E
视	眼睛	注视	事物或方向
见	眼睛	感受到	事物
相	(同“视”)		
省	(同“视”)		
睹	(同“见”)		
睼	(同“视”)		
瞀	(同“视”)		
瞭	(同“视”)		

古籍中还有一些释为“视”的词,有的来自方言,有的后代义有变化,皆无书证。今列于下,不再分析它们的意义。

略　《方言》:“略,视也。吴扬曰略。”郭璞注:“今中国亦云目略也。”《广雅·释诂》:“视也。”

覩　《广雅·释诂》:“视也。”

覰　《广雅·释诂》:“视也。”《正字通》:“覻,覰俗字。”

覭　《广雅·释诂》:“视也。”《广韵》:“斜视也。”

覵　《广雅·释诂》:“视也。”

晚(瞀) 《说文》:“晚瞀,目视貌。”《广雅·释诂》:“晚,视也。”

覗 《方言》:“覗,视也。自江而北或谓之覗。”《广雅·释诂》:“视也。”

覵 《广雅·释诂》:“视也。”

䁤 《广雅·释诂》:“视也。”

瞜 《广雅·释诂》:“视也。”《玉篇》:“直视也。”

眘 《说文》:“省视也。”《广雅·释诂》:“视也。”

覞 《广雅·释诂》:“视也。”《广韵》:“笑视也。”

比较这组词中汉以前和现代汉语的词可以看到:①都区分了“注视”和“感受到”两种行为状态(如现代汉语说:看了,没看见。汉以前说:视而不见)。②除“见”以外,汉以前同现代的词汇成员都不同。现代汉语中用得最多的“看”,本义是访问。《韩非子·外储》左下:“梁车为邺令,其姊往看之。”现义是魏晋时产生的。《世说新语·规箴》:“殷觊病困,看人政见半面。”“瞧”原义为目昏蒙。三国《嵇中散集》七《难自然好学论》:“睹文籍则目瞧……”今义最早见于元代。《阳春白雪》后集五关汉卿《双调新水令》:“怕别人瞧见咱,掩映在酴醾架。”“瞅”也是元代出现的,也作“偢”。元王实甫《西厢记》一本三折:“他不偢人待怎生!”原义是“理睬”,现义为“看”。“看见”“瞧见”“瞅见”等是后代产生的双音词。③视、相、省、睹等在现代汉语中皆为不成词语素,它们的古义仍保留在某些合成词或固定结构中。如:

视 视角 视觉 视线 视野 注视 透视

相 相面 相机行事

省 省视 省察

睹 目睹 先睹为快 熟视无睹 有目共睹

④睼、瞢、瞭等皆消亡了。

(2) 表眼睛活动产生视觉而有各种不同情况的词。这一类词数量很多,内容很丰富,又可以根据“词义成分”“词义构成模式”的不同分为不同的组。

I. d_1D_1 型

这一组的词词义构成模式可表示为:(bB)+d_1D_1+(eE),(bB)(eE)多为不言而喻的内容,说明时可略去。d_1D_1 为必须说明的词义成分,显示出行为的特征,在 D_1 相同的情况下,d_1 的不同又显示出不同的行为特征,故可简称为 d_1D_1 型。

甲、词义内容有空间(方位、方向等)限制的词。

望	往远处看。	(《现汉》)(《新华》)(《四角》)(《辞海》)
张望	①向周围或远处看。	(《现汉》)
	向四周、远处看。	(《新华》)
瞻望	往远处看。	(《现汉》)
	抬头远望。	(《新华》)
	抬着头往远处看。	(《四角》)
鸟瞰	从高处往下看。	(《现汉》)(《四角》)
	从高处向下看。	(《新华》)
	从高处俯视地面景物。	(《辞海》)
俯视	从高处往下看。	(《现汉》)
俯瞰	俯视。	(《现汉》)
顾盼	回头看。	(《现汉》)(《新华》)
	回视。	(《辞海》)
顾盼	向两旁或周围看来看去。	(《现汉》)(《新华》)
环顾	向四周看。	(《现汉》)
环视	向周围看。	(《现汉》)
瞻顾	向前看又向后看。	(《现汉》)
	瞻前顾后。	(《新华》)
仰望	抬着头向上看。	(《现汉》)(《新华》)(《四角》)
仰视	仰望。	(《现汉》)

乙、词义内容有时间限制的词。

瞥	很快地看一眼。	(《现汉》)(《新华》)

很快地大略看一下。（《四角》）

眼光掠过；匆匆一看。（《辞海》）

瞥见　一眼看见。（《现汉》）

溜（一眼）　很快地看（书、报等）。（此义词典未收）

扫（一眼）　很快地看（人、环境等）。（同上）

词义内容既有时间限制又有空间限制的词：

扫视　目光迅速地向周围看。（《现汉》）

根据上述释义，各个词的“词义成分—词义构成模式”可说明如下：

	b B	d_1	D_1	e	E
望		往远处	看		
张望		向四周			
		或远处	看		
瞻望		（抬头）			
		往远处	看		
鸟瞰		从高处			
		往下	看		
俯视		（同“鸟瞰”）			
俯瞰		（同“鸟瞰”）			
顾眄		回头	看		
顾盼		向两旁或周围	看来看去		
环顾		向四周	看		
环视		（同“环顾”）			
瞻顾		向前			
		向后	看		
仰望		（抬头）			
		向上	看		
仰视		（同“仰望”）			
瞥		很快地，			
		一下*	看		

* “一下”指量的限制。

瞥见	一眼	看见	
溜(一眼)	很快地	看	(书、报等)
扫(一眼)	很快地	看	(人、环境等)
扫视	迅速 向周围	看	

汉以前属于这一组的词有:

甲、词义内容有空间限制的:

[illegible] 《说文》:"直视也。"

眙 《说文》:"直视也。"《辞海》:"㊀直视。《史记·淳于髡传》:'六博投壶,相引为曹,握手无罚,目眙不禁。'"

窥 《说文》:"正视也,从穴中正见也。"《辞源》:"正视。"

眓 《说文》:"视高皃。"

睢 《说文》:"仰目也。"《辞源》:"㊂仰目视貌。《汉书·五行志中》之下:'(雉)飞集于庭,历阶登堂,万众睢睢,惊怪连日。'"

顾 《说文》:"还视也。"《辞源》:"㊀回首,回视。《论语·乡党》:'升车必正立执绥,车中不内顾。'"

眷 《说文》:"顾也。"《辞源》:"顾,回视。《诗·大雅·皇矣》:'乃眷西顾,此维与宅。'"

眺 《辞源》:"视,远视。《国语·齐》:'正其封疆,无受其资,而重为之皮币,以骤聘眺于诸侯',《补音》本'眺'作'覜',覜眺,古字通。"

望 《辞源》:"向远处看。《诗·卫风·河广》:'谁谓宋远,跂余望之。'"

瞰 《辞源》:"远望。《汉书》八七《扬雄传·校猎赋》:'东瞰目尽,西畅亡厓。'"

睎 《说文》:"望也。"《辞源》:"㊀望。《淮南子·氾论》:'夫绳之为度,可卷而伸也,引而申之,可直而睎。'《后汉书》四十上《班彪传》附班固《西都赋》:'于是睎秦岭,睋北阜。'"

瞻 《辞源》:"向上或向前看。《诗·邶风·雄雉》:'瞻彼日月,悠悠我思。'"

䀠 《说文》:"左右视也。"

临 《尔雅·释诂》:"视也。"《说文》:"鉴临也。"《辞源》:"㊀居上视下。《诗·邶风·日月》:'日居月诸,照临下土。'"

瞫 《说文》:"深视也。"段注:见其底里曰深视。《新华词典》:"往深处看。”

覤 《说文》:“下视深也。”段注:谓下视深窈之处。

乙、词义内容有时间限制的:

瞥 《说文》:“过目也。”《辞源》:“过目,眼光掠过。《淮南子·说林》:‘鳖无耳而目不可以瞥,精于明也。’”

睗 《说文》:“目疾视也。”

觋 《辞源》:“暂见貌。《庄子·徐无鬼》:‘是以一人之断制利天下,譬之犹一觋也。’《释文》:‘司马(彪)云:暂见貌。’”

覢(睒) 《说文》:“觋,暂见也。……《春秋公羊传》曰:‘覢然公子阳生。’”段注:猝乍之见也。

顮 《说文》:“暂见也。”段注指出“顮”下佚“顮覫”二字,又说:“《集韵》十七真曰:‘顮覫,暂见’。”

根据上述释义,这些词的意义可分析如下:

B	d_1	D_1	e	E
眑	直	看		
眙	直	看		
[illegible]national	正面	看		
眓	往高	看		
睢	(仰目)往高	看		
顾	往回	看		
眷	往回	看		
眺	向远处	看		
望	向远处	看		
瞰	向远处	看		
睎	向远处	看		
瞻	向上或向前	看		
䀠	向左向右	看		
临	从上往下	看		
瞫	往深处	看		
覤	往深处	看		
瞥	很快,一下	看		

B	d_1	D_1	e	E
睗	(同"瞥")			
觇	(同"瞥")			
覢	(同"瞥")			
覕	(同"瞥")			

比较汉以前和现代汉语的这一组词,可以看到:①汉以前的"望""瞥"两个词一直运用到今天,"顾""眺""眷""瞻""瞰"等变成不成词语素,存在于下列词语中:

顾　顾盼　后顾　回顾　瞻前顾后
眺　眺望　远眺
眷　眷顾
瞻　瞻望　瞻仰　瞻前顾后
瞰　鸟瞰　俯瞰

"临"在现代"视"义已失。其他都消亡了。②现代汉语中活跃的大量双音词如张望、环视、瞥见等都是后代产生的,"溜(一眼)""扫(一眼)"用来表示视觉行为是这两个词发展出的引申义。

丙、词义内容中有情态、方式等限制的词:

瞟　斜着眼睛看。(《现汉》)
　　斜着眼在一个短时间内看。(《新华》)
　　斜着眼看。(《四角》)
　　斜看。(《辞海》)
睃　斜着眼睛看。(《现汉》)(《新华》)
　　斜着眼看。(《四角》)
眄视　斜着眼看。(《现汉》)
乜斜　眼睛略眯而斜着看。(《现汉》)
瞻仰　恭敬地看。(《现汉》)(《四角》)
　　怀着敬意看。(《新华》)
观看　特意地看。(《现汉》)
注视　注意地看。(《现汉》)

察看　仔细看。（《现汉》）

端详　仔细地看。（《现汉》）

端相　仔细地看。（《现汉》）

凝视　聚精会神地看。（《现汉》）

怒视　愤怒地注视。（《现汉》）

张望　②从小孔或缝隙里看。（《现汉》）

窥探　暗中察看。（《现汉》）

窥视　窥看。（《现汉》）

偷着察看。（《新华》）

窥见　暗中看到。（《现汉》）

目击　亲眼看到。（《现汉》）

目睹　亲眼看到。（《现汉》）

白　⑦用白眼珠看人，表示轻视或不满。（《现汉》）

词义内容既有空间限制，又有情态特征的词：

逼视　向前靠近目标，紧紧盯着。（《现汉》）

根据上述释义，这些词的词义可分析如下：

	B	d_1	D_1	e	E
瞟		斜着眼睛，（短时间）	看		
睃		斜着眼睛	看		
眄视		斜着眼睛	看		
乜斜	眼睛	略眯斜着	看		
瞻仰		恭敬地	看		
观看		特意地	看		
注视		注意地	看		
察看		仔细地	看		
端详		仔细地	看		
端相		仔细地	看		
凝视		聚精会神地	看		
怒视		愤怒地	看		
张望		从小孔或缝隙里	看		
窥探		暗中	察看		

	B	d_1	D_1	e	E
窥视		暗中	察看		
窥见		暗中	看到		
目击		亲眼	看到		
目睹		亲眼	看到		
白		用白眼珠	看		(人)
逼视		在近处,集中视力	看		

汉以前属于这一组的词有:

观　《说文》:"谛视也。"《辞源》:"㊀细看,看。《论语·为政》:'视其所以,观其所由,人焉廋哉,人焉廋哉!'"

览　《说文》:"观也。"《辞源》:"㊀观看。《史记·秦始皇纪》二十八年刻石:'登兹泰山,周览东极。'"

胥　《尔雅》:"相也。"《辞源》:"㊃观察。《诗·大雅·公刘》:'笃公刘,于胥斯原,既庶既繁。'"

䚔　《辞源》:"㊀察视。《国语·周》上:'古者,太史顺时䚔土。'"

覝　《说文》:"察视。"《辞源》:"察视。'廉'的本字。《汉书·高帝纪》下:'且廉问,有不如吾诏者,以重论之。'唐颜师古注:'廉,察也。廉字本作覝,其音同耳。'"

瞏　《说文》:"目惊视也。"《辞源》:"惊视貌。《素问·诊要经终论》:'少阳终者,耳聋,百节皆纵,目瞏绝系。'"

矍　《说文》:"视遽貌。"《广雅·释诂》:"视也。"《辞源》:"惊视貌。同矆。《文选》晋左太冲《魏都赋》:'先生之言未卒,吴蜀二客矍然相对。'"

䁾　《说文》:"失意视也。"

睩　《说文》:"目睐谨也。"段注:言注视而又谨畏也。《辞源》:"睩睩,谨视貌。《楚辞》汉王逸《九思·悯上》:'哀世兮睩睩,諓諓兮嗌喔。'"

盻　《说文》:"恨视也。"《辞源》:"怒视。《战国策·韩》二:'韩挟齐魏以盻楚。'"

瞁　《说文》:"小视也。"段注:窃视之称。《辞源》:"偷视。汉扬雄《太玄经三·众》:'师孕唁之,哭且瞁。'宋司马光《注》引范(望)曰:'吊生曰唁,窃视称瞁。'"

窥　《说文》:"小视也。"《辞源》:"㊀暗中偷看。《礼·少仪》:'不窥密,不旁狎，不戏色。’”

瞯 《辞源》：“窥视。同‘瞰’。《孟子·滕文公》下：‘阳货瞯孔子之亡也，而馈孔子蒸豚。’”

覘 《说文》：“窥也。”《辞源》：“窥视。《左传》成十七年：‘郤至聘于周，栾书使孙周见之。公使覘之。’”

盱 《说文》：“蔽人视也。”段注：锴曰，映人而视也。

睪 《说文》：“目视也。”段注作：司视也。司者今之伺字。

眄 《说文》：“一曰斜视也。”《辞源》：“斜视。《史记》八三《邹阳传》狱中上书：‘臣闻明月之珠，夜光之璧，以闇投人于道路，人无不按剑相眄者。’”

睇 《说文》：“目小视也。”段注作：小斜视也。《辞源》：“斜视。《礼·内则》：‘升降出入揖游，不敢哕噫，咳嚏，跛倚，睇视。’”

䀨 《说文》：“目财视也”，段注：“财”当依《广韵》作“邪”，“邪”当作“衺”。

睨 《说文》：“衺视也。”《辞源》：“㊀斜视。《左传》哀十三年：‘旨酒一盛兮，余与褐之父睨之。’”

瞴娄 《说文》：“微视也。”

䁝 《说文》：“低目视也。”《中华大字典》：“瞀或字。《集韵》：‘瞀，《说文》：低目谨视也。’”《辞源》：“瞀瞀，㊀垂目谨视貌。《荀子·非十二子》：‘缀缀然，瞀瞀然，是弟子之容也。’注：瞀瞀然，不敢正视之貌。”

䁾 《说文》：“目孰视也。”

督 《说文》：“转目视也。”段注：督目为转目。

覞 《说文》：“笑视也。”段注：嬉笑之视也。

䙹 《说文》：“大视也。”段注：目部曰，䁔，大目也。故䙹为大视。

覽 《说文》：“注目视也。”段注：专注之视也。于从归取义。

汉以前的这类词中有一部分词的词义，既含有情态、方式的内容，又有空间方面的限制：

矘 《说文》：“目无精直视也。”

眑 《说文》：“目冥远视也。”段注：冥当作瞑，目虽合而能远视也。

瞯 《说文》：“戴目也。”段注：戴目者，上视如戴然。目上视则多白。

《辞源》:“戴目,翻目仰望。”

瞯 《说文》:“吴楚谓瞋目顾视曰瞯。”段注:瞋目顾视是二事。

根据上述释义,各个词的意义可分析如下:

	B	d_1	D_1	E
观		仔细地	看	
览		仔细地	看	
胥		仔细地	看	
覞		仔细地	看	
覝		仔细地	看	
睘		惊恐地	看	
矍		惊恐地	看	
瞻		失意地	看	
睩		谨慎敬畏地	看	
盻		愤怒地	看	
瞡		暗中	看	
窥		暗中	看	
矙		暗中	看	
觇		暗中	看	
盰		藏在人后	看	
睪		窥伺地	看	
眄		斜着眼睛	看	
睇		斜着眼睛	看	
䀡		斜着眼睛	看	
睨		斜着眼睛	看	
瞴娄		眯着眼睛	看	
瞐		低眼	看	
䳄		经常、充分地	看	
瞀		转着眼珠	看	
覞		笑嘻嘻地	看	
覻		睁大眼睛	看	
覽		专注地	看	

	B	d_1	D_1	E
矘	眼睛	无神直直地	看	
眑	眼睛	眯着向远处	看	
瞯		翻着白眼珠向上	看	
眮		张目往回	看	

比较汉以前和现代汉语的这组词，可以看到：①在现代汉语中，汉以前的词只有观、览、眄、窥作为不成词语素存在于某些词语中：

观　观察　观看　洞若
　　观火　走马观花
览　博览　游览
眄　眄视　顾眄
窥　窥视　窥见　管窥蠡测

其余的词全部消失。②现代汉语中运用的词是后代出现的。如"瞟"之邪视义，见于明代。《金瓶梅》五八："他佯打耳睁的不理我，还拿眼儿瞟着我。""睃"的"斜着眼睛看"义见于宋代，《水浒》三十："武松早睃见，自瞧了八分尴尬，只安在肚里。"其他观看、注视、察看、端详等双音词，也都是后代产生的。"白（了他一眼）"中的"白"义，也是后代产生的引申义。

II. d_1D_1+eE 型

这一组词词义构成模式可表示为（bB）$+d_1D_1+eE$，d_1D_1、eE为必须说明的词义成分，词义以包含有一定的动作行为及其关系对象为特征，（bB）一般是不言而喻的内容，故可简称为 d_1D_1+eE 型。

阅览　看书报。　　（《现汉》）（《四角》）
浏览　大略地看。　　（《现汉》）
　　　粗略地看。　　（《四角》）

	泛泛地、大略地阅览。	(《新华》)
	按:“浏览”的关系对象一般是书报等,下面的分析据《新华》释义。	
参观	实地观察(工作成绩、事业、设施、名胜古迹等)。	(《现汉》)(《新华》)
	实地观察(展览品、设施、名胜等)。	(《四角》)
	对各种情况加以比较观察,今指实地观览考察。	(《辞海》)
瞭望	特指从高处或远处监视敌情。	(《现汉》)
观光	参观外国或外地的景物建设等。	(《现汉》)
	到外地或外国去访问参观。	(《新华》)
	到外国或外地参观景物建设等。	(《四角》)
观战	从旁观看战争战斗,自己不参加。	(《现汉》)
参谒	进见尊敬的人,瞻仰尊敬的人的遗像、陵墓等。	(《现汉》)
	去会见尊敬的人;瞻仰遗像、陵墓等。	(《新华》)
	去会见尊敬的人,或瞻仰尊敬的人的遗像、陵墓等。	(《四角》)
目送	眼睛注视着离去的人或载人的车船等。	(《现汉》)
	眼睛注视着离去的人或物。	(《新华》)
盯	把视线集中在一点上。	(《现汉》)
	注视。	(《新华》)
瞄	把视力集中在一点上。	(《现汉》)
	把视力集中于目标上。	(《新华》)
瞄准	把枪口、炮口对准一定目标。	(《现汉》)

根据上述释义,这些词的意义可说明如下:

	B	d_1	D_1	e	E
阅览			看		书报
浏览		大略地	看		书报等
参观		实地	观察		展览品、设施、名胜等
瞭望		从高处 远处	监视		敌情
观光			参观	外国的 外地的	景物、建设
观战		从旁	观看		战争、战斗

	B	d_1	D_1	e	E
参谒			进见	尊敬的	人
			瞻仰	尊敬的人的	遗像、陵墓等
目送			注视	离去的	人
				载人的	车、船等
盯		集中视力	看		某物
瞄		集中视力	看	远处	某目标
瞄准		把枪口、炮口	对准		某目标

上述各词,“浏览”“参观”“目送”汉以前已出现,但有的义略异:

浏览　《淮南子·原道训》:“刘览遍照。”高诱注:“刘览,回观也。”这里“刘”即“浏”。

参观　《辞海》:“对各种情况加以比较观察。《韩非子·内储说上》:‘众端参观。’今指实地观览考察。”

目送　《辞源》:“以目光相送。《史记·留侯世家》:‘四人为寿已毕,趋去。上目送之。’”

其余都是后代产生的。汉以前似乎缺少这类词义以有特定的关系对象为特征的词。比较典型的有“监”。

监　《尔雅·释诂》:“视也。”《辞源》:“㊃照视。通‘鑑’‘鑒’。《书·酒诰》:‘古人有言,曰:人无于水监,当于民监。’传:‘视水见己形,视民行事见吉凶。’”

其意义可分析为:

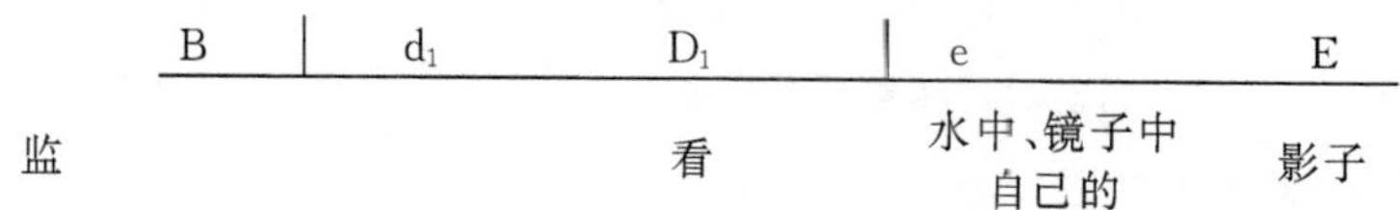

	B	d_1	D_1	e	E
监			看	水中、镜子中自己的	影子

III. $d_1D_1+d_2D_2$ 型

这一组词词义构成模式可表示为(bB)$+d_1D_1+d_2D_2+$(eE),d_1D_1、d_2D_2 为必须说明的词义成分,即词义以含有两个以上的动作行为为特征,故可简称为 $d_1D_1+d_2D_2$ 型。

观赏　观看欣赏。　　(《现汉》)(《新华》)(《四角》)

游览　从容行走观看(名胜、风景)。　　(《现汉》)

游玩观赏景物名胜等。　　(《新华》)

游玩观赏(风景、名胜等)。　　(《四角》)

观察　仔细地看客观事物或现象。　　(《现汉》)

对事物进行仔细的察看、了解。　　(《新华》)

对事物仔细地察看、了解。　　(《四角》)

按:"观察"既有"察看"又有"了解",《新华》《四角》的释义较好。

观测　观察测量(天文、地理、气象、方向等)。　　(《现汉》)

把风　把守并望风。　　(《现汉》)

观礼　(被邀请)参观典礼。　　(《现汉》)

应邀参加观看盛大的庆祝活动和典礼仪式。　　(《新华》)

应邀参观典礼。　　(《四角》)

根据上述释义,各个词的"词义成分—词义构成模式"可分析如下:

	B	d_1	D_1	d_2	D_2	e	E
观赏			观看		欣赏		
游览			游玩		观赏		风景名胜等
观察		仔细地	察看		了解		事物现象
观测			观察		测量		天文、地理、方向等
把风			把守		望风		
观礼			应邀		参观		典礼

汉以前属此类的有"趙"一词:

趙　《说文》:"相顾视而行也。"

这个词可以分析为:

b	B	d_1	D_1	d_2	D_2
	(两人)		互相看着		行走

IV. $bB+d_1D_1$ 型

这一组词义构成模式可表示为 $bB+d_1D_1+(d_2D_2)+(eE)$,

bB、d_1D_1 为必须说明的词义成分，即词义以包含有特定的施动者和一定的动作行为为特征，故可简称为 bB＋d_1D_1 型。

阅兵　检阅军队。（《现汉》）

检阅　高级首长亲临军队或群众队伍面前，举行检验仪式。（《现汉》）

按一定仪式，高级领导对军队或群众队伍进行检查。（《新华》）

举行仪式，高级领导视察检验军队或群众队伍。（《四角》）

按：各词典解释“检阅”都说明这个词表示的动作行为的特定的施动者为“首长”“高级领导”等，《现汉》解释“阅兵”一词，因用“检阅”说明其动作行为，故其特定的施动者略去。

根据上述释义，这两个词可以分析为：

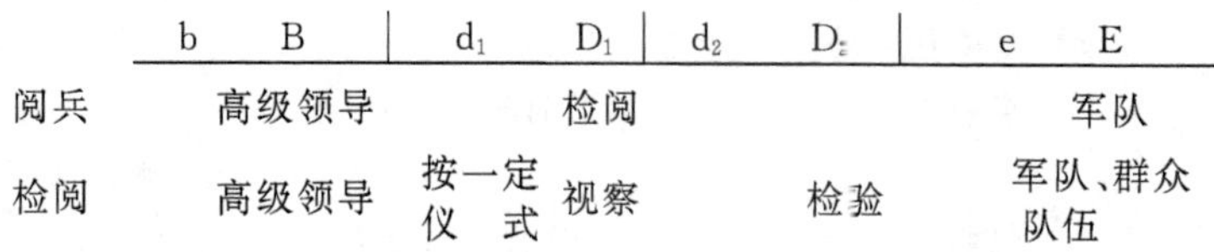

	b	B	d_1	D_1	d_2	D_2	e	E
阅兵		高级领导		检阅				军队
检阅		高级领导	按一定仪式	视察		检验		军队、群众队伍

汉以前属于此类的词有：

𧠟　《说文》：“病人视也。”

覞　《说文》：“竝视也。”按：动作行为是“并视（两人一块看）”，则施动者必是两个人。

这两个词可分析为：

	b	B	d_1	D_1	e	E
𧠟		病人		注视		
覞		两人	一块	看		

汉以前产生的“𧠟”“覞”现已消亡，现代用的“阅兵”“检阅”是后代产生的。

阅兵　《辞源》：“魏晋于立秋择日大阅车骑，号曰阅兵。见《晋书·礼志》中。”

检阅　《辞源》：“㊀查看。《北史·唐永传》附唐瑾：‘（周文帝）欲明其虚实，密遣使检阅之，唯其坟籍而已。’”现用义是另外产生的意义。

V．d_1D_1＋F 型

这一组词词义构成模式可表示为(bB)$+d_1D_1+$(eE)$+$F，d_1D_1、F为必须说明的词义成分，即词义以包含有一定的动作行为和一定的目的结果为特征，故可简称为d_1D_1+F型。

探望　①看(试图发现情况)。　(《现汉》)

察看。　(《新华》)

看青　见上285页。

观摩　观望彼此的成绩，交流经验，相互学习。　(《现汉》)

观看了解，揣摩研究，以达到交流经验，互相学习的目的。　(《新华》)

观看了解彼此的成绩并互相学习。　(《四角》)

窥伺　暗中观看动静，等待机会(贬)。　(《现汉》)

暗中观看动静，等待可乘的时机。(用于贬义)　(《新华》)(《四角》)

观风　观察动静以便暗中相机行事或向自己人告警。　(《现汉》)(《四角》)

观察形势和情况的变化，相机行事。　(《新华》)

根据上述释义，这些词可分析为：

	b	B	d_1	D_1	e	E	F
探望			仔细	看		动静	试图发现情况
看青	(人)			看守	快要成熟的	庄稼	以防被盗受损
观摩	(两个以上的人)			观看	彼此的	成绩	交流经验互相学习
窥伺			暗中	观看		动静	等待时机
观风				观察		动静	相机行事告警

汉以前属于这一组的词有：

眣　《辞源》:“目动，以目示意。《公羊传》成二年:‘郤克眣鲁卫之使，使以其辞而为之请。’”

这个词可分析为：

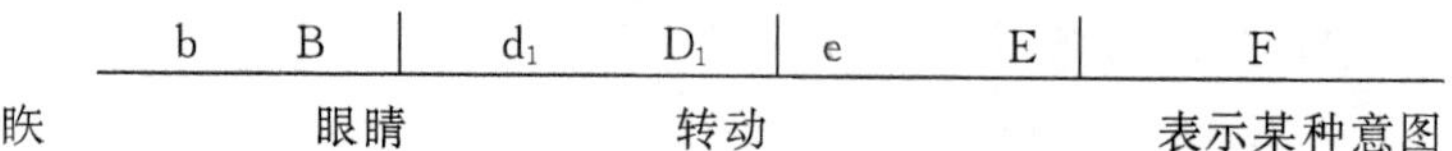

	b	B	d_1	D_1	e	E	F
眹		眼睛		转动			表示某种意图

“眹”已消失，现代所用的“观摩”“观风”“窥伺”等词的意义，是汉后产生的。“看青”是后代产生的词。

下面这一组的词，词义很有特点：

见面　彼此对面相见。（《现汉》）

会面　见面。（《现汉》）

会见　跟别人见面（专用外交场合）。（《现汉》）

相视　（两人、双方）互相看着。

对视　（两人、双方）对着看。

这些词词义所表示的关系有所谓对称关系（symmetrical relation），词所表示的双方的关系，主客可以易位，易位后意义是一样的（如“像”：甲像乙＝乙像甲，“结婚”一词也一样）[③]：

甲同乙见面	＝	乙同甲见面
甲同乙会面	＝	乙同甲会面
甲同乙会见	＝	乙同甲会见
甲同乙相视	＝	乙同甲相视
甲同乙对视	＝	乙同甲对视

见面、会面、会见三个词既可以分析为：

	B	D_1	e	E
见面	人	见	另外的	人
会面	人	见	另外的	人
会见	领导人	见	别国的	领导人、客人

也可以分析为：

	B	D_1
见面	两人、双方	相见
会面	两人、双方	相见

会见	不同国家的领导人	相见

"相视""对视"用后一种分析较好：

	B	d_1	D_1
相视	两人、双方	互相	看
对视	两人、双方	对着	看

汉以前属于这个类型的词有"觌""睲"等。

觌 《辞源》:"相见。《易·困》:'三岁不觌。'"

睲 《说文》:"目相戏也。"

词义可分析为：

	B	d_1	D_1
觌	两人、双方	互相	看
睲	两人、双方的眼睛	互相	戏逗

三

根据上面对现代汉语和汉以前表眼睛活动的各组词意义的分析,我们来说明这个词群的组成。

词群的层次性理论只能说明这个词群一部分词的组成和关系。比较现代汉语中上述"看"组词同上述"望"组、"瞥"组、"瞟"组词的意义,可以看到,"看"是"望"组、"瞥"组、"瞟"组绝大多数词的上位词,"看"可以同它们组成上下位的层次关系(见下页)：

在汉以前这个词群中确定上下位的层次关系,比在现代汉语中这样做困难大得多。我们上面对这些词意义的分析,是用今语解释古语,不能完全根据它来确定词的上下位关系。考察《说文》和其他古注中对这些词的解释,"视"常用作释义词语中的类别词(如䀹,《说文》:直视也。䀠,《说文》:左右视也。睗,《说文》:目疾视也)。我们可以说,"视"是"䀹"

组、"瞥"组、"观"组中许多词的上位词,可以组成上下位的层次关系。

除此以外,其他许多词都很难用层次关系来说明。

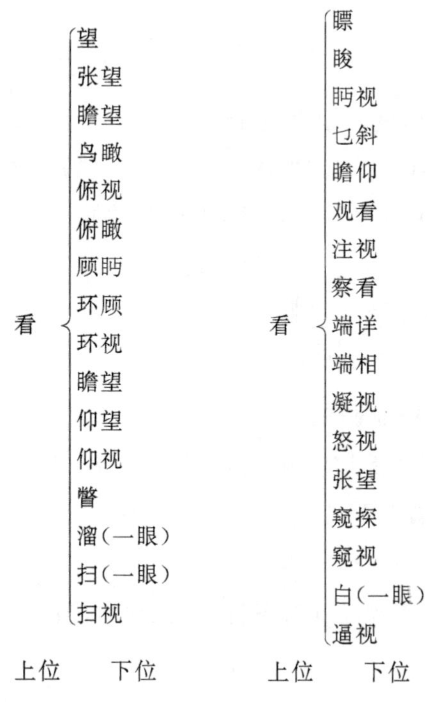

根据我们上面应用的"词义成分—词义构成模式"的分析,可以看到,虽然这个词群中的许多词不是有层次关系的,但仍然是有系统的。可以按照它们以什么样的词义成分为特征,词义成分按照自然语言表述规则结合的不同情况,分出不同的组。各个词的词义成分、词义构成模式虽然不同,但又是在一定的项目、关系中变动的,它们形成了一定的类型,因此又是有一定规律性的,构成了一定的系统。这个系统既有层次性的部分,也有非层次性的部分。

"看"组中的"看见",则同下列几个词组成上下位的层次关系:

看见 {瞥见 / 窥见 / 目击 / 目睹}

上位　下位

实际上,我们在前面就是根据这个认识分析说明词群中不同的词的意义的。这个词群以有“表眼睛活动”这个特征而互相联系,由于“活动”的不同而分为不同的组,扼要总结如下:

1. 表眼睛活动而不包含视觉内容的词

现代汉语的“睁”“瞪”“瞪眼”等。

汉以前的“瞋”“盱”“瞯”等。

2. 表眼睛活动产生视觉的词

(1) 表眼睛活动产生视觉行为本身的词

现代汉语的“看”“看见”“见”等。

汉以前的“视”“见”“相”等。

(2) 表眼睛活动产生视觉而有各种不同情况的词

I. d_1D_1 型

甲、d_1 为空间限制的

现代汉语的“望”“鸟瞰”“顾盼”等。

汉以前的“眺”“眈”“顾”等。

乙、d_1 为时间限制的

现代汉语的“瞥”“瞥见”等。

汉以前的“睗”“覢”等。

丙、d_1 为情态、方式限制的

现代汉语的“瞟”“端详”“凝视”等。

汉以前的“瞏”“睎”“睩”等。

II. d_1D_1+eE 型

现代汉语的“阅览”“参观”“观光”等。

汉以前有“监”一词。

III. $d_1D_1+d_2D_2$ 型

现代汉语的“观赏”“游览”等。

汉以前有“趙”一词。

IV. $bB+d_1D_1$ 型

现代汉语有“检阅”“阅兵”。

汉以前有“覘”“覞”。

V. d_1D_1+F 型

现代汉语有“看青”“窥伺”等。

汉以前有“眣”一词。

在这个词群中，词汇成员中存在有上下位、同义、反义的关系。

上下位关系上面已谈过。

同义关系的条件是“词义成分—词义构成模式”相同或相近。如：

在1类中：

现代汉语的　瞪——瞪眼　眯——眯缝

　　　　　　眏——眨——眨巴——挤咕

汉以前的　瞋——盱

在2类的(1)组中：

现代汉语的　看——瞧——瞅——瞜

　　　　　　见——看见——瞧见——瞅见

汉以前的　视——相——省——睼——眘——瞭等

　　　　　见——睹

在 2 类(2)组中：

I. d_1D_1 型的：

d_1 为空间限制的：

现代汉语的　望——张望——瞻望

鸟瞰——俯视——俯瞰

顾盼——环顾　仰望——仰视

汉以前的　䀣——眙　眈——睢　顾——眷

望——眺——睎——瞰　瞫——覷

d_1 为时间限制的：

现代汉语的　瞥——瞥见

汉以前的　睗——[illegible]——覢——[illegible]

d_1 为情态、方式限制的：

现代汉语的　瞟——睃——眄视——乜斜

察看——端详——端相

窥探——窥见——窥视　目击——目睹

汉以前的　观——览——覛——規——胥

窥——[illegible]——觇——矙

眄——睇——眽——睨　睘——矎

II. d_1D_1+eE 型中

现代汉语的　瞄——瞄准

同义关系的词中，语体色彩、感情色彩的差别，意义和用法上的细微差别，这里就不分析了。

反义关系构成的条件是 D_1 对立，或 D_1 相同而 d_1 对立。如：

1 类中　汉以前的　盱(眼睛 张开)—瞑(眼睛 闭上)
（眼睛 = B，张开 = D_1；眼睛 = B，闭上 = D_1）

现代汉语的眯（眼睛微微合上）—瞪（眼睛用力睁大）
B d_1 D_1 B d_1 D_1

2类（2）中

汉以前的　睇（斜着眼睛看）—眙（直看）
d_1 D_1 d_1 D_1

眓（往高处看）—瞫（往深处看）
d_1 D_1 d_1 D_1

瞴娄（眯着眼睛看）—覞（睁大眼睛看）
d_1 D_1 d_1 D_1

现代汉语的　俯视（向下看）—仰视（向上看）
d_1 D_1 d_1 D_1

下面再把这个词群现代汉语部分同汉以前的部分作一些比较。

表眼睛活动的词，现代汉语显然比汉以前的丰富。但就某些范围中的词来看，汉以前的词表示的意义，比现代汉语丰富。如在眼睛活动不包含视觉内容的词中，汉以前和现代汉语都有表示眼睛开、合（或微合）、很快地开合的词，但汉以前有表示眼睛跳动（瞤）、转动（眴）的词，在现代汉语中眼睛的这些活动要用词组表示。汉以前的词中还有作用于眼睛的词如眯（草入目）、䀹（指目）、䁅（目蔽垢），现代汉语无这种意义的词。在表看的行为有空间限制的词中，汉以前有表示直视的词（眙、眡），有表示往深处看的词（瞫、覰），现代汉语没有类似意义的词。汉以前表示看的行为而含有情态、方式内容的词中，有一批词义很有特色的词，如瞏（惊恐地看）、䁞（失意地看）、睩（谨慎敬畏地看）、覭（笑嘻嘻地看）。词义中既含有情态内容又有空间限制的词比较多，如矘（眼睛无神直直地看）、眆（眼睛眯着向远看）、眮（翻着白眼珠向上看）等，类似的意义，现代汉语都要用词组表示。

现代汉语这个词群比汉以前的要丰富主要表现在：

（1）继承了这个词群所表示的主要概念，少数汉以前的词一直沿用到现在,基本义未变,如望、瞥、见等,更多的是同样的概念内容,用新词来表示,这些词是不同时代陆续产生的,它们绝大多数是双音词,利用古汉语中的词作为构词成分构成。由于同义近义构词成分的不同组合(仰望、仰视,顾盼、环顾,看见、瞧见、瞅见等),由于不同来源(如不同的方言)的词都进入共同语(如眨——挤咕,瞟——乜斜),现代汉语的同义近义词变得很丰富(见上)。它们语体色彩、感情色彩的不同,词义的细微差别,用法上的不同,大大增强了语言的表达能力。

(2) 现代汉语中 d_1D_1+eE 型的词(看的行为包含一定关系对象的词)很丰富,如阅览、观光、参谒、目送等,出现了较多的 $d_1D_1+d_2D_2$ 型(一词表示两个以上的动作行为)的词(如观赏、游览),d_1D_1+F 型(词义以包含有动作行为的一定目的结果为特征)的词(如看青、观摩、窥伺等),这些类型的词,在汉以前只能零星地找到。这反映了社会生活的发展,语言表达的需要,语言把一些原来用多个词语表示的复杂意义"词化"(lexicalize),使这个词群增加了许多有新的概念内容的词。

附　注

① 参看 J. Lyons:*Semantics* I, p. 297—299; D. A. Cruse Lexical: *Semantics* 5. Lexical Configurations.

② 参看拙作《表动作行为的词的意义分析》,《北京大学学报》(哲学社会科学版)1982 年第 3 期;《构成成分分析和词的释义》,《辞书研究》1988 年第 1 期。

③ 参看 J. Lyons:*Semantics* I, p. 154; G. Leech:*Semantics*, p. 112.

(原载《中国语言学报》第六期,商务印书馆 1995)

普通话和方言间的词群对比探讨

现在见到的普通话和方言词汇的对比大都是单个词的对比。一般是列出普通话的词目，再写出一两个同义近义的方言词。自从德国学者易普森(G. Ipsen)提出语义场的理论，特里尔（J. Trier）提出词汇场的理论后，一些学者根据"场"的理论探讨不同系统的词汇对比。莱昂斯(J. Lyons）说明过词汇场的历时比较方法[①]。笔者认为也可以根据"场"的理论对不同词汇系统的词做共时的比较。笔者把这种比较称作词群（不是指一般的词群，是指或有某种制约关系，或有某种层次性的词群）的对比。本文以普通话和闽南方言文昌话为材料(文昌话为笔者家乡话)，先分析一组动词、形容词，再集中对普通话和文昌话表人的头部各部位名称的词群做比较，从中引出必要的理论结论。

一

普通话和文昌话一组动词的对比。

要问文昌话中相当于普通话"搬"的词是哪一个？一般会回答是[ɓua22][②]（可写作"搬"）。同样也可以回答文昌话相当于普通话"拿"的是[xe31]（无字），相当于普通话"捏"的是[ɗe31][③]（可写作“揑”)。这就是一词对一词的对比。如果我们考察语言的实际应用做词群的对比,就会发现一词对一词对比所掩盖了的语言事实。先看各词的意义和用法:

拿 ①用手或其他方式抓住、搬动(东西)。

(《现代汉语词典》,以下简称《现汉》)

他拿着一把扇子。(“拿”指抓住。“扇子”为轻物)

他拿了书、衣服。(“拿”指抓住并带走)

他拿走了书、衣服。(“拿”义同上,“走”出现)

他拿了书架和衣柜。(“书架”“衣柜”是重物)

搬 ①移动物体的位置(多指笨重的或较大的)。 (《现汉》)

他搬了一张床,一个衣柜。(“床”“衣柜”是重物)

* 他搬了一支笔、一个墨水瓶。(笔、墨水瓶是轻物)

(* 表病句,下同)

揑 ①用拇指和别的手指夹。 (《现汉》)

揑住这支笔。

揑住一条虫。

* 揑住一张床

[xe31] 用手或其他方式抓住较轻的东西。(带来或带走)(自拟)

他[xe31]一把扇。(“~”指抓住,无带走义)

他~走一把扇。(“~”指抓住,“走”表示还带走)

他~书走,~衣裤走。(“~”指抓住,“走”表示带走)

去看外婆,他~一只鸡。(“~”指抓住、带走)

* 他~书架,衣柜。(“书架”“衣柜”为重物)

[ɓua22](搬) 意义用法同普通话之“搬”。

[ɗe31](揑) 用手抓住较轻的东西。(自拟)

他[ɗe31]一把扇。

他~一本书。

* 他~一个书架。(“书架”为重物。)

* 他~走了几本书。(“~”后不能跟动词“走”连用)

从上面的说明可以注意到这几点:(1)普通话的“搬”和文昌话的

[ɓua22]相当，意义一样。(2)普通话的"拿"同文昌话的[xe31]相当，但意义有差异，抓住笨重的东西普通话可以用"拿"，文昌话不能用[xe31]，只能用[ɓua22]；"拿"是"抓住"或"抓住、带走"，[xe31]一般只指"抓住"，"带走"义只有在一定语境下才出现。(3)普通话的"捏"同文昌话的[ɗe31]相当，但二者身体部分的限制不同，前"用拇指和别的手指"，后"用手"。因此文昌话说"他[xe31]一把扇"同"他[xe31]一把扇"，意思一样，普通话说"他拿着一把扇子"同"他捏着一把扇子"表示的动作行为就有差别了。这一组词的关系可简示如下：

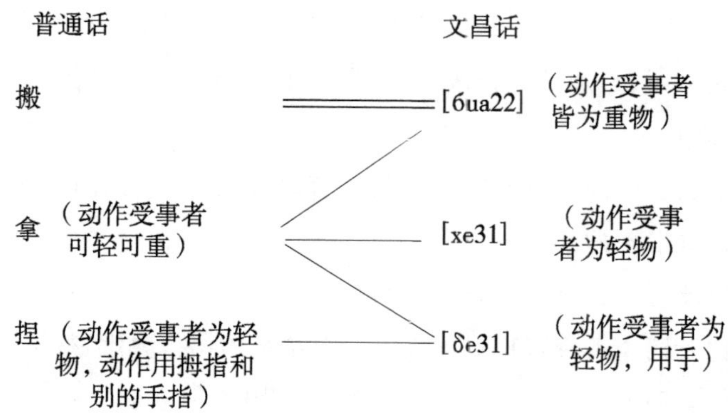

普通话和文昌话一组形容词的对比。

表示物体温度高的词普通话有"热""烫"两个词，一般可以说，文昌话相当于"热"的有两个词[dziet33][dzuɛ31]，在文昌话中不易找到相当于普通话"烫"的词。我们先看这些词的意义和用法：

热　①温度高；感觉温度高。（《现汉》）
热水。水热。
夏天很热。天热。

烫　②物体温度高。（《现汉》）
这水烫。

[dziet33]物体温度高。(自拟)

～水。水～。

[dzua31]大气温度高。(自拟)

夏天～。天～。

文昌话相当于普通话“这水烫”的说法是“水到[dziet33]啦”。

可以说明这组词的关系如下:(1) 文昌话把“物体温度高”和“大气温度高”区分为两个词,前叫[dzeit31],后叫[dzua31],普通话则用一个词表示,都叫“热”;(2)普通话把物体温度高根据热的程度区分为两个词,一叫“热”,一叫“烫”,文昌话不做区分,在表示热的程度很高时,有一种说法是[dzeit31]前加修饰语说成“到[dzeit31]”。(3) 普通话和文昌话对“大气温度很高”都没有另外用词表示,只是加修饰语表示,普通话的“天很热”=文昌话的“天到[dzua31]”。

上面通过词群对比所揭示的语言事实,只做一词同一词的对比是很难发现的。

由此可见,词汇对比研究应该在词群对比方面进行开拓。这种对比有两个条件:(1)对比较的词汇系统的词很熟悉、很了解,不能只凭常用词、少数词;(2) 对词的各种用法很了解。这样,才能引出符合语言事实的结论。

二

下面集中对普通话和文昌话表示头部各部位名称的词群做一个比较。

在普通话和文昌话中,这个词群是一个相当有系统的词群。它以整体与部分的关系为主,整体与部分的关系有五层(如:

头——脸——眼睛——眼球——眼白),有些词中也有上下位关系(如:眼皮——眼泡[上眼皮])。处在同一层次的是同位关系,同位关系中的同义词相当丰富。下面列表说明(上行是普通话,下行是文昌话,文昌话有音无字的才以国际音标记音写出,其他不标音,Ⅰ、Ⅱ、Ⅲ、Ⅳ表示整体部分关系的层次):

Ⅰ.头——脸、头顶、脑勺子、头发、头皮、双鬓

头——面、头顶、头枕、头毛、头皮

Ⅱ.脸——额、眉宇、颧骨

面——头额、——、面[kou21][ʼoŋ42][④]

眉毛、眉心、眉梭、眼睛、皱纹、

眉毛、——、——、目 、[niɑo215]纹

鼻子、耳朵、嘴、腮、下巴、

鼻、耳、嘴、颚、[am21][ɸok44]

胡子、鬓角、太阳穴

须、——、——

Ⅱ.头顶——囟门

头顶——囟门

Ⅲ.眼睛——眼球、眼皮、眼眶、眼窝、眼角

目 ——目仁、目皮、目眶、——、目角

眼睫毛、 ——

目[xi215]毛、目头(眼睛内侧的一端)

Ⅲ.鼻子——鼻梁、鼻翅、鼻孔、鼻洼子

鼻————、——、鼻孔、——

Ⅲ.耳朵——耳廓、耳孔、耳根

耳————、耳孔、耳根

Ⅲ. 嘴——嘴唇、牙、舌头、嘴角

嘴——嘴唇、牙、舌、嘴角

Ⅲ. 眉毛——眉头、眉梢

眉毛—— ——、眉尾

Ⅲ. 额 ——额角

头额——额角

Ⅳ. 眼球——眼白

目仁——目白

Ⅳ. 眼皮————

目皮—— 目䁥(上眼皮边缘部分)

Ⅳ. 耳廓——耳轮、耳屏、耳垂

——————、耳仔、耳珠

上面同层次的词构成同位关系。

这个词群中下面这些词构成上下位关系:

{眼皮 —— 眼泡　　{眼角 —— 眼梢(小眼角)
{目皮 ————　　　{———— 目角

{皱纹 ——鱼尾纹、抬头纹
{[niao215]纹 ——头纹

{头发 —— 鬓发
{头毛 —— ——

同义关系的词:

{头、头颅、脑袋、脑袋瓜子、脑瓜子、脑瓜儿、脑壳
{头、头[le22]、头[fφin34]、头壳

脸、脸蛋儿、脸面、脸膛、脸子、脸盆儿、脸庞儿、面孔、面貌①（见《现汉》）、面目①（见《现汉》）、面容、面庞、面相、眉目、眉眼、嘴脸
面、面[kou21]

额、额头、脑门子、前额
头额、牛舌额

腮、腮帮子、腮颊、颊、面颊
颚

胡子、胡须
须

嘴、嘴巴、嘴子、嘴头、口
嘴、嘴巴、嘴皮

囟门、头囟
囟门、囟

鬓角、鬓发
——、——

两鬓、双鬓
——、——

颧骨、孤拐
面[kou21][ʔoy42]

眼皮、眼皮子、眼睑
目皮

眼球、眼珠子
目仁

眼眶、眼圈
目眶

耳朵、耳
耳

耳孔、耳朵眼、外耳门
耳孔

耳垂、耳珠子
耳珠

鼻子、鼻
鼻、鼻[kok44]

鼻孔、鼻子眼、鼻观
鼻孔

下巴、下巴颏、下颌、颌、颏
[am21] [ɸok44]

{牙、牙齿、齿 {舌、舌头
{牙 {舌

上面不能说已列入这个词群全部的词,可以说已包括了绝大多数的词。

可以比较词群中的词对事物的"分割"情况。这从三方面看。第一,整体中的各部分是否都有指示的名称,如果"部分+部分+……=整体",则是完全的分割;"部分+部分+……≠整体",则是不完全分割。第二,各部分分割的细致程度(表现为各部位名称多或少)。第三,是连续性分割(各部分间无空隙),还是离散性分割(各部分间有空隙)。比较普通话和文昌话的这一词群,可以发现:

(1)普通话词群多"完全分割",如"头=脸+头顶+脑勺子+头发+头皮+双鬓,耳廓=耳轮+耳屏+耳垂。文昌话则多"不完全分割",同普通话比较起来,它有"缺项",如文昌话无表双鬓、耳廓、耳轮的词。

(2)普通话分割的细致程度高,以眼睛、眉毛及其周围部分的分割为例。眼睛分割为眼皮、眼球、眼眶、眼窝、眼角、眼睫毛,眼球的白色部分叫眼白,上眼皮单叫眼泡,外端的眼角单叫眼梢;又整个叫眉毛,它的鼓起的底部叫眉棱,内端叫眉头,外端叫眉梢,上方叫眉宇,两眉之间叫眉心。文昌话这一部分的分割虽也细致,同普通话比较起来,它有缺项,如无表示眉心、眉宇、眉棱、眼窝的词。这一部分分割细致,无疑是这部分对传情达意有重要作用。

(3)普通话、文昌话都多离散分割,如无表示鼻梁下两侧的词、耳朵后面部分的词(一般用词组"耳朵后背"指称),无表示眉毛中间部位的词;真正称得上连续分割的可能是普通话、文昌话对眼睛的分割。

(4)文昌话有表示上眼皮边缘部分的词(目矇),有表示双眼内侧一端的词(目头),普通话则要用词组表示,可见方言也有独到之处。

这个词群中，普通话文昌话都有许多同义词，而普通话的同义词特别丰富。由于普通话的特殊地位，它比方言发展得多。普通话的同义词由不同方式构成的词、不同来源的词、不同语体、感情色彩的词组成。如“头”是通用词，“头颅”是书面语，“脑袋”是口语词，“脑瓜子”“脑袋瓜子”“脑壳”等来自普通话的基础方言。又如“脸”是通用词，中性词，“眉目”有褒义，“嘴脸”有贬义；“面容”“面貌”是由两个近义语素构成的词，“眉目”则是用借代法构成的词，等等。

从词群的成员来看，普通话多双音合成词，多晚起的附加式的合成词（如脑勺子、鼻洼子、脑瓜儿等），文昌话保留古汉语较多的单音词（如面、目、耳、鼻等），有某些来源不明的多音单纯词（如[am21][ɸok44]）、带语义模糊音节的多音词（如面[kou21]、[niao215]纹）。

三

词汇场理论有一个著名的观点，就是特里尔所说的：“一个词汇成分的意义只有通过联系同它相邻、相对立的词汇成分的意义才能加以确定。”⑤一些学者发挥这个观点说，一个词的意义受到词汇场中相邻成分的制约，例如法语表示河的词有两个，一是fleuve，指入海的河，一是rivière，指附属的河。英语表示河的词只有一个，river，因此英语这个词就指两种情况的河。词义受到“场”中相邻成分的制约一般来说是正确的。但不能把这个观点绝对化。当代德国学者列拉尔（A. Lehrer）批评特里尔的观点说：特里尔的这个理论包含两个假设：(1)语义场中不存在意义交叉，(2)语义场中没有空缺（gaps）。这不合语言事实⑥。艾奇逊（J. Aitchison）在《现代语言学导论》中说：“倘若认为聚集在整个词汇场里的所有词项都像拼花地砖一样,块块平滑合缝,那是错误的,实际上聚集着一群词,虽然彼此间都有联系,但并不是排列得整整齐齐的,有些词义是重叠的,有些是界线不清的,也有缺位空白的。”⑦拉列尔、艾奇逊对词汇场的说明比较合乎语言事实。例如上面分析的普通话和文昌话的这个词群中,文昌话有“目角”“目头”两词,前指眼睛外侧一端,后指内侧一端,“目角”不能指内侧一端。普通话有“眼角”“眼梢”两词,“眼角”两端都可指,“眼梢”只能指外侧一端,“眼角”并不受到“眼梢”的影响制约,没有缩小它的范围,像文昌话的“目角”那样,专指眼睛的外侧一端。普通话有“眉头”“眉梢”两词,前指眉的内侧一端,后指眉的外侧一端;文昌话有“眉尾”一词,只指眉的外侧一端。文昌话并没有因缺少同普通话“眉头”相当的词而使“眉尾”扩大指示范围,也兼指眉的内侧一端。由此可见,词群内各词的组成、语义结构是各种各样的,要在充分占有材料的基础上具体分析。

附　注

① J. Lyons, *Semantics* I, p. 255—256,拙作《汉语表“红”的颜色词群分析》中做过介绍,见《语文研究》1988 年第 3 期。

② “ɓ”为双唇吸气浊塞音。

③ “ɗ”为舌尖前吸气浊塞音。

④ 文昌话阴入分上下,在右下角加“c”表下阴入。

⑤ 据 J. Lyons 的英译转译,见 *Semantics* I, p. 251.

⑥ A. Lehrer, The Influence of Semantic Field on Semantic Change,见 J. Fisiak 编 *Historical Semantics and Historical word—Formation*, Monton 1986, p. 284—285。

⑦ 见 J. 艾奇逊《现代语言学导论》,方文惠、郭谷兮译注,94 页,福建人民出版社 1986。

(原载《词汇学新研究》,语文出版社 1995)

构成成分分析和词的释义

对词义进行构成成分分析(componential analysis,也叫义素分析 seme analysis)的理论和方法近年来在我国有较多的介绍。一些同志在介绍的同时也试图用来分析汉语的语词。有的同志对这个理论和方法评价较高①,有的同志对这个方法的运用取保留态度②。本文想谈谈笔者对构成成分分析的认识和它同词的释义义的关系。

一

英国语言学家莱昂斯(J. Lyons)在其《语义学》第一卷(*Semantics* I)中讨论过构成成分分析理论和方法中的缺陷,他从好些方面提出了商讨的意见。下面先介绍其中的四点内容。第一,构成成分的提倡者认为 HUMAN(人类,大写)是 human〔小写,代表词位(lexeme),汉语一般就叫作词〕的意义的构成成分。但我们怎么了解 HUMAN 的意义呢?有人认为,因为我们了解 human 的意义,所以也明白 HUMAN 的意义。但是 human 意义的说明是建立在假设的理论实体 HUMAN 的基础上的,因此理论实体本身必须从别的方面来确定,而不是依靠 human 来确定。除非这一点能做到,否则用这种假设的理论实体(按,即构成成分)来描写词位的意义,不仅在实践上而且在理论上也是一种可怀疑的程序。第二,在分析亲属词汇场中的词时,对同一个词位可以提出几个同样有理由的分析。这里可以举我国学者对汉语中“父亲”一词的分析做例子。有人认为“父亲”的构成成分是“+男性+直系亲属+长辈+人”[③],有人认为是“+有子女+成年+男人”[④],有人认为是“(亲属)→(生育关系)+(男性)”[⑤](按,这里的“→”表示生育关系中的施动者,←(生育关系)表示被生育者)。莱昂斯针对同一个词在不同人的分析中出现不同的构成成分这种情况问道:哪一种分析正确呢?哪一些是更基本的构成成分呢?他的问题中暗含有对构成成分分析提倡者另一个观点的批评,即他们认为构成成分是最小的意义成分。既然是最小的,为什么还会出现这样的差异呢?第三,许多构成成分分析提倡者都坚持构成成分的二分法,即对于一个词来说,某个构成成分或者存在(用+号表示),或者不存在(用-号表示)。但用肯定、否定某个构成成分存在的二分法来说明一些词的意义有时并不合理。例如一般认为 boy(男孩)含有构成成分+MALE(男性),girl(女孩)的构成成分则是-MALE。莱昂斯问,为什么不说 girl 的构成成分是+FEMALE(女性)而 boy 的构成成分是-FEMALE 呢?有些词如 horse(马)、child(孩子)是没有性别的区别的,因此用二分法±MALE 或±FEMALE 很难清楚说明这些词表示的性别意义的差别。这里的道理要解释一下:虽然从逻辑上讲 MALE 和 FEMALE 是矛盾关系,肯定一方必否定另一方,反之亦然。但在语言中的词含有这些性别内容的情况很复杂,有的词含有 MALE,如 boy,有的词含有 FEMALE,如 girl,有的词不含性别意义如 horse、child,用±MALE 或±FEMALE 来说明这些词的性别差异就不合理了,因为除正值,负值之外还有零值(zero-value)。第四,有一部分构成成分分析提倡者认为构成成分安排的次序不影响词义的说明,例如 woman 的构成成分写成＋HUMAN＋ADULT(成年)－MALE 也可以,写成＋HUMAN－MALE＋ADULT 也可以。但在亲属词的分析中出现了复杂情况。例如英语词 brother-in-law(相当于汉语的姐夫、妹夫、内兄、内弟)用构成成分表示它的意义可以是

MALE(x) & 〔SPOUSE—OF—SIBLING—OF(x,y)V SIBLING—OF—SPOUSE—OF(x,y)〕

男性(x)和〔(x,y)同胞的配偶或者(x,y)配偶的同胞〕

式子中 MALE(男性)后括号中的 x 代表所说明的亲属,SIBLING(同胞)—OF 后括号中的 x 代表用这个词称呼所说明的亲属的人,y 代表同后一个 x 代表的人是同胞关系或配偶关系的人。这样,brother-in-law 可能是 x 的同胞的男性配偶,即 x 的姐夫、妹夫,也可能是 x 的配偶的男性同胞,即 x 的内兄内弟。这个构成成分组成的内容是复杂的,有多种可能的解释的.因此就不能说表示这个词意义的构成成分是一个无结构的序列,比如说这个词的意义是由 MALE、SPOUSE、SIBLING 构成的。不过有的构成成分分析提倡者已认识到词的意义是有内部结构的,例如麦考莱(Mccawley)提出,动词 kill(杀)可以分解为 CAUSE(引起,使)、BECOME(变成)、NOT(不,非)和 ALIVE(活着的),这些构成成分不是简单地联结在一起,而是按一定的层次结合在一起:(CAUSE (BECOME (NOT (ALIVE))))(使(变成(非(活的))))。莱昂斯提出的这些问题是相当深入的,我国介绍构成成分分析理论和方法的文章对这些问题大都没有涉及。

二

我们想从词义的说明这个更一般的问题中去看构成成分分析的性质。笔者在《表动作行为的词意义分析》[6]一文中曾论述过这样一个观点:“语言中正是用多个语言单位组成的词语的意义内容,表示一个语言单位(词或相当于词的语言单位)的意义内容。”“以一词释一词这种方式的运用是有条件的。”[7]构成成分分析把意义的构成成分组合起来表示词义的方法,只是一种人工设计的形式化的表示法。如,Woman:+HUMAN+ADULT—MALE(妇女:+人类+成年-男性)实际上是“非男性的成年人”这个用自然语言中多个词语说明的意义内容的形式化的表示法。chair:+FOR SITTING UPON+WITH LEGS+WITH A BACK+FOR ONE PERSON+FURNITURE(椅子:+供坐用+有腿+有后背+供一人用+家具)实际上是用自然语言多个词语所说明的意义“供一人坐用的有腿有靠背的家具”的形式化的表示法。形式化的表示法是以自然语言的词义说明为基础的,没有自然语言的词义说明,形式化的表示法无从理解。因为不合一种语言语序和搭配习惯的词语序列是没有意义的。这种形式化的表示法虽然有它的优点,但也有不合理、含糊的地方。例如在“妇女是非男性的成年人”的语言说明中,“人”是“妇女”的上位词,表示妇女所属的类别,“成年”“非男性”是限制修饰“人”的,表示妇女的特征。而在形式化的表示中,这些构成成分都处理成并列关系的了,它们原来具有的意义关系,要另外用语言或符号去说明。

这些意义的构成成分是否可以看作最小的意义单位呢?我们

认为，它们不是最小的意义单位。因为对于有声语言来说，义是以音为外壳的，不存在脱离语音外壳的语言意。因此语言中意义单位的分割，是音义结合单位的分割，不是概念内容的分割。人、走、红等单纯词，作为音义结合的单位，只能再作义项的分割。人类、成年、男性等合成词，在汉语中仍可以分割为人、类，成、年，男、性等语素（更小的音义结合的单位）。分割词的意义内容，得到一些意义成分，能否同整个词的意义作比较，说它们是一些最小的意义成分呢？我们认为这是不可以的。以 Woman（妇女）一词为例，它有 HUMAN 的构成成分，把 Woman 和 HUMAN 比较，HUMAN 的外延比 Woman 大，怎么能说 HUMAN 是组成 Woman 意义的一个最小的意义单位呢？ADULT 也是 Woman 的一个构成成分，把 Woman 和 ADULT 比较，若 ADULT 是形容词，则无法比较，因为不同类，若 ADULT 是名词，则 ADULT 的外延也比 Woman 大，把它说成是 Woman 的一个最小的意义单位也不合理。—MALE 也是 Woman 的一个构成成分，不管 MALE 是形容词还是名词，都不能比较它们意义的大小。把构成成分组合在一起表示词义是借鉴于语音学用区别特征说明某个语音特点的做法。例如说“m”有“＋响亮＋辅音＋带音＋鼻音－延续－缓除阻”的特征[⑧]，但不能说“＋响音”“＋辅音”等区别特征是“m”的最小的语音成分。区别特征只是对“m”语音特点的说明，同理，词义的构成成分，充其量也只是对词义内容的一种说明罢了。上面介绍莱昂斯的观点时提到，构成成分分析的提倡者还有用 HUMAN 表示 human 意义的做法，这适用于所确定的构成成分同某个词同形的情况（如 adult 的意义是 ADULT，male 的意义是 MALE 等）。但在“Woman：HUMAN ＋ ADULT － MALE”和“human：HU-

MAN”中,“HUMAN”的作用是不一样的。在“Woman”的构成成分中,“HUMAN”说明“Woman”所属的类别,而在“human:HUMAN”之中,词是用它本身来说明它的意义的。但在语言中,词本身不能说明它自己的意义。“人类”是什么呢?说“人类就是人类”,对“人类”的意义并没有说明。改变字母的写法(把 human 写成 HUMAN),或加符号的做法(把 human 的意义说成是“human”),只是一种书面上使用的符号表示法,这里的 HUMAN 或“human”,实际上等于一个任意的符号 A、B 或 x、y,这个符号本身不能提供所说明的词的意义。之所以使用同所解释的词同形的符号,只不过是为了使人易于联想到该词的意义罢了。所以当构成成分分析的提倡者说 human 的意义是 HUMAN 时,他们的本意是想使 HUMAN 成为某种更本质的词义的实体,但由于词义表示的性质,它实质上只起到了一种符号的作用。

词义的构成成分分析取法于语音学中区别特征的分析,连语音学中区分特征的二分法也搬过来了。语音学家精心概括出数量有限的区别特征,可以用对某一特征肯定或否定的做法来说明各个语音的特点。但词义的内容比语音特征复杂得多,用构成成分的二分法来说明词义,有时不合理,有时不可能。现在我国有些同志认为构成成分的提取是无限的,以至于词义解释中任何一个内容,都可能视为词义的构成成分了。这同构成成分分析提倡者想以有限的意义构成成分说明众多词的词义的初衷大相径庭。又由于不同的人分析同一组词时,着眼点不同,提取的构成成分也可以不同,这就出现了表示同一个词的构成成分及其组合不同的情况,这就使得维持词义的构成成分是意义的最小单位的说法更困难了。

还有，由于词义只能用自然语言中除被解释的词以外的多个词语来说明，而说明词义的词语本身，有一定的次序和语法结构，这也影响到了构成成分的形式化表示法。有些词用并列构成成分的做法（有时还可颠倒构成成分词序）来说明它的意义还可以接受，因为构成成分之间的关系可以另外说明。有些词这样做就不成了。要使构成成分按一定的次序、一定的语法结构组织起来才能使人了解它的意义。例如上面提到的 kill（杀）的构成成分，要按一定的层次组合起来。

从上面的分析可以看出，词义的构成成分分析是以自然语言中用多个词语说明一个词的意义这种习惯的释义方法为基础的，它是自然语言释义的形式化的表示法。构成成分不是意义的最小单位，可以把它看作词义内容的各个方面，词义的各个成分。

三

上面我们讨论了构成成分分析理论和方法上存在的问题，但也要看到构成成分分析在词义分析方面给我们以相当的启发。

首先，构成成分分析在对有关的一组词的比较中提取构成成分，启发人们，一个词的意义在同别的有关的词的比较中，会更清楚地显示出来。例如草帽、鸭舌帽、瓜皮帽的意义《现代汉语词典》分别解释为：

草帽　用麦秆等编成的帽子，夏天用来遮太阳

鸭舌帽　帽顶前部和圆形帽檐扣在一起的帽子

瓜皮帽　像半个西瓜皮形状的旧式便帽，一般用六块黑缎子或绒布连缀而成

假如我们从所属类别、制成原料、形状、用途等方面去比较，可

以看到这三个词表示的事物的更多的特点：

	所属类别	制成原料	形　状	用　途
草帽	帽子	麦秆等	宽边	夏天挡阳光
鸭舌帽	帽子	毛、布料	帽顶前部和圆形帽檐扣在一起	保暖、装饰
瓜皮帽	帽子	缎子、绒布	像半个西瓜皮	旧时用以保暖、装饰

对比词典的释义和通过比较这些词所代表的事物而确定的特征，可以看到，词典释义说明的只是词所代表的事物的一部分特征，其他特征，特别是那些对本族人来说不言而喻的特征，如鸭舌帽、瓜皮帽的用途，草帽的形状，鸭舌帽的原料等，都省略了。但很明显，省略了的内容也是属于词义的内容的。由于表名物的词代表的事物一般都有多方面的特征，词典释义可以根据需要，举出一个或多个特征，不能、也不必一一列举。在对多个词进行意义内容的对比分析时，好多特征就清楚地显示出来了。

其次，如果不把构成成分看作必然是二分的、固定的，而把它看作词义内容的不同方面、词义的各个成分，其数量和具体内容可因不同的词而有变化，则可以在词义分析中，从几个方面去分析词义成分的异同。我们举表"红"颜色的一组词为例：

红　象鲜血或石榴花的颜色
通红　很红；十分红
鲜红　鲜明的红色
嫩红　浅红色
惨红　惨淡的红色
殷红　带黑的红色

这些词可以从表示红色的浓度(深、中、浅)，亮度(明、中、暗)，纯色还是多色等方面比较它们的异同：

	浓度			亮度			纯色	多色
	深	中	浅	明	中	暗		
红		+			+		+	
通红	+				+		+	
鲜红		+		+			+	
嫩红			+		+		+	
惨红			+			+	+	
殷红		+			+			带黑

这种词义成分分析对细致地说明词义的异同，对词典的释义，特别是双语词典的释义，是有帮助的。这方面，已有文章谈了很好的意见[9]，不再重复。但这已不是原来意义上的构成成分分析了，可以说是一种因分析不同组的词而不同的词义成分的对比分析吧。

附　注

① 如王德春《词汇学研究》五、语义学略论，山东教育出版社 1983；杨蓉蓉《义素分析法与语文词典编纂》，《辞书研究》1984 年第 2 期；贾彦德《语义学导论》第三章义素分析法，北京大学出版社 1986。

② 黄建华《词典论》，《辞书研究》1984 年第 6 期。

③ 王德春《词汇学研究》，143 页，山东教育出版社 1983。

④ 徐思益《论句子的语义结构》，《新疆大学学报》（哲学社会科学版）1984 年第 1 期。

⑤ 贾彦德《语义学导论》，65 页，北京大学出版社 1986。

⑥《北京大学学报》1982 年第 3 期。

⑦ 用一词释一词要在词义相同或相近的情况下才能用。以一词释一词，一般要求用人们熟悉的词解释人们不熟悉的词。所谓人们熟悉的词，就是人们熟悉的用多个词语解释了意义的词。人们通过熟悉的词的意义了解不熟悉的词的意义。因此归根到底，词义是要用多个词语组成的词语来说明的。

⑧ 罗常培、王均编著《普通语音学纲要》，233 页，商务印书馆 1981。

⑨ 见吴克礼《双语词典编纂法新探》，《辞书研究》1986 年第 3 期。

（原载《辞书研究》1988 年第 1 期）

概念义分析的形式化[①]

一

不少学者探讨词的概念义（全文简称词义）分析形式化的方法，这是为了使词义的分析更加精确、科学，也是应用现代科技手段电子计算机分析语义、处理语义的一个重要的基础。

词义的构成成分分析（义素分析）的一个优点就在于它提出了一种词义分析的形式化的方法。对英语下列四个词的构成成分分析被认为是应用这个方法分析词义的最成功的例子之一：

man　+HUMAN +ADULT +MALE
woman　+HUMAN +ADULT −MALE
boy　+HUMAN −ADULT +MALE
girl　+HUMAN −ADULT −MALE

英国学者里奇（G. Leech）认为概念义表示的特征是封闭的、固定的[②]，如上述“woman”的三个构成成分，确定了“woman”一词的意义。里奇还认为，构成成分安排的次序对区别意义无影响，+HUMAN − ADULT + MALE 和 MALE + HUMAN + ADULT 只是简单的记号变体，皆指 man[③]。

英国学者莱昂斯（J. Lyons）的看法不同。他对构成成分是固定的、封闭的这一点表示异议。他说，在分析亲属词时，对同一个词位可以提出几个同样有理由的分析。例如一种意见认为，brother 和

sister，father 和 mother，son 和 daughter 都有"direct of descent 直系"的构成成分，而 causin，uncle，aunt，nephew，niece 则共有"collateral 旁系"的构成成分。另一种意见认为，brother 和 sister，uncle 和 aunt，nephew 和 niece 可以分析为有"co－lineal 同系"的构成成分，而 cousin 则具有"ab－lineal 不同系"的构成成分。各种可能的分析是自足的，它们都是从整个词汇体系各个成员的相互关系中提取的，是从不同的对比式中产生的④。

我国学者用构成成分分析法分析"父亲"一词的意义提取的构成成分也不相同，如：

父亲　＋男性＋直系亲属＋长辈＋人⑤
　　　＋有子女＋成年＋人⑥
　　　＋(近亲属)＋(→生育关系)＋(男性)⑦

这证明莱昂斯上述分析论断是有根据的。

里奇认为构成成分安排的次序对区别词义没有影响，就意味着认为表示词义的构成成分是一个无结构的序列。莱昂斯对这个观点也不同意。他说，在亲属词的分析中有复杂的情况。例如英语词"brother-in-law"用构成成分表示它的意义可以是：

MALE(x) & SPOUSE－of－SIBLING－of(xy)
　　V SIBLING－of－SPOUSE－of(xy)
男性(x)和(xy)同胞的配偶
　　或(xy)配偶的同胞

式子中 MALE(x)中的 x 指的是所说明的亲属。SIBLING－of 后括号中的 x，和 SPOUSE－of 后括号中的 x，指的是用这个词称呼所说明的亲属的人，y 代表同后一个 x 代表的人是同胞关系或者配偶关系的人。这样，brother-in-law 可能是后一个 x 的同胞的男性配偶(即 x 的姐夫、妹夫)，也可能是后一个 x 的配偶的男性同胞

(即 x 的内兄内弟,如果 x 是男性),后一个 x 的丈夫的哥哥弟弟(如果 x 是女性)。这样,构成成分组成的内容是复杂的。因此不能说表示这个词意义的构成成分是一个无结构的系列,说这个词是由 MALE、SPOUSE、SIBLING 构成的⑧。这个分析,提出了表示词义的构成成分的组合是有结构的这一重要观点。

莱昂斯还分析了上述用构成成分表示的 woman、boy、girl 几个词中 ADULT 这个构成成分的内容。他说,根据许多明显的标准(如性成熟等),girl 达到成年人的时期要早于 boy,而女子被看作 girl 的时间比男孩被看作 boy 的时间要长,判断"x is now a man"就暗含"x is no longer a boy",可是"x is now a woman"并不包含"x is no longer a girl"。因此实际上其中"ADULT"这个构成成分对所说明的三个词内容并不相等。莱昂斯说,构成成分分析有时由于追求概括做过了头而显得粗疏⑨。

从上面的评述中我们可以看到,用构成成分分析词义存在的主要问题有:(1)词义的构成成分并不是像有的学者所说的那样是封闭的、固定的;(2)表示词义的构成成分不一定只是简单的组合,可能是一个有结构的序列;(3)确定构成成分时可能由于过度概括而显得不恰当。

用构成成分分析词义原是叶尔姆斯列夫(L. Hjelmslev)、雅各布逊(R. Jokobson)等人试图把特鲁别茨柯依(N. Trubetzkoy)分析音位的原则引入语义学的一种探索。一种语言的音位数量有限,对立的特征有限,不少可用二分法表示。词的数量巨大,词义内容复杂,用有限的构成成分的组合来表示词义,难以普遍地使词义的分析达到科学的形式化的分析。

二

不少学者把词义和分析出来的词义构成成分比作分子和原子的关系。“意义的构成成分可以看作原子概念，而具体词位的意义可以看作分子概念。例如 man 的意思（把它看作同 woman 构成互补）可以认为是（在分子概念‘man’中）结合了原子概念‘male’‘adult’同 human。”[10]提倡构成成分分析的学者似乎是从分子和原子的关系上看待构成成分的性质，从中考虑词义的形式化表示的。但是这种比拟、设想合理吗？我们认为认识这个问题应该集中探讨词义的表现形态问题，即词义呈现、表述的形态问题。

认知心理学认为“输入的信息在人的头脑中是以摹象表征和命题表征的形式贮存的”，“摹象表征反映认识中生动的形象的一面，在心理上同真实的物体状态间有一一对应的关系”。“命题表征是人类认知中占有主要地位的表征形式。一个命题就是一个陈述，用以表示两个或两个以上概念之间的关系。它可以是一个语句，也可以是一个方程式，或任何其他一种符号的有意义的组合，是一个最小的知识单元。”[11]苏联神经心理学家维戈茨基提出“内部言语”和“扩展性言语结构”的观点。内部言语指意识中表示未定型的思维的语言，它有凝缩性、简化性等特征。内部言语的任务是将内部思想转变为“扩展性言语结构”，“扩展性言语结构”即一般正常运用的表达一定信息内容的词语、句子[12]。

认识心理学和神经心理学的这些观点同人们的日常体验有相当一致的地方。词义也是一种信息内容，是一种意识、思想，它的呈现和表述同样具有上述心理活动和思维形式。我们先来看日常生活中对“妇女”一词的理解和说明。

妇女

A a. 成年女子。

b. 成年女子的通称。

c. 成年的女性人类。

B a. 头发长,会生孩子的人。

b. 跟男人不一样,爱打扮,穿裙子。

C a. woman(英)

b. жещина(俄)

D 脑子中出现的或画出的妇女形象。

A、B是语句表示的词义内容,属命题表征,也属“扩展性言语结构”,下文统称“扩展性词语”。D是“摹象表征”,C只是换了一个符号。A、B、C、D的性质不同,可以分述如下:

A是较准确的扩展性词语表示的词义,由多个词语组成,是符号串。词典中说明、描述式的释义是这种形式的代表。它是人们借助于经验、科学认识经过分析概括产生的,内容较准确完整,有恰当的语言形式。

B是不大准确的扩展性词语表示的词义,它也由多个词语组成,也是符号串。内容不大准确、不完整,形式自由。人们日常理解说明词义多是这种形式。现任牛津词典主编罗伯特·伯奇菲尔德在《词典编纂学》中说明过这种现象:“假如你请一个普通人给一个像‘马’‘盘子’或‘美丽’这样的词下定义,其结果经常是愣了半天,支支吾吾,然后说出一个很蹩脚的定义。”平常人说出的词的“蹩脚定义”,就属于这种情况。

D词义的表现是词义指示的客观事物的“摹象表征”,即事物的表象印象或想象中的事物。词义的这种表现形态,在幼儿的意识中可能占主导地位(他们知道“水”“火”“妈妈”这样的词,但他们不可能用扩展性词语说明词的意义)。一般人意识中也有词义表示的客观事物的摹象表征,但这不是词的理性内容。

C是单个同义语言符号表示的词义。它只换了一个符号,它不是符号串,不是扩展性词语。只有存在同义的单个语言符号条件下才能出现。C中a、b是不同语言单个语言符号的对释。在一种语言里,可以用通语释异称或方言,如:妇道,妇女。可以用今语释古语,如:妇,妇女。

在这里我们想证明,以一词释一词实际上是用扩展性词语释义的代替形式。看下面的例子:

冢	坟墓	埋葬死人的穴和上面的坟头
被解释的词	以一词释义	用扩展性词语释义

为什么人们看到“坟墓”一词也理解了被解释的“冢”的意义呢?这是因为“坟墓”这个词为人们所熟悉,在意识中可以引起两种作用,一是引起“坟墓”的“摹象表征”(表象、印象等),另一是使人想到用扩展性词语表示这个词的某些概念内容(理性内容),它是可以用较准确的扩展性词语表示的,如上面说的“埋葬死人的穴和上面的坟头”,也可以是用不大准确的扩展性词语表示的,例如说是“埋死人的地方”“一个高的土堆,下面埋着死人”,等等。释义中所谓用熟悉的、易懂的词解释不熟悉的、生僻的词,就是指用来解释的那个词,容易在人们意识中引起上面所说的两种作用。只有表示具体事物现象的词,能同某种印象、表象联系的词,有可能引起摹象表征,而人们熟悉的词,都能使人在不同的层次上、不同的方面意识到用扩展性词语(较准确的或不大准确的)表示的一定的概念内容(词的理性内容)。如果用不熟悉的词来释义,如用“豕”释“彘”,人们仍要寻找能解释“豕”的为人们所熟悉的词,如“猪”。“猪”一词能在人们的意识中引起上面所说的作用,从而理解“豕”“彘”的

意义。由此可见,语言中只有用扩展性词语的内容,才能表示一个词的意义。用一词释一词这种做法,只是使读者、听者在自己的意识中产生、构成某种释义的扩展性词语、某种摹象表征罢了。因此说以一词释一词是扩展性词语释义的代替形式是有根据的。

词的概念义是以扩展性词语表示的,能否从分析解释说明词义的扩展性词语的内容、形式中总结出规律性的东西,探讨分析词义的形式化的方法呢?下面我们来讨论这个问题。

三

多年来,人们看到表述词义的扩展性词语是灵活多变的,似乎是难以捉摸的。据我们观察,就解释实词的扩展性词语来说,主要有两种做法。请看下面的例子。

摧残　使(政治、经济、文化、身体、精神等)蒙受严重损失。

(《现代汉语词典》,以下简称《现汉》)

摧毁　用强大的力量破坏。(例略)　(同上)

《简明同义词典》(张志毅编著)对这两个词的分析如下:

同　严重地破坏和损害。

异　〔摧残〕着重指逐渐残害。……指残忍的不正当的或不应有的破坏。对象多半是有生命的,如人、动物、植物,有时也可以是文化、艺术、经济、政治等。

〔摧毁〕着重指用强力破坏。对象常是无生命的东西,如建筑物、阵地、国家制度、政权、势力等,有时也可以是人的精神、意志、思想以及植物等。(词性、感情色彩说明、例句略)

我们把《现汉》对"摧残""摧毁"的释义叫"扩展释义式",把《简明同义词典》对这两个词的分析叫作"分析陈述式"。

“分析陈述式”把词义的各个内容分解开来，分析陈述其同点、异点和特点，既可以说明词义一般、本质的特点，也可以说明细节上的特征。

“扩展释义式”为词典式的释义所用，重在概括词义中一般、本质的特点，用语简洁，多略词义细节上的特征。

“分析陈述式”用语变化多样，“扩展释义式”则有内容、形式上的一定模式和规律。

“扩展释义式”虽然也有很多变化，却可以归结为以下几种类型：

1. 归类限定　利用词、词语的上下位关系，将被解释的词放在适当的上位概念中，这是归类；再给表达上位概念的词、词语以各种修饰限制，这是限定。如(各词释义皆引自《现汉》，加点者为表示上位概念的词)：

渔轮　捕鱼的轮船
英才　才智出众的人
望　往远处看
通红　很红，十分红

2. 描写说明　广义地说，归类限定中就有描写说明，这里是指非归类限定的描写说明，是对被释词表示的动作行为、性状特征等具体的说明描写。如：

穿　把衣服鞋袜等套在身上
包　用纸布或其他薄片把东西裹起来
闲散　无事可做而又无拘无束
漫漶　文字图画等因磨损或浸水受潮而模糊不清

3. 否定对立　利用词义的矛盾、反对关系，通过否定一方说明另一方，或指出一方是另一方的对立面。如：

碍眼　不顺眼　　　　沉默　②不说话
动……跟“静”相对　　短……跟“长”相对

每种类型都有复杂的变化(将另文论述)。这里要说明的是,“扩展释义式”的各种变化在形式内容中有共同的东西,表名物的词、表动作行为的词、表性状的词的“扩展释义式”是有一定模式的,可以探讨在“扩展释义式”的模式的基础上,做适当的限制、调整,使各类词词义分析形式化。

四

笔者在总结表动作行为的词释义模式的基础上,提出表动作行为的词“词义成分——词义构成模式”分析。(详见本书《汉语表眼睛活动的词群》)。表动作行为的词释义模式如下:

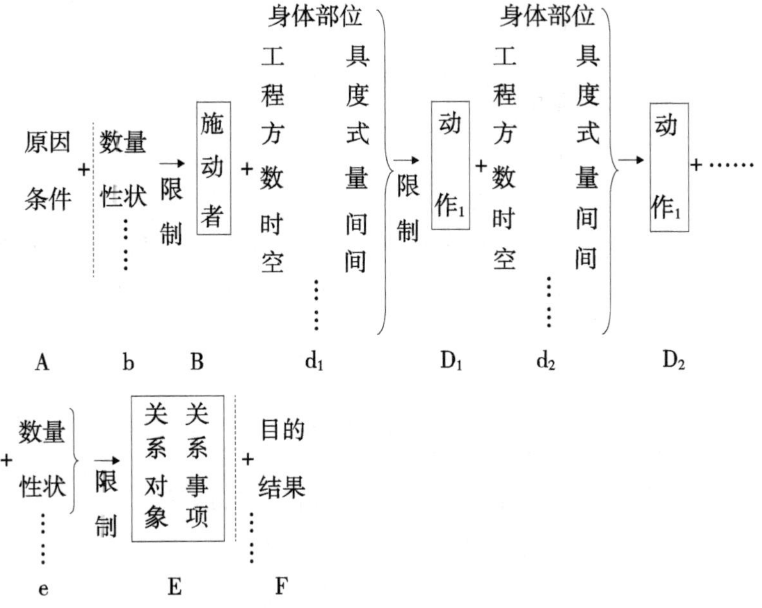

用符号表示则为:$A+bB+d_1D_1+d_2D_2+\cdots\cdots eE+F$,表动作行为的词意义的不同,正是由于“模式”中各项出现的情况及其内

容不同。其中 D_1 为必然项，否则就不是表动作行为的词了。省略号表示还可能有 D_3⑬。

对同一个表动作行为的词同一个意义的解释，可以因为描写角度不同、强调和略去的内容不同、概括具体程度不同而有各种变化。如：

抓

手指聚拢，使物体固定在手中。（《现汉》）

用手握取。（《四角号码新词典》，以下简称《四角》）

用手或爪拿取。（《新华词典》，以下简称《新华》）

用手或爪取物。（《辞海》）

用手或爪取物。（《辞源》）

用手或爪取物。（《汉语大字典》，以下简称《大字典》）

用手、爪取物或握物。（《汉语大词典》，以下简称《大词典》）

可以把各词典、字典的释义按上述"模式图"分析如下：

	B	d_1	D_1	d_2	D_2	E
《辞海》 《辞源》 《大字典》		用手 （或）爪	取			物
《四角》		用手	握取			
《新华》		用手 （或）爪	拿取			
《大词典》		用手 （或）爪	取（或）握			物
《现汉》	手指		聚拢	在……手中	使……固定	物

其主要差异可说明如下：

1. 强调、略去的特征不同：如《辞海》等几部词典说明动作的身体部位是"用手或爪"，《四角》只说"用手"；《辞海》等几部词典说明动作的关系对象为"物"，《四角》《新华》不说明；在动作行为特征方面,《辞海》等强调"取";《四角》强调"握"。

2. 对动作行为本身说明的具体概括程度不一样,《辞海》等几部词典把"抓"归结为一个行为"取"或"拿取"或"握取",《大词典》分解为两种行为"取"或"握"。

3.《现汉》对"抓"的解释同上述几部词典的角度完全不同。上述词典是以"人或动物"为行为主体(即 B,未出现,隐含),《现汉》则以"手指"作为行为的主体,使它处在释义词语的主语的位置上。对行为的说明分为两个步骤,先是(手指)"聚拢",接着是"使……固定"。《现汉》也说明了行为的关系对象"物",行为的身体部位的限制"在……手中"。

这种情况说明,表动作行为的词所表示的动作行为是同多种因素发生关系的。如"抓"这种行为,同人、动物、手、爪、物等因素发生关系,这就使人们有可能从不同关系上、从不同的角度去说明同一动作行为,这好比照相、画画儿,允许有不同的视角。也会出现强调、省略之处不一致,概括具体程度的不同。比较不同词典的释义、考察语言的应用情况,我们认为,《大词典》的释义,可以作为"抓"的"词义成分——词义构成模式"分析的根据。理由是:(1)它说明"抓"这种行为的角度有普遍性,(2)它将"抓"的行为分解为"取"或"握",符合语言实际。《大词典》在这个义项下引的两个例子,可以说明其间的区别。《儿女英雄传》第十三回:"慌得他抓了顶帽子,拉了件褂子,一路穿着跑了出来。"张天翼《包氏父子》二:"他手放在口袋里,紧紧抓住那卷钞票。"前例"抓"重在"取",后例"抓"重在"握"。(3)它说明"抓"的词义成分较完整,其中隐含着未出现的行为的主动者"人或动物"(即 B)。因此"抓"的"词义成分——词义构成模式"可确定为:

B	d_1	D_1	E
(人 动物)	用手 用爪	取(或)握	物

这里词义成分不是如构成成分分析所作的那样,处理成并列关系(构成成分如原子组成分子那样组合成词位的意义),它们存在有自然语言组合中的语义关系。$B+D_1$ 为行为主体同行为的关系,D_1+E 为行为和行为涉及的对象的关系,d_1 和 D_1 之间、e 和 E 之间是前者修饰限制后者,等等。因此这些词义成分的组合是一种有结构的序列。

现在我们来看上文提过的"父亲"一词词义成分分析不同的原因。"父亲"属表名物的词,表名物词多用"归类限定"的模式释义。"父亲"一词词义成分分析的不同在于,选择的类词语不同,提取种差的着眼点、角度不同。若以"人"为类词语,则"男性"表特征,若以"男人""男性"(名词用法)为类词语,则"男性"不再表特征,若从血统关系、辈分关系着眼,则"父亲"可有"直接亲属""长(一)辈"的特征。若视"父亲"是对子女而言,则可有"有子女"的特征,若从父母和子女的依存关系着眼,则"父亲"可有"→(生育关系)"的特征(按,"→(生育关系)"指生育者一方,"←(生育关系)"指被生育者一方)。所以,究竟为"父亲"一词确定什么样的类词语和特征,即确定他的词义成分,取决于不同比较、不同说明的需要。

从上述的分析可以看出,所谓词义成分或构成成分,是分解扩展性词语表述词义的内容而得到的成分,由于表述同一词义可选择多个扩展性词语,它们的内容形式有差别,所以不能把词义成分看作固定的、不变的。词义和分解扩展性释义词语所得的词义成分之间的关系,同分子和原子之间的关系并不相似,从这个方向设想词义分析的形式化的方法,疑难重重。若从分析总结释义的扩展性词语的规律入手,根据一定目的要求,在一定范围内,调整词义成分和词义构成模式,有可能探讨出一种合理的词义分析的形式化的方法。

附　注

① 为《汉语学习》创刊 15 周年而作。

② G. Leech:*Semantics*,Penguins 1974,p. 15—16.

③ 同②,p. 103。

④ J. Lyons:*Introduction to Theoretical Linguistics*,Cambridge 1971,p. 477.

⑤ 王德春《词汇学研究》,143 页,山东教育出版社 1983。

⑥ 徐思益《论句子的语义结构》,《新疆大学学报》(哲学社会科学版)1984 年第 1 期。

⑦ 贾彦德《汉语语义学》,44 页,北京大学出版社 1992。

⑧ J. Lyons:*Semantics* I,p. 320.

⑨ 同⑧,p. 333。

⑩ 同⑧,p. 317。

⑪ 朱曼殊主编《心理语言学》,46 页,上海华东师范大学出版社 1990。

⑫ A. P. 卢利亚《神经语言学》,赵吉生、卫志强译,6 页、21 页,北京大学出版社 1987。

⑬ 参看拙文《表动作行为的词的意义分析》,《北京大学学报》(哲学社会科学版)1982 年第3 期。

(原载《汉语学习》1995 年第 6 期)

“词义成分—模式”分析
（表动作行为的词）

笔者提出词的“词义成分—词义构成模式”分析[①]，现简称为“词义成分—模式”分析。对于表动作行为的词，其要点是：(1) 以表动作行为的词的释义模式作为分析的框架；(2) 比较不同词典的释义、考察语言的应用情况来确定词义成分；(3) 选择恰当的释义方式使词义成分组成模式。本文以“吃”及其同义、近义词为分析对象，探讨这种方法的应用。笔者目的在于探讨一定程度上是形式化的、又是合理的分析说明词义的方法。

一

可以用表动作行为的词的释义模式作为框架来说明表动作行为的词在句子中出现时的具体意义，它的特点是：能够尽可能具体地描写行为的特征。下面是我们对“吃”在不同句子中的意义的说明。

①我们吃了饭了。

其中的“吃”可说明为：

(人)	把	馒头、米饭等	放到	嘴里，	嚼了	咽下去
B		E	D_1	d_1	D_2	D_3

(符号 B、E、D_1 等代表的意义，请参看附注①中所述论文，下同)

②老张吃药了。

其中的“吃”可说明为：

(人)	把	药	从	嘴里	咽下去
B		E		d_1	D_1

③她一会儿来，她的孩子正吃奶呢。

其中的“吃”可说明为：

(小孩)	吸吮	母亲的 橡皮的	奶头 奶嘴	咽下	奶汁
B	D_1	e_1	E_1	D_2	E_2

④猴子喜欢吃香蕉。

其中的“吃”可说明为：

(动物)	把	水果	放到	嘴里，	嚼了	咽下去
B		E	D_1	d_1	D_2	D_3

“吃”所出现的语境是无限的，每一个语境中所出现的“吃”的施动者(B)、行为特征(D_1、D_2 等)、关系对象(E)等都有差异，词典的释义一般是在分析了各种用例，有时还借助于经验、科学认识，经过概括写定的。下面我们来看几部词典对“吃”的解释(我们据释义模式添加了符号)：

把	食物	放到	嘴里，	经过	咀嚼	咽下去
	E	D_1	d_1		D_2	D_3

(《现代汉语词典》，以下简称《现汉》)

用嘴	嚼	咽	食物
d_1	D_1	D_2	E

(《新华词典》，以下简称《新华》)

吞咽	食物饮料
D_1	E

(《汉语大字典》，以下简称《大字典》)

把	食物	放入	嘴中	经	咀嚼	咽下
	E	D_1	d_1		D_2	D_3

(《汉语大词典》，以下简称《大词典》)

对比几部词典释义，可以指出下列几点：

(1)几部词典都未说明行为的施动者(B),因为这对本族人来说是不言而喻的,因此施动者(B)的内容(人或动物)在这几部词典的释义中属隐含特征。

(2)几部词典对"吃"的行为强调、略去的特征不一样。《大字典》最简单,只说是"吞咽",《新华》的说明包含有两个行为"嚼""咽",《现汉》和《大词典》的说明包含有三个行为"放到"(或"放入")、"咀嚼""咽下去"(或"咽下")。

(3)"吃"的关系对象 E,几部词典都只说"食物",《新华》则添加了"饮料"。

(4)"吃"行为应用的器官,《大字典》未说明,其他几部词典则加以说明。

比较词典对"吃"的释义和我们对"吃"在上述几个句子中意义的分析,可以注意下列几点:

(1)具体句子中的"吃"有不同类型的施动者(B),或是人(大人、小孩),或是动物。

(2)具体句子中的"吃"有特定的关系对象(E),分别是馒头、米饭、药、奶汁、香蕉等。

(3)具体句子中"吃"包含的行为(D)是确定的,如例①和例④是"放到(嘴里)""咀嚼""咽下去",例②中是"咽下去",例③中是"吸吮""咽下"。

根据各词典的释义和"吃"在语言中的应用情况可以这样来确定"吃"的"词义成分—模式":

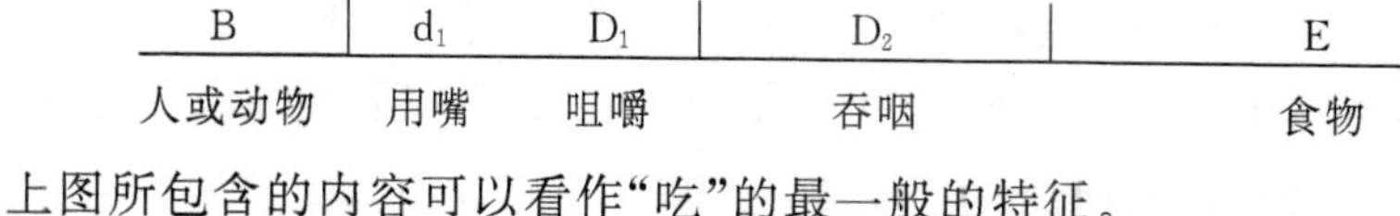

上图所包含的内容可以看作"吃"的最一般的特征。

词义成分有不同情况,下述三种值得注意:

(1)词义的固有特征,即词的最一般的词义成分。上面确定的“吃”的词义成分都是固有特征。但词义的某些固有特征在一定条件下可以消失,如当“吃”的关系对象是“液体食物”“液体药物”或是不需咀嚼的“固体药物”时,“吃”的“咀嚼”的特征便消失了,例②例③中的“吃”就是这样。

(2)选择性特征,指词义成分中可以不同时出现的特征,如“吃”的施动者(B)可以是人也可以是动物,“吃”的关系对象(E)可以是固体或液体的各种食物。

(3)词义的孳生特征。词义的孳生特征(inferential features)是德国学者里普加(L. Lipka)提出来的概念[②]。他说词义的“孳生特征”是由上下文和非语言的环境产生的特征,它是补充性的,非固有的[③]。上文例③中“吃奶”中的“吃”,其词义内容有“吸吮”(D_1),这个行为是由于“吃”的受事对象“奶”存在于母体或奶瓶中而产生的。这个特征可看作是由上下文、非语言的环境产生的“吃”的词义的孳生特征。用词义的孳生特征的观点可以这样来说明“吃瓜子”中的“吃”:

B	d_1	D_1	E	D_2	D_3	E
人	用牙齿	咬破	瓜子	咀嚼	咽下	瓜子仁

其中“用牙齿咬破瓜子”这些内容,是“吃瓜子”中“吃”的必有的内容,但显然可看作是由于“吃”应用于这种语境中所产生的词义的孳生特征。

下面我们用上述“词义成分—模式”分析说明同“吃”同义、近义、相关的一些词。喝、饮、呷、抿、吮、吮吸、嘬、嘣、咂、吸、吸食、吸饮在一起分析,服、服用、服毒、嗑、啃在一起分析。

二

《现汉》在说明“吃”义时，用括号说明“包括吸、喝”，这就表明“吃”和“吸”“喝”在词义上有交叉。我们来考察表示以吸食液体物、气体状态的东西为主的下列词的意义：

喝、饮、呷、抿为一组。先看词典释义：

喝 《现汉》：①把液体咽下去：～水|～茶|～酒。
②特指喝酒：爱～|～醉了。
《大字典》：吸食液体饮料或流体食物。如：喝水；喝稀饭。
《大词典》：饮用。……曹禺《王昭君》第五幕：“姑姑，您喝口茶，平平气。”

饮 《现汉》：①喝：～料|～食|～水思源。
《大字典》：①喝。如：茹毛饮血。……毛泽东《水调歌头·游泳》：“才饮长沙水，又食武昌鱼。”又特指喝酒。如：宴饮；对饮。
《大词典》：①喝。……郭沫若《女神·女神之再生》：“我们欲饮葡萄觥，愿祝新阳寿无疆。”

呷 《现汉》：〈方〉喝[1](hē)①：～了一口茶。
《大字典》：②吸饮。……鲁迅《而已集·答有恒先生》：“他们其实至多也不过吃半只虾或呷几口醉虾的醋。”
《大词典》：①吸饮；喝。……老舍《骆驼祥子》四：“(祥子)呷了口汤，觉得恶心，在口中含了半天，勉强地咽下去。”

抿 《现汉》：②嘴唇轻轻地沾一下碗或杯子，略微喝一点：～了一口酒。
《大字典》：④嘴唇轻轻地沾一下碗或杯子，略微喝一点。
《大词典》：④嘴唇轻沾一下杯碗，略饮少许。

上述解说符合语言事实。此外，“喝”“饮”的施事者可以是人或动

物;“呷”“抿”不能用于动物。可以这样来说明这几个词的“词义成分—模式”:

	B	d_1	D_1	E	D_2	e	E
喝	人或动物	用嘴	咽下	液体(水、酒、药等)			
饮	人或动物	用嘴	咽下	液体(水、酒等)			
呷	人	用嘴 用嘴唇	咽下	液体(茶、酒等)			
抿	人	轻轻地 一下	沾	碗或杯子	喝	一点	液体

通过以上“词义成分—模式”分析,我们可以看到:

(1)“喝”“饮”词义一样,但“喝”是通用词,“饮”多用于书面。“喝”在“他爱喝”“他喝醉”中特指“喝酒”;“饮”在“两人对饮”“开怀畅饮”中特指“饮酒”。《现汉》《大词典》为这两个意义单立义项,因为“喝”“饮”的关系对象(E)的可选择性特征“酒”在上述用法中成为固有特征,而使词义有了分化。“爱喝”的“喝”仍是词,“对饮”“畅饮”中的“饮”是合成词的成分,仍显出二者文白的差异。

(2)“抿”是一个很有特点的词,除了“喝”的行为外,必有“用嘴唇”(身体部位)、“轻轻地”(程度)、“沾”“一下”(数量)、“碗或杯子”的行为,同时“喝”也有数量“一点”来限制。

“吃”只有在“吃酒”“吃药(液体的)”等用法中义同“喝”“饮”,这种情况下“吃”失去它的固有特征“咀嚼”。当“吃”这样用时,有些辞书分立义项,如《大字典》为“吃”立义项②饮,《大词典》立义项②饮,喝。这也反映“吃”同“喝”“饮”同义的条件是失去“咀嚼”的特征。

吮、吮吸、嘬、嗍、咂为一组。先看词典释义:

吮 《现汉》:吮吸;嘬:～乳。

《大字典》:用口含吸。如:吮奶;吮血。……萧红《桥》:“小良子吃杏……他很久很久的吮着这杏核。”

《大词典》:用嘴吸。……巴金《家》二一:“虫咬了我的手指头,还是你给我吮伤痕。”

吮吸《现汉》:把嘴唇聚拢在乳头或其他有小口儿的物体上吸取东西,现多用于比喻。

《大词典》:用嘴吸。亦比喻榨取、伤害。……曹禺《北京人》:“陡然低下头来吮吸他手上的伤口。”

嘬 《现汉》:〈口〉吮吸:小孩～奶。

《大字典》:①吮吸。如:小儿嘬奶。

《大词典》:①吮吸。……浩然《机灵鬼》:“……被点着的纸烟只嘬一口,就把他给呛住了。”

嘣 《现汉》:吮吸。

《大字典》:吮吸。

《大词典》:吮吸。

咂 《现汉》:①用嘴唇吸:～了一口酒。

《大字典》:①吮;吸。如:咂指头。

《大词典》:①吮吸……杜鹏程《保卫延安》第五章:“孩子挺着脖子拼命地咂(咂奶)……”

这几个词在语言应用中可注意的几点:(1)“吮”“嘣”虽同是用嘴唇吸入,但在条状物上吸附着物(如:嘣筷子上的蜂蜜)一般叫“嘣”;(2)“咂”的关系对象一般是酒菜,吸入一般是少量的;(3)“吮”“吮吸”“嘬”“嘣”嘴唇一般“聚拢”,“咂”则可不“聚拢”。这样来说明这些词的“词义成分—模式”:

	B	d_1	D_1	D_2	e	E
吮	人或动物	把嘴唇在小口上	聚拢	吸取		液体
吮吸	人或动物	把嘴唇在小口上	聚拢	吸取		液体

	B	d_1	D_1	D_2	e	E
嘬	人或动物	把嘴唇在小口上	聚拢	吸取		液体
嘣	人或动物	把嘴唇	聚拢	吸取		液体
咂	人或动物	用嘴唇		吸取	少量	液体

从上图我们看到:

(1)这组词表示的词义虽同上组一样主要通过嘴吸收液体,但以“用嘴唇”为帮助特征。

(2)“吮”“吮吸”义同,但前者为单纯词,后者为合成词;用法也有不同,词典说明“吮吸”已多用比喻义。另外,在“吮指头”中,“吸取”这一固有特征消失,用“吮吸”则需有“吸取”的行为,这是两个词在应用中可能出现的词义差别。

(3)“嘬”“嘣”是口语词。“嘬”常有“用力(吸)”的孳生特征(如:用嘴嘬毒蛇咬的伤口,把毒液吸出来),“嘣”由于常用于吮吸条状物上的附着物,因而可能有“来回(吸取)”的孳生特征。

(4)“咂”用于“咂奶头”“咂指头”时,嘴唇有“聚拢”的特征;“咂一口酒”中的“咂”不具有这个特征,因此,嘴唇“聚拢”与否对“咂”来说是选择性特征。

吸、吸食、吸饮是一组。先看词典释义:

吸　《现汉》:①生物体把液体、气体等引入体内:呼～|～烟。

《大字典》:①吸气入内。如:呼吸;吸气。……老舍《骆驼祥子》:“冯先生直吸气,不愿负这个责任。”

②饮。……鲁迅《书信致曹靖华》:“内地穷了,洋人无血可吸,似乎也不甚兴高采烈。”

《大词典》:①引气入体内。与“呼”相对。……《儿女英雄传》第四回:“把那烟从嘴里吸进去,却从鼻子里喷出来。”

②吸饮;吸食。……陈毅《赠缅甸友人》:“我吸川上

流,君喝川下水。"

吸食 《现汉》:用嘴吸进(某些食物、毒物等)。

《大词典》:用嘴吸进(某些食物、毒物等)。……姚雪垠《长夜》三:"……不管男女都吸食鸦片。"

吸饮 《大词典》:本指用嘴吸进液汁。引申指汲取,吸收。

这三个词都带有表示吸收气体的"吸"。"吸"单用可用嘴也可用鼻子。词典对这一点未说明。吸取气体最常用的是"吸"("嘬"有时可用于吸引气体,见上"嘬"《大词典》释义下所引例子,但"嘬"不能用鼻子),它也可用于液体。这种区分《现汉》不分立义项,《大词典》《大字典》则分为两义。下面的分析据《现汉》。"吸"构成的合成词"吸食""吸饮"中"吸"都不能用鼻子,"吸食"还包含有吸取气体的内容,"吸饮"中则排除了吸取气体的内容。下面是对这三个词"词义成分—模式"的说明。

	B	d_1	D_1	E
吸	人或动物	用嘴 用鼻子	引入	气体、液体、粉状物
吸食	人或动物	用嘴	引入	液体、气体、毒物等
吸饮	人或动物	用嘴	引入	液体

"吸"可用于液体,"喝""饮"也用于液体,那么,它们的区别何在?这里需要对"吸"的"引入"这种行为作具体的说明。"吸"是由于肺部收缩,使空气向体内流,带入所要吸收的气体、液体、粉状物;"喝""饮"等则主要是靠液体的重力作用或靠嘴唇的动作吸收。"引入"所包含的特征是这三个词表示的行为的独特之处。词典释义不必详细说明这种生理活动,但这一点对辨别词义特征很重要。

《大字典》为"吃"立义项⑥吸(如:吃烟……),《大词典》立义项③吸(巴金《沉默集·煤坑》:"吃烟,你不要你的命了!")。这种用法的“吃”失去了它的固有特征“咀嚼”,而且不是以原来的固体、液体为关系对象,而是以气状物为关系对象。换句话说,这个“吃”已不同于我们上面分析的“吃”。这种用法在普通话中已罕见,故《现汉》不收这个意义。

三

现在来分析表示以某类、某种特征的东西为吃用对象的几个词:服、服用、服毒、嗑、啃。

服 《现汉》:④吃(药):～药|内～。

《大字典》:㉑吞服(药物)。

《大词典》:②饮用或食用药物。……巴金《春》二十:“他服了药,睡了十多天才渐渐好起来。”

服用 《现汉》:②吃(药)。

《大词典》:③吃。多指药物、补品等。……郁达夫《病间日记》:“与阿梁去西关,购燕窝等物,打算寄回给母亲服用的。”

服毒 《现汉》:吃毒药(自杀)。

《大词典》:吞服毒药。……冰心《我的故乡》:“她悄悄地买了一盒鸦片烟膏,藏在身上,准备一旦得到父亲阵亡的消息,她就服毒自尽。”

嗑 《现汉》:用上下门牙咬有壳的或硬的东西:～瓜子儿|老鼠把箱子～破了。

《大字典》:②用牙齿对咬有壳物或硬物。……老舍《骆驼祥子》十六:“回到家中,虎妞正在屋里嗑瓜子儿解闷呢。”

《大词典》:②用牙齿对咬有壳的或硬的东西。……巴金《春》一:“(淑华)抓了一把瓜子……慢慢地放在嘴边嗑着。”

啃　《现汉》:一点儿一点儿地往下咬:～骨头|～老玉米。

《大字典》:①一点儿一点儿地往下咬。如:啃骨头;老鼠啃地板。……李季《王贵与李香香》第一部:“大年初一饺子下满锅,王贵还啃糠窝窝。”

《大词典》:①一点儿一点儿地往下咬。……周而复《上海的早晨》第四部:“她手里拿着一块油炸童子鸡腿,一边细细啃着,一边慢吞吞地说。”

这些词可分为两组。服、服用、服毒为一组。根据词典释义和它们在语言应用中的情况可以指出下列几点:(1)这些词都包含有“吃”的词义特征(包括咀嚼、咽下或只咽下固体、液体,不用于气体),但它们有特定的关系对象,“服”“服用”的对象是药物、补品,且多用在书面,或带书面语色彩,日常仍多说“吃”;(2)“服毒”一词的关系对象是“毒品”,它不是如一般食物、药物那样有益于健康,而是引起死亡,这种行为带有明显的目的性——自杀;(3)这些词表示的是人类自觉的行为,不用于动物,牛马等用药则说“喂药”。可以这样来说明这三个词的“词义成分—模式”:

	B	D_1	E	F
服	人	吃	药物、补品	
服用	人	吃	药物、补品	
服毒	人	吃	毒品	自杀

嗑、啃为一组。按词典的释义这两个词可说明为:

	B	d_1	D_1	e	E
嗑	人或动物	用牙齿	咬	有壳的 硬　的	东西
啃	人或动物	一点儿一点儿	咬		东西

但是,“嗑”“啃”用于食物(且多用于食物)则必有“咀嚼”“咽下”的行为。词典的释义对此并未说明。这种情况可以有两种解释:一种认为“咀嚼”“咽下”是“嗑”“啃”的固有特征,在词典释义中

属暗含内容,这个固有特征在用于非食物时消失;一种认为“咀嚼”“咽下”为非固有特征,在用于食物时它成为孳生特征。笔者倾向于前一种解释,因此这两个词的“词义成分—模式”应该是:

	B	d_1	D_1	e	E	D_2	D_3	e	E
嗑	人或动物	用牙齿	咬	有壳的 硬　的	东西	咀嚼	咽下	其中的	子儿仁儿等
啃	人或动物	用牙齿一 点儿一点儿	咬			咀嚼	咽下		食物等

四

我们将上面分析过的各个词的“词义成分—模式”总结成下表,并从中引出几点认识。

	B	d_1	D_1	e	E	D_2	e	E	D_3	e	E	F
吃	人或动物	用嘴	咀嚼			咽下		食物				
喝	人或动物	用嘴	咽下		液体							
饮	人或动物	用嘴	咽下		液体							
呷	人	用嘴	咽下		液体							
抿	人	用嘴唇 轻轻地 一下	沾	碗或杯子		喝	一点	液体				
吮	人或动物	把嘴唇 在小口上	聚拢			吸取		液体				
吮吸	人或动物	把嘴唇 在小口上	聚拢			吸取		液体				
嘬	人或动物	把嘴唇 在小口上	聚拢			吸取		液体				
嘣	人或动物	把嘴唇	聚拢			吸取		液体				
咂	人或动物	用嘴唇 (聚拢)				吸取		液体				
吸	人或动物	用嘴 用鼻子	引入		气体、液体 粉状物							

	B	d_1	D_1	e	E	D_2	e	E	D_3	e	E	F
吸食	人或动物	用嘴	引入		液体、气体							
吸饮	人或动物	用嘴	引入		液体							
服	人		吃		药物、补品							
服用	人		吃		药物、补品							
服毒	人		吃		毒品							自杀
嗑	人或动物	用牙齿	咬	有壳的硬的	东西	咀嚼			咽下	其中的	子儿仁儿	
啃	人或动物	用牙齿一点儿一点儿	咬			咀嚼			咽下		食物等	

这些词的词义相同之处都是用嘴摄入物质的东西。其差别在于:(1)摄入液体(E)的是“喝”“饮”“呷”“抿”和“吮”“吮吸”“嘬”“嘞”“咂”,其中“吮”组以用嘴唇活动帮助吸收为明显的特征,“喝”组这个特征不明显;(2)以“引入”气体为特征(“引入”特征见上文说明)的是“吸”“吸食”“吸饮”,尽管摄入的可以是气体,也可以是液体;(3)摄入固体、液体东西中特殊的一类是“服”“服用”“服毒”,其中前二者为药物,后者为毒物;(4)表示吃硬的有壳的固体东西必用牙齿帮助的是“嗑”“啃”;(5)“吃”在现代汉语中以“咀嚼”“咽下”固体食物为特征。“吃”用于液体或药物时丧失了“咀嚼”的特征,义同于“喝”“饮”“服”“服用”。“吃”用于气体(“吃烟”)在普通话中罕用。可以认为“吃”的这种意义已退出普通话的词义系统;(6)这些词词义的同异应从多方面(B、d、D、E 等)去比较。词义的同异是犬齿状的交错,而不是切豆腐似的规整。此外,也存在附加色彩(通用词、书面语、口语等)和常用搭配词语的差别。

附　注

① 符淮青《汉语表眼睛活动的词群》,《中国语言学报》1995年第6期;《概念义分析的形式化》,《汉语学习》1995年第6期。

②③ L. Lipka: Inferential Features in Historical Semantics,见 J. Fisiak 编 *Historical Semantics and Historical Word-Formation*, Mouton 1985, p. 340—341。

(原载《汉语学习》1996年第5期)

“词义成分—模式”分析
（表名物的词）

一

同对表动作行为的词的“词义成分—模式”分析一样，表名物的词也是从分析词典对名物词的释义模式建立起分析的框架。

表名物的词多用“归类限定”模式释义。笔者曾在《表名物词的释义》① 一文中分析了它的六种变式，现简介于下（以下以 m 代表被解释的词，t 表种差，L 表类词语）。

1. m＝一种 L，或 L 的一种（类、属、门等），或 L 之一　这是指出名物词所表示的事物是类词语所表示的事物现象的一种。如：

珺　一种美玉。（《新华词典》，以下简称《新华》）

白狐　狐的一种……（少独用）

（《现代汉语词典》，以下简称《现汉》，以下引《现汉》不注明出处）

2. m＝L　这种方式形式上是将被解释的名物词同类词语等同，其实是指明名物词所代表的事物现象属于类词语所表示的类。这种方式独用多见于我国古代辞书。如：

荄，草也。（《说文》）

甗，器也。（《广韵》）

3. m＝tL　tL 为偏正词组，L 为中心语，t 为修饰限制词语。这种形式是表名物词释义的标准形式。如：

渔轮　捕鱼的(t) 轮船(L)。

英才　才智出众的(t) 人(L)。

4. m＝L,t　类词语先出现,种差用句子或分句表述,在意义上它对类词语起修饰限制作用。如:

鹌鹑　鸟(L),头小,尾巴短,羽毛赤褐色,不善飞(t)。

5. $m=tL_1+tL_2$(或 L_2,t……)　类词语出现多个,种差可以是偏正词组的限制修饰语,也可以用句子、分句表述。如:

氨水　氨的水溶液(L_1),无色,有臭味,是一种化学肥料(L_2),工业上用途也很广。

6. m＝tL(L 为表名称的词,如"名""简称""通称""总称""别称"等)　这种形式是说明被解释词的名称身份的。如:

安理会　安全理事会的简称。

电瓶　蓄电池的通称。

百货　以衣着、器皿和一般日用品为主的商品的总称。

这种释义形式,说明了"安理会""电瓶""百货"作为名称使用时,分别具有某些事物"简称""通称""总称"的性质,也就是说,它们分别是物的各种简称、通称、总称中的一个,分别属于简称、通称、总称。在这些词反身指代它的名称身份时,"简称""通称""总称"分别是这几个词的上位词[②]。处在"t"位置上的词语或是 m 的同义词,或是指明 m 的范围的。

表名物词的释义除用同义、近义词释义外,用扩展性词语释义,大都属于上述六式中的一种,或者是它们的交叉组合。

在表名物词的释义中,种差的内容是多种多样的,可以是形态、结构、功用、成因、时间、空间、数量、程度、评价等等。在释义

中,种差可出现一项,常见的是出现多项。出现多项的如:

笋鸡　做食物用的小而嫩的鸡。

这里的种差分别表功用、形状、肉质。

不同种类的名物词,需要说明的种差不同。说明植物重形貌、功用、适应性;说明动物重形貌、习性、价值;说明机械,重性能、构造、功用。这是不言而喻的。

解释同一个名物词,可以从不同的角度挑选类词语。比如:

公函　①平行及不相隶属的机关、团体间的来往公文。

②彼此没有领导被领导关系的机关团体之间的来往信件。

(《新华》)

释义中出现多个类词语,反映人们从不同角度、不同联系上说明该事物现象,它们是互相补充的,如上述“氨水”释义中的类词语“溶液”“化学肥料”。

二

可以用“m＝tL”作为分析表名物词“词义成分—模式”的框架,其中“t”对“L”起修饰限制作用。由于说明表名物词可选择不同的类词语,列举的种差多少有不同,内容也有差别,对同一个表名物的词的解释也就不同。下面是不同的词典对“碗”的解释。

碗　①盛饮食的器具,口大底小,一般是圆形的。

②盛饮食物的器皿。　(《四角号码新词典》,以下简称《四角》)

③盛饮食等的用具。　(《新华》)

④圆形敞口的食器。　(《辞源》)

⑤盛饮食的器具。　(《汉语大字典》,以下简称《大字典》)

⑥一种口大底小的食器,一般是圆形的。

(《汉语大词典》,以下简称《大词典》)

注:划杠者为类词语

从上述释义中可以看到:(1)几部词典选择的类词语不同,有“器具”“器皿”“用具”“食器”等;(2)《现汉》说明“碗”的种差是“盛饮食的”(功用)、“口大底小”“一般是圆形”(形状)。《大词典》说明的种差同《现汉》。《辞源》说明碗的形状为“圆形”“敞口”,《四角》《新华》《大字典》只说明碗的功用是“盛饮食(食物)的”。《辞源》《大词典》用的类词语为“食器”,这种偏正式合成词中第一个语素“食”,也表示所解释的词所代表的事物有“供饮食用”的特征[③]。

我们在《概念义分析的形式化》一文中分析过不同学者对“父亲”一词概括的“构成成分”不同,其原因也在于选择的类词语不同以及提取种差的着眼点、角度不同[④]。

这样,对同一个名物词“词义成分—模式”的说明可能有三种情况:

1. 差异说明　这是指类词语和种差有差异的说明。据《现汉》,“碗”的释义可说明为:

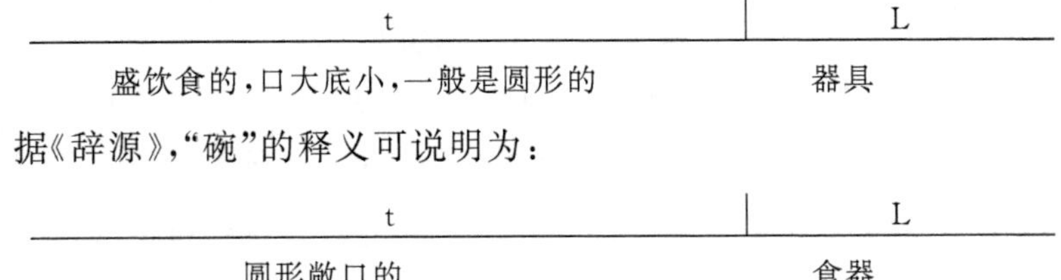

t	L
盛饮食的,口大底小,一般是圆形的	器具

据《辞源》,“碗”的释义可说明为:

t	L
圆形敞口的	食器

“父亲”一词的说明也出现这种情况。若据父亲是“+男性+直系亲属+长辈+人”[⑤][用自然语言表述为:父亲是直系亲属中长(一)辈的男性的人]则可说明为:

t		L
直系亲属中长(一)辈的	男性的	人

若据父亲是“＋有子女＋成年＋男人”⑥(用自然语言表述为:父亲是成年的有子女的男人)可说明为:

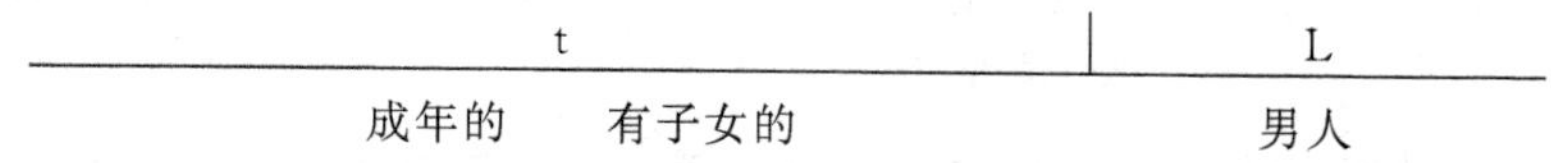

t		L
成年的	有子女的	男人

这种情况出现在不同的人对同一个名物词表示的事物从不同角度、不同联系上强调其性质类别的时候。

2. 综合说明　把各种词典、不同学者对同一个词的说明、分析综合起来,可以得到一个内容丰富、较全面的说明。如:

鱼　①生活在水中的脊椎动物,体温随外界温度而变化,一般身体侧扁,有鳞和鳍,用鳃呼吸。种类极多,大部分可供食用或制鱼胶。

②水生脊椎动物。一般是纺锤形,多被鳞,以鳍游泳,以鳃呼吸,多数有鳔,体温不恒定。　(《大字典》)

根据这两部词典说明的鱼的特征、类别,可以把“鱼”的词义内容综合如下:

t	L
生活在水中,体温随外界温度变化,一般身体侧扁,呈纺锤形,多数被鳞,以鳍游泳,以鳃呼吸,多数有鳔,可供吃用或制造鱼胶的	脊椎动物

这种情况可能出现在表名物的词所代表的事物有多方面的属性,不同的说明各有侧重面需要加以综合的时候。

3. 比较说明　根据各种比较的需要,选择确定某些一般的本质的特征,选择恰当的类词语加以说明。下面是对“碗”“盘子”“碟子”的比较说明。

碗　各词典释义见上

盘子　①盛放物品的浅底的器具,比碟子大,多为圆形。

②敞口扁浅的盛物器皿。似碟而大。　(《大词典》)

(其他词典释义略)

碟子　①盛菜蔬或调味品的器皿,比盘子小,底平而浅。

②一种盛食品或调味品的小而浅的器皿。　(《大词典》)

(其他词典释义略)

比较词典的解释和人们的认识,这三个词的内容可说明如下:

	t	L
碗	盛食品用,口大底小,圆形	器皿
盘子	盛食品用,口大浅底,圆形	器皿
碟子	盛食品用,体积小,底平而浅,圆形	器皿

对上表说明如下:(1)三者的功用都确定为“盛食品用”,至于是盛主食、副食、调味品,还是固体、液体,可视为选择性特征或孳生特征。盛食品是三者的主要功用,有时用于盛其他物品,可看作孳生特征;(2)它们最一般的不同是:“碗”和“盘子”在于一个口大底小,一个为浅底,而“盘子”和“碟子”的区别在于后者体积小;(3)类词语选择“器皿”,这对饮食用具较恰当。若用“食具”,则其中的语素“食”同前面确定的特征“盛食品用”重复。

三

下面运用表名物词的“词义成分—模式”分析“榜样、样板、表率、标兵、模范”这组同义、近义词。这种分析也同表动作行为的词的分析一样,要比较不同词典的释义,并考察语言的应用情况。

1. 比较词典释义

榜样　①值得学习的好人好事。

②值得学习和效法的人或事物。 (《新华》)
③楷模。 (《大词典》)

样板 ①比喻学习的榜样。
②比喻作为学习、仿效的榜样。 (《新华》)
③比喻学习的榜样。 (《大词典》)

表率 ①好榜样。
②榜样,以身作则。 (《新华》)
③榜样。 (《大词典》)

标兵 ①比喻可以作为榜样的人或单位。
②比喻作为学习榜样的个人或单位。 (《新华》)
③比喻可以作为榜样的人或单位。 (《大词典》)

模范 ①值得学习的人或事物。
②值得学习的先进榜样。 (《新华》)
③榜样,表率。 (《大词典》)

从各词典的释义很难看出这些词词义的细微差别,甚或还可能引起误解。如据《现汉》"表率"比"榜样"的评价要高,据《新华》则"表率"和"榜样"在名词用法上完全同义,据《大词典》则"表率""榜样""模范"完全同义。由此可见,词典释义只提供了这几个词最一般的说明,帮助了解所指事物一般的特征。

2.考察语言应用

下面我们通过几个典型的例子分析这几个词意义的差别,并用"tL"这个释义框架来说明各个词在句子中的具体意义。

例①:老张是我们学习的□。

□处这几个词都能用,用"表率"则评价比"榜样""样板"低一些,用"标兵"则暗含领导、群体在一个范围中树立的,用"模范"则评价比其他几个词都高。下列说明表示了上述差别。括号中的词语是词典释义一般不具体说明的内容或孳生特征。

	t	L
榜样	值得学习的	人
样板	值得学习的	人
表率	可供仿效的	人
标兵	值得学习的(树立的，评选的)	人
模范	可作为标准供人学习的(历来公认的或上级、群众选定的)	人

其中“模范”一词的种差据其词义，也据其语素义——“模”，法式，标准；“范”原义为模子，引申也有标准义。

例②：老王是他们厂评选的□。

□处“榜样”“表率”皆不能用，“样板”“标兵”“模范”能用，用“模范”评价比前两个词高。可以说明如下：

	t	L
*榜样		
样板	评选的，值得学习的	人
*表率		
标兵	评选的，可供仿效的	人
模范	评选的，可作为标准供人学习的	人

例③：鲁迅是继承和发扬优秀文化传统的□。

□处“榜样”“模范”皆能用，用“表率”则评价略低。习惯上不用“样板”，不能用“标兵”，这是因为“样板”“标兵”多用于一定范围、一定地区，且多为评选、树立的。可以说明如下：

	t	L
榜样	(历来公认的)值得学习的	人
*样板		
*标兵		
表率	(历来公认的)可供仿效的	人
模范	(历来公认的)可作为标准供人学习的	人

例④:红光厂是我们学习的□。

□处这几个词都能用,这说明这几个词都可指单位,评价的差别同上,用"标兵"则暗含领导、群体在一定范围中树立的。可以说明如下:

	t	L
榜样	值得学习的	单位
样板	值得学习的	单位
表率	可供仿效的	单位
标兵	值得学习的(树立的或评选的)	单位
模范	可作为标准供人学习的	单位

例⑤:这个厂的事迹是我们学习的□。

□处只有"榜样""样板"能用,"表率""标兵""模范"皆不能用。这说明前两个词可以指事迹,后三个词不能指事迹。可以说明如下:

	t	L
榜样	值得学习的	事迹
样板	值得学习的	事迹
*表率		
*标兵		
*模范		

3."词义成分—模式"比较

比较词典的释义,综合上述用例中对这几个词词义的分析,可以归纳这几个词的"词义成分—模式"如下:

	t	L
榜样	值得学习的(自然形成、公认的)	人、单位、事迹
样板	值得学习(公认的或选定的)	人、单位、事迹
表率	可供仿效的(自然形成、公认的)	人、单位

标兵	值得学习的(在一定范围内的,常是选定的)	人、单位
模范	可作为标准供人学习的(历来公认的或选定的)	人、单位

对上述释义可作如下说明:

(1)“榜样”类词语的确定,据①④⑤例,种差的说明据各例的比较;

(2)“样板”类词语的确定,据①④⑤例,种差的说明据各例的比较;

(3)“表率”类词语的确定,据①④例,种差的说明据各例的比较;

(4)“标兵”类词语的确定,据①④例,种差的说明据各例的比较;

(5)“模范”类词语的确定,据①④例,种差的说明据各例的比较。

把这种分析同词典释义比较,可以看到:

(1)各词类词语作了调整,更恰当了;

(2)种差的说明,不用括号括起来的部分,显示了几个词表示的评价的差别;

(3)用括号括起来的种差的内容,或是词典释义难以具体说明的内容,或是孳生特征,在仔细辨析时,应该指出。

附　注

① 见《辞书研究》1982 年第 3 期。

② 同上,又参考拙著《词义的分析和描写》,46—47 页,语文出版社 1996。

③ 参考拙著《词义的分析和描写》,115—116 页。

④ 符淮青《概念义分析的形式化》,《汉语学习》1995 年第 6 期。

⑤ 王德春《词汇学研究》,143 页,山东教育出版社 1983。

⑥ 徐思益《论句子的语义结构》,《新疆大学学报》(哲学社会科学版)1984 年第 1 期。

(原载《汉语学习》1997 年第 1 期)

“词义成分—模式”分析
（表性状的词）

一

表性状的词“词义成分—模式”分析也要从总结词典的释义模式建立分析的框架。笔者在《表性状词的释义》[①]一文中分析了表性状词的释义方式，除了用单个同义、近义词释义外，主要有四种类型，现简介于下。

1. 准定义式和定义式，如（释义引自《现代汉语词典》，以下简称《现汉》）：

黄　像丝瓜花或向日葵花的颜色。

甜　像糖和蜜的味道。

索然　没有意味，没有兴趣的样子。

其中被释词“黄”同解释词语中的“黄”的类词语“颜色”词类不同，“黄”是形容词，“颜色”是名词，“甜”和“味道”，“索然”和“样子”的情况也一样。我们把“颜色”“味道”“样子”看作是它所解释的词的“准上位词”[②]。以准上位词作类词语的释义叫准定义式释义。少数表性状的词可以有定义式释义，条件是被解释的词有上位词，如青绿　深绿。

2.“（适用对象）＋性状的说明描写”式，如：

糨　液体很稠。

滑稽　(言语动作)引人发笑。

其中“液体”“(言语动作)”是适用对象,其余是对性状的说明描写。它们组成主谓结构,适用对象处在主语位置上。性状的说明描写本身,还可以是一个主谓结构,如“硬朗”解释为“(老人)身体健康”。其中“(老人)”是这个词的适用对象,“身体健康”是对这个词表示的性状的说明描写,而“身体健康”本身又是一个主谓结构。

从适用对象出现的情况来看,有出现一个的(如“糨”例),有出现多个的(如“滑稽”例),有不出现的(如“安康”解释为“平安健康”)。适用对象不出现,可能是适用对象广泛,也可能是适用对象本来有限制而未说明。表性状词可以修饰限制的对象是复杂的,词典为了反映这种词义的也是用法上的特征[3],在释义词语的主语位置上列出主要的、一般的形容修饰对象,我们称之为“适用对象”。

对性状的说明描写,常见的有以下几种:(1)对释语素义,如“冷寂”释为“清冷而寂静”;(2)否定表述,如“浮漂”释为“(工作或学习)不踏实”;(3)具体的说明描写,如“笔挺”释为“(衣服)烫得很平而折叠的痕迹又很直”;(4)同义近义词,这时适用对象必须出现,否则就不是扩展性词语释义了,如“优游”释为“生活悠闲”。

以上适用对象出现的情况和对性状的说明描写方式可以有不同的交叉组合。

3.“形容……”式,如:

黑压压　形容密集的人,也形容密集的或大片的东西。

悠扬　形容声音时高时低而和谐。

这里“形容”二字意为“(词义)描写……性状”。加“形容”二字的条件一般是:(1)不加不足以说明所解释的词是表性状的词,如“黑压压”例,若去“形容”则混同于表名物词的释义;(2)增加某种表情状的意味,如“悠扬”例(“悠扬”例“形容”二字可删,删后属“适用对象+性状的说明描写”式)。表性状词释义不可滥加“形容”二字。

4.“……的”式,如:

常任　长期担任的:～理事。

先头　①位置在前的(多指部队):～骑兵连。

释义词语“……的”为非体词性结构,这里的“的”是附属于偏正结构中修饰成分后之“的”。这种方式运用的恰当条件是:所解释的意义只能充当修饰成分。

二

从上面的说明来看,表性状词没有统一的释义模式,但其中的“2.(适用对象)+性状的说明描写”式应用最多,用了其他释义方式的有一部分也可以变换为这种方式④。我们认为,可以把这种释义方式作为表性状词“词义成分—模式”分析的主要框架。以“n”代表“适用对象”,以“t”代表“性状的说明描写”,整个分析框架可记为“(n)t”,即(适用对象)+性状的说明描写。这样,上面几个词的释义可标记为:

糨　$\underset{n}{\underline{\text{液体}}}\ \underset{t}{\underline{\text{很稠}}}$。

浮漂　$\underset{n}{\underline{\text{(工作或学习)}}}\ \underset{t}{\underline{\text{不踏实}}}$。

以“(n)t”作为表性状词“词义成分—模式”分析的框架可以注意如下几点:

1.词义内容中的项和各项的关系

词义内容分为“适用对象”(n)和“性状特征”(t)两个方面,每个方面一般可作“项”的分割。“n”出现一个是一项(如上述“糨”中的“液体”),出现两个是两项(如上述“滑稽”中的“言语动作”),出现多个是多项,如:

锐利　目光 言论 文笔 等尖锐。
　　　n_1　n_2　n_3

“t”也可据内容分项,能说明一种性状特点的词或词语算一项,如“锐利”例中的“尖锐”(t)是一项,“冷寂”的 t 清冷（t_1） 而 寂静（t_2）是两项,“t”为三项的如:

轻浮　言语举动随便,不严肃,不庄重。
　　　　　　　t_1　t_2　t_3

“t”是一个主谓结构的如:

干巴巴　(语言 文字等) 内容不生动、不丰富。
　　　　n_1　n_2　n^{Δ}　t_1　t_2

处在小主语位置上的“内容”,说明处在大主语位置上的“(语言文字等)”所指事物现象的部位方面,这里以“n^{Δ}”为标记。

“n”和“t”是主谓关系,即陈述对象和陈述内容的关系,“n^{Δ}”和“t”之间也是主谓关系。“n”的各项一般是选择关系,“t”的各项有并列关系的,如“冷寂”中的“清冷”和“寂静”;有并列或选择关系的,如“干巴巴”中的“不生动,不丰富”。少数也有因果关系,如:

腻烦　因次数过多 而 感觉厌烦。
　　　t_1　　　t_2

2.“(n)t”谓词性结构的特点

它同表动作行为的词的释义模式一样是谓词性结构,但有自己的特点。首先,充当谓语的多是形容词性词语,如上述“糨”“安康”“冷寂”“浮漂”诸词中的释义,它们是说明描写性状的。其次,也有

动词性词语充当谓语的,如“滑稽”释义中的“引人发笑”,又如:

滂沱　(雨)　下得很大。
　　　　n　　t

健康　(人体)　生理机能　正常,没有缺陷和疾病。
　　　　n　　　n^{Δ}　　t_1　　　t_2

“滂沱”释义中的“t”是述补结构,“健康”释义中的“t_2”是述宾结构,但这些动词性词语不是说明动作行为的,而是说明或帮助说明性状的。

3. 注意“(n)t”包括的项和内容是否恰当

表性状的词应用在具体的上下文中表示的性状是具体的,有许多细节上的特征。而对词义的说明重在概括,要把握一般的共同的特征(体现在包括的项和内容上)。对于合成词来说,分析它所含的语素义一般有助于确定词义的共同特征。如:

平展
《现汉》:(地势)　平坦而宽广。
　　　　　　n　　t_1　　t_2
《汉语大词典》:平坦　宽广,平整　光溜。
　　　　　　　t_1　　t_2　　t_3　　t_4

《现汉》说明了“平展”的 n 是地势,t 有两项,《汉语大词典》(以下简称《大词典》)未说明“平展”的 n,却有四项 t,其中 t_4“光溜”引人注目。“平展”的“平”有“平坦、平整”义,“展”义为“张开”,“宽广”义同此有关。“平展”在应用中一般未感到有“光溜”义。《大词典》释“平展”所引例句有:华山《山中海路》中的“掏出一捧大的矿石,黑里透红,同镜子般的平展,闪闪发光。”例句中“平整”形容镜子,故有“光溜”义的感觉,此只可视为孳生特征。另外,“平展”在应用中并不限于形容“地势”。物有大而平的平面的都可用“平展”形容。因此这个词的“词义成分—模式”应该是:

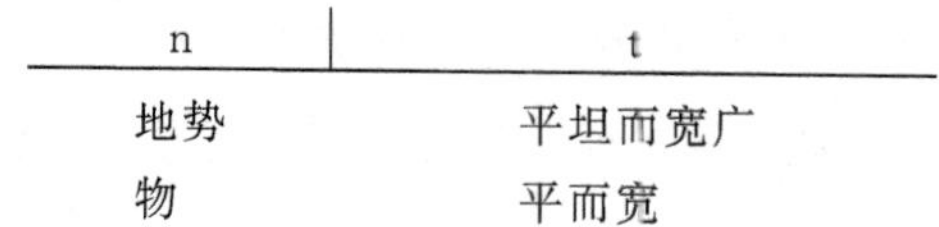

n	t
地势	平坦而宽广
物	平而宽

表性状词有时也可用“准定义式”作为“词义成分—模式”分析的框架。下面是一组表红的颜色词的分析(L′表示准上位词):

	t			L′
鲜红	鲜明的		红(的)	颜色
橘红	像红色橘子(的)			颜色
通红	十分		红(的)	颜色
肉红	像肌肉的	浅	红(的)	颜色
殷红	带黑的		红(的)	颜色

三

现在我们以“(n)t”这个表性状词的“词义成分—模式”来分析说明“勇敢”“英勇”“神勇”“勇猛”这组同义近义词的异同。

(一)词典释义

勇敢

《现汉》:不怕危险、困难(t_1);有胆量(t_2):机智~。

勇:①勇敢。　敢:①有勇气,有胆量。

《大词典》:有勇气(t_1),有胆量(t_2)。

勇:①勇敢;勇猛。

敢:谓有勇气有胆量做某事。

从两部词典对这个词的释义和对组成这个词的两个语素的解释可以看到,“勇敢”是由两个近义的语素并列构成的词,两个语素组合起来表示同语素义相近的词义。词典释义对“n(适用对象)”没有说明,“t(性状特征)”的说明“有胆量”一项两部词典相同,另一项《现汉》作“不怕危险、困难,”《大词典》作“有勇气”。

这是说明性状的角度有差异,说“不怕危险、困难”是从人面对困难的态度来讲的,说“有勇气”是从人存在这种特定的精神力量讲的。

英勇
《现汉》:勇敢出众:～杀敌|～的战士。
t_1
英:①花。②才能或智慧过人的人。
《大词典》:①勇敢出众。
t
英:①花。②德才超群的人。

从词的构成看,“英勇”中的语素“英”是修饰语素“勇”的。两部词典对“英”立的义项,不能直接用来解释“英”在这里的意义,《现汉》对“英才”的解释为:才智出众的人。《大词典》解释为:杰出的才智。据此则“英勇”中的“英”可解释为“超出、杰出”,“英勇”意为“超出(常人的)勇敢”,两部词典对“英勇”的“t”的说明都是“勇敢出众”,意同。据此可知,“英勇”表示的性状比“勇敢”程度要高。两部词典对“英勇”的“n”都没有说明。

神勇
《现汉》:形容人 非常勇猛。
n t_1
神:③特别高超或出奇,令人惊异的;神妙。
《大词典》:①非凡的勇猛。
t
神:②神奇;神异。

这个词中“神”是修饰“勇”的,两部词典对语素“神”的解释义近,措词不同。对这个词的释义,《现汉》说明“n(适用对象)”为“人”,性状特征是“非常勇猛”,《大词典》未说明“n”,对性状的说明将《现汉》之“非常”换为“非凡”,更能表示“神”所包含的内容。据此可知,“神勇”表示的勇敢的程度,又大大超过“英勇”。

勇猛
《现汉》：勇敢(t_1) 有力(t_2)。
猛：①猛烈：勇～|突飞～进|炮火很～。
《大词典》：①勇敢(t_1) 有力(t_2)。
猛：⑤猛烈，气势盛，力量大。

这个词的两个语素意义并列，“猛”义为“猛烈”，同“勇敢”比，这个词有了新的内容。两部词典对这个词意义的解释一样。以“勇敢”释“勇”，以“有力”释“猛”，我们分析作 t_1t_2，两部词典对这个词的“n(适用对象)”都没有说明。

(二)考察语言应用

可以用“(n)t”这个框架来说明表性状的词在具体语句中的意义。其特点有：(1)能具体展示“t”的内容，但语言表述可能是多样的，不稳定的；(2)对词义的一般说明要求从中概括出一般的共同的东西。表性状的词在具体的语境中有更具体的内容，词义的说明只能概括具体内容中一般的、共同的东西，处理好这二者的关系，成为表性状词词义分析说明的一个难点。我们的目的是探求在一定程度上是形式化的，又是合理地分析说明表性状词词义的方法。

考察语言应用应该考察词充当句子成分和与他词的结合能力[⑤]。前面分析的四个词是形容词，一般能充当定语、谓语、状语、补语。下面我们通过这四个词用在定语和状语的位置上的例句来显示它们词义的同异。

①这是一支□的人民军队。

其中□处“勇敢”“英勇”“神勇”“勇猛”皆可用。各词的“词义成分—模式”说明于下。这里对“t”的说明采用两种表述，a 取自《现汉》和《大词典》的释义,b 据文意另拟。

	n	t
勇敢	军队	a. 不怕危险困难,有胆量
		b. 能战胜各种险阻,敢于同强敌拼杀
英勇	军队	a. 勇敢出众
		b. 有突出的敢拼敢斗的精神、经历
神勇	军队	a. 非凡的勇猛
		b. 骁勇异常,有惊人的斗争经历,建立过特殊的功勋
勇猛	军队	a. 勇敢有力
		b. 敢拼搏,不怕牺牲,进攻力量强大

对表性状词在具体文句中词义内容的说明,可因注重的具体的方面、细节特征不同变得多样而不稳定,上面拟定的 b,只是一种可能有的说明。在这种情况下,要达到概括词义共同特征的目的,一般采取的做法是以语素义为引导。《现汉》《大词典》的释义 a 恰恰有这个优点。

②他是一位□的战士。

其中□处“勇敢”“英勇”“勇猛”都能用,但“神勇”不能用。各词的“词义成分—模式”说明于下,对“t”的说明做法同上。

	n	t
勇敢	战士	a. 不怕危险困难,有胆量
		b. 不怕受伤,不怕死,敢拼杀
英勇	战士	a. 勇敢出众
		b. 有过人的战斗经历、精神
勇猛	战士	a. 勇敢有力
		b. 敢拼杀,攻击力强大

“神勇”不用来形容“战士”,但说“神勇的将军”“神勇的统帅”则可,这说明达到“神勇”需有非凡的才智和力量,能用非凡的战略指挥千军万马克强敌建奇功。

③争取时间,连续作战,□地攻击敌人。

其中□处“勇敢”“勇猛”能用,“英勇”“神勇”不能用。这两个词的词义可说明如下:

	n	t
勇敢	攻击的战斗行动	a. 不怕危险困难,有胆量 b. 不畏疲劳危险,有连续攻击的勇气
勇猛	攻击的战斗行动	a. 勇敢有力 b. 敢拼杀,进攻力强大

“英勇”“神勇”在这里不能用,这说明这两个词不能作状语,形容攻击的战斗行动。

④这位战士在敌人屠刀面前□就义。

句中“□”处只可用“英勇”,其余各词都不能用。

“英勇”的词义可说明如下:

	n	t
英勇	就义的行为	a. 勇敢出众 b. 有突出的不畏强敌、不怕牺牲的精神

从这个例子可以看到“英勇”作状语修饰“就义”,是固定的搭配,不能换为“勇敢”等词。

⑤会上大家怕打击报复,都不说话,他□地讲出了自己的意见。

句中□处只有“勇敢”能用,其他几个词都不能用。“勇敢”的词义可说明如下:

	n	t
勇敢	讲话	a. 不怕危险、困难,有胆量 b. 不怕打击报复,有自信心

这个例子可以说明,“勇敢”的应用范围不限于战斗、革命斗争,还

用于一般的、日常的行为。

⑥小张是前锋,他□地冲过对方队员的阻拦,踢进了一球。

句中□处"勇敢""勇猛"可用,"英勇""神勇"不能用。"勇敢""勇猛"的词义可说明如下:

	n	t
勇敢	踢球	a. 不怕危险、困难,有胆量
		b. 不怕碰撞阻拦,敢带球冲击
勇猛	踢球	a. 勇敢有力
		b. 不怕碰撞阻拦,猛力带球冲击

这个例子可以说明,"勇猛"的应用范围不限于战斗、革命斗争,还用于有攻击性的体力活动。

(三)总结

从上面的分析中我们说明以下几点:

1. 这些表性状的词在具体的上下文中有更具体的内容,有着重的方面或孳生特征,如"勇敢"在例③中形容连续作战攻击敌人时,有着重"不畏疲劳"的内容,在例⑤中形容发表个人意见时,有着重"不怕打击报复"的内容。另外,也可能有孳生特征,如"英勇"同"就义"连用时,有"不怕牺牲"的内容,"勇敢"形容发表个人意见时,有"有自信心"的内容。

2. 用词典对这几个词的释义说明它们在具体上下文中的意义有时可能显得宽泛,如用"神勇"的释义"非凡的勇猛"来解释例①中"神勇的人民军队"中的"神勇"时,就是如此。有时又可能不尽恰当,如用"勇猛"的释义"勇敢有力"来解释例①中"勇猛的人民军队"中的"勇猛"时,"有力"一词就不够恰当。

3. 在这种情况下概括这几个词的"词义成分"可以是:(1)以语素义为引导、为集合点,《现汉》《大词典》的释义就是这样做的。

(2)根据各词在具体上下文中的内容,另作概括。如:

勇敢　做事不怕自身受损,不怕牺牲。

英勇　有过人的斗争胆识、经历。

神勇　有非凡的斗争才智,惊人的攻击力。

勇猛　做事勇敢而攻击力强。

两者相比较,《现汉》《大词典》的释义对词义成分的说明不失清楚,概括更恰当些。

4.说明适用对象(n)是说明这几个词词义内容的一个重要方面,两部词典释义中多数没有说明。《现汉》说明"神勇"的适用对象是"人",实际上它不能形容"战士",却可以形容"将帅"。从上面所举例子看,"英勇""神勇"限于形容战斗、革命斗争中的军队、战士、将帅等,"勇敢""勇猛"还可以用于形容一般的、日常的行动。因此,这几个词的"词义成分—模式"可说明为("t"的说明据两部词典,略作调整):

	n	t
勇敢	军队、战士、个人,一般行为	不怕危险、困难,有胆量
英勇	军队、战士	超过常人的勇敢
神勇	军队、将帅	非凡的勇猛
勇猛	军队、战士、个人,攻击性行为	勇敢,力量大

5.词义同词的结合能力(分布)密不可分,二者结合起来描写才更全面[⑥]。对表性状词的分析尤其如此。对比,本文就从略了。

附　注

①②④《语言学论丛》第十三辑,商务印书馆 1984。

③ 参看拉迪斯拉夫·兹古斯塔主编《词典学概论》,林书武等译,50—57

页,商务印书馆 1983;拙著《词义的分析和描写》,207—211 页,语文出版社 1996。

⑤ 参看拙著《现代汉语词汇》,122—134 页,北京大学出版社 1985。

⑥ 参看拙著《词义的分析和描写》,第十章语素和词的结合能力。

(原载《汉语学习》1997 年第 3 期)

词义单位的划分

词义单位是什么？有认为是义位的[①]，有认为是义项的。笔者认为义项原是词典、词典学使用的概念，词典中义项内容不单一，有狭义义项、义项组、义项目等不同情况[②]。笔者认为可以以词典经过细致分析后得到的词义单位，即狭义义项为词义单位。义项（指狭义义项，下同）的划分要根据语言运用的实际情况，但它的划分又受到词典的性质、任务，语言表述的多种可能性，确定义项所着重的语义因素等的影响。翻开不同的词典，可以看到对同一个词的义项的划分既有相同的地方，又有众多的歧异。而许多义项又只是用同义、近义词释义，使人很难领会其划分义项的根据。本文目的是应用“词义成分—模式”分析，具体展示不同义项划分中所依据的语义因素，对其划分的得失作出有根据的评论。下面按表动作行为的词、表名物的词、表性状的词的义项划分的次序讨论。

一

词义单位划分的差异在表动作行为的词中比较普遍。笔者在说明表动作行为的词“词义成分—模式”分析的文章中[③]曾讨论过“吃”一词，本文就用不同词典对“吃”的现代义义项划分的情况作一个比较。《现代汉语词典》(以下简称《现汉》)为“吃”立八义,其中“⑧被”为介词义,不在讨论之列,其他七义均为动词义。《汉语大词典》(以下简称《大词典》)立十六义,属于现代动词义的有十一义。《汉语大字典》(下简称《大字典》)立九义,属于现代动词义的有八义。限于篇幅,我们不对这三部辞书义项的划分作全面的比较分析,只是指出其划分异同可着重注意的几种情况。

第一种情况,对某方面的意义,词义单位划分有交错。

《现　汉》:①把食物等放到嘴里经过咀嚼咽下去(包括吸、喝):~饭|~奶|~药。

《大词典》:①把食物放入嘴中经咀嚼咽下。(例略)

②饮,喝。唐杜甫《送李校书二十六韵》:“……对酒不能喫。”[按,吃亦作喫]……明圆信《天目山居》诗:“……看我菴中吃苦茶。”《老残游记》第六回:“……在饭店里多吃了两钟酒……”

③吸;吸收。清陈康祺《燕下乡脞录》卷十五:“圣祖不饮酒,尤恶喫烟。”……曹靖华《飞花集·哪有闲情话年月》:“印版画,中国宣纸第一……它温润……吃墨。”

《大字典》:③吞咽食物、饮料。如:吃饭;吃酒。《红楼梦》第六十二回:“方吃了半盏茶……”

⑥吸。如:吃烟;这道林纸不吃墨。

我们为“吃”确定的“词义成分—模式”④是:

B	d_1	D_1	D_2	E
人或动物	用嘴	咀嚼	吞咽	食物

我们指出词义成分有不同情况:(1)有的是固有特征,但在一定条件下,固有特征可以消失,如“咀嚼”应是“吃”的固有特征,但在“吃奶”“吃药”中这个固有特征消失。(2)有的是选择性特征,如食物的固体、液体、气体的不同状态,是选择性特征。

上面所引三部辞书词义单位划分不同在于以下几个方面。

(1)《现汉》把施事为人的“吃”的“吃、喝、吸”义合为一个词义单位,《大词典》则分为三个词义单位,《大字典》把“吃、喝”义合为一个词义单位,把“吸”义另立为一个词义单位。

(2)《现汉》①的释义中说明“吃”有“咀嚼”的词义特征。但“吸、喝”无需“咀嚼”。这样处理反映了“吃”在具体上下文中可以没有“咀嚼”而仍然是“吃”。也就是说,《现汉》根据“吃”的现代用法,说明“吃”的一般用法中包含有“咀嚼”的特征,只有在少数组合中有条件地失去“咀嚼”的特征。

(3)《大词典》把“吃”的“饮、喝”义单立,“饮、喝”的“词义成分一模式”为⑤:

B	d_1	D_1	E
人或动物	用嘴	咽下	液体

这样处理,反映了“吃”在“吃酒”这样的用法中,“咀嚼”的词义特征失去,关系对象“液体”成为固有特征。在汉语中,“吃”的这种用法有相当长的历史,《大词典》举了唐代至清代的例证。而“吃”的这种意义,在汉语中另有“饮、喝”表示。

(4)《大字典》③义把“吃”的“吃、喝”义合为一个词义单位,释义中也不说明“吃”的“咀嚼”特征。

(5)《大词典》的③义“吸;吸收”实际包含两义,是一个义项组。可说明如下:

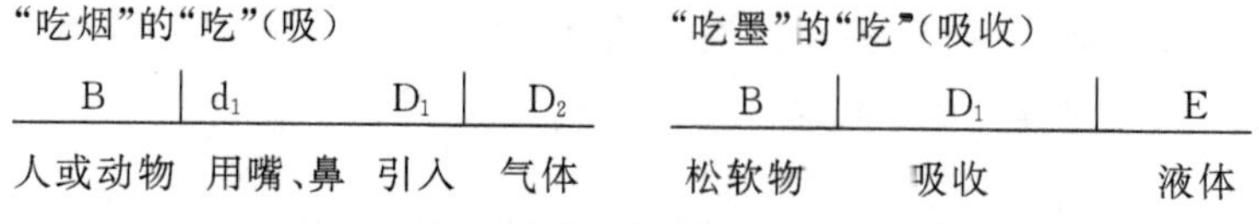

应该说这两个意义的施事者、行为和关系对象都不同,归在一个义项组仅是D行为有相似之处。《大字典》则另立一义⑥吸收

(液体):道林纸不吃墨。《大字典》的⑥义内容同《大词典》之③义,用例显示该义包括“吃烟”之“吃”和“吃墨”之“吃”,但只用“吸”一词释义。

从词义描写角度看,可以指出下面几点。(1)《现汉》“吃”①义的处理反映了“吃”在现代的用法,《大词典》①②③义分立,反映了“吃”的词义在历史发展中的分化,各有所据。《大字典》③义说“吃”是“吞咽食物”,以此概括“吃、喝”义,既不反映“吃”在现用法中以有“咀嚼”为常态,也未能清楚地显示“吃”的词义在历史发展中的变化。(2)《现汉》将“吃”之“吸收(液体)”义另立为一义,有充分的语义根据。《大词典》将“吃烟”之“吃”和“吃墨”之“吃”合为一个义项组,仍能显示二者的差别,《大字典》用“吸”一词来概括“吃烟”之“吃”和“吃墨”之“吃”,“吸”本身不能显示这两种“吃”的区别。

第二种情况,对某方面的意义,是概括为一义,还是分为多个词义单位。

《现　汉》:④消灭(多用于军事棋戏):～掉敌人一个团|拿车～它的炮。

《大词典》:⑧弈棋用语。指除去对方的棋子。(例略)

⑨军事上比喻消灭敌人。(例略)

《大词典》又另立⑥义:赌博用语。指收取赌注。……巴金《赌》:“这些注很快地就给庄家吃进去了。”

《大词典》所立三义可说明其“词义成分—模式”如下:

⑧除去对方的棋子:

B	d_1	D_1	e E
下棋的人	按规则	除去	对方的棋子

⑨比喻消灭敌人:

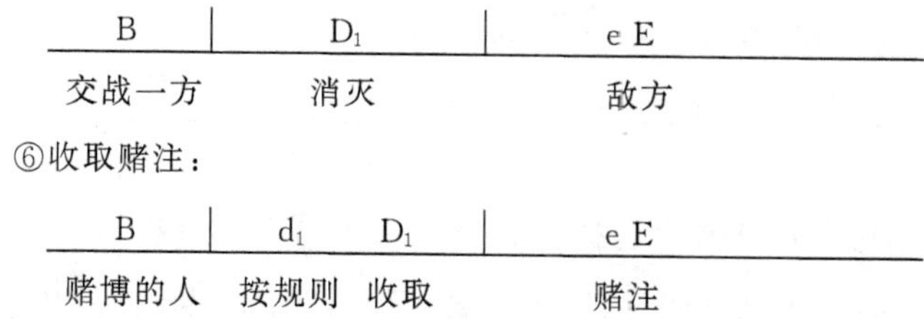

⑧⑨义都是“吃”的现代义，施事者、行为和关系对象都不同，仅仅是行为相似，《现汉》把这两个意义归为一个词义单位，以同义近义词“消灭”释之，而“消灭”又很少直接用于下棋。从词义单位的合理划分来说，《大词典》的处理更恰当。《大词典》立⑥义也是一个重要补充，因为它也是一个较常用的现代义，而“弈棋用语”“赌博用语”的说明，也显示了“吃”这些词义运用的范围。

第三种情况，是否注意词组合的变化，区分出不同的词义单位。

> 《现汉》：②在某一出售食物的地方吃：～食堂。
> ③依靠某种事物来生活：靠山～山，靠水～水。

《大词典》也立⑩义同《现汉》②义，立⑪义同《现汉》③义，《大字典》则未立这两个义项。

②义的“词义成分—模式”可说明为：

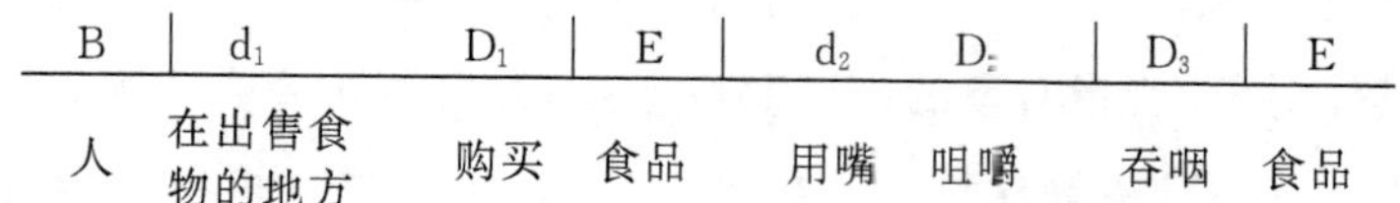

其中“B”必为人，而不可能是动物，d_1 和 D_1 为固有特征（在别的语境下它们可能是孳生特征），释义词语略去“购买”，但从释义词语的隐含作用可以意会到。$d_2D_2D_3E$ 的内容即“吃”的词义内容，释义词语未展开说明，这是释义词语要求简明使然，在完整地分析词义时，可以具体展示。

③义的"词义成分—模式"可说明为：

B	d_1	D_1
人	依赖某种事物	生活

其中 d_1 依赖的事物成为选择性特征，如"租子"(吃租子)、"遗产"(吃遗产)，某种自然条件("吃山""吃水")等。D_1"生活"的内容同一般"吃"义差别很大，另立一义符合语言事实。

②义组合的特点是"吃"后的宾语不是表示食物的词语，而是表吃的处所的词语(吃馆子、吃食堂)。③义组合的特点是"吃"后的宾语不是食物的词语，而是表生活来源的词语(吃租子、吃遗产)。由此可见，从描写现代义的要求出发，《现汉》《大词典》注意"吃"的组合变化，划分出这两个词义单位是恰当的，《大字典》所立义项对这两个意义没有反映，可以认为是忽略了"吃"现代义的描写。

二

表名物词词义单位划分的差别有两种情况值得注意。一种情况是在表名物词指示某类物的义项之外，是否为其指示某类物的具体对象、所指对象的不同部位、不同方面另立义项。例如为"人"立指示一种高等动物的义项外，又立指示"人才，指有才智或高尚品质的人"义(《辞海》"人"下所立③义)。再如表示某种植物的词，除立其指示某种植物的义项外，又另立指示其果实、花、叶子等的义项，如"香蕉"一词，除立指一种植物义项外，又立指这种植物的果实的义项(《现汉》《大词典》皆如此，《新华词典》则不分出)。表名物的词作为指示某类整体对象的代表，在一定上下文和语境中有表示所指对象不同的数量范围、不同部位方面、不同具体对象的作用，人们在一定的上下文和语境中可以区分出这些情况，一般不分立词义单位。当这种区分对社会生活、对思想表达、对阅读理解、对交际交流显得非常必要时，词典会在不同程度上反映要求，为这些特指的不同意义分立义项[⑥]。可以用“词义成分—模式”的不同来说明它们的区分。上述“人”的二义可说明如下：

“人”①义（据《现汉》释义）：

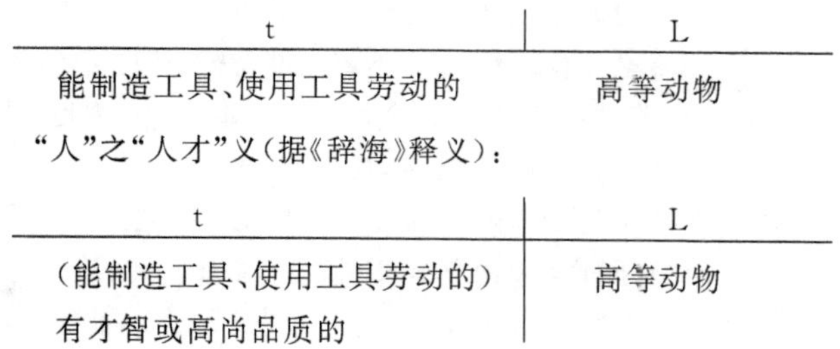

t	L
能制造工具、使用工具劳动的	高等动物

“人”之“人才”义（据《辞海》释义）：

t	L
（能制造工具、使用工具劳动的） 有才智或高尚品质的	高等动物

“人”之“人才”义不用“人”做类词语，是为了便于同①义比较。“t”中用括号的部分是不言而喻的特征，不用括号的是必有的特征。显然“人”的这两个意义有大类和小类的关系。

“香蕉”①义（据《现汉》释义）：

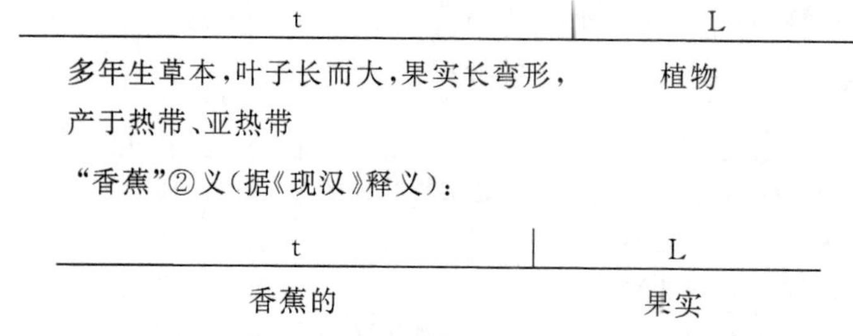

t	L
多年生草本，叶子长而大，果实长弯形， 产于热带、亚热带	植物

“香蕉”②义（据《现汉》释义）：

t	L
香蕉的	果实

显然，“香蕉”①②义有整体和部分的关系。

另一种情况是，词在指示一定范围事物现象的不同部分、不同方面时，词义单位的概括、分合有差异。我们以“地”为例来分析这种现象。“地”可指示大小不等的空间。各辞书对这方面的意义所划分的词义单位不同。下面是《现汉》《大词典》《大字典》在这方面所立的义项(下所列义项《现汉》后引例,其他则不全引):

《现　汉》:①地球;地壳:天～|～层|～质。②陆地:～面|～势。③土地;用地:荒～|下～干活。④地面②:水泥～。⑤地区①:各～|内～|外～。⑥地点:目的～|所在～。

《大词典》:①大地;地球。②地面;陆地。③领土,属地;地区。《周礼·地官·大司徒》:“诸公之地,封疆五百里。”《淮南子·兵略训》:“夫为地战者,不能成其王……”唐韩愈《梁国惠康公主挽歌》之二:“秦地吹箫女……”马君武《军行》诗:“祖国尺寸地,不许今人失。”又如:各地;内地;外地。④土地;田地。⑤地方;场所。

《大字典》:①大地,地面。②陆地。③田土。④疆土(引《周礼》《淮南子》同《大词典》,又引):三国魏王粲《从军行五首之一》:“拓地三千里,往返速如飞。”⑤地点,处所。⑥地区。

各义的“词义成分—模式”可说明如下(原为义项组者,分开说明。各义原用同义、近义词释义的,主要根据《现汉》《大词典》对这些词的具体解释改用扩展性词语说明,词语有调整)。说明词语皆为定中结构,“定”记为“t”,中心语记为“zh”。中心语可以是被释词的类词语,此时“zh”即为“L”(类词语),如“星球”是“地球”的L(类词语),但中心语不一定是被释词的类词语。

	t	zh	各辞书的义项*
(1)地球	太阳系中,有人类、动植物存在的	星球	现①大①
(2)地壳	地球表面的含土、岩石等的	部分	现①
(3)陆地	地球非海洋的	部分	现②大②字②
(4)疆土(领土)	地球上一个国家主权管辖下的陆地、海洋、天空的	部分	字④大③
(5)田地(田土)	地球上可耕种的	部分	现③大④字③

t		zh	各辞书的义项*
(6)地面	地球表面的	部分	现④ 大② 字①
(7)地区	地球较大范围的	部分	现⑤ 大③ 字⑥
(8)地点	地球上某事物所在的,小范围的	部分	现⑥ 字⑤
(9)大地	地球上广大的陆地表面	部分	大① 字①
(10)处所（场所）	地球上人、物等在其间活动的	部分	大⑤ 字⑤
(11)地方	地球或大或小的	部分	大⑤
(12)属地	地球上隶属或附属于他国的	地区	大③

*表中"现"代表《现汉》,"大"代表《大词典》,"字"代表《大字典》。

从这里各义"词义成分—模式"的说明,可以清楚地看到"地球"义同下列各义是整体部分的关系。除(1)义、(12)义外,各义的中心语一致,(2)至(12)义皆属地球的一部分,所以可以根据"t"的特征分析各义的关系,具体分析词义单位划分的根据,进而评论其得失。对上述三部辞书关于"地"这方面词义单位的划分可以指出下列几点。

1.上述所列"地"各义,是现代人利用"地球""大地""地壳"等词语表示的概念,对"地"在运用中、构词中所出现的意义进行区分而划出的不同的词义单位,词义概括的角度和范围有不同,如《现汉》和《大词典》立"地球"义,《大字典》不立,《大字典》立"大地"义,《现汉》未立。《大词典》则把"地球""大地"二义作为一个义项组。从所用例证来看,《现汉》以"天地"立"地"指"地球",《大字典》以此指"大地"。若着重于这个"地"所指对象的整体,则可概括为"地球"义,着眼于地球表面广阔的空间,则这个"地"可释为"大地"。另外,有多个合成词中的"地"释为"地球"为妥,如"地核:地球的中心部分""地轴:地球的轴"(释义据《现汉》),故立"地球"义是有根据的。《大词典》把"地球,大地"合为一个义项组,不失为恰当的处理。同时“地”所指大小空间的意义,《现汉》分为“地区”“地点”,《大词典》分为“地方”“场所”,《大字典》分为“地区”“处所”“地点”,所指范围大小都有交叉。

2.《现汉》立“地壳”义。《大词典》《大字典》皆未立。《现汉》所举例词“地层”“地质”中之“地”,《现汉》皆释为“地壳”,若释为他义(如“大地”)则不够确切,可见概括出“地壳”义是有根据的。

3.《大字典》立“疆土”义,《大词典》立“领土”义可斟酌。“疆土”“领土”皆指一国主权管辖下的区域,包括陆地、领水、领海和领空(见《现汉》释义),《大字典》《大词典》所引《周礼》《淮南子》例(见上)中之“地”显然不包括领海和领空。《大词典》《大字典》是用现代汉语的词语“疆土”“领土”来解释古汉语文献中意义相近的“地”,但它们并不相等。

4.各辞书所列义项都有一定的义项组,义项组中各义都有一定的关系,关系有不同情况。(1)整体、部分关系的,如《现汉》之①和《大词典》之①。(2)义近的,如《大字典》之①和⑤。(3)义有联系而有明显差异的,例如《大词典》之②地面;陆地,二义所指地球的部位方面不同。《大词典》之⑤地方;场所,二义所指空间大小范围不同。《大词典》之③领土,属地;地区,三义所指地区的性质、范围都有不同。从以上情况看,义项组各义的组合有多种可能,显出较多的随意性。可以全盘考虑义项组各义的组合,确定义项组的划分原则,使其规整,并探讨如何使其规范。

三

表性状词词义单位划分的差别也有两种情况值得注意:一种

是对某方面的意义有的分为不同义项，有的合为一个义项；另一种是划分的义项交叉错杂。下文引“壮”一词的性状义在《现汉》《新华词典》(下简称《新华》)、《大词典》《大字典》中义项划分的不同来说明。

《现　汉》：①强壮：健～|身体～|年轻力～。②雄壮；大：～观|～志|理直气～。

《新　华》：①(身体)强壮结实：健壮|年轻力壮。⑦雄伟，大：壮观|壮志。

《大词典》：①强壮；壮盛；盛大。……《孟子·万章下》：“……牛羊茁壮长而已矣。”汉张仲景《伤寒论·太阳病上》：“表气壮，则卫固荣守……”明潘陆《同朱士叶北固山用唐人韵》：“江爱秋涛壮……”⑤壮观。……陈毅《三峡》诗：“三峡天下壮……”⑦肥壮；粗壮。……《红楼梦》第六回：“……你老拔根寒毛比我们的腰还壮呢！”周立波《山乡巨变》：“……扑扑地飞起一只麻灰色的肥大的竹鸡，(盛佑君)眼睛盯着它说道：‘好家伙，好壮，飞都飞不动。’”

《大字典》：①人体高大，引申为凡物大之称。②盛大。……明李梦阳《明远楼春望》：“风雨江声壮……。”③旺盛。……宋欧阳修《大热二首》：“壮阳当用事，大夏蒸炎歊。”④强健，如：健壮；年轻力壮；兵强马壮。

上述“壮”的各个词义单位，也可用“词义成分—模式”来说明。上述各义大多用同义、近义词释义，下面主要根据《现汉》对这些词的具体释义和在例句中所显示的意义改用扩展性词语说明。

	n	t	例
《现　汉》①强壮	身体	结实　有力	身体～
②雄壮	气魄气势	强大	～观
大	物的体积、力量等	超过一般的对象 超过比较的对象	～志
《新　华》①强壮结实	身体	强壮　结实	年轻力～

	n	t	例
②雄伟	物、景象	雄壮　伟大	～观
大	(同《现汉》)		
《大词典》①强壮	(同《现汉》①)		
壮盛	事物	壮大有气势	表气～
盛大	事物	规模大	秋涛～
⑤壮观	景象	雄伟	三峡天下～
⑦肥壮	动物体	肥大而健壮	野山鸡～
粗壮	人体	粗而健壮	腰～
《大字典》①人体高大	人体	高大	
物大	物体	大	
②盛大(同《大词典》)			江声～
③旺盛	事物	生命力强	～阳
	人	情绪高涨	师直为～
④强健	身体	结实有力	年轻力～

由于性状义的说明多用概括性词语,同义近义表述用得多。各义的同异需联系适用对象(n)和用例才能较好地辨别。上述“壮”词义单位划分的异同主要有以下两点。

(1)相同的是:《现汉》的①强壮,《新华》的①(身体)强壮结实,《大词典》的①强壮,《大字典》的④强健是同一个词义单位,适用对象(n)同,性状特征(t)相同而微异。《现汉》之②雄壮,《新华》之②雄伟,《大词典》之⑤壮观,《大字典》之②盛大相当,所强调的特征有同有不同。这同“壮”所形容的对象(n)有关,如说“天安门壮观”之“壮”是“雄壮”,“三峡壮观”之“壮”是“雄伟”,“汹涌的江水壮观”之“壮”又可释为“盛大”,等等。

(2)不同的是:《大字典》把“壮”的“人体高大”(①义)和“身体结实有力”(④义)分为两个词义单位,《现汉》《新华》《大词典》只立“身体强壮”义。《大字典》的划分反映了词义的历史发展,《现汉》等侧重在对词的现代义的描写。《大字典》立③"旺盛"义,《大词典》立①壮盛义,二义相当。此义适于解释"表气壮""理直气壮"之"壮",《现汉》《新华》未立,显然是《大词典》《大字典》收纳宏大,收义更完备。此外还要注意,各辞书在自己所划词义单位的范围中,各义项往往是互补的,如《大词典》未立"壮"之"物大"义,但立有"⑦肥壮;粗壮"义,《大字典》未立"壮"之"雄壮""雄伟"义,但立有"②盛大"义,等等。

可以提出讨论的是:(1)《现汉》《新华》立"壮"之"大"义,用例只有"壮志"一词。"壮志"虽可解为"大志",但这是"大"的一种抽象用法,用"大"的具体义解释这个"壮"并不恰当;(2)《现汉》把"雄壮""大"合为一个义项组,《大词典》把"强壮""壮盛""盛大"合为一个义项组,各义虽有联系,但其适用对象(n)和性状特征(t)都有差别。其中条理,仍需探讨,使其规整。

本文重点说明词义单位划分的差别,应用"词义成分—模式"分析,具体展示不同义项划分依据的语义因素,据之评论得失。这个问题涉及众多语词,需做深入研究。

附　注

① 参看唐超群《义项·义位·概念》,《辞书研究》1985 年第 6 期;蒋绍愚《古汉语词汇纲要》第二章第三节,北京大学出版社 1989。

②⑦ 参看拙文《词义单位的划分和义项》,《辞书研究》1995 年第 1 期。

③④⑤ 见《"词义成分—模式"分析(表动作行为的词)》,《汉语学习》1996 年第 5 期。

⑥ 参看拙文《表名物词义项划分的一些问题》,《辞书研究》1993 年第 3 期。

(原载《汉语学习》1998 年第 4 期)

词义和词的分布

笔者在分析“吃”的意义时，说明它的关系对象是“食物”，“喝”的关系对象是“液体”，有人提出语言中有“吃火锅”“喝易拉罐”的说法，这样“吃”的关系对象就是“火锅”，“喝”的关系对象是“易拉罐”，并非食物和液体。这个问题涉及不同的方面。第一，我们所说的词义中的动作行为的关系对象并不等同于这个动作行为的词所结合的宾语，如“吃”的基本义表示的动作行为的关系对象是“食物”，但可以说“吃大碗”。“大碗”是宾语，表示吃所用的工具，在词义内容中它不是“吃”的动作行为的关系对象。第二，分清词的一般用法和修辞性用法，例如在“吃火锅”“喝易拉罐”的说法中，“火锅”“易拉罐”都可能解释为一种修辞性用法，指的是火锅煮的食物、易拉罐装的饮料。第三，这说明我们对词义的描写在分析词义成分时应该同它的组合能力（即分布）的描写结合起来才是细致恰当的。莱昂斯说：“词的意义和它们的分布之间存在一种内在联系。”[①] 我们认为，词义一方面是客观事物和现象的概括的反映，另一方面又是在应用中形成和发展的，因此词义同经常结合的词语就有密切的关系。其中既有规律性的表现，又显出众多的差异和独特性。本文是想对各类词在这方面的情况做一般性的说明。

一

在《词义单位的划分》[②]一文中我们说明过不同词典对“吃”一词的词义单位划分有不同的语义根据，在这里我们想讨论把词义单位的划分同词义的分布结合起来说明的问题。在上文中我们介绍过，《现代汉语词典》（以下简称《现汉》）和《汉语大词典》（以下简称《大词典》）给“吃”立了这两个词义单位（下引《现汉》）：

②在某一出售食物的地方吃：～食堂。

③依靠某种事物来生活。靠山～山，靠水～水。

《现代汉语八百词》则把这两个意义，同“吃”的基本义合为一义，其说明如下：

1. 通过嘴嚼把食物摄入体内。可带“了、着、过”，可重叠。可带名词宾语。～了饭再走｜鱼让猫给～了……a）宾语大多指固体食物，液体限于“奶”和“药”。

b）可带非受事宾语。

表示处所。～小馆｜～食堂。

表示工具或方式。～火锅｜～大碗，不吃小碗。

表示凭借。靠山～山，靠水～水｜～劳保。

孟琮等编的《动词用法词典》则把“吃”的基本义同《现汉》之②合为一义，而分出同《现汉》③相当之义，其说明摘引如下：

吃（1）把食物等放到嘴里经过咀嚼咽下去（包括吸、喝）

〔名宾〕～饺子……

〖名宾类〗〔受事〕～苹果｜～零食 ～米饭

〔工具〕～大碗｜不～小碗〔方式〕～大锅饭｜～集体伙｜～小灶

〔处所〕～食堂｜～饭馆｜我～过全聚德……

吃（2）依靠别人或某种事物来生活。

〔名宾〕～粉笔末儿（指当教师）……

〖名宾类〗〔杂类〕～瓦片儿(旧时北京指靠出租房屋过活)|～集体|～父母|干一行,～一行(靠职业为主)|～房租

应该说,“吃”的基本义和《现汉》分出的两个意义是有差别的。我们说明过其中词义的差别[③]。而各义有它的分布范围,即各义的结合词语有所不同。如果把词义和它的分布结合起来说明,就会清楚得多。下面是我们对“吃”这三个意义最主要的分布特征的说明:

吃①　义见上

1.宾语指固体食物:～苹果|～米饭　液体限“奶”“药”。

2.可带工具宾语:～大碗|～火锅

3.可带方式宾语:～小灶|～集体伙

在“吃”带固体食物宾语时,宾语和“吃”词义成分中的关系对象一致,在“吃”带工具宾语时,宾语所指和词义成分中的关系对象不一致。用什么工具吃,在“吃”的词义成分中不是必要内容,也难以构成选择性特征。实际上,“吃”所用工具是多种多样的,除用大碗、小碗外,还可以用盘子、杯子、筷子、勺等等,但不能说“吃盘子”“吃筷子”;人们用以加工食物的器具也很多,铁锅、砂锅、火锅等,但人们只说“吃火锅”,不能说“吃砂锅”“吃铁锅”。可见,语言为表达经济而形成一些固定搭配,这些搭配不能类推。这是因为,这种用法同“吃”正常结合的宾语差别较大。如果普遍类推,会引起违背事理的感觉。在一般的交际中,人们容许少数特例,不容许大量的超常组合,因为后者违反条理性,而条理性是交际工具作为交际工具的基础。少数特例只有在正常的词语组合的条件下才能得以理解。

吃②,义见上。“吃”这个意义的结合词语《动词用法词典》有相当细致的说明,上已摘引,不再重复。早在20世纪三十年代,刘半农对“吃”的这个意义就做过分析:“人非吃不能活,故举一吃足

包括生活之全部，故言‘吃饭问题’，问题不仅吃饭也，衣住行三者亦赅焉。言‘此人吃党饭’，党之所以不仅供其吃饭也，仰事俯蓄皆赅焉。‘吃教’‘吃祖产’用法同此。”④ 刘的分析重在意义。今人编的用法词典注意描写了它的组合情况，一般说明此义后加名词性宾语，列举一些可以组合的词语。其实，这种用法的“吃”后面组合的不是一般的名词性宾语，而是表示生活来源的名词性宾语。

吃③，同《现汉》“吃”之②（见上）。

这个意义最主要的组合特征是后面带某些表出售食品处所的宾语而不是一般表处所的词语。表示“吃”的处所的一般格式是同“在”组成介宾结构放在“吃”前面，如“在家吃”“在学校吃”“在机关吃”，这种格式不能一般地变为“吃＋处所宾语”，“吃家”“吃学校”“吃机关”都不成立（“吃学校”之“学校”有可能表示生活来源，这时“吃”是上述②义）。有少数可以变换，但宾语表示的不再是简单的处所，而是出售食物的处所，常用的只有有限的几个，如“吃馆子”“吃小馆”“吃食堂”，不能类推，下列组合都不可接受：

*吃酒店　*吃饭馆　*吃小吃店　*吃咖啡厅

这种用法的“吃”词义增加了“在出售食物的地方购买”（然后再“吃”）的内容⑤。

《大词典》还将“喝、饮”和“吸”义从“吃”的基本义分出，处理为“吃”的不同词义单位，这也可以从词义和词义的组合情况得到说明。以“喝、饮”义为例，据《大词典》所列各时期的例证，“吃”的“喝、饮”义结合词语如下：吃酒（唐，用例略，下同）、吃水（宋）、吃苦茶（明）、吃酒、吃药（晚清）。到了现代，在普通话中“吃酒”“吃水”等已改说成“喝酒”“喝水”，仅“吃药”这个组合还常用。由此可见，从词义的历史发展上看，“吃”的“喝、饮”义分出有其组合（分布）上的根据,现代词典不将它分出,是因为这些组合大多消失,也有组合(分布)上的根据。

一般动词词义同词的分布关系的情况是很复杂的。有时前后要求某类词,有时又要求某种句型,有时又要求某种句式。下面引述《现代汉语八百词》对“亏”几个动词义的说明就反映了这种情况。

> 3.使吃亏。可带“了、过”。必带名词宾语。多用于否定句:既～不了群众,也～不了集体……
>
> 5.表示不怕难为情。用于讥讽。常见的句式是:“亏＋你(他)＋动＋得……”和“亏＋你(他)＋还……”这话～他说得出口|这点道理都不懂,～你还是个中学生。

二

表名物的词各个意义或其他词性的词发展出表名物词的意义同分布的关系可注意的情况可以指出下面几点。

1.表名物的词作为指示某类整体对象的代表,在一定的上下文、语境中有表示所指对象不同数量范围、不同部位方面、不同具体对象的作用,而当需要为这些特指内容划分出词义单位时能同时指出这些特指义出现的语境(分布情况)则是更周到的描写。如《现汉》为“人”立的几个特指义:

> ⑥指人的品质、性格或名誉:丢～|这个同志～很好|他～老实。
>
> ⑦指人的身体或意识:这两天～不大舒服|送到医院～已经昏迷了。
>
> ⑧指人手,人才:我们这里正缺～。

《现汉》用例句说明了“人”在这些例句中具有义项所概括的意义。反过来也可以说,正是例句所显示的“人”出现的语境(分布),“人”

才具有义项所说明的意义。我们可以把各义组合(分布)条件做更概括的描写。

⑥义出现的条件是：

人 + 形容人的品质、性格、名誉的词语

主	谓
人	好/坏
人	勤奋/懒惰
人	老实/不老实

如果让这些当谓语的词语作定语修饰“人”，如好/坏(的)人，老实/不老实(的)人，则⑥义消失。这是因为人的品质、性格等已有修饰语说明，“人”不再特指其品质、性格等。

⑦义出现的条件是：

人 + 形容人的身体、意识的词语

主	谓
人	健康/瘦弱
人	昏迷/清醒
人	糊涂/不糊涂

如果用这些充当谓语的词语作定语修饰“人”，则人的⑦义消失，理由同上。

⑧义出现的条件是：

1)

主	谓
人	不够/多余
人	有技术/没技术

2)

	述	宾
(我们这里)	缺/要	人
	有/没	人

3)

述	宾
(我们)派去	(三个)人

述	宾
分给	你们(三个)人(双宾语)

在1)中,“人”充当主语,在2)、3)中“人”充当宾语,同它搭配的谓语、述语,在意义上应该能显示出“人”是指有劳动能力的、有不同程度的知识和技能的人。

2.表名物词的某个意义,或从其他词发展出来的表名物词的意义,只能充当某种句子成分,只能用在某种格式中,不全具有名词的主要功能。如“高明”是形容词,它的引申义“高明的人”是名词义,只作宾语,且有较固定的搭配:另请高明。“意外”也是形容词,它的引申义“意外事件”是名词义,一般只作宾语:旅途中发生了意外。飞行时出现了意外。或者作兼语:防止意外发生。避免意外出现。

“坏”的名词义“坏主意、坏手法”一般用作宾语,但述语很有限制:(别)使坏,“搞坏”“做坏”都不成。可以作中心语“一肚子坏”,但修饰语很有限制:“一脑瓜子坏”“满腔的坏”都不成。“烧”指“高于正常的体温”是名词义,一般只同“发……(烧)”“退……(烧)”搭配。可以说“发了三天烧”,这种说法的“烧”不能当主语,“烧又发了”不成立。“退烧了”的“烧”可以当主语。

三

表性状的词某一意义形容不同的对象时,其表示的性状可能是有差异的。表性状词可以修饰限制的对象是复杂的,词典释义词语在主语位置上列出的一般的形容修饰对象(即适用对象)只能是代表性的、类型化的。因此更恰当的说明是探讨如何适当地将意义的说明同其结合词语(分布)的说明结合起来。

我们总结过“勇敢”一词的“词义成分—模式”是⑥：

n	t
军队、战士、个人、一般行为	不怕危险、困难，有胆量

“n”说明“勇敢”的适用对象，这里有多项，它们是选择性的。应该区分“n”中词语的两种情况，一是可以同“勇敢”直接结合的词语，如“军队”(～的军队)、“战士”(～的战士)，一是指示结合范围的词语，如“个人”“一般行为”，不能同“勇敢”直接结合，但指出了结合的范围。如“～的董存瑞(董属“个人”)、“～地批评”“～地反抗”(批评、反抗属“一般行为”)。

“t”(性状内容、特征)中的各项，有并列关系的，有选择关系的。它们同“n”中各项的搭配有很多复杂情况。可以设想，在说明词义时，“n”的说明分为“表示结合范围词语”“直接结合词语”，同时适当地说明结合搭配情况。在一个词义单位的释义范围中，必要时指出“n”不同时“t”特征的差异变化。下面以我们分析过的“勇敢”“英勇”⑦为例，说明我们的初步考虑。下面所用符号的含意分别是：N 表示结合范围词语，n 表示可直接结合词语，可分类，以 $n_1 n_2 n_3$……表示，t 为性状特征，M 为词语组合格式。

	N	t
勇敢	军事人员	不怕危险、困难，有胆量
	军事行为	
	一般人员	
	一般行为	

军事人员　n_1 兵、战士、士兵、民兵、将军、将领……

　　　　　n_2 军队、部队、陆军、海军、空军……

作谓语：兵～，(官怕死)〔表示这种用法需对举〕

兵很～

战士(很)～/军队(很)～。

M： n_1＋(很)＋～

n_2＋(很)＋～

(1)～前可带副词修饰语：很、非常、十分、真、确实

……

(2)～后可带补语，～＋得很，～＋极了，～＋起来，～＋一点儿

作定语：～的兵/～的战士/～的军队

M：～＋的＋n_1　～＋的＋n_2

军事行为　n_3　打仗、战斗、进攻、冲锋、追击、反击……

作谓语：打仗(很)～/进攻(很)～

M：n_3＋(很)＋～

～作 n_3 谓语时，前后可加的成分同上述～作 $n_1 n_2$ 谓语时相同。

作状语：～地打仗|～地进攻

M：～＋地＋n_3

作补语：限 n_3 的一部分：进攻得很～/追击得很～。对照下列组合：

* 作战得很～/* 攻克得很～

* 打仗得很～/打仗打得很～

* 冲锋得很～/冲锋冲得很～

$n_1 n_2 n_3$＋～，t 意重在不怕困难，不怕牺牲，敢于拼杀。

一般人员 n_4 人、青年、运动员、驾驶员、小王……

作谓语：(这些)人(很)～/(那些)青年很～〔若省去指代词，“人”“青年”一般特指〕

M：n_4＋(很)＋～(n_4 一般特指)

作定语：～的人/～的青年

M：～＋的＋n_4

一般行为 n_5 做、走、打、踢、跳……

作谓语：n_5 不能作主语，同～组成主谓结构：

* 做～/ * 打～/ * 跳～

作状语：～地做，(细心地调查)/～地做下去/～地走，(不要瞻前顾后)/～地走出去(～作 n_5 的状语，一般 n_5 有附加成分或有搭配词语)

M：～＋地＋n_5＋其他成分

作补语：一部分 n_5 可带～充当的补语。例如：

打得(很)～　　踢得很～

* 走得(很)～　　* 做得很～

n_6　批评、揭发、追查、改变……

作谓语：一部分 n_6 可作主语，～作谓语。如：

批评(很)～　　揭发(很)～

* 追查(很)～　　* 改变(很)～

作状语：～地批评/～地揭发

M：～＋地＋n_6

作补语：一部分 n_6 可带～充当的补语。如：

批评得(很)～　　揭露得(很)～

* 改变得(很)～　　* 施行得(很)～

n_5、n_6＋～，t 意重在不怕困难，不怕打击报复，不怕不良后果。

为便于比较，下面对“勇敢”的同义词“英勇”也做同样的说明：

英勇　N　|　t

军事人员　超过常人的勇敢

军事行为

牺牲的行为

军事人员 n_1 兵、战士、士兵、民兵、将军、将领……

n_2 军队、部队、连队、陆军、海军、空军……

作谓语：兵～，(官胆小)〔表示这种用法需对举〕

兵很～

战士(很)～/军队(很)～

M：n_1＋(很)＋～　n_2＋(很)＋～

(1)～前可带副词修饰语：很、非常、十分、真、确实……

(2)～后可带补语：～＋得很　～＋极了

但：* ～＋起来 * ～＋一点儿

作定语：～的兵/～的战士/～的军队

M：～＋的＋n_1　～＋的＋n_2

军事行为 n_3 打仗、战斗、进攻、冲锋、追击、反击……

作谓语：n_3 不能作主语直接同～组成主谓结构：

*战斗～/*冲锋～

作状语：～地战斗/～地进攻

M：～+地+n_3

作补语：一部分 n_3 可带～充当的补语。例如：

战斗得很～　进攻得很～

*追击得很～　*反击得很～

$n_1 n_2 n_3$ +～，t 意重在表示超过常人地不怕牺牲、勇于拼杀。

牺牲的行为 n_4 牺牲、就义、捐躯、殉国……

作谓语：n_4 不能作主语直接同～组成主谓结构：

*牺牲～/*就义～

作状语：～就义/～(地)牺牲(了)

M：～n_4(可不加"地")

n_4 +～，t 意着重表示不畏强敌，临危不惧，视死如归。

"英勇"不像"勇敢"那样可以形容一般的人，它可以形容从事正义事业的人，如"～的革命者，～的革命青年"。这时其组合同 $n_1 n_2$。

"英勇"不能形容一般的行为。例如：

*～地批评/～揭露

表性状词的词义同其分布的关系另一值得注意的方面是，一部分性状词的意义或词的某一表性状的意义只充当某种句子成分，要求某种句型、句式。如"实惠"有两义：①实际的好处(得到～)，②有实际的好处(买这些东西很～)。①义为名词义，②义为形容词义。但②义只作谓语，不作定语：*～的东西/*～的礼品。又如"红"的"象征顺利、成功或受重视、欢迎"义作补语只出现在"唱戏(写字、说书等)唱(写、说)红了"的格式中。对这些情况，本文不再详述。

词义和词的分布的关系是内容非常丰富的研究领域，本文所谈,只是想引起注意罢了。

附　注

① J. Lyons: *Sematics* II, p. 375.

②③⑤ 拙文见《汉语学习》1998 年第 4 期。

④《国语周刊》1931 年第 16 期。

⑥⑦ 见拙文《词义成分—模式分析(表性状的词)》,《汉语学习》1997 年第3 期。

(原载《汉语学习》1999 年第 1 期)

扩展性词语的作用

笔者在探讨词典释义问题的论著中断定：词的意义最终是用拓展性词语来解释的，用一词释一词，要用熟悉易懂的词来解释，只不过是使读者或听者在自己的意识中产生某种拓展性词语或某种摹象表征罢了。以一词释一词，只是拓展性词语的代替形式。本文对这一点再做具体的分析。

1. 一个词在不同的语境中可能引起的不同的意识活动：

A 牛，在对话中读升调，语调上升，一般表疑问，意思可能是：是“牛”吗？

B 牛，在对话中读降调，语调下降，一般表肯定回答，意思可能是：是“牛”。

C 在某种特定的语境中单独听到“牛”这个词可能引起某种回忆，如放过牛，跟牛打交道的种种经历等。

2. 一个字在脱离具体语境的情况下可能引起的意识活动：

A　字表上的字

a　牛，读的人可能有这种意识活动：这是“牛”字，音为“niú”，意识中可能出现“牛”的表象，此为摹象表征，可以图示，也可能有简单的解释：有角，能耕田。

b　皛，这是个生僻字，不认识的人读不出来，头脑中也不会出现如上述“牛”那样的意识活动。

B　字典上的字

a　皛　豖

用“豖”解释“皛”，“豖”也较生僻，不认识的人读不出来，头脑中也不会出现如上述“牛”那样的意识活动。

b 彘 猪

用“猪”解释“彘”，“猪”字为人熟悉易懂，读的人就会产生读字表上的“牛”字那样的意识活动：出现“猪”的摹象表征，出现简单的解释；农家常养，供肉食，等等。这就是笔者所说的：使读者或听者在自已意识中产生某种拓展性词语或某种摹象表征。

3. 两个词组合在一起可能引起的不同的意识活动，以下列几组词语为例：

大牛 有牛 打牛 牛多

(1)这几个词组可能刺激产生相应的表象活动，有学者称为译码成摹象表征。

大牛 摹象表征为体大一点的牛。

有牛 摹象表征为(某地)存在牛，或某人占有牛。

打牛 摹象表征为(以物)击牛。

牛多 摹象表征为(某地)存在多只牛。

这些摹象表征的具体内容是因人而异的。

(2)这几个词组的各个词互相结合，产生不同的语义关系，形成信息。

大牛 两个词前限制后，属一般所说的偏正关系产生的信息是：牛当中身躯大的。

有牛 两个词前支配后，属一般所说的支配关系，产生的信息是：(某人)占有牛，或(某地)存在牛。

打牛 两个词前支配后，属一般所说的支配关系，产生的信息是：(某人以某物)击牛。

牛多 两个词前一个为陈述对象，后一个为陈述内容，属一般所说的陈述关系，产生的信息是：(某地)存在多头牛，或(某人)占有多头牛。

如果是抽象词语组合，就只是产生抽象词语信息，难以刺激出现上述(1)所说的摹象表征，如：

细致分析 两个词前一个修饰后一个，属一般所说的偏正关系，产生的信息是:细致地去分析(问题、事情)。

提高质量　两个词前一个支配后一个,属一般所说的支配关系,产生的信息是:提高(产品的)质量。

关系复杂　两个词前一个为陈述对象,后一个为陈述内容,属一般所说的陈述关系,产生的信息是:(人、事情)的关系复杂。

这样,可以看到,两个词组合在一起,是最小的扩展性词语的组合,它产生了不同于组合中原来单个词的意义,它产生了新的确定的信息。这样,用至少是两个词组合起来的扩展性词语来解释语言中的词,就产生了不同于用一个词来解释另一个词的效果。扩展性词语产生了新的信息,产生了排他性:被解释的词的意义就是用来解释的扩展性词语的意义。用三个、四个或更多的词组成的扩展性词语,以至于用句子、分句这样的扩展性词语来释义,对词义的解释就更具体、细致了。而用一个词来解释另一个词,是使读者、听者意识中自己产生扩展性词语(有时伴随摹象表征),至于所用的扩展性词语是否恰当、完整,那是另一层面的问题了。

以上所述是指现代描写性词典中用扩展性词语释义同用一个词释义作用的不同。我国传统训诂学中利用字的形音义关系,使用一字释一字,有利用来释义单字的作用,同这里所说的有差别。《中华大字典》凡例中曾总结"诂字之训"的多种类型,下面据其分类摘引古训做些分析。

1. 以原出一形而所得异声之字为训者。

《尔雅》　祜,福也。

2. 以字所自之形为训者。

《说文》　璐,玉也。

3. 以形皆异之字为训者。

《尔雅》 留，久也。

4. 以同声为训者。

《说文》 士，事也。

以上所引一字释一字（一词释一词），并不完全如现代词典释义那样，寻找一个完全同义或义相当接近的词去说明词义，而是利用汉字的形音关系去说明字（词）义，其中有不同的情况：有时用的是同义、近义词，如《尔雅》“祜，福也”例；有时被释字是释义字的类词语，如《说文》“璐，玉也”例；有时释义字说明的只是被释字字义的某些特征，如《尔雅》“留，久也”例，“留”为表行为的词，意义为“长时间停留某处”，“久”只是其字义的一个特征；有时是声训，如《说文》“士，事也”例，段注：任事之称也。意为：指其做事。可以理解为：“因为他们做事，所以叫作士。”这种声训并不合理，但也透露出“士”的某个特征。以上说明我国古代训诂学用一字释一字的情况，不影响我们对现代词典中用一词释一词同用扩展性词语释义作用不同的论断。

附　注

① A. P. 卢利亚《神经语言学》，赵吉生、卫志强译，北京大学出版社 1987。

②《中华大字典》（缩印本全二册），中华书局 1978。

词义分析形式化的探讨

笔者在分析词典释义方式[①]的基础上，提出表名物的词、表动作行为的词、表性状的词的“词义成分—模式”分析[②]。词义分析的多种应用，证明这是有根据的理论概括。近读涉及这方面的论述有感，想对这种分析的性质和词义分析形式化特征的问题做进一步的探讨。

一、扩展性词语内容的分解

根据对词义在意识中呈现、表述形态的分析，我们认为词义最终是要用扩展性词语表示的。以一词释一词，用熟悉易懂的词来释义，只是使读者和听者在自己的意识中产生、构成某种扩展性词语或某种摹象表征罢了。以一词释一词，只是扩展性词语释义的代替形式。因此对词的释义内容的分析，就集中在对词典中词组、单句、复句释义词语的分析，也即旧说所谓的“多字”释义词语的分析，我们称之为扩展性词语。

语法学对现代汉语词组、单句、复句的成分及其意义关系的分析已经很成熟，成为我们这种分析的基础，但也有明显的不同。第一，我们的这种分析是对扩展性词语表示的词义内容的分析，它必然是对词所表示的名物、动作行为、性状内容说明的一点、一片，而不是对词组，主、谓、宾、定、状、补等句子成分，主句、从句的分析。第二，语法分析有严格的层次性，可以一直切分到词，而这种分析是对扩展性词语表述的信息内容的区分，所追求的是分解出“词义成分”，分解出的词义成分则表示了词义内容的不同方面。从它们同属构成词的整体义的成员这一点上说，它们是相对独立的。因此，划分为词义成分的语言单位，可以是词，也可以是词组、分句。例如（以下例词释义皆引自《现代汉语词典》第6版）：

笋鸡 做食物用的小而嫩的鸡。

鹌鹑 鸟，头小，尾巴短，羽毛赤褐色，不善飞。

攀 抓住东西向上爬。

安适 安静而舒适。

在“笋鸡”的释义中，说明类别的是词“鸡”，说明体形的是词“小”，说明肉质的是词“嫩”，说明功用的是词组“做食物用”。在“鹌鹑”的释义中，说明类别的是词“鸟”，说明形貌特征的是三个句子“头小”“尾巴短”“羽毛赤褐色”，说明行动特征的是词组“不善飞”。“攀”的释义中，说明动作的“爬”是词，说明方式特征的“抓住东西”是词组，说明方向特征的“向上”也是词组。“安适”的释义中，说明性状特征的“安静”“舒适”都是词。分解为词义成分的词组、句子，它们或者是体词性结构，或者是谓词性结构，必要时还可做结构和语义的分析，进行适当的调整。

要特别指出的是，分解出的词义成分并不都是并列关系，它们之间存在多种语义关系。它们出现在自然语言组合之中，因此，自然语言不同结构的性质，各种结构中语言成分的关系，也就显示了这些词义成分的关系。上述“笋鸡”的释义词语是一个定中结构，中心语“鸡”表示类别，三个修饰语是限制“鸡”的，表示这种“鸡”的不同特征。“鹌鹑”的释义词语从语法上讲是一个由多个分句组成的并列复句,但从逻辑意义上讲,后面四个分句都是限制类别词"鸟"的,说明这种"鸟"不同方面的特征。"攀"的释义词语是谓词性词语中的连谓结构,从语法上讲"抓住东西"和"爬"两个谓语地位是平等的,但从"攀"的词义内容讲,"爬"是表行为的,"抓住东西"和介宾结构"向上"一样,都是表这种行为的特征的。"安适"的释义词语是一个省略了主语、仅出现谓语的主谓结构[即:(人)安静而舒适],谓语是两个并列的词,合起来表示这种性状特征。

从上面的分析可以认识到,解释词义的扩展性词语本身是某种语法性质的语言结构,其组成成分的语义关系只存在于这种性质的具体语言结构之中。我们从中分析确定的"词义成分",也只存在于它出现的一个具体语言结构之中。上面所说的"攀"的词义成分,只存在于一个具体的谓词性词语结构中;"笋鸡"的词义成分,只存在于一个具体的定中结构的词语中。"父亲"有人解释为"有子女的成年男人",有人解释为"直系亲属中长一辈的男性的人",虽然二者都是有定义内容的定中结构,但据之分解词义成分,则类词语和特征都不同了。我们把建立在词的释义方式基础上的这种词义分析,叫作"词义成分—模式"分析,其"模式"即指词义成分组合的语言结构。具体的词义成分存在于一个具体模式中,并由一个具体模式所包含。

二、词义表示的形式特征

从大量词典释义材料来看,汉语中表名物的词是用定中结构这种扩展性词语来释义的,换句话说,汉语中表名物的词,现代汉语是用定中结构来表示其内容的,定中结构扩展性词语就成为汉语中表名物的词词义的形式特征。定中结构因词义内容的不同有几种变化：

1. 定义式释义，如上述“笋鸡”的释义。如果名物的特征多，需用较多的词语表示，则往往化为有多个分句的复句，但在意义上，众分句表示的特征仍是修饰限制其中出现的类词语的，如上述“鹌鹑”的释义，而且也易于将其中的类词语和部分说明特征的词语转写成定中结构。

2. 定中结构的中心语是“部分”。如：地幔　地球内介于地壳和地核之间的部分，厚度约 2900 千米。其中心语“部分”非“地幔”的类词语。这多用于说明被释词所指物为某个整体事物的组成部分的释义。

3. 以同被释词近义或意义相关的词语做中心语，加以适当修饰限制的解释词语。如：物质　①独立存在于人的意识之外的客观实在。……这类被解释的词抽象程度很高，不可能再找到比其概括程度更高的概念做类词语，它属于名物词范畴，仍以定中结构释义。

大量词典释义材料显示，汉语中表动作行为的词是以动词为中心的谓词性结构来释义的，换句话说，汉语是用这种类型的谓词性结构来展示表动作行为的词的内容的，因此，以动词为中心的谓词性结构就成为表动作行为的词词义的形式特征。

我们分析过这类词的词义成分是在一定项目中变动的，不同的词以具有不同项目的词义成分、不同内容的词义成分、词义成分的不同结合而显出不同的特征。例如：

1. 动作行为具有程度限制：苛求　过严地要求。

2. 动作行为具有确定的关系对象：捐资　捐助资财。

3. 动作行为具有确定的施动者：嫁　女子到男方家成亲，也泛指女子结婚(跟“娶”相对)。

4. 词义含有多个动作行为：埯　挖小坑点种瓜、豆等。

5. 词义含有条件原因的内容：还手　因被打或受到攻击而反过来打击对方。

6. 词义含有目的结果的内容：摇头　把头左右摇动，表示否定或阻止。

我们正是根据解释表动作行为的词词义的谓词性结构的形式特征，有根据、有条理地分解它的复杂内容的。

动词中表语言、心理活动的词(如说、爱等)，表示一般行为而动作性不强的词(如做、进行等)，其词义内容同表动作行为的词有明显的不同，但也要以动词为中心的谓词性结构来展示它的内容。

汉语中表性状的词释义方式多样，但词典释义中应用最多的是主谓结构的谓词性词语，主语部分(用括号或不用)表示适用对象，谓语部分表示性状特征，主语部分可以不出现。如：

安康　平安和健康。

轻浮　言语举动随便，不严肃不庄重。

乖戾　(性情、言语、行为)别扭，不合情理。

“安康”的释义适用对象未出现，“轻浮”“乖戾”的释义适用对象皆出现。适用对象未出现，可能是适用对象广泛，也可能是无须说明。表性状词的适用对象可以是陈述、修饰、限制的对象，如“轻浮”中的“言语举动”、“乖戾”中的“性格、言语、行为”。在具体的上下文中，性状词的适用对象是确定的，在释义中只能选择性地列举其类别，因此各类适用对象的关系多是选择性的。性状特征则可以做“项”的分割，如“安康”的“平安”“健康”是两项，“乖戾”的“别扭”“不合情理”是两项，“轻浮”的“随便”“不严肃”“不庄重”是三项。各项性状特征的语义关系有的是并列关系，如“安康”；有的是选择关系，如“乖戾”；也可能是兼而有之。少数性状词的多项性状特征间存在因果关系，如：腻烦　因次数过多或时间过长而感觉厌烦。“次数过多或时间过长”是因，“感觉厌烦”是果。

其他不使用这种释义方式的词在一定条件下也可以变换为这种模式。因此我们认为，汉语中表性状的词主要是用主语表示适用对象，用表示性状特征的谓词性结构做谓语，表示词义内容，这种结构的扩展性词语就成为表性状词词义形式上的特征。

只能用作修饰语的属性词（也叫区别词）以修饰语标志“的”为结尾的扩展性词语释义，如：

先决　形属性词。为了解决某一问题，必须先解决的：～条件。

因此，结尾带修饰语标志“的”的扩展性词语就成为这类词词义形式上的特征。

上面我们从释义方式总结出表名物、表动作行为、表性状的词词义形式上的特征。表名物的词不可用表动作行为的词、表性状的词的释义方式释义；表动作行为的词、表性状的词若用定中结构（注意，非状中结构，如“跳　一起一伏地动”）释义，必然成为准定义式，即，充当中心语的是名词性词语，同被释词语法属性不同，如“咸　像盐的味道”。由此可见，我们确定的这三类词以扩展性词语表示词义的形式特征，是有根据的。

三、词义分析形式化的应用

词义分析的形式化有多种探索。我们的做法是：1. 以有形式特征的扩展性词语释义模式作为分析的框架;2.通过比较不同词典的释义、考察语言的应用情况来确定词义成分;3.选择调整词义成分和模式,使其规整。我们称之为“词义成分—模式”分析。

笔者曾分析汉语表示吸食液体食物的动词的“词义成分—模式”,列举如下:

	B	d_1	D_1	E_1	D_2	e	E_2
喝	人或动物	用嘴	咽下	液体(水、酒、药等)			
饮	人或动物	用嘴	咽下	液体(水、酒等)			
呷	人	用嘴	咽下	液体(茶、酒等)			
抿	人	用嘴唇 轻轻地 一下	沾	碗或杯子	喝	一点	液体

从这个形式化词义内容的对比中可以看到各词行为(D_1)的相同点,可以看到各词施动者(B)、关系对象(E)的同异,关系对象中用括号的是选择性的。从中可以看到“抿”是一个很有特色的动词,除了行为(D_2)“喝”同各词不同外,还含有另一行为“沾”(D_1),而“沾”的行为必有身体部位“用嘴唇”、程度“轻轻地”、数量“一下”的限制(d_1表示),其行为“喝”的关系对象“液体”(E_2)也有数量“一点”(e)的限制。

笔者据《汉语大字典》(1986—1990,以下简称《大字典》)对“小”义的解释,对其中的两个意义及其联系做了分析:

> **小**
>
> ①细;微。……《说文·小部》:“小,物之微也。”……《书·康诰》:“怨不在大,亦不在小。”……又使变小。《孟子·梁惠王下》:“匠人斫而小之。”……
>
> ④年幼的人。《诗·小雅·楚茨》:“既醉既饱,小大稽首。”郑玄笺:“小大犹长幼也。”

《大字典》①是用两个同义、近义词释其性状义,属一词释一词;用

“使变小”释其行为义，为谓词性扩展性词语释义，但词义内容未展开。④是用定中结构扩展性词语释名物义，词义内容已展开。为了更明晰地说明此三义的发展联系，我们以有形式特征的各类词的释义模式为框架，调整词义成分和模式，说明如下：

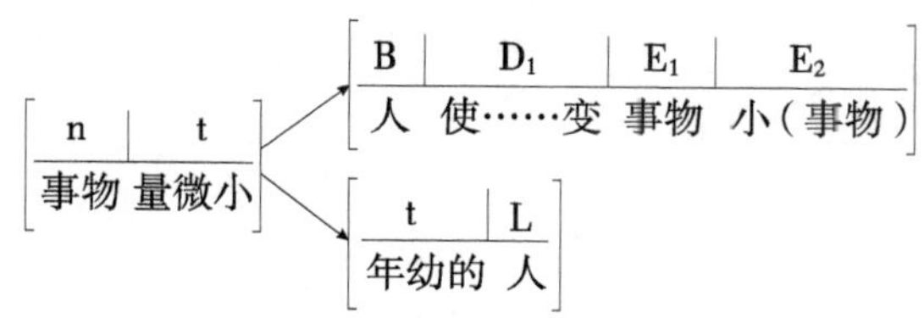

（n=适用对象，t=性状特征，L=类词语）

“小”的本义生出新义，是由于其在不同的语境中句法作用不同，分别指示性状、行为、名物。它们在表示“量小”这一点上有联系，本义表“小”的性状，行为义表可以产生这种性状（的事物）的行为，名物义表具有“小”（这里指年幼）性状的人。

借助于这种形式化的分析，也可以说明词在组合中词义特征的变化。例如“吃”的词义内容据词典释义及语言应用情况可以说明如下：

B	d_1	D_1	D_2	E
人或动物	用嘴	咀嚼	吞咽	食物

“吃”的施动者可以是“人或动物”，“食物”可以是固体的或液体的，这样“人”“动物”“固体食物”“液体食物”就成为选择性特征。“咀嚼”“吞咽”可以说是“吃”的固有特征，而在“吃药”中，“咀嚼”特征可能消失，而在“孩子吃奶”中，不仅“咀嚼”消失，还生出“吸吮”的特征，这是在语境中孳生的特征。词在运用中词义的动态变化，借助于这种形式化的分析，都可以得到说明。

附　注

① 符淮青《词义的分析和描写》,语文出版社 1996、外语教学与研究出版社 2006.

② 符淮青《词典学词汇学语义学文集》,商务印书馆 2004.

(原载《辞书研究》2013 年第 1 期)

词的概念义特点探讨

一

通过总结表名词的词、表动作行为的词、表性状的词在词典中的释义而提出的"词义成分—模式"分析，启发我们可以去分析这三类词概念义的特点，并提出形式上的根据。没有形式上的根据，只是凭感觉，凭印象去说明这些词概念义的特点，可能是笼统的、模糊的、片面的。我们甚至怀疑如此能否从语义上说明各类词的特点。

哲学家、一部分语言学者注意到语言词语的语义范畴。语法学者是从词的组合情况（也叫"分布"）上划分词类的，分析词的特点也主要分析词的语法特点。他们一般认为，词不能从意义上分出语法类别，因此并不关注词的语义范畴。

笔者曾著文分析词的语义范畴的存在。认为语义范畴同词的语法类别并不一一对应。它们属不同的层面。语法划定的名词、动词、形容词，其概念义分别属名物范畴、动作行为范畴、性状范畴，应该是没有争议的。下面随机从《现代汉语词典》中抽出这三类词的各两个词以扩展性词语所做的释义，看看各类释义词语的表述特点。

直感名直接的感受。

直裰名僧道穿的大领长袍。

直立动笔直地站着或竖着。

直抒动直率地抒发。

直爽形心地坦白,言语行动没有顾虑。

直性形性情直爽。

以上两个名词,用定中结构释义,两个动词用动词为中心的谓词性结构释义,两个形容词用主语表示适用对象、谓语表示性状的谓词性结构释义,这清楚地显示了它们的概念义属于不同语义范畴的形式上的特征。

有学者提出过,“战争”是名词,“战斗”是动词,但从意义上很难说明它们的不同。请看《现汉》的释义:

战斗②动同敌方作战。

战争名民族与民族之间、国家与国家之间,阶级与阶级之间或政治集团与政治集团之间的武装斗争。

以上“战斗”用以动词为中心的谓词性结构释义,“战争”用定中结构释义,清楚地显示两个词表示的语义范畴的不同。

认识了用扩展性词语解释以上三类词表述形式上的不同,可以引导我们进一步分析这三类词概念义的特点。

二

表名物的词用定中结构释义,其中心语有相当多使用类词语,类词语可有多种选择,且可有不同抽象等级的概括。这启发我们,这是一种有上下层次的分割。例如可以给“马”找到“家畜”“力畜”“牲口”等上位词,往上可以找到“动物”这个类词语,再往上可以找到“生物”——“物(物质)”作为类词语。

我们面对客观世界可感受的都是一个个的个体，看到的、摸到的都是活生生的一匹匹马，思维—语言反映它们不可能给每一匹马命名，而总称为“马”。“马”分割出来与同样分割的“牛”“驴”相对立。这就是所谓语言中的词是表概念的，它是对客观的概括的反映。而表名物词对客观这种一般的反映是多层级的，“马”已是一般的反映，可以再上升为“家畜”，再上升为“动物”，再上升为“生物”，再上升为“物(物质)”，等等。这种情况，荀子在《正名》中已做了说明：

> 万物虽众，有时而欲遍举之，故谓之物。物也者，大共名也。推而共之，共则又共，至于无共，然后止。有时而欲遍(俞樾指出：此“遍”乃“偏”字之误)举之，故谓之鸟兽。鸟兽也者，大别名也。推而别之，别则又别，至于无别，然后止。

这样，我们可以说，对客观对象由小类至大类的层层抽象分割，是表名物词一个显著的特点。

名物词用定中结构释义，释义词语中，有一部分中心语使用“部分”这类词语，学者少有论及。举两例：

山	地面上	由土石形成的高耸的	部分。
	表整体词语	对“部分”的限定	表部分词语
背面	物体上	跟正面相反的	一面。
	表整体词语	对“部分”的限定	表部分词语

这是指出所释的词所表示的物体在整体属何部位，有何种特征的释义。表名物词存在众多的“整体—部分”关系词群。如“地球”下分割“陆地”“海洋”，“陆地”下分割为“平原”“高原”“山地”“丘陵”“湿地”等，每一部分自大至小都有细分。“人体”下有“头”“颈”“躯干”“上肢”“下肢”等的划分，每一部分自大至小都有细分。这样，

我们很容易看到,对客观对象由整体到部分,由大到小的多层级分割是表名物词的另一个显著特点。

这样,表名物词中就出现了一些抽象程度处在最高层的词,如“宇宙”“物质”“现象”“时间”“空间”“运动”“规律”等。日常应用的词语也出现了概括最一般情况的词,如“情况”“事情”“行为”“活动”“状态”“性质”“品性”等。后者有许多可以据之生出多层级的表下位概念的词语,如:

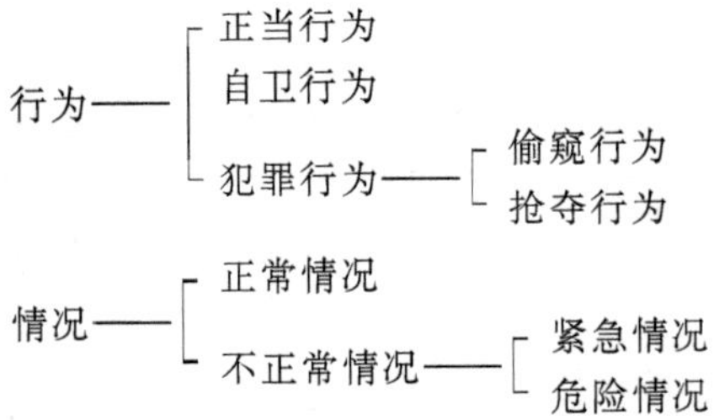

这样的表名物的词也要用定中结构释义。其中心语不可能找到类词语,而是用同它相近、相关的词语,加上适当的修饰语,完成释义。如,已形成严整的概念系统而处在抽象程度最高级的“物质”的释义:

物质图独立存在于人的意识之外的客观存在。

“客观存在”是“物质”的相关词语。再如日常应用中出现的概括最一般情况的“行为”的释义:

行为图受思想支配而表现出来的活动。

“活动”是“行为”的近义、相关词语。

这样,我们看到表名物范畴的词处在一个多层级上下位关系、多层级整体部分关系的概念系统中。这就是思维—语言对客观世界所做的名物性质分割的特点。概念系统的各个层级有相当多是词，也有相当数量的固定语或者自由词组。词的释义是用语言解释语言，在使用扩展性词语释义时必然采用某词代表的事物属何大类又有何特征的做法，或者指出它为何物的构件又有何特征的做法，处在抽象等级最上层的词，就用它相近、相关的词语做中心语，加上特征的限定来说明。

三

表动作行为的词用以动词为中心的谓词性结构释义，也可以从中分析这类词概念义的特点。从意义上说，表动作行为的词是对物体相互作用的描写，或是一物作用于他物的描写，或是物本身变化的描写。汉语是如何表述这些动作行为的呢？我们考察一下日常的表述。

他儿子和老李的女儿结为夫妇了。

这一句是表述物相互作用的行为，使用的是动词性谓语结构，主语是行为的主体，“结”是中心词，宾语是“夫妇”。其中，“某人和某人结为夫妇”这个意思，汉语中有现成的“结婚”一词表述。因此这句话使用“结婚”这个表述的话，就是：

他儿子和老李的女儿结婚了。

而当我们要用扩展性词语解释“结婚”的意义时，就可以是：

结婚　男女结为夫妇。

解释“结婚”一词，使用的也是以动词为中心的谓词性结构。这样，我们了解到，汉语是用动词为中心的谓词性结构表述动作行为的，所以在解释表动作行为的词时，要使用这种谓词性结构。

下面是另外两个例子。

A. 他把苹果放在嘴里嚼烂后咽下去。

B. 他吃苹果。

C. 吃 (人或动作)用嘴咀嚼吞咽食物。

A是对一物作用于他物的一种行为的描写,B是这种行为汉语中有“吃”一词表示,因此可用“吃”来代替。C是对“吃”一词的解释。A、B、C使用的全是以动词为中心的谓词性词语。

A. 狮子大声叫了。

B. 狮子吼了。

C. 吼 (狮子)大声叫。

A是对一物本身行为的描写。B是这种行为汉语中有“吼”一词表示,因此可用“吼”来代替,C是对“吼”一词的解释。A、B、C使用的全是以动词为中心的谓词性结构。

这样,要了解表动作行为的词概念义的内容,就应该去分析解释这类词的释义词语都包含什么内容(或说要素、或说项、或说特征、或说参数等),把词典对这类词的释义内容做详细分析后,我们总结出这类词释义的“模式图”,其中包含的内容的项,除了必有的某个动作行为外,主要有“行为主体”“关系对象”,包含对动作行为、对行为主体、对关系对象的各种限制,有时还包含一定的原因条件、目的结果等内容。

表动作行为的词不像表名物的词那样,普遍存在层次关系。它们总体上不以多层的层次关系为特征,但当某种动作行为的词义细化分割时,也会出现上下位词。例如:

打 ┌ 毒打
　 │ 狂打
　 └ 痛打

唱 ┌ 独唱
│ 合唱
│ 清唱
│ 重唱
│ 对唱
│ 领唱
└ 齐唱

这类词有时可以用上位词作为谓词性结构的中心动词来释义。例如：

毒打　残酷地打。

痛打　狠狠地打。

释义词语为状中结构，不同于解释名物词的定中结构。但并非都如此，例如：

领唱　合唱时由一个或几个人领头唱。

对唱　两人或两组歌唱者对答式演唱。

齐唱　两个或两个以上的歌唱者按同一旋律同时演唱。

其中，解释"领唱"以"唱"为动词中心语，而解释"对唱""齐唱"使用的中心语是"演唱"。"演唱"不是严格意义上的被解释的两个词的上位词，因为有"表演"的成分。由此可见，这类词不必使用上位词释义，但必须使用动词中心语的谓词性结构释义。

动词中有相当数量的表语言、思维、心理活动的词，它们也要使用动词为中心语的谓词性结构释义，但其构成内容有不同。下引笔者分析过的《现代汉语词典》对三个词的释义：

说　用话表达思想。

认为　确定某种看法。

爱　对人物有很深的感情。

这类词释义词语中也包含动词中心语，包含各种限制，最主要的特征是其关系对象(关系事项)部分多是语言、思维、心理活动等内容。

表示一般的行为而动作性不强的动词的释义也值得注意。它们也要用以动词为中心的谓词性词语释义,而语言能找到的充当这类词释义词语的动词中心语很少,所以释义的灵活性很低,内容扩展有限。例如:

做　从事某种工作或活动。　(《现代汉语词典》)
进行工作或活动。　(《新华字典》)
从事某种工作或进行某种活动。　(《现代汉语规范词典》)
进行　做(某种活动)。　(《现代汉语词典》)
从事(某种持续性的活动)。　(《现代汉语规范词典》)

以上分析,说明表动作行为的词,以及同属这个语义范畴的表语言、思维、感情活动的词,还有语法上划入动词的泛义的表动作行为的词,都要用以动词为中心语的谓词性结构释义,也反过来证明其所属的语义范畴具有共同的形式特征。

四

表性状的词主要用主语表示适用对象,用表述性状的谓词性结构做谓语来表示词义内容。它的适用对象的说明是选择性的类举,其性状特征的说明多是项的表述。如:“轻浮　言语举动随便,不严肃,不庄重。”“言语举动”是适用对象,“随便,不严肃,不庄重”是表述性状的项。适用对象的说明有时可略去,表述性状的“项”多是一项、两项、三项,“项”的关系为并列或选择,少数有因果关系。这说明表性状词概念义的显著特点是:第一,不像表名物的词那样存在普遍的层次关系;第二,不像表动作行为的词那样,可以分解概括为多个有共同内容的项,可以分析各项的不同特征及种种组合关系。表性状词的“项”的内容,要在一个个具体的意义相关的词群中分解。笔者分析过现代汉语表“穷困”义的词群,包含

“贫穷”“穷困”“穷愁”“贫贱”“贫弱”“贫酸”等十多个词，其表性状的“项”的内容，都有缺乏生活资料、生产资料的内容，各词表示的角度、重点、程度不同，或是含有相关内容，如“贫贱”中有“社会地位低下”义，或是有特定的适用对象，如“贫弱”一般用于国家民族等。

表性状同表名物在意义范畴上是对立的。但在现代汉语表颜色词群中，发展出颜色名物化的情况，即表颜色的词是名词。汉语双音词大量产生后，颜色词构成多样化。出现了加语素“色”构成的表颜色的名词。以“红”为例，有：红色、绛色、茜色、妃色、红褐色、红紫色、红栗色、红铜色、朱红色、酱红色、紫檀色、血牙色等。它们全是名词。其他颜色词同样可以用加“色”这个语素构成类似的名词。

将性状、行为名物化是语言的一种手段。现代汉语中“行为”“动作”“特征”“状态”“样子”等词全是名词，但其词义指示的是行为或性状。出现这种情况的原因可能是：第一，使人用思维语言在最抽象的平面上把握现实世界各方面的共性；第二，名物化容易建立概念的层级系统，使思维语言可以多层级地标记表述现实世界。例如，表“红”的颜色词出现了名词以后，就出现了这样的表“红”颜色词系统：

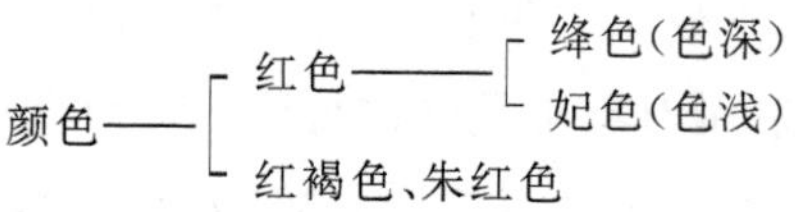

颜色——┌ 红色——┌ 绛色（色深）
　　　　│　　　　└ 妃色（色浅）
　　　　└ 红褐色、朱红色

它们在语义范畴中已属表名物的词，因此可用定中结构来释义：

殷红　带黑的红色。

懒洋洋　没精打采的样子。

咸　像盐的味道。

所用的类词语"红色""样子""味道"是名词,属表名物范畴,同被释词的词性不一致,我们称之为"准定义式"。这正说明表性状的词因为缺少表名物词普遍存在的层次关系,语言表述就使用相关的表名物范畴的词,将其纳入层次关系,以便于说明指认。

表性状词中的区别词(属性词)扩展性词语的释义模式是"……的",其特点值得注意。下列《现汉》"高"字头中所收这类词的释义:

高端　等级、档次、价值等在同类中较高的。
高寒　地势高而寒冷的。
高级　①(阶段、级别等)具有较高程度的。
　　　②(质量水平)超过一般的。
高档　质量好,价格较高的(商品)。
高等　①比较高深的。
高产　产量高的。
高速　高速度的。
高度　发生某种不良情况的危险性高的。

上面所引十个词的释义最后的"的",是其句法功能仅当修饰语的标志。其中除"高等""高速"外,"的"字前面的词语全是主谓结构。如:

高端　等级、档次、价值等(主)　在同类中较高(谓)　的。

其他词也可做同样分析。因此有理由把"高等""高速"中"的"前的释义词语看作是省略了主语的主谓结构。这同我们说明的一般表性状词释义词语的构成是一致的。同样,这里主谓结构释义词语中的主语,也可看作是对适用对象更具体的说明,表示可修饰对象的方面、部位等。如"高档"修饰对象是"商品",《现汉》用括号表示,其"的"前释义词语中处于主语位置上的"质量""价格"说明商品的方面。这些释义词语的谓语部分,仍可做"项"的分割,一般也只是一项或两项,两项也多是并列关系。

这样，语言对表性状词的解释似乎给人一种不细致、过于概括的感觉。我们应该知道，人们认识现实世界，除了用语言符号系统以外，其基础是人们以感官感受现实世界所积累的感觉、印象，而从中可以形成表象想象。语言思维活动同表象想象是相结合、相穿插、互相转换的。景物、性状的形象存在于人的表象、想象中，性状词的释义只要激活人的相应的表象想象活动，或曰激活相应的摹象表征，就达到目的了。而这种摹象表征，紧密依赖所形容的物体。所以说明使用对象是性状词释义的一种重要内容。

本文依据词典扩展性词语释义，探讨表述各类词概念义的形式特点，试图全景地、有根据地进行解析，促进词义分析的探讨。

组合中语素和词语义范畴的变化

语言单位表示的意义有不同的类别、范畴，这是大家感受到的。语法学有名词、动词、形容词等的划分，除了表示它们有不同的语法特点外，也显示了它们的意义类别：一类是表名物的，一类是表动作行为的，一类是表性状的。由此派生的名词性词语、动词性词语、形容词性词语的区分，乃至于体词性词语、谓词性词语的区分，都同时显示了这些词语语义范畴的不同。如何在语法学的词类划分的平面之外，清楚地区分出语言单位的语义范畴的平面，特别是考察在组合中语言单位语义范畴的变化，值得深入探讨。

笔者在《对在现代汉语词典中标注词性的认识》一文中，讨论语素义义项（不能单说独用，仅存于合成词、固定语中）标注“名”“动”“形”是否合理的问题时提出这样的观点：语素的同一个意义（在一个义项范围中的意义）在构词中所表示的语义范畴是有变化的[①]。在《同义词研究的几个问题》中提出“组合中词的语义范畴有变化”的观点[②]。本文想在这方面做进一步的论述。语言单位的语义范畴是多种多样的，本文集中讨论语言单位中最主要的体词性语义范畴、行为语义范畴、性状语义范畴在组合中的变化情况。

一

先讨论语素在构词中语义范畴的变化。“煤”“电”作为语素和词，独用时表示的意义属体词性语义范畴，在“搞好煤电的合理分配”这样的组合中，表示的意义也属体词性语义范畴。但在“保证电煤的供应”“电煤储备充足”的组合中，“电煤”指用于发电的煤，“煤”的语义范畴未变，而“电”起的是限制“煤”用途的作用，可以认为，它表示的意义已属性状语义范畴。在“煤电在总的电量供应中占有重要地位”“要因地制宜发展煤电和水电”中，“煤电”指用煤作为燃料发出的电，“电”的语义范畴未变，而“煤”起着限制产生电所用燃料的作用，可以认为，它表示的意义已属性状语义范畴。

语素的同一意义所表示的语义范畴，随着构成的合成词指示对象的不同，随着同它组合的另一语素意义的不同，其间语义关系的不同而变化。下面分析一些具体的例子。

例 1　“牧”，义为“放养牲畜”，在古代汉语中它是一个词，这个意义是属于行为语义范畴的，“牧”作为语素用这个意义构成了一批合成词，它在不同的合成词中，表示的语义范畴不同：

“牧”表示行为：畜牧　放牧　轮牧　游牧　牧马　牧羊

“牧”表示性状（起限制修饰作用，下同）：牧童　牧民　牧人　牧主　牧户　牧工　牧草　牧笛　牧歌　牧场　牧区　牧业

“牧民”在历史上有“治民”义，其中“牧”义为“统治”，表示行为，则同现代的“牧民”是不同历史时期的不同的词。

例 2　“产”，义为“生产”，这个意义属行为语义范畴，“产”的

这个意义构成一大批合成词,在不同的合成词中,它表示的语义范畴不同:

“产”表示行为:生产　投产　盛产　国产　日产　亩产　产生　产销　停产

“产”表示性状:产物　产值　产品　产地

“产”,义为“人或动物的幼体从母体中分离出来”,这个意义属行为语义范畴,“产”的这个意义构成的合成词中,“产”表示的语义范畴不同。

“产”表示行为:产卵　产仔　早产　小产　难产　流产　临产　催产

“产”表示性状:产妇　产科　产假　产院　产房

例 3　“评”,有“评论、批评”义,又有“评判”义,都属行为语义范畴。“评”的这些意义构成的合成词中,“评”表示的语义范畴不同:

“评”表示行为:评说　评议　评注　评定　评断　评阅　评比　评选　评级　评薪　评功　评奖　讲评　述评　品评

“评”表示性状:评语　评传

“评”表示名物(属体词性语义范畴,下同):好评　短评　书评　影评　史评

例 4　“托”,义为“请人代办”,属行为语义范畴,“托”的这个意义构成的合成词中,“托”表示的语义范畴不同:

“托”表示行为:托付　托管　托运　拜托　央托　委托　寄托　嘱托　恳托　请托　转托

“托”表示名物:医托　托儿　重托

例 5　“私”,义为“个人的”,属性状语义范畴,“私”这个意义构成的合成词中,“私”表示的语义范畴不同:

"私"表示性状：私人　私事　私利　私囊　私产　私房　私宅　私图　私情　私欲　私愤

"私"表示名物：私立　私营　私有　隐私

例 6　"狂"，义为"纵情、任性"，属性状语义范畴，"狂"的这个意义构成的合成词中，"狂"表示的语义范畴不同：

"狂"表示性状：狂放　狂热　狂欢　狂笑　狂喜　狂吠　猖狂　轻狂

"狂"表示名物：工作狂　购物狂

语素在构词中语义范畴改变后，意义同原义有明显的差异，则往往分出不同的义项，分出的义项属于不同的意义单位，属于不同的语义范畴。例如"兵"有一义为"战士、军队"，属体词性语义范畴，这个意义构成的合成词中，"兵"的语义范畴不同：

"兵"表示名物：兵士　士兵　列兵　炮兵　伤兵　逃兵　招兵　阅兵　奇兵　重兵　出兵　统兵

"兵"表示性状：

A. 兵痞　兵力　兵种　兵站　兵营

B. 兵法　兵书　兵家　兵符

其中"兵"表示性状的 B 列合成词中，"兵"已非"战士、军队"义，而是指"军事的、战争的"，词典多已将其分出，立为不同的义项，如《现代汉语词典》（以下简称《现汉》）③"兵"下之④：指军事或战争：～法/～书。

根据上述的认识和分析，再来讨论在现代汉语的语文词典中给语素义标注"名""动""形"是否合理的问题。以不成词语素"暮"为例，几部词典字典的处理如下：

《现代汉语学习词典》（以下简称《学习词典》）④　暮[素]①傍

晚:日~/~色②朝三~四

《现汉》 暮①傍晚:~色/朝三~四

《现代汉语规范词典》(以下简称《规范词典》)⑤ 暮①名日落的时候△朝思~想/~色/~霭

《新华多功能字典》(以下简称《多功能字典》)⑥ 暮①名太阳落山的时候;傍晚:~色/薄~/朝三~四/日~途穷

《学习词典》标注这个意义为"素",意为该义不能作为词运用,是语素义,举出了它存在的合成词、固定语。《现汉》给词义义项标注词性,不标注词性的即为语素义,也举出了它所存在的合成词、固定语。《规范词典》《多功能字典》标注该义为"名",举出了它组成的合成词、固定语。这种标注带来如下问题:

第一,《规范词典》《多功能字典》给所有义项都标上"名""形""动"等词性,使读者有可能误解该义为名词,但这个意义在现代汉语中不是词义义项;如果认为指的是古代汉语,则是未能划清现代汉语词类、古代汉语词类的不同层面。

第二,如果认为"名"的标注非指词类,而是某种语义性质的标注,则是未能全面、正确地反映这个意义在构成的合成词、固定语中语义范畴的不同变化。上述词典字典列举的"暮"构成的合成词、固定语中,"暮"表示的语义范畴是不同的:

"暮"表示名物:薄暮 (朝三)暮四 (朝思)暮想

"暮"表示性状:暮色 暮霭

"暮"表示变化(可入行为范畴):日暮 日暮(途穷)("暮"用其比喻义)

因此,笔者认为,给"暮"这个语素义标注为"名",未能清楚地标注出这个义项的性质功能,而且还带来了不必要的混淆,在《现代汉语词典》中语素义义项不标注"名""形""动",显然是一种科学的合理的选择。

二

下面讨论词在组合中词的语义范畴有变化的问题。笔者在《同义词研究的一些问题》中说明了英国学者莱昂斯(J. Lyons)把词语意义加以细分的观点,它们是:

sence　词位和应用中词语的意义

reference　应用中词语的具体所指,词位无这个内容

denotation　词位指示的客观存在对象

referent　应用中词语所指客观对象

并以汉语"书"一词为例解释这些区分:词典说明"书"是"装订成册的著作",这是 sence,作为词位和应用中的词,"书"都有此义;"我去买书""他家里书很多"中的"书"是应用中的词,它可以有单指、普指、定指、不定指的区别,这是 reference 的变化,词位无这个内容;作为词位的"书"指示客观世界所有的书,这是"书"的 denotation;应用中的"书"指示的客观对象是它的 referent。在该文中笔者说明,莱昂斯所说的应用词语的具体所指(reference)的变化,主要属于词义指示范围的变化。应用中词语意义的变化不限于此,分析了组合中(即应用中)词的语义范畴有变化的情况。并以同义词"光辉—辉煌""红—红色"为例,说明词性不同的词,在一定的组合中可以因语义范畴变化而同义。下面引述其中的一段分析:

"红"是形容词,"红色"是名词,按同义词应该词性相同的见解,它们不是同义词。在下列句子中它们可以替换而所指相同。

她穿一件红上衣——红色(的)上衣

衣服镶上了红边——红色的边

在下列句子中这两个词不能替换:

(1)这块布染红了——*染红色了

(2)这块布染成红色了——*染成红了

(3)他喝了酒,两颊变红了——*变红色了

(4)他喝了酒,两颊泛起了红色——*泛起了红

(1)(3)中作为补语的“红”不能换成“红色”,(2)(4)中作为宾语的“红色”不能换成“红”(“红”可作为表心理活动动词的宾语)。这可以说是“红”“红色”词性不同,构不成同义词。但在前面的两个例子中,“红”“红色”皆作定语,它们可以替换,替换后所指完全相同。可以认为,在这种组合中,它们表示的不同语义范畴的对立消失,“红色”原表体词性语义范畴,但在上述组合中,变成表性状语义范畴,同“红”一致了。这个例子说明,不同词性的词,在一定组合中可因语义范畴的对立消失而同义。

笔者认为,词在组合中一定条件下语义范畴有变化,但不能说这个词的词位义语义范畴改变了。词的词位义属某种语义范畴,但在组合中在一定条件下可能有变化。典型的例子是一些表动作的动词充当主语、宾语时的情况。

(5)他吃了一顿海鲜。

(6)吃好,睡好,身体好。

(7)他讲究吃,不讲究穿。

三个句子中“吃”的词位义都是“把食物等放到嘴里经过咀嚼咽下去”。但仔细辨析,(5)中的“吃”指一种具体动作,“吃”的词义特征在这个组合中充分展示。(6)(7)中的“吃”实际是指“吸收食物的情况”,在(6)中把“吸收食物的情况”作为陈述的对象,在(7)中把“吸收食物的情况”当作另外的行为支配或关涉的对象,(6)

(7)中“吃”表示的语义范畴已不同于(5)中“吃”的语义范畴，可以认为(6)(7)中的“吃”已属体词性的语义范畴了。

有人可能觉得这种说法类似于有很大争议的动词、形容词作主语、宾语时“名物化”的观点。这里不想讨论“名物化”的观点，但要说明，我们分析的平面不同于“名物化”论者分析的平面。

不同意“名物化”观点的学者有这样一段评论：“表示人或物”的词语(“孩子、书、火车、友谊”等等)可以作主语；表示行为、动作或性状的词语(“写、看、冷、漂亮”等等)也可以作主语。当它们处在主语的位置时，在我们的心理上是把它当作一种“事物”来看待的，这正如我们把逻辑判断里主词所代表的概念一律当作“事物”来看待一样。

名物化论者所说的“事物”正是这种广义的“事物”。这种意义上的“事物”在哲学上或心理学上可能是有根据的。可是它跟作为名词的语法意义的所谓“事物”不是一回事……因此绝不能根据这一点来论证主宾语位置上的动词和形容词的词性问题⑦。

上面已经说明，我们说词在组合中在一定条件下语义范畴有变化，并不因此而改变了词位义的语义范畴，更没有根据这一点来论证主宾语位置上的动词、形容词的词性。我们的目的是在语法学词类划分的平面之外，清楚地区分出语言单位语义范畴的平面，特别是考察在组合中语言单位语义范畴的变化。划清这个界限之后，下面再具体分析词在组合中语义范畴有变化的情况。

先看一些兼有名词功能的动词(建设、调查、教育、影响等)意义的分析。这类词能作“有”的宾语(有调查、有影响)，能加“进行”“加以”(进行大规模建设、加以教育)，能受名词修饰构成体词性宾语(经济建设、思想教育),一般认为这样用时它们的意义是“自指”,区别于“转指”(如“编辑”是动词,用于作名词时指人),意义未变。实际上可以用词位义未变,在充当主语宾语时语义范畴有变化的观点来说明。以“建设”为例:

建设 [动]创立新事业,增加新设施:经济~/~家园/~现代化强国/△组织~/思想~(《现汉》)

“建设”可以出现在下列组合中:

(8)建设现代化强国。

(9)进行大规模的经济建设。

(10)经济建设成就很大。

(8)中的“建设”表示的是一种行为,充分展示了“建设”词位义的词义特征。(9)中的“建设”在组合中是另一行为的关涉、支配对象。(10)中的“建设”被作为一种情况加以陈述,都可以认为已属体词性的语义范畴。这种分析,限制在语义的平面上,并不认为这样“建设”就改变了它的词位义的语义范畴,也不影响语法平面的分析:“建设”是动词,可以充当主宾语。

下面是随便注意到的例子:

(11)她很痛苦,要找人倾诉。

(12)她把一生的痛苦都写出来。

(11)中的“痛苦”义充分展示了“痛苦”词位义的特征,属性状语义范畴,(12)中的“痛苦”已变为体词性语义范畴。

(13)她打扮了一番,果然更漂亮了。

(14)她这身打扮不中不西。

(13)中的“打扮”,充分展示了“打扮”词位义的特征,属行为语义范畴。(14)中的“打扮”,已变为体词性语义范畴。

(15)大小车辆拥堵在十字路口。

(16)解决交通拥堵问题。

(15)中的“拥堵”,充分展示了“拥堵”词位义的特征,属行为语义范畴。(16)中的“拥堵”,用来限制“问题”的范围,已属性状的语义范畴。

(17)这个市场脏、乱、差。

(18)治理脏、乱、差。

(17)中的“脏、乱、差”展示了这三个词词位义的特征,属性状语义范畴。(18)中的“脏、乱、差”是另一行为的关涉、支配对象,已属体词性语义范畴。

词在组合中语义范畴改变后,意义同原义有明显的差别,则往往分出不同的义项,分出的义项属于不同的意义单位,属于不同的语义范畴。例如:

英雄 [名]不怕困难,不顾自己,为人民利益而英勇斗争,令人敬佩的人。

在下列组合中“英雄”表名物,属体词性语义范畴:

(19)他是令人敬仰的英雄。

(20)人民英雄永远活在人民心中。

(21)人们寻找到了英雄的遗体。

(22)招待好英雄的亲属。

在下列组合中“英雄”表性状,属性状语义范畴:

(23)英雄的中国人民战胜了无数的困难。

(24)他们充分展现了英雄的气概。

(23)(24)中的“英雄”同原义已有明显的差别,词典多分出新的义项,如《现汉》:

英雄③形属性词,具有英雄品质的:~的中国人民。

这个意义属性状语义范畴,已是新的词位义。

三

语言单位的体词性语义范畴、行为语义范畴、性状语义范畴的区别植根于思维语言对于客观世界的反映。黑格尔说:“思维把一个对象实际上联结在一起的各个环节彼此分割开来考察。”[8]唯物辩证法认为世界是“运动着的物质”或“物质的运动”,这是把世界分割为“物质”和“运动”。逻辑学则把客观世界分割为“物质”和“属性”。世界上众多语言的语言单位的意义都可以区分为事物范畴、行为范畴和性状范畴。名物、行为、性状的语义范畴可以说是最为广泛的一种语言思维对客观世界、客观事物的分割。“一只黑猫跑了”这句平常的话反映的是客观,一个个体在行动,“猫”和“跑”,“黑”和“猫”实际是“联结”在一起的,而思维—语言把这个客观事实区分为“事物”:猫,“行为”:跑,“性状”:黑。然后把它们组合起来反映这个事实。“一”是另外的“数”的语义概括,在“数”的语义概括中它属于“单一”的数,“只”则是汉语特有的量词,其作用在于对某类事物的个体加上独特的标志。思维—语言正是利用这三种类型的语义范畴的语言单位,加上其他类型的语义范畴的语言单位,将它们做各种组合,去反映复杂的客观世界,去反映人们感官感受不到的世界。

附　注

① 符淮青《对在现代汉语词典中标注词性的认识》,《语文文字运用》2004 年第 2 期。

② 符淮青《同义词研究的几个问题》,《中国语文》2000 年第 3 期。

③ 中国社会科学院语言研究所词典编辑室编《现代汉语词典》(第 5

版），商务印书馆 2005。

④ 孙全洲主编《现代汉语学习词典》，上海教育出版社 1995。

⑤ 李行健主编《现代汉语规范词典》，外语教学与研究出版社、语文出版社 2004。

⑥ 商务印书馆辞书研究中心编《新华多功能字典》，商务印书馆 2005。

⑦ 朱德熙《现代汉语语法研究》，201 页，商务印书馆 1980。

⑧ 列宁《哲学笔记》，中共中央马克思恩格斯列宁斯大林著作编译局译，285 页，人民出版社 1963。

（原载《江苏大学学报》（社会科学版）2007 年第 1 期）

词在组合中语义范畴的变化和词性标注

——以“一”、“是”为例

笔者曾撰文论述词在组合中语义范畴发生的变化[①]。这种变化有时不区分出新的义项(如“建设”“影响”可作主宾语,并不因此另立名词义项),有时要区分出新的义项,划分标准是意义差别是否明显。如“英雄”是名词,在“人们找到英雄的遗体”中“英雄”起修饰限制作用,语法上的解释是名词加“的”作定语,“英雄”意义并未变化。但在“英雄的中国人民战胜了无数困难”的组合中,“英雄”也是加“的”作定语,“英雄”起修饰限制作用,它原属体词性语义范畴,现在却变为表性状的语义范畴,“英雄”的意义已明显不同,指“具有英雄品质的”,《现代汉语词典》(第 5 版,以下简称《现汉》)为它设立了新的义项,同时词性标注为“形属性词”。这就是词在组合中的语义变化、语义范畴变化,同时词性也改变的情况,同它相对的是词在组合中语义变化,而语义范畴、词性均未改变的情况。如“便衣”一词,“他今天不穿制服,穿便衣”和“派出便衣,监视这伙犯罪分子”两句中的“便衣”有引申关系,意义不同,分为两个义项,但二者都属体词性语义范畴。上述情况反映了词在组合中语义改变,语义范畴改变或未改变,相应的词性改变或未改变的一般情况。

实际上，词在组合中语义变化分出新的义项，语义范畴变或不变，词典相应地标注词性的情况要复杂得多。

本文以“一”、“是”二词在商务印书馆出版的《应用汉语词典》（以下简称《应用》）中的内容为基础来讨论这方面的问题。

先看“一”条：

一 ①[数]最小的基数。a)用在量词前：～尺|～秒|～个|～角钱|～出戏。b)用在名词前：这～事故相当严重|这～情况应该马上汇报。c)表示一次动作；或表示动作是短暂的：踢了～脚|你倒说～声|快商量～下|快去看～看|好好想～想。

②表示第一：数～数二|首屈～指。

③[数]表示每一：～组十人|～人十元。

④[数]表示同一：～视同仁|意见不～|咱们～路走|全是～码事。

⑤[数]表示另一：详实～作翔实|西红柿～名番茄。

⑥[数]表示整个；全：～年的收入|～屋子人|～天星斗。

⑦表示专一：～意孤行|～心～意。

⑧[副]一旦：此人～得势，必作恶 防洪要高度重视，～大意就会造成损失。

⑨[副]同“就”等呼应，表示先做一下某个动作，紧接着引起某种动作或情况：～学就会|～说就成|～病不起|他～解释，大家都明白了。

⑩[副]表示突然出现某种情况：心里～慌|眼前～黑，就摔倒了。

⑪[助]〈文〉表示加强语气：吏呼～何怒|事态严重，～至于此。

（注意：上述②⑦义为语素义，③④⑤⑥义已不属数词的语义范畴，各辞书标注词性有分歧，这些意义多出现在合成词和固定语中，或者组合有较大的限制，不全具有别的词类的特点，也可看作“一”在组合中语义范畴的变化，故暂标为数词）

把“一”上述内容同《现汉》和《现代汉语规范词典》（以下简称《规范》）的说明做对比，在词性标注方面有三点值得注意：

1. 上述“①最小的基数”，《现汉》为“①最小的正整数”，“⑥表示动作是一次,或表示动作是短暂的,或表示动作是试试的”,《规范》“①数目,表示最小的正整数”,都标为数词。

2. 上述“⑨同‘就’等呼应,表示先做一下某个动作,紧接着引起某种动作或情况”,《规范》之“⑨与‘就’‘便’等副词相呼应,表示前动作或情况发生,紧跟着就要出现另一动作或情况”,皆标为副词,《现汉》之“⑧与‘就’配合,表示两个动作紧接着发生”,仍标为数词。

3. 相当于上述“④表示同一”“⑤表示另一”“⑥表示整个;全”,《现汉》之“②表示同一”“③表示另一”“④表示整个;全”皆标为数词,《规范》“②相同,一样”标为形容词,“⑦另一种,又一个”标为代词,“③满,整个,完全”标为形容词。

“一”表示数的意义,语法研究为之确定数词的词类,这是一致的认识,各词典标注词性没有分歧。“一”同“就”搭配所表示的意义,已经不是数词的意义,而且这一搭配组合有明显的特点:它要同其他副词相呼应,这不是数词组合的特点,应该承认是语义改变,语义范畴改变,组合上表现出副词的语义特点。但《现汉》仍标为数词。最值得注意的是第 3 点所说的三个意义的词性标注。《现汉》也仍标为数词。《规范》则分别标为“形容词”和“代词”。

我们认为,“一”在组合中语义范畴会发生变化,根据是其所分出的义项意义或表义作用和组合特点不同于“一”作为数词的意义和组合特点。如“一”之上述⑨义有副词的特点,④⑥义有形容词的特点,⑤义有代词的特点,等等。但在是否为之分别标注相应的词性上,《现汉》和《规范》则表现出不同的认识和处理,《应用》的词义说解和词性标注,也是一种认识和处理。

再来看“是”条:

是 ［动］①联系两种事物，表示等同，“是”前后两部分可以互换而意思不变（只能用“不”否定）：国歌的曲作者～聂耳｜聂耳～国歌的曲作者｜国庆节～十月一日。

②联系两种事物，表示归类，前后两部分不能互换（只能用“不”否定）。a)“是”后为名词性词语：鲸鱼～哺乳动物，不～鱼｜他～东北人，不～北京人。b)“是”为表事物的“的”字结构：他～磨刀的，不～剃头的｜她母亲～唱戏的。

③联系两种事物，表示存在（主语多为表处所词语）：满街都～人｜浑身～汗｜遍地～黄金。

④联系两种事物，表示领有（“是”可省略）：这张桌子～三条腿｜我家～一个男孩，一个女孩｜他家～三间房。

⑤联系两种事物，表示事物的多种关系属性：套餐一份～十块钱（价钱）｜班机从北京起飞～晚上八点（时间）｜地板～瓷砖的，不是木料的（质料）｜李老师～近视眼（特征）｜人～铁，饭～钢（比况性等同归类）。

⑥用在动词、形容词谓语前表强调。a)“是”单用（“是”省去句子仍完整）：这里～太热，不适合老人住｜他～想出国留学｜他的意思～太尖锐，应该含蓄一点。b)“是”同“的”呼应（“是……的”省去强调不显）：他～来找你的｜他们～不达目的不止手的｜他的手段～很阴险的。

⑦用在句首，强调肯定所说明的情况：～他救了我们全家｜～下雪了，满山遍野一片白。

⑧用在名词前，有“凡是”“若是”的意思：～学生都得学习｜～人就该说人话｜～狗就改不了吃屎。

⑨用在名词前，有“适合”的意思：他来得～时候｜柜子放的不～地方。

⑩联系两个相同的词语，单用或连用，带多种附加意义。a)单用，强调事实如此：输了就～输了，不要不服输｜不能去就～不能去，再说也没用。b)单用，有“虽然”的意思，后句语意转折：朋友～朋友，可是不能讲私情｜东西好～好，就是价钱太贵。c)连接相同的数量结构，表示暂且安于所得：走一步～一步｜给多少～多少｜这类文章很难找，发现一篇～一篇。d)连用，表示地道或不能混淆：女主人做的菜真好，荤～荤，素～素，都很可口｜说～说，做～做，该干还得干。

⑪表示应答。a)用于回应祈使句，表示接受：你明天就买票。——～，明天就买｜晚上你不要回家。——～。b)用于回应是非问句，表示肯定：你是北京人吗？——～，我～北京人｜你是学历史

的？——～。

“是”上述内容相当于《现汉》的“是[3]”。《现汉》未立以上的“⑪表示应答”义，该义相当于《规范》的“⑫表示应答：～，我明白；～，我马上就办”，但内容不完全相等。

《现汉》“是[3]”所有义项都标为动词。《规范》除⑫义标为叹词外，其余也都标为动词。《应用》的上述义项也均标为动词。

这样处理的原因一是语法研究一般把“是”看作动词中的关系动词，“是”同其他词语的组合一般可按述谓结构作谓语。另一个原因可能是，词典虽把“是”区分为不同的义项，但在最一般的意义上，“是”仍可视为有表肯定联系的作用。

我们认为“是”在组合中语义范畴发生变化。根据“是”分出的义项，其意义或表义作用、组合特点不同于作为关系动词的“是”。

上述义项⑥中之例“这里是太热”中的“是”省去后，“这里太热”也是结构句意完整的句子，“是”处于谓语之前，作用是强调谓语的内容，已有副词意义和组合的特征。

义项⑦中之例“是他救了我们全家”中之“是”省去后也是结构句意完整的句子，“是”可以理解为强调肯定“他”，也可以理解为强调肯定“他救了我们全家”这件事，表义作用和组合特点不同于作为关系动词的“是”。

义项⑧中之例“是学生都得学习”的“是”，意义相当于“若是”，“若是”本身是表假设关系的连词，后面有副词“都”呼应，“是”的这种用法也已有表假设关系连词的作用和组合特点。

义项⑨中之例“他来得是时候”的“是”，加在名词之前，起限定修饰它所连接的名词的作用，其表义作用和组合特点也不同于作为关系动词的“是”。

义项⑩中之例“朋友是朋友，可是不能讲私情”的“是”，表示先承认一定事实，后面句意必须转折，其表义作用和组合特点也不同于作为关系动词的“是”。

义项⑪中 a)用于回应祈使句之“是”，单用表义作用和组合特点等同于叹词。但 b)中回应是非问句表肯定之“是”，为关系动词的一种省略用法。

语法学提出的词类划分，一般根据词的基本义在组合中的特征，通常都有几个特征(如形容词能充当谓语、定语，能受“很”修饰，不带宾语，等等)。词的常用义的组合活跃，也可按这个标准来操作。但不少词发展出多个意义，这些意义仅存在于有限的组合中。如上述“一”之④⑤⑥义，“是”之⑥⑦⑨义，仅凭有限的组合特征划定词性，不能不让人产生困惑。学者对这种情况有不同的认识和处理：

1. 词在组合中语义变化，语义范畴变化，据其意义和组合特点确可划分为新的词性，新的义项标注不同的词性。如作为名词的“英雄”，不同于作为属性词的“英雄”，上述“一”的⑨义标为副词是可接受的，副词的表义作用和组合特征单一，该义完全合乎这个条件。

2. 组合中语义发生了变化，语义范畴也发生了变化，但这些意义多出现在合成词、固定语中，或者组合有较大的限制。如“一”的⑥义，表示“整个；全”，此义仅作定语，同其组合的词语有限制，如“一年”“一屋子”“一书桌”，此义不能作谓语。《规范》划为形容词。“一”之⑤义表示“另一”，仅在某些组合中起指代作用，如“西红柿一名番茄”中“一”意为“另一个”。它不具有代词的其他功能，《规范》标为代词。这种认识处理，同有论者提出的划分自由义和非自由义的观点接近[②]。自由义指“词的这样的意义，按照它所属的词类而能自由充当句子成分的意义”。非自由义指属某一词类而不完全具有该词类组合功能的意义,又有同熟语联系的意义,受句法制约的意义和受结构制约的意义等不同情况。"一"的上述③④⑤⑥义分别定为"形容词""代词",但相应义项并不完全具有形容词、代词的功能,当属非自由义。

3.认为传统的词类划分主要是根据词的基本义、常用义在组合中的特点确定。不少词发展出多个意义,但仅存在于有限的组合中,可以把整个多义词作为一个整体,其发展出的新义表义作用、组合特征有变化,但其组合有很大的限制,可看作语义范畴改变,而不改标它的词性。对那些语义范畴明显改变,有新的组合特点,并且组合较自由的新立义项,则可以改标它的词性。上述《应用》对"一"、"是"条就是这样处理的。

4.也有在现有认识基础上更协调的处理方式,就是承认词义有自由义和非自由义之分。据现有语法标准,可以划定词性的标注词性,而对从多义词中发展出来的、有很大限制的非自由义,则标明词性后再标明其为非自由义(如用黑圈标注义项)。

同其他许多理论概括一样,词的语法分类也只能看作是对语言事实的近似描写。遇到复杂多样的语言事实,就可能做出不同的解释,不同的概括。

附　注

① 符淮青《组合中语素和词语义范畴的变化》,《江苏大学学报》(社会科学版)2007年第1期。

② 符淮青《词义的分析和描写》,37—38页,语文出版社1996。

(原载《辞书研究》2010年第5期)

指号义的性质和释义

指号义是俄语词"сигнальные значения"的意译。一般所说的虚词义属指号义,但概括范围又不限于虚词义。它的性质和释义不同于实词的概念义,应该做专门的探讨。本文讨论四个问题:一、什么是指号义;二、指号义的分类;三、指号义释义的特点;四、指号义分析的作用。

一、什么是指号义

为了说明指号义,我们把"原因""结果"的词义同表因果关系的"因为""所以"的词义加以比较。

原因 造成某种结果或引起另一件事情发生的条件。(《现代汉语词典》,下同)

结果 在一定阶段,事物发展所达到的最后状态。

它们是概括程度很高的抽象名词,都有概念义,反映了客观事物之间这两种普遍联系的一般特点。

因为 连词,表示原因或理由。

所以 表示因果关系的连词。

例:因为他用功,所以考试成绩好。

它们出现在词语前面,一个标志后面的词语是原因,一个标志后面的词语是结果,但它们不具有抽象名词"原因""结果"所具有的反映客观上这两种普遍联系的一般特点的内容。“因为”“所以”具有的是指号义。

以上四个词的释义用的都是扩展性词语,表概念义的扩展性词语和表指号义的扩展性词语有什么不同呢?我们把“原因”和“因为”的释义词语比较一下。

原因	造成某种结果或引起另一件事情发生的条件。	B_1
因为	表示原因或理由。	B_2
A	B	

B 是解释 A 的,即 B 是解释说明语言的语言,它是元语言[①]。

这次失败的原因是气候反常。

这句话陈述的是一个客观事件,语言说明的是事物现象。其中包括“原因”一词在内都是说明事物现象的语言,是对象语言[②],即不是说明语言的语言。

区分了元语言和对象语言的不同,再看 B_1 B_2 的不同。B_1 B_2 都是元语言,因为它们说明语言 A,但 B_1 同时解释某种概念内容,所以 B_1 同时也是对象语言。B_2 只是说明语言“因为”的作用,不表示“原因”的概念内容,B_2 仅是元语言。放在“因为”“所以”后面相互搭配的词语(如上例中的“他用功”“考试成绩好”)都可分别说明为原因、结果。因此可以说,“因为”是它后面词语表原因的标志、记号、指号,“所以”是它后面词语表结果的标志、记号、指号。“因为”“所以”具有指号义。指号义完整的说明应该是:

因为 (放在词语前)表(后面的词语是)原因。

所以 (放在词语前)表(后面的词语是)结果。

上面的说明包含有分布、作用两个内容。词典释义则可以做种种变通,简化表述。

通常所说的实词义、虚词义的划分,一般只停留在实词意义实在、虚词意义不实在(空灵)等认识水平上。虚词义属指号义。现代学者对指号义作了较深入的分析。

苏联学者戈罗文提出“指名义”“指号义”的划分:指名义使词指称物,给物命名;指号义使词标志对象,成为对象的一种指号③。

日本学者池上嘉彦在《符号学入门》中说:在作为符号体系的语言中,典型的标志活动是当指示代名词“这个”“那个”被用于指向周围事物的时候④。

捷克学者拉·兹古斯塔主编的《词典学概论》中把指称世界各部分的词叫指称词,而把表情态的词、指示词、句助词叫作非指称词。认为词典编纂者是按指称词的模式来处理非指称词的⑤。

我们现在采用“概念义”“指号义”的名称,在前人说明其性质的基础上,对它们做了上述的分析,以推进对这个问题的探讨。

二、指号义的分类

指号义的内容是非常丰富、复杂的,可以大体上分为下列类型:

(一)表示句子的语气

有表示陈述、疑问、祈使、感叹等句型语气的,也有表示商量、揣测、建议等主观考量的语气的。如:

> **吧** ①在句末表示商量、提议、请求、命令:咱们走吧!|帮帮他吧!|你好好儿想吧!|同志们前进吧!
>
> ③在句末表示疑问,带有揣测的意味:他大概不来了吧?|你不会不知道吧?

①的“吧”表示祈使语气,但在不同的句子中,又表示种种的主观考量,显示祈使语气中的种种不同情况。③的“吧”表示疑问语气,还附加有揣测的主观考量。

(二)表示各个语言单位、句子各部分内容的种种关系

介词、连词大都属此。如：

向 ⑤介词，表示动作的方向：向东看|向先进工作者学习|从胜利走向胜利。

和 ③连词，表示联合；跟；与：工人和农民都是国家的主人。

结构助词的作用也可以归入此类。如：

得 ②用在动词和补语之间，表示可能：拿得动|办得到……

副词中也有表示句子中语词意义的关系的。如：

又 ③表示意思上更进一层：冬季日短，又是阴天，夜色早已笼罩了整个市镇。

(三)表示呼应和人的种种感情反应

语法上所说的叹词属此类。表示呼应的如：

喂 叹词，招呼的声音：喂，你上哪去？|喂，你的围巾掉了。

表示人的种种感情反应的如：

唉 叹词，表示伤感或惋惜：唉，病了几天，把工作都耽误了|唉，好好的一套书丢了两本。

(四)表示概括的替代

代词指号义的作用属于此类。对于人个体、人群相对关系的指称，人称代词做了区分；对于相对空间部位(或包含有这种关系)的指称，指示代词做了区分；疑问代词是有复杂含义的指号，“谁”(基本义)指代不确定的人，“什么”(基本义)指代不确定的事，“怎么样”(基本义)指代不确定的情况，同时又都发出寻找确定答案的要求。“‘符号’不过是某种事物的代号而已。但实际上它的真正意义所在，是……把一个复杂的事物用简便的形式表现出来。”[⑥]疑问代词的作用鲜明地体现了指号的这个特点。下引《现代汉语词典》，代表一般语文词典对此类指号义的说明。

我 ①称自己。……有时也用来指称“我们”，如：我校|我军|敌我矛盾。……

这 ①指示代词，指示比较近的人或事物。……

什么 疑问代词。①表示疑问。A)单用，问事物：这是什么？|你找什么？|他说什么？|什么叫押韵？B)用在名词前面，问人或事物：什么人？|什么事儿？|什么颜色？|什么地方？

（五）表示肯定、否定

肯定、否定是人们对谈到的事物对象两种最主要的态度，也是客观事物联系的两种主要范畴。语言用多种手段表示肯定、否定，现代汉语中表肯定的指号义最典型的是“是”的基本义：

是 ①联系两种事物，表明两者同一或后者说明前者的种类、属性：《阿Q止传》的作者是鲁迅|节约是不浪费的意思。

“不”的基本义是表否定的典型的指号义：

不 ①用在动词、形容词和其他副词前面表示否定：不去|不能|不多|不经济|不很好。

（六）表示实现某事的可能性、愿望

助动词中表可能、愿望的词属此类。具体来说，这类词中有一类表示说者关于自身、他人、事物实现某种可能性的说明、评估。（如：我可能来。他可能去。天可能下雨）另一类表示说者关于自身、他人、事物实现某事的愿望（包括情理上是否必要、决心勇气如何等）的说明、评估。（如：我应该去。他应该来。学校应该上课）表可能的如：

能够 ①表示具备某种能力，或达到某种程度：人类能够创造工具|他能够独立工作了。

②表示有条件或情理上许可：下游能够行驶轮船|明天的晚会家属也能够参加。

表愿望的如：

要 ④表示做某件事的意志：他要学游泳。

人们一般感觉助动词作用近于动词,它似乎表示某种概念,把它看作表指号义的词有没有足够的根据呢?我们以“可能”为例辨析一下。“可能”有这样两个意义:

①表示可以实现

②能成为事实的属性;可能性

①②义性质不同。②义为体词性范畴,可用“定义式”来释义,它表示的是一种概念。①义不能用②的释义方式来解释,只能用“表示……”的方式来释义,其“表示”二字不可删,若删去则“可能”就是“可以实现”,但二者并不相等。可见“表示”在这里是说明“可能”作用所必须使用的,它是某种作用、意义的标志,它是指号义的一个标志。所以“可能”①是指号义。

有人会问:在“表示可以实现”的释义中,“可以实现”是一个词语,词语不就是表示概念的吗?因此是否可以说,“可能”表示“可以实现”的概念呢?这种说法有问题。第一,上面我们说过,“可能”和“可以实现”并不相等;第二,原来表示概念的词,并不是在任何词语中都表示概念,如“书”表概念,但在“书是一个词”中,“书”反身指代它的词的身份,并不表概念;第三,本文第一部分中,通过“原因”“因为”不同释义的比较分析,说明“原因”的释义词语既是元语言,又是对象语言,而“因为”的释义词语仅是元语言,只说明“因为”的作用。有人还会问:“可能”“表示可以实现”,表明“可能”有某种含义,不解释为表示概念又如何解释呢?我们的解释是:“可能”表示某种含义,它是某种含义的指号。之所以需要这个指号,是因为它表示的含义的词语表述“可以实现”,不能直接应用到“我——来”“他——去”“天——下雨”这些词语中空格的位置上,语言不许可这种组合,而“可能”可以出现在这种组合中,“可能”就成为这种含义的指号。有了这种性质的指号，语言表述在不少地方可以变得简洁、便捷。助动词表示的这种指号义，又是指号把复杂的东西用简便的形式表现出来的一种体现。

（七）副词表示的多种指号义

副词是语法上划分的类别，它的意义并不单一。语法上一般分为表程度、范围、时间、语气等类。我们把副词中许多词的意义看作指号义，理由同把助动词表达的意义看作指号义一样：它要用“表示……”这种释义方式来释义，“表示”二字不可删，这里“表示”二字是指号义的标志；它表示的含义的词语表达不能直接出现在这个指号所能出现的位置上，它把复杂的东西用简便的形式表现出来。副词表达的指号义按表程度、范围、时间、语气分别举例如下：

很 副词，表示程度相当高：很快｜很不坏｜很喜欢｜很能办事｜好得很……

只 ①副词，表示限于某个范围：只知其一，不知其二｜只见树木，不见森林。

刚 副词。③表示行动或情况发生在不久以前：他刚从省里回来｜那时弟弟刚学会走路。

简直 副词。①表示完全如此（语气带夸张）：屋里热得简直呆不住｜街上的汽车一辆跟着一辆，简直没个完。

上面对指号义的分类，说的是主要的类型，有不少难于归类的情况，有待于进一步分析。如“都”之③义：表示“甚至”：你待我比亲姐姐都好｜今天一点都不冷｜一动都不动。这个“都”表示的是比较中显得突出的意思。再如“才”之④义：表示发生新情况，本来并不如此：经他解释之后，我才明白是怎么回事。这个“才”义也有特点。它们都是用一个简便的指号，表示了复杂的含义。

三、指号义释义的特点

从大量指号义释义材料来看,指号义释义一般包括这些内容:所属词类;表示的意义、作用;分布(组合)特点,包括:(1)能充当什么句子成分,(2)它前后出现的成分,(3)它出现的位置;同义、近义词。说明这些内容的措词、排列的次序可以有变化,也不必全具有。可以概括为一个公式:

同义、近义词+词类+表示(……意义、作用)+分布特点(后一般接例句)

下面按这些项内容出现的不同分别举例:

1.说明所属词类和表示的意义、作用

因为 连词,表示原因或理由。(例略,下同)

所以 ①表示因果关系的连词。

2.说明表示的意义、作用和组合特点

别 ②表示揣测,通常跟"是"字合用(所揣测的事情,往往是自己所不愿意的):约定的时间都过了,别是他不来了吧?

也可以先说明组合特点,再说明表示的意义作用。如:

不得 用在动词后面,表示不可以或不能够:去不得|要不得……

3.说明表示的意义、作用加同义、近义词

不仅 表示超出某个数量或范围;不止:这不仅是我个人的意见。

4.说明词类、表示的意义作用、组合特点

吧 助词。①在句末表示商量、提议、请求、命令:咱们走吧!|帮帮他吧!|你好好儿想想吧!|同志们前进吧!

并且 连词。①用在两个动词或动词性的词组之间,表示两个动作同时或先后进行:会上热烈讨论并且一致通过了这个生产计划。

5.说明表示的意义、作用

本来 ③表示理所当然：本来就该这么办。

6. 用同义、近义词

立即 立刻：接到命令，立即出发。

用同义、近义词解释指号义，用来解释的同义、近义词的意义本身应该是指号义。上例符合这个条件。

我们在这一段中提出的指号义的释义模式，同我们以前说明的表名物的词、表动作行为的词、表性状的词的释义模式性质是不一样的。其区别有三：

第一，指号义释义模式的各项，不处在一个层面上，各项分别说明词类、作用、组合情况等；而表名物词等的释义模式中的各项内容，是构成一个完整的释义词语的一部分。

第二，表名物词等的释义模式中的各项词语，按照正常的语序组成扩展性的释义词语；指号义释义模式中各项词语，说明的是不同层面的内容，不一定能组成一个统一的表述（如“立刻”的释义中，“副词”和“表示紧接着某个时候”并不组成一个统一的表述）。

第三，表名物词等的释义词语，既是元语言，又是对象语言；指号义的释义词语仅是元语言。

四、指号义分析的作用

分析指号义的性质和内容，启发我们全面认识词义是什么的问题。多年来词义问题的讨论都集中在说明反映事物现象的词、反映动作行为的词、反映性质状态的词的词义上。全面了解了指号义的性质和内容，就可以看出“词义是客观事物的反映”这种说法，显然主要是对表事物现象的词、表动作行为的词、表性质状态的词的词义的说明。从上面我们对指号义的分析来看,指号义可以是人的感情的表示,可以是人的意志愿望的表达,可以是某种含义、关系(思想的或词语的)的代号。语言符号表达人主观意识的种种信息。按照心理学的一般理解,认识、感情、意志是意识活动的三个主要方面,语言中的词既有表示认识活动及其成果的符号,也有表示感情、意志的种种信息的符号,更有种种使表达简化的起不同作用的符号。深入地研究这些情况,可以对词义的性质、本质做出更科学的说明。

分析指号义的性质和释义特点,也可以使词典对有关词义的解释更加恰当。如:

> **是** 《现代汉语词典》:⑨用在名词前面,含有"适合"的意思:他想的很是路|这场雨下得是时候|东西放得不是地方。
>
> 《新华词典》:⑦表示合适:【例】你来得是时候,快坐下开会。
>
> 《四角号码新词典》(第九次修订本):④恰好,正好。【例】来得是时候。

"是"的这个意义是指号义。《新华词典》用"表示……"释义,《现代汉语词典》作"含有……",作用一样。《四角号码新词典》直接用"恰好,正好"来解释,但此处的"是"不能直接换为"恰好,正好",可见二者并不相等。《现代汉语词典》《新华词典》这里的做法是妥当的。

> 《汉语大词典》:⑨表示答应之词。巴金《秋》:"是。日期还没有定,不过也很快。"
>
> 《汉语大字典》:⑫表示应答的词。
>
> 《新华词典》:⑧肯定的回答。【例】是,就这么办。

这个意义的"是"用在句首,后有停顿,有两种情况。第一种,用来回应祈使句。如:"你不要去上海了!""是,我不去了。""你去上海吧!""是,我去上海。"这个"是"只是表示接受对方的意见,并不见得认为对方的意见是正确的。第二种,用来回答是非问句。如:

“你是北京人吗?”“是,我是北京人。”这个“是”表示的是肯定的回答。很明显,《汉语大词典》《汉语大字典》解释的是第一种意义,释义可以更明确一些,比如可作:用于句首,表示接受对方的意见。《汉语大字典》的释义中,“应答”二字不妥。《新华词典》解释的是第二种意义,但不用“表示……”,所用“肯定的回答”是体词性结构,这个释义会使人误解这个词义的词性。似可改为:用于句首,表示肯定的回答。

附　注

①② 元语言(meta-language)、对象语言(object-language)的说明,参看R. H. 罗宾斯《语言学简史》,上海外国语学院外国语言文学研究所译,94页,安徽教育出版社1979;J. LYONS:*Semantics* I,1978. p. 10。

③ Б. Н. Головин. Введение В ЯзыкознАния. МоскваА,1977. p. 75.

④ 池上嘉彦《符号学入门》,张晓云译,72页,国际文化出版公司1985。

⑤ 拉迪斯拉夫·兹古斯塔主编《词典学概论》,林书武等译,42—44页、153页,商务印书馆1983。

⑥ 同④,7页。

(原载《辞书研究》2002年第5期)

词的语义范畴

一

词的意义可以做语义范畴的划分，这是笔者多年来积累的认识。这种划分有认识上的根据，指号学（符号学）的根据，还有词的释义形式上的根据。

笔者在《组合中语素和词语义范畴的变化》[①]中已论述了表名物范畴、表动作行为范畴、表性状范畴的存在，又在《词在组合中语义范畴的变化和词性标注——以“一”、“是”为例》[②]中论述了词的语义范畴和词的语法属性划分的关系。在《词义分析形式化的探讨》[③]中说明了表名物、表动作行为、表性状语义范畴的词释义形式上的特征。除了上述已分析过的三种语义范畴外，其他的词的语义范畴应该如何分析呢？笔者在《指号义的性质和释义》[④]一文中已提出指号义的概念，它们大多数是虚词，不表概念。笔者准备在这些论述的基础上，提出词的语义范畴完整划分的说明。

词的语义范畴先分为：（一）表示认识活动及其成果的语义范畴，（二）指号义范畴两大类。前者包括五小类（详下）；后者包括三类：（1）标志主观反应作用，包括态度、感情、意志、愿望、评价等的词；（2）标志语言单位的关系的词；（3）替代或表示复杂含义的词；这三类又各分小类。详列如下：

（一）表示认识活动及其成果的语义范畴，包括五小类：

1. 表名物（体词性）语义范畴（语法中的名词）

2. 表动作行为语义范畴（语法中动词的大多数词）

3. 表性状的语义范畴（语法中的形容词）

以上语义范畴的词的性质特点，笔者在上述有关论文中已做论述，不再重复。

4. 数的语义范畴

包括语法中的数词和量词。数是人对客观事物认识的重要成果。量本质上也是数的切分，汉语的量词有时兼有其他作用。

度量衡量词，如“克”“千克（公斤）”“寸”“尺”“升”“斗”等表示不同种类的数的标准。“克”“千克”用于重量，“寸”“尺”用于长度，“升”“斗”用于能形成立体造型之物。集体量词如“群”“批”“串”“堆”“双”“套”等是不同的集合量的标记，同时量词本身也起着对作用对象物象化的作用，如“群”是多个生命个体的物象化（一群羊、一群蜜蜂），“双”是不可分离的、成对个体物的物象化（一双手套、一双鞋）。个体量词如“个”“位”“条”“粒”等只用于单个个体，有的同时也有对所用对象物象化、名物化的作用，如“粒”显示其个体小而散碎，“条”显示其个体细而有长度，“个”除了表示单个的数外，其名物作用特别明显。“给我一个吻”“给他一个惊喜”“一个致命的打击”，“吻”“惊喜”“打击”称“个”，都名物化了。动量词如“次”（打一次球）、“顿”（吃一顿饭）、“下”（洗一下手）等，都只是表示动作单次的量，不如名量词表义丰富。

5. 拟声范畴

拟声词是客观声音的模拟，一般认为它们非概念义，但它们也是意识对客观的反映，可附入概念义。拟声词可以充当主语、谓

语、定语、状语,这说明它在语言运用中可以起到表示行为,或性状的作用。例如:

(1)轰轰轰,是炮声,敌军进攻了。(拟声词充当主语)

(2)水流哗哗哗。(拟声词充当谓语)

(3)嗖的一声,子弹打出去。(拟声词充当定语)

(4)鞭炮别别剥剥地响。(拟声词充当状语)

例(1)、例(2)拟声词表行为,例(3)、例(4)拟声词表性状。

(二)指号义范畴包括三小类:

1. 标志主观反应作用,包括态度、感情、意志、愿望和评价等的词又可分为四小类:

(1)表示不同的句子语气,包括陈述、疑问、祈使、感叹等,语法中的语气词属此。例如:

吧 助①用在祈使句末,使语气变得较为舒缓:咱们走~|帮帮他~。③用在疑问句末,使原来的提问带有揣测、估计的意味:这座楼是新盖的~?|您就是李师傅~?

(《现代汉语词典》[5]第7版,以下简称《现汉》)

"吧"的义项①表示舒缓的祈使语气,义项③表示带有揣测、估计的疑问语气,语气词在表示不同的陈述、疑问、祈使、感叹语气时,往往都附有种种不同的主观感情、态度意味。

啊 助①用在感叹句末表示增强语气:多好的天儿~!|他的行为多么高尚~!④用在疑问句末,使疑问语气舒缓些:他们什么时候来~?|你吃不吃~?

(《现汉》)

"啊"在义项①中表示赞叹,带有强调色彩,在义项④中表疑问,且使语气舒缓。这些不同语境中的不同作用是语法学说明的内容。而"啊"的作用就是传达出语气,即标志不同的主观反应态度。

(2)表示感情反应的词

感情反应是人意识内容中的重要部分。汉语的叹词除了少数表示呼应之外，大多数都是传达人的喜怒哀乐的种种感情的。例如：

唉 叹表示伤感和惋惜：～，病了几天，把工作都耽误了｜～，好好儿的一套书弄丢了两本。（《现汉》）

嗳 叹表示悔恨、懊恼：～，早知如此，我就不去了。（《现汉》）

呸 叹表示唾弃或斥责：～！你怎么干那种损人利己的事！（《现汉》）

（3）表示主观对现实某事必要性、可能性的评断和愿望的词

汉语中表可能、必要、愿望等助动词属此。这类词的意义不是对某个客观事物现象的反映，也不是某种主观认识的概括，而是表示人主观对实现某事必要性、可能性的评断和愿望。这类词中有一类表示自身、他人、事物实现某事可能性的说明评估，如助动词"可能"：我可能来｜他可能去｜天可能下雨。另一类表示说者关于自身、他人、事物实现某事的愿望（包括情理上是否必要、决心、勇气如何等）的说明、评估，如助动词"应该"：我应该去｜他应该来｜学校应该上课。下面引用词典说明的例子。

表示可能的例如：

能够 动助动词①表示具备某种能力，或达到某种程度：人类～创造工具｜他～独立工作了。②表示有条件或情理上许可：下游～行驶轮船｜明天的晚会家属也～参加。（《现汉》）

义项①②都是"能够"用于对事物实现某事或他人实现某事可能性的说明。

表示愿望的例如：

要 动④助动词。表示做某件事的意志：他～学游泳。

敢 ②动助动词。表示有胆量做某种事情：～做～为｜～想、～说、～干。

(《现汉》)

“要”的义项④表人决心做某事,“敢”义项②表人有勇气做事情,都是表人为实现某事的意志力。

(4)表示肯定、否定的词

肯定、否定是主观对客观两种基本联系的评断。语言中事物、行为、性状的肯定、否定是多种多样的。表示等同(如“北京是中国首都”)或类属关系的肯定、否定(如:“狗是哺乳动物|鸡不是哺乳动物”),语言中用的是关系动词“是”(逻辑学称为系词),就是典型的指号义的应用。下面引词典的说明。

> **是** ㊂动①联系两种事物,表示等同。“是”前后两部分可以互换而意思不变(只能用“不”否定):国歌的曲作者～聂耳|聂耳～国歌的曲作者|国庆节～十月一日。②联系两种事物,表示归类。前后两部分不能互换(只能用“不”否定)。1)“是”后为名词性词语:鲸鱼不～鱼,～哺乳动物|他～东北人,不～北京人。2)“是”后为表事物的“的”字结构:我～画油画的|她～唱戏的。
>
> (《现代汉语学习词典》[⑥],以下简称《学习词典》)

现代汉语中这种表示主观肯定态度用的词是“是”,其否定式则是加上副词“不”构成“不是”,是词组。书面上可用文言的“为”,如“言为心声”“识时务者为俊杰”,“为”的否定为“非”,就是一个词了。

2.标志语言单位联系的词,可分为两类:

(1)标志句子内部组合词语的关系,语法中的结构助词、介词属此

汉语的结构助词“的、地、得”分别是定语、状语、补语的标志。“的”标志前面的词语修饰后面的名词,“地”标志前面的词语修饰后面的动词或形容词,“得”标志其后的词语补足前面的动词或形容词。

介词的例子如：

向 ⑤介引进动作的方向、目标或对象：～东走|～先进工作者学习|从胜利走～胜利。

（《现汉》）

关于 介引进关涉的对象：～扶贫工作，上级已经做了指示|他读了几本～政治经济学的书|今天厂里开了一个会，是～环境保护方面的。

（《现汉》）

介词表示的是它引进的词语同中心语的意义关系。如上述"向"分别表示中心语动词"走""学习""看"的方向、目标、对象。"关于"表示它引进的内容是动词"做""读""是"的关涉对象。这些都表明介词标志词语关系的作用。

(2)表示句子关系的词，语法中的连词属此

笔者曾说明，连词中的"因为"是它后面词语表示原因的标志，连词"所以"是它后面词语表示结果的标志，"因为""所以"具有指号义。指号义完整的说明应该是：

因为 （放在词语的前面）表（后面的词语是）原因

所以 （放在词语的前面）表（后面的词语是）结果

这个说明包含有分布、作用两个内容，词典的释义可以做种种变通，简化表述。

语言中的连词，用于连接分句，表示说话人对分句关系不同的评估、说明。例如"肥多，庄稼长得好"这两个分句，用不同的连词所表示说话人对其中关系的评估、说明是不一样的。例如：

因为肥多，所以庄稼长得好。　因果

要是肥多，庄稼就长得好。　假设（"要是"是连词，"就"是副词）

只有肥多，庄稼才长得好。　条件（"只有"是连词，"才"是副词）

"因为""所以"构成的因果句，说明的是已实现的事实。"要是"和副词"就"构成的假设句，"只有"和副词"才"构成的条件句，都不是已实现的事实。用不同的关联词，表示了说话人在不同情况下对

其中关系的认识、评估。

3. 替代或表示复杂含义的词

有学者⑦说:“符号不过是某种事物的代号而已,而实际上它的真正意义所在,是把一个复杂的事物用简便形式表现出来。”汉语中代词的作用和副词中许多含义复杂的词都体现了指号义的特点:把复杂的事物用简便的形式表现出来。

(1)替代,代词的作用属此

笔者对这类词曾分析如下:人称代词把人的个体、人群相对关系的指称做了区分:我、你、他,我们、你们、他们等。指示代词则把相对的空间关系(或包含有这种关系)做了区分:这、那,这些、那些,这里、那里,等等。疑问代词含义复杂。“谁”(基本义)指不确定的人,同时又发出寻找确定答案的要求;“什么”(基本义)指代不确定的情况,同时又发出寻找确定答案的要求;“哪里”指代不确定的地方,同时又要求给出答案;“何时”指代不确定的时间,同时又要求给出答案。

(2)表示各种复杂含义,语法中的副词属此

语法学一般把副词分为程度、范围、时间、语气等类(否定副词另外讨论),其含义可做如下分析。

1)程度副词“很(高)”“太(快)”“非常(慢)”等表示的含义不是实际上事物的行为或性状的属性,而是人们对它的感受。同一座山,有人认为它“很高”,有人认为未必;同样的行车速度,有人认为它“太快”,有人却觉得“非常慢”,等等。它的应用取决于一定条件下人们的感受。

2)范围副词“都(来了)”“只(有三个人)”表示的也不是事物实际的量,而是取决于一定条件下人们主观感受到的量。参加某事

的仅有三个人,届时三人皆到,就可以说"都来了"。对于预定人数较多的集会,届时赴会的是三人,就是"只有三个人了"。

3)时间副词"才(7点,就来了)""(到9点),才(来)"两句中的"才"表示的情况相反,上句"才"认为早,下句"才"认为晚,表示的也不是实际时间,而是一定条件下人对某事发生时间的感受。

时间副词并非是准确的时点、时段的表示,而是认识主体以表述时为时点,在不同条件下对于现在、过去、将来、快慢、长短等的感觉的表示。例如:

他正吃饭,老张就来了。　　他刚要睡觉,电话又响了。

"正""刚"是对于现在的表示。

比赛已经开始了。　　他曾经学过京戏。

"已经""曾经"是对于过去(指已发生)的表示。

会议立刻开始。　　这批货即将发出。

"立刻""即将"是对于将来(指将发生)的表示。

"忽然一声巨响"的"忽然"表事件在时间上急促发生。"再给他打电话"的"再"表行为在时间上重复。这些都是认识主体以说话时为时点,对现在、过去、将来、快慢、长短等时间上的感受。

4)语气副词"究竟(是谁说的?)"中的"究竟"表示追问,"幸亏(他不在)"中的"幸亏",表示主观不希望的某事居然真的未出现。语气副词一般都是表示主观对行为情况的种种感受,含义都相当复杂,要一个个具体分析。下面引词典解释的例子。

简直　副表示完全如此(语气带夸张):屋里热得～待不住了|街上的汽车一辆跟着一辆,～没个完。

索性　副表示直截了当;干脆:既然已经做了,～就把它做完|找了几个地方都没有找着,～不再找了。

(《现汉》)

“简直”表示完全肯定某种事实,用夸张语气表达。“索性”表示在某种确定条件下,主观决断某种行为。含义都需细细辨析,才能妥帖体会。

5)否定副词。肯定、否定的意义上面已做过讨论。语言中运用的否定词,语法学根据组合特点分为动词(如“没有钱”中“没有”)和副词(如“没有去”中的“没有”),“不去”中的“不”否定行为发生,“不整齐”中的“不”否定性状存在,语法都划入副词。它们表达的都相当于逻辑上“-”的否定,是一种标记,起指号的作用。

由此可见,副词的作用是用一个简便的符号表示一种意义,许多都表示复杂的含义,这样可以使语句组织经济方便。可以试验将用“才”的“十一点他才来上班”这句话改为不用“才”的表述。可能是:九点上班,他十一点来,太晚了。这样说词语用多了,而用“才”所包含的多种主观情绪评价,都消失了。

从上述对全部语义范畴的划分及简要说明,我们可以认识到:语言中的词是意识内容的标记,包括:1.有表示认识活动及其成果的符号;2.有表示感情意志种种信息的符号;3.有标志语言单位关系的符号;4.有起替代作用和含种种复杂含义的符号。1属概念义范畴(拟声词附入),2、3、4属指号义范畴。

二

有了上述认识,可以用传统的词义图说明各种语义范畴的特点。下面引苏联学者 Головин Б. Н. [8] 在奥格登和瑞恰慈提出的语义三角图基础上设计的词义图来说明。这个图的特点是,把词在意识中的语音形象(戈氏称“音响形象”)标示出来,标示了语音形象在意识中同客观对象反映的联系,戈氏认为这种联系就是词义(这里对“联系”论不予讨论),如图1和图2:

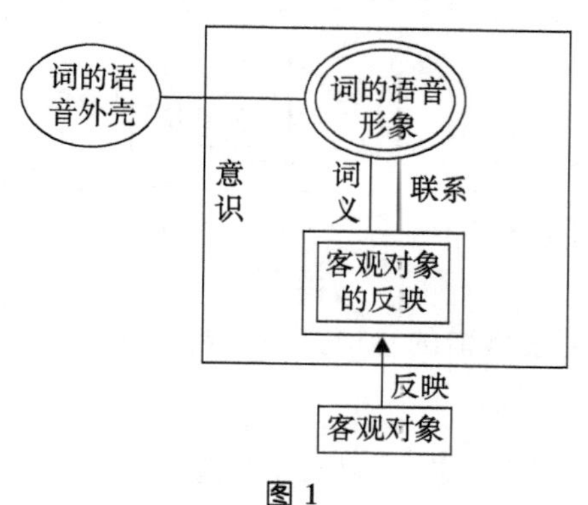

图1

以汉语的“书”为例:

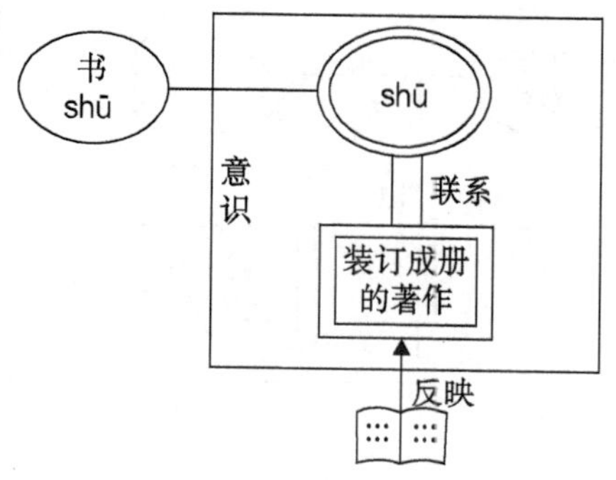

图2

这就是词义图对概念义的说明。

指号义的情况同这不同,下面分析数例。

1. 表感情的叹词“唉”,如:唉,他又生病了。这里的“唉”用词义图可表示为图3:

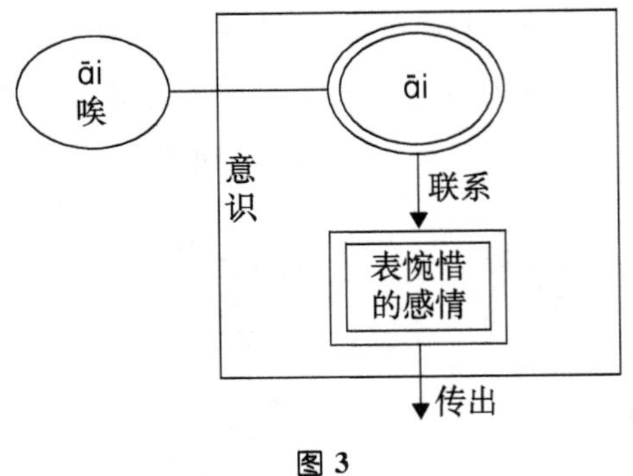

图 3

这个"āi 唉"表惋惜的感情是主观感情的传出,它不反映某种客观对象。

2. 表主观评价的"应该",如:学校应该上课了。这里的"应该"用词义图可表示为图 4:

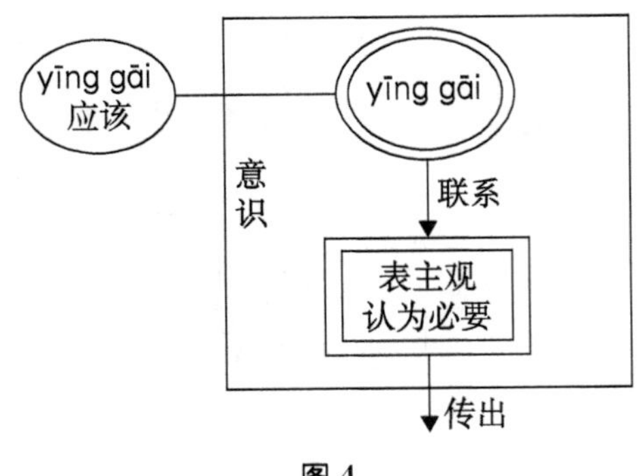

图 4

这个"应该"是主观评断的传出,也不反映客观某种对象。

3. 表代替的"我们",如:我们带你们去找他们。这里的"我们"用词义图可表示为图 5:

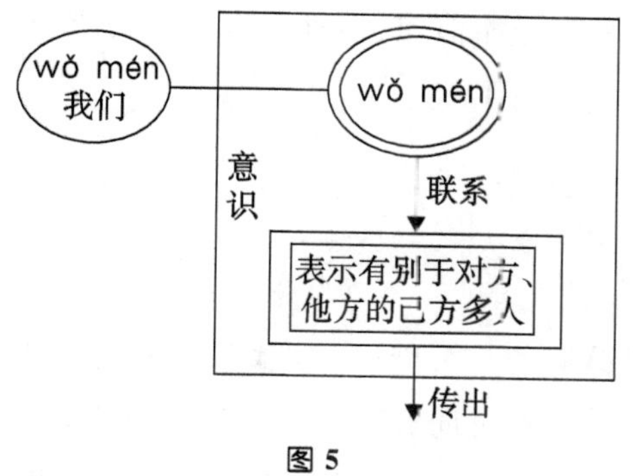

图 5

这个"我们"表示将人群做相对划分的己方多人，并未反映某种客观对象。

4. 表语气的"究竟"，如：究竟是谁说出这件事的？这里的"究竟"用词义图可表示为图 6：

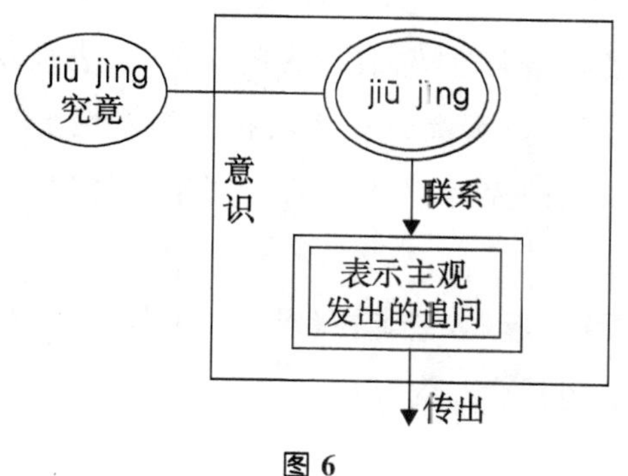

图 6

这个"究竟"表示主观追问的语气，它也并未反映某种客观对象。

由此可见，传统语义三角图将词义要素三分：S(语音外壳，在意识中就是语音形象)、T(意识对客观的反映)、R(客观对象)，而指号义的构成是两个要素："词的语音外壳"和"传出的主观信息"，它没有反映的客观对象。这说明语言的词中有一部分竟然同一般的两元素构成的指号相似,只不过语言中词的指号义代表的意识内容既丰富又复杂罢了。

三

词的语义范畴的划分,还可以找到词的释义形式上的根据。笔者多年来致力于探讨词典释义的内容和形式,因为词典的释义是人们用语言表述词义能力不断提高不断改进成果的反映。词典的释义是多样的变化的,但又可以从中概括出各类概念义释义形式上的特征:1.表名物词以定中结构释义为形式特征;2.表动作行为的词以动词为中心的谓词性结构释义为形式特征;3.表性状词主要用主语表达适用对象,用表性状的谓词性结构释义为形式特征。这样,表名物语义范畴、表行为语义范畴、表性状语义范畴的词就分别以上述三种释义形式为特征。笔者在近期发表的论文《词的概念义特点的探讨》[⑨]中分析了产生这种形式特征的原因,这里不重复。

指号义的释义形式,笔者在《指号义的性质和释义》一文中做了概括:它一般包括这些内容:

1.所属词类;

2.表示的意义作用;

3.分布(组合)特点,包括(1):能充当什么句子成分,(2)它前后出现的成分,(3)它出现的位置;

4.同义、近义词。

可以概括为一个公式:

[同义、近义词]+[词类]+[表示(……意义作用)]+[分布特点]

而词典释义，各个词并不都具有这些内容，措辞、次序也有各种变化。如上引二例：

啊 助① 用在感叹句末表示增强语气：（下略）
词类 分布 意义作用

唉 叹 表示伤感和惋惜：（下略）
词类 意义作用

笔者认为，指号义释义的各项，不处在一个层面上，而是分别说明词类、作用、组合情况等，而概念义释义的各项，可构成一个内容形式都完整的整体。

数词、拟声词、量词的释义形式又是怎样的呢？数词、拟声词多用类别限定的方法释义。数词如：

一 数最小的正整数
三 数二加一后所得的数目（《现汉》）

这是类别限定的方法，指出其所属类别，类别可以是不同角度、不同层级的，“一”释义用的是“整数”，“三”释义用的是“数目”，然后再用修饰语加以限定。仍以定中结构为其特征。

拟声词如：

哗 拟声形容撞击、水流等的声音
吧嗒 拟声形容物体轻微撞击或液体滴落等的声音（《现汉》）

二词释义也是指出其类别“声音”（准上位词，类别词同被释词词性不同），再用修饰语加以限定。“形容”二字表明词的声音为模拟客观某种声音，其释义核心仍以定中结构为形式特征。

量词如：

颗 量多用于颗粒状的东西：一～珠子……
双 量用于成对的东西：一～鞋……（《现汉》）

量词的释义近于指号义，先说明所属词类，再说明组合特点，即结合的词语。前面分析过“量”的本质仍然是数,或是单个数,或是各种数的集合,因此仍然是客观对象“数”的反映。但汉语众多的名量词有它的特点,它仅和名词组合,不少仅和有定的名词组合,它这种组合上的特点,就成为释义的重要内容。

参考文献

① 符淮青《组合中语素和词语义范畴的变化》,《江苏大学学报》(社会科学版)2007 年第9 期。

② 符淮青《词在组合中的语义范畴的变化和词性标注——以“一”、“是”为例》,《辞书研究》2010 年第 5 期。

③ 符淮青《词义分析形式化的探讨》,《辞书研究》2013 年第 1 期。

④ 符淮青《指号义的性质和释义》,《辞书研究》2002 年第 5 期。

⑤ 中国社会科学院语言研究所词典编辑室编《现代汉语词典》(第 7 版),商务印书馆 2016。

⑥ 商务印书馆辞书研究中心编《现代汉语学习词典》,商务印书馆 2010。

⑦ 池上嘉彦《符号学入门》,张晓云译,7 页,国际文化出版社 1985。

⑧ Головин Б. Н. Ввеление В Языкознание Москва. 1977. p. 71 – 72.

⑨ 符淮青《词的概念特点探讨》,见《词汇学理论与应用》编委会编《词汇学理论与应用》(九),11 页,商务印书馆 2018。

⑩ 沙夫《语义学引论》,罗兰、周易译,商务印书馆 1979。

⑪ Lyons J:*Semantics* I. Cambridge University Press,1977.

(原载《辞书研究》2019 年第 3 期)

略谈现代汉语词汇研究

新中国成立后，社会政治经济文化发展的要求，学术条件的成熟，促成了现代汉语词汇学的建立和发展。它是汉语词汇学的重要组成部分。由于它关注的是现代语言，所以同现代汉语的学习、应用关系更加密切。国家历来重视语言在社会生活中的作用，重视语言的纯洁和健康，制定了一系列的语文政策。2001 年 1 月 1 日施行的《中华人民共和国国家通用语言文字法》，更是将语言的规范化、标准化工作提高到法制的层面加以保证。

半个世纪以来，现代汉语词汇研究为贯彻党的语文政策做了大量工作。它在语文教学、指导语言应用、制定国家语文政策方面发挥着重要作用，社会发展对学科的发展往往提出新的要求、新的课题；学科理论上的新认识、新见解往往影响研究的方向和重点。我们认为下列几个方面应成为现代汉语词汇研究工作的主要内容。

1. 辞书编纂。随着我国国力的增强，汉语在世界范围内、在各个领域作为交际媒介的作用越来越大，想学习掌握汉语的人越来越多，编出满足人们学习汉语各方面需要的现代汉语辞书成为迫切而重大的任务。我们还缺少为大家所认可的专为帮助非汉族人学习汉语的权威辞书，对比英语有“牛津”“朗文”“柯林斯”等较知名品牌辞书并驾齐驱的情况，差距明显。此类辞书在收词、释义、用例、各种标注、指导应用方面应适应使用者的情况和需要。它不同于为本族人编的各种语文词典。例如释义,为本族人所用的中型语文辞书,是在本族人所熟悉的词汇系统、词义系统中寻找词语,写成释义,力求确切简明地说明词义。由于用来释义的词语总量巨大、句式变化丰富,或由于精练概括而难于显示词义的差别,往往不适合初学汉语者的需要。国外有词典限制整部词典释义所用词语数量的做法,我们还缺少这方面的尝试和探讨。其实,即使是本族人的语文教学,对词语的释义也要照顾不同文化水平学生情况而有不同的处理。再看用例,原来的认识是,用例是显示和证实词义的。现在多数学者已认识到,对于教学用的现代语言语文词典来说,用例不仅只作为显示、证实词义之用,它同时要显示词的主要功能、主要用法。对外汉语教学用的语文词典更应该如此。我国学者已编出了适应这方面需要的词典。如孙全洲主编的《现代汉语学习词典》、李忆民主编的《现代汉语常用词用法词典》等。时代要求我们,在这个基础上,扩大考察范围,对每个词的词义和组合能力做详细的调查分析,确定各类词、各个词、各个义项的组合特征,有选择地将它们收入不同的词典中去。这是一个繁重的任务。如果我们先编成详解的现代汉语词典,再做这个工作会省力一些。现在有学者在这方面有不同的探索,力量分散,缺乏全面、统一的考虑。谈到这里,不能不提出,筹备编纂反映现代学术观点的"现代汉语详解词典"(包括溯源、静态描写)是时代召唤的巨大工程,有待于投入巨大的精力和热诚。

2.同语义学结合。语义学原来只限于研究词义,20世纪七八十年代扩展到词组义、句义。词义研究仍是其中的重要部分。我国学者受语义学观点的启发,20世纪80年代以后,在"词义信息内容分析""概念义分析的形式化""词汇场、语义场研究""词义和词的组合能力的关系”等方面进行了较多的探讨，取得了令人注目的成果。例如英国学者莱昂斯把语言单位区分为词位(lexemes)、词位变体(forms)和应用中的词语(expressions)。再把词语的意义区分为词位和应用中词语的意义(sense)，应用中词语的具体所指(reference，词位无这个内容)，词位指示的客观对象(denotation)，应用中词语的所指客观对象(referent)。以汉语“书”为例，词典说明“书”是“装订成册的著作”，这是 sense，作为词位和应用中的词，“书”都有此义。“我去买书”“他家书很多”中的“书”是应用中的词，它可有单称、普称、定指、不定指的区别，这是 reference 的变化(按：应用中词义的变化不限于此)。作为词位的“书”指示客观所有书，这是书的 denotation，应用中“书”指示的客观对象是它的 referent。我国学者一般只将词的指示对象称为词义、概念内容、反映的对象等，未免笼统。上述观点对词义信息内容的分析有相当的启发。用这种观点审视我国学者的同义词研究，可以有新的视角、新的认识①。

3. 为语言的信息处理服务。20 世纪 70 年代我国学者开始汉语信息处理的研究以来，经历了字处理、词处理、句处理的不同阶段。从已有的文献材料来看，当代学者主要是在语言信息处理的总的框架下，配合句法分析、语境分析来分析词的语义。未见到词义分析的系统材料。从已有的词的语义特征分析材料来看，多是以词为单位，而不是以义项为单位。而词的基本义同它的引申义、比喻义语义特征往往相差很大。而词的句法信息的描述也很少以细致分析的词义义项为单位。例如，《现代汉语语法信息词典详解》②中把“吃”区分为两个，“吃$_1$”指“吃房租”“在食堂吃”“吃水果”“吃大碗”等当中的“吃”；“吃$_2$”指“吃苦头儿”“吃嘴巴”中的

"吃$_1$"。仅以"吃$_1$"来讨论,《现代汉语词典》已区分为三个义项:①把食物等放入嘴中经咀嚼咽下("吃水果"的"吃")。②在某一出售食物的地方吃("吃食堂"的"吃")。③依靠某种事物来生活("吃房租"的"吃")。"吃"这三个意义不仅词义特征差别明显,且组合特征也有不同。如"吃"之②义只和几个出售食物场所(如"馆子""小馆""食堂")等组合,且有"吃得/不起馆子"的组合,因为词义特征中已有"购买"的特征。"吃"之③义已完全丧失了吃①义中的"咀嚼""吞咽"等特征,具有完全不同的词义特征"依靠……生活",它组合的已不是一般的名词性宾语,而是表示生活来源的名词性宾语[③]。笔者认为,词义特征和组合关系的分析,应该更加细致。这方面的工作任重而道远。

4.借助计算机做各种调查研究。我在《汉语词汇学史》的结语中说:"词汇学研究为现代科技服务,利用现代科技手段成果来研究词汇学,是时代将为学者创造的新境界。"令人高兴的是,已有多位青年学者利用计算机的语料数据库在短时中掌握丰富的材料,进行为各种目的服务的调查研究。如苏新春等在《汉语词汇计量研究》[④]中对旧词语、同形词、异形词、方言词、口语词、新词语等的研究;周荐《汉语词汇结构论》[⑤]中以统计材料分析合成词的结构,分析双字格、三字格、四字格乃至更多个字的组合单位,其说明、阐述都令人耳目一新。笔者近年在工作中遇到在词典中标注〈口〉〈书〉语体色彩的问题。原有的词典标注界定不够清楚,多凭编者语感,不同的词典标注也不一致。看来科学地确定词语是口语词、书面语词还是通用词,除了要有明确的界定外,借助计算机做统计分析是必要的。可以设想,将来能建立有足够语料的口语体语料库和书面语体语料库。如果某个词语仅出现在其中一个语料库中且频率很高，就有资格确定为口语词或书面语词。再根据各种辅助标准，确定通用词或各种不同情况的词。不走这条路，难以得到令人信服的结论。

随着学术文化、科学技术的发展，现代汉语词汇学必将得到更丰富的滋养和更广阔的发展空间。

附　注

① 符淮青《同义词研究的几个问题》，《中国语文》2003 年第 3 期。

② 俞士汶等《现代汉语语法信息词典详解》（第二版），清华大学出版社 2003。

③ 符淮青《词义和词的分布》，《汉语学习》1999 年第 1 期。

④ 苏新春等《汉语词汇计量研究》，厦门大学出版社 2001。

⑤ 周荐《汉语词汇结构论》，上海辞书出版社 20C4。

（原载《语言文字应用》2005 年第 3 期）